『十二五』国家重点图书出版规划项目

国家出版基金资助项目

国家出版基金项目
NATIONAL PUBLICATION FOUNDATION

民国乡村建设

晏阳初

华西实验区档案选编

经济建设实验

⑪

目录

三、乡村手工业（续）

机织生产合作社·机织生产合作社书表·璧山县正兴乡

机织生产合作社·机织生产合作社书表·其他

目录

机织生产合作社·军布生产·公文

目录

璧山县正兴乡机织生产合作社筹备组为请予派员到社指导召开成立大会一事呈华西实验区总办事处函　9-1-123（125）

66

收民38年3月8(?) 第十4紀250(?)

三月十日

侯主任國楨先生核办

存查 國根 三.十六

報告　民國三十八年三月二日　於正興鄉第十一保辦事處

竊本鄉織布業發達尤以宗布(?)為多平均每户有織機一台本保有木機七百四十七台為發展農村手工業扶植農民經濟改良社會生活加強農村生產充實國防起見劉保三等遂創議組織機織生產合作社依法選出臨時主席鍾華重及臨時紀錄周慶北于三月二日開會公推金慶久蕭進禄歐文明三人為籌備員並推劉保三為籌備主任議決于三月八日召開成立大會根據合作社章程討論一切事項務祈均處派員指導以利進行為感！

謹呈……[illegible]

璧山县正兴乡机织生产合作社筹备组为请予派员到社指导召开成立大会一事呈华西实验区总办事处函　9-1-123（126）

平教會華西實驗區總辦事處

籌備主任劉保三

籌備員金慶久

蕭進祿

歐文明

璧山县正兴乡会兴街机织生产合作社一九四九年度业务计划表　9-1-199（9）

璧山县正兴乡会兴街机织生产合作社三十八年度业务计划

自三十八年三月七日起
至三十八年十二月三十一日止

业务部门	（二）业务科目	（三）办法	（四）预定进度	（五）预定需款总额及还款办法	（六）审核意见
织产	织布	本社织布采副业经营方式生产合作分散于各社员家庭进行之，以社员家庭自行提供全部劳力、时间之剩余劳力为求减低生产品之成本	冬社员可每天出长四丈八宽一尺一寸布一匹，共五百七十七文	每人需转纱两，并共二百七十八斤，需投资七十八万元，依照法令办理	
	整装	整理等加工业务由本社统筹办理之，以划一产品标准并加强合作事业之功能			

8

璧山县正兴乡会兴街机织生产合作社一九四九年度业务计划表　9-1-199（11）

山縣正興鄉會興街機織生產合作社三八年度業務計劃　自　年　月至　年　月

（一）業務部門	布
（二）業務科目	窄布
（三）辦法	本社採副業并用農閒勞力方式
（四）預定進度	本社平均每日可生產七十疋每月可生產貳仟壹百疋
（五）預定需款總額及其籌款辦法	每機各需週轉伙貳并一年後即可逐遞
（六）審核意見	

10

璧山縣正興鄉會興街機織生產合作社 三十八 年度業務計劃

自三十八年二月七日起
至三十八年十二月三十一日止

（一）業務部門	（二）業務科目	（三）辦法	（四）預定進度	（五）預定需款總額及還款辦法	（六）審核意見
機織生產部門	織布	本社織布採副業經營方式，生產工作分散于各社員家庭內進行之，以社員家庭自行提供全部農閒時間之剩餘勞力為主，以減低生產品之成本	各社員每天出長四丈寬一尺寸布一尺，共一五二七三丈	每人需精圓紗兩弄，共二百七十八弄，需款二百七十八万元，俟照數借全归还	
	整裝	整理等加工業務由本社統籌辦理之，以劃一出品標準並加強合作事業之功能			

璧山县正兴乡会兴街机织生产合作社一九四九年度业务计划表 9-1-199（13）

璧山县正兴乡正兴街机织生产合作社一九四九年度业务计划表　9-1-199（43）

保証責任璧山縣正興鄉正興街機織生產合作社 卅八 年度業務計劃

自卅八年三月十日起
至卅八年十二月三十一日止

（一）業務部門	（二）業務科目	（三）辦法	（四）預定進度	（五）預定需款總額及還款辦法	（六）審核意見
機織生產門	織布	本社织布採副業經營方式生產，工作分散于各社員家庭内進行之，以社員家屬自行操作於農閒時間之剩餘勞力為主，以[illegible]之成本。	各社員可每天出布一疋，[illegible]每月可出二千[illegible]	每人需周轉[illegible]，[illegible]十四[illegible]，[illegible]元[illegible]	
	整染	整理为加工業，多由本社統籌办理之，以划一出品標準并加强合作事業之功能。	每天两人工作可整八十疋，每月可整[illegible]疋		
三[illegible]八	三[illegible]八				

璧山县正兴乡会兴街机织生产合作社成立登记申请书　9-1-199（10）

保證責任璧山縣正興鄉會興街機織生產合作社成立登記申請書

社名　保證責任璧山縣正興鄉會興街機織生產合作社
責任　保證責任（為股金總額之二十倍）
業務　織布
社址　璧山縣正興鄉會興街
社員人數　一百[illegible]十二人
業務區域　正興鄉六七保所轄區域
創立會日期　民國三十八年三月七日
通訊處　璧山會興場郵轉
每股金額　廿支紗壹支
繳納方法　一次繳納
共認股數　壹百捌拾貳股
股金總數　壹佰捌拾貳隻
已繳金額　壹佰捌拾貳隻

職員	姓名	任期	性別	年齡	籍貫	職業	住所
理事主席	朱志篤	三年	男	三四	璧山	政	癩石堡
理事	朱錫之	二年	〃	四八	〃	公務	園塘
理事	朱千格	〃	〃	五二	〃	農	麒龍穴
理事	張建勛	一年	〃	四〇	〃	公務	牛車屋基
理事	張連生	〃	〃	五八	〃	農	玉屏屋基
理事	[illegible]	〃	〃	三〇	〃		
監事主席	朱家駿	一年	〃	三九	〃	公務	花灘
監事	簡銘瑤	〃	〃	六四	〃	〃	園塘
監事	朱育楙	〃	〃	四二	〃	〃	〃
監事	朱鳳池	〃	〃	五九	〃	農	河垻
監事	朱國勤	〃	〃	三八	〃	教	柑子林

附、本社創立會決議錄三份　個人法人社員名冊四份　業務計劃書各四份　章程五份

謹呈

璧山县正兴乡正兴街机织生产合作社成立登记申请书　9-1-199（42）

保证责任璧山县正兴乡正兴街机织生产合作社登记申请书

社名	機織合作社
業務	织布業
責任	保証責任二十倍
社址	正興鄉中街
社員人數	（八十三人）六十七人
業務區域	正兴鄉正兴街（回龍一保）
創立會日期	三十八年三月十二日
通訊處	正興鄉郵轉
社股　每股金額	金圓貳百元正
社股　繳納方法	由理事主席收存实物
社股　共認股數	（八十三股）六十七股
社股　股金總數	（壹萬陸千陸百元正）13,400元
社股　已繳金額	中捌千叁百元正

職員	姓名	任期	性別	年齡	籍貫	職業	住所
理事	主席 劉北樞	三年	男	三二	璧山	醫	正興下街
理事	朱國賢	三年	二六	二六	璧山	教	冷水溝
理事	田倬甫	二年	男	四一	同	教	正興上街
理事	曾誠齊	一年	男	三〇	同	教	粉房堡基
理事	秦致軒	一年	男	五〇	同	商	正興下街
監事	主席 曾桂山	一年	男	四八	璧山	商	正興下街
監事	朱垚森	一年	男	三一	同	教	冷水溝
監事	蕭月昇	一年	男	二七	同	農	冷水溝

附：本社創立會決議錄二份　個人、法人社員名冊二份　業務計劃書各二份　章程四份

謹呈

平教會華西實驗區總辦事處　劉鑒

保証責任璧山縣正兴鄉正兴街机織生產合作社理事主席劉北樞

璧山县正兴乡会兴街机织生产合作社创立会决议录 9-1-199（12）

璧山县正興鄉會興街機織生產合作社創立會決議錄

一 開會日期 三八年三月七日上午八時
二 開會地點 正興鄉第二中心分校
三 出席人數 一三九
四 缺席人 二九
五 列席人 一一〇
六 推舉臨時主席及書記 推朱鳳池為臨時主席 朱志篤為書記
七 報告事項 今天是合作社創立會成立推舉理事七人監事五人其办法待受訓後組織
八 決議事項 朱國為理事主席 張建勳為经理 朱炭樺為司庫

1 討論章程草案
決議 照章通过

選舉理事

璧山县正兴乡会兴街机织生产合作社创立会决议录　9-1-199（12）

3　當選者朱國勳　朱鳳池　朱家駿　簡紹雍　朱伯祿

4　討論收納第一次應繳社股期限
決議限三月半交齊

5　討論呈請登記日期
決議限於十五日內呈報登記交由理事會辦理

6　業務計劃
決議由理監事聯席會議決定之

7　其他

九　臨時動議

十　散會

臨時主席朱鳳池

臨時書記朱志篤

璧山县正兴乡正兴街机织生产合作社创立会决议录　9-1-199（50）

璧山县正兴乡正兴街机织生產合作社創立會決議錄

一　開會日期　卅八年三月十二日上午十時

二　開會地點　正興鄉公所會議室

三　出席人數　七十八人

四　缺席人　二十八人

五　列席人　三人

六　推舉臨時主席及書記　推余鉄英為臨時主席朱國賢為書記

七　報告事項　今天是正興鄉第一二兩保机織生產合作社產生的一天我們大家來推選理事五人再由理事五人中互推理事主席一人經理一人會計一人再推監事三人

決議事項　決議推劉北桓朱國賢田德甫曾訊濤秦致軒等五人為理事互推劉北桓為理事主席、朱國賢為經理另推全啓昌為會計再推鄭桂山朱垚森肖月陞等三人為監事

討論章程草案

1　決議　本社應辦之一切事項待調訓返鄉後再開理監會決議之

璧山县正兴乡正兴街机织生产合作社创立会决议录　9-1-199（50）

3	選舉監事	當選者 曾桂山 朱垚森 肖月昇
4	討論收納第一次應繳社股期限	決議限三月底交齊
5	討論呈請登記日期	決議限於五日內呈報登記交由理事會辦理
6	業務計劃	決議 由理監事联席会議決定之
7	其他	
九	臨時動議	
十	散會	

臨時主席　余朕英 代

臨時書記　朱國賢

华西实验区璧山县正兴乡会兴街机织生产合作社章程 9-1-199（19）

~~44~~ 19

中華平民教育促進會華西實驗區

保證責任璧山縣正興鄉會興街機織生產合作社章程

20
85

中華平民教育促進會華西實驗區
璧山縣正興鄉會興街機織生產合作社章程

（本章於民國三十八年三月七日經社員大會通過）

第一條　定名　本社定名為保證責任璧山縣正興鄉會興街機織生產合作社

第二條　宗旨　本社以發展工業增加生產改善社員生活建設經濟國防為宗旨

第三條　責任　本社為保證責任各社員之保證金額為其所認股額之　倍並以其所認股額及保證金額為限負其責任

第四條　業務區域　本社以璧山正興鄉為業務區域

第五條　社址　本社社址設於正興鄉第六七兩保之辦公處

第六條　年限　本社成立年限定為十年但經社員大會之議決得縮短或延長

第七條　公告　本社應公告之事項在本社揭示處公佈之

第八條　社員資格　本社社員以本國人民年滿二十歲或未滿二十歲而有行為能力且有正當職業品行端正並無吸食鴉片或其他代用品宣告破產及褫奪公權之形情而對本社事業確有經營之技能與經驗並不加入其他任何工業合作

一

社者爲合格

第九條 入社 本社社員之入社依左列規定：

一、凡在本社成立後入社者須填具入社願書經社員二人以上之介紹或直接以書面請求理事會之同意及社員大會之追認方得入社

二、本社社員以每家一人入社爲限如社員家屬有願參加本社工作者得由理事會依實際需要准許之工資按其工作效力計算並得將其工資數目或工作成績分數併入該社員名下享受年終盈餘分配

三、本社社員入社時得以書面指定一人爲其繼承人經理事會之核准遇該社員死亡或不能繼續工作時得由其繼承人照章入社繼承其權利義務各社員入社後亦得隨時更易其繼承人

第十條 出社 本社社員出社之規定如左：

一、社員因自請退社除名死亡或喪失本章程第八條之社員資格者均得出社

二、社員自請退社須於本年度終了時並應在三個月前向理事會以書面請求經核准者始得退社

三、社員如有不遵照本社章則及決議履行者或有防害本社業務與利益或

华西实验区璧山县正兴乡会兴街机织生产合作社章程　9-1-199（22）

21

凡有違犯關係法令以及喪失信譽之行爲者均得經本社出席理監事四分之三以上社務會議之通過予以除名以書面通知被除名之社員並報告社員大會

四、出社社員對於出社前本社所負債務之保證責任自出社決定日起經過二年始得解除但本社於該社員出社後六個月內解散時仍以該社員爲未出社論

五、出社社員得請求退回其所繳股金之一部或全部但須於年度終了結算後由理事會決定之

第十一條　社股　本社關於社股之規定如左：

一、每股定爲金圓[illegible]百元

二、社員入社時至少須認購一股嗣後可隨時添認但最多不得超過本社股金總額百分之二十第一次所交股金不得少認股額四分之一其餘股金之繳納日期由理事會決定但應自認股之日起一年內繳足之

三、社員如無力繳納股款之一部或全部者得按月由其應得之工資內扣繳或於年終由其應得之股息或盈餘分配金內扣繳之

四、社員除以現款繳納股金外並可以機器工具及原料或其他財產物等經

三

四、理監事出席三分之二以上之社務會議評定折價抵充其應繳股金

四

五、社員轉讓社股須經本社理監事出席三分之二以上之社務會議之通過
三、方可出讓其承繼人如非社員時須照本章程第八條及第九條之規定始可繼承其原讓人之社股及其權利義務如為本社社員則其所有社股金額應受不得超過本社股金總額百分之二十之限制

六、社員利息定為月息　八　整按實交之股款計算由理事會於每年度終了時決定之

七、社員不得以其對於本社社員或他人之債權抵繳其已認未繳之股金亦不得以其所繳之股金抵償其對於本社社員或他人之債務非經本社之同意亦不得以其社股為人之債務作担保

第十二條　理事　本社由社員大會就社員中選任理事　七　人組織理事會互推主席經理司庫各一人掌理事會主席對內總理社務對外代表本社經理專掌本社業務之經營司庫專司本社款項之保管與出納

第十三條　監事　本社由社員大會就社員中選任監事　五　人組織監事會互選主席一人監事不得兼任本社其他職員曾任理事之社員其任內之責任未清了前不得不當選為理事

华西实验区璧山县正兴乡会兴街机织生产合作社章程　9-1-199（24）

22

第十四條　僱員　本社因業務發展於必要時得由理事會任用部總經理一人技師技術員事務員助理員或練習生及臨時僱工若干人練習生及臨時僱工應先儘社員之家屬選用其辦法另定之

任期規定如左：

第十五條　任期　本社職員之任期除聘僱人員另行規定外所有理監事之任期規定如左

一、理事之任期爲三年每年改選三分之一得連選連任

二、監事之任期爲一年亦得連選連任

三、理事在任期內非有正當理由不得辭職其確因故辭職或其他原因缺額時得召集臨時社員大會舉行補缺選舉其產生之理監事以前任之任期爲任期

四、本社由理事會提經社員大會推選出席聯合社之代表其任期爲一年

第十六條　待遇　本社監理事均以義務職爲原則必要時得經社員大會決議酌支津貼或生活補助費其他聘僱員工得經理事會之議決酌給薪資

第十七條　細則　理事會辦事細則由理事會另訂之監事會辦事細則由監事會另訂之其他員工之服務規則分別另訂之

五

六

第十八條 社員大會 本社以社員大會爲最高權力機關由全體社員組織之

一、社員大會之職權如左：

（一）理監事之選任或罷免

（二）決定業務進行方針及業務實施計劃

（三）通過本社預算決算各種報告書表以及各項規章之製定或修正

（四）追任社員之入社或出社

（五）決定本社社員職員待遇之標準

（六）決定本社內外借款之限度

（七）其他重要事項及理監事或社員之提議事項之決定

二、社員大會分常會臨時會兩種常會於每業務年度終了後一個月內由理事會召集之臨時會於理事會認爲必要時或監事會對執行職務爲必要時召集之全體四分之一以上社員認爲必要時以書面說明提議事項及其理由亦得請求理事會召集臨時會此項請求提出十日內如理事會不召集時爲社員得呈請主管機關自行召集之

三、社員大會之召集應於七日前以書面或載明事理及提議事項通知各社員

华西实验区璧山县正兴乡会兴街机织生产合作社章程　9-1-199（26）

23

四、社員大會應有社員過半數之出席始得開會出席社員過半數之同意始得決議但對理監事之罷免須有全體社員過半數之同意始得決議對本社解散或與他社之合併應有全體社員四分之三以上之出席出席社員三分之二以上之同意始得決議

五、社員大會開會以理事主席爲主席理事主席缺席時以監事主席爲主席社員召集之臨時會議公推一人爲主席

六、社員僅有一表決權或選舉權社員不能出席時得以書面委託其他社員代理之但同一代理人以不得代管兩個以上之社員爲限表決時如雙方票數相等主席有投決定票之權

七、社員大會流會二次以上時理事會得以書面載明應議事項函由全體社員於一定期限內通信表決之但以期限不得少於十日

第十九條　社務會　由理事會於每三個月召集常會一次必要時得召集臨時會議均爲討論理事會或監事會不能單獨解決而無須舉行社員大會之重要事項

一、社務會開會時其主席由理監事互選之

二、社務會應有全體理監事三分之二以上出席始得開會出席理監事過半之數同意始得決議

七

华西实验区璧山县正兴乡会兴街机织生产合作社章程 9-1-199（27）

八

三、社務會開會時副經理技師技術員及事務員均得列席陳述意見

第二十條 理事會及監事會 由各該會主席至少於每月召集會議一次

一、理事會及監事會應有理事或監事過半數以上之出席始得開會出席理事或監事過半數之同意始得決議

二、理事會之職權如左：

（一）執行社員大會決議案及一切社務

（二）擬定業務進行方針及實施計劃

（三）編造預算及決算

（四）編製各項報告書表及規章

（五）向外借款及其事項

（六）購置應須之原料及一切設備或其他不動產

（七）辦理本社產品之運銷

（八）會同本社監事對內對外簽訂各種契約或於訴訟時為本社代表

三、監事會之職權

監查本社所有財務狀況

監查本社業務執行狀況

华西实验区璧山县正兴乡会兴街机织生产合作社章程　9-1-199（28）

（三）審查本社年終決算編造之各項書表

（四）會同經事對內對外簽訂各種契約或於訴訟行為時為本社代表

第二十一條　記錄　本社舉行各種會議均應具備會議記錄其格式項目另定之

第二十二條　業務種類　本社經營業務如左：

（一）织布

（二）整染

（三）

第二十三條　業務管理　本社應需原料工具及設備所有產品之製造與運銷均以統籌集總辦理為原則

（一）本社社員如能供給前項原料工具或設備時得儘先徵收之按當地時價付款

（二）本社除應設立工廠外并得於必要時設置倉庫其辦法另定之

（三）本社遇有特殊情形時得經社務會議之決議准許社員領用原料工具在其家中製造但成品須交社中集總運銷其詳細辦法另定之

（四）其他一切管理辦法悉依工廠法之規定辦理

第二十四條　年度　本社以國曆一月一日至十二月三十一日為業務年度六月底為半年

九

华西实验区璧山县正兴乡会兴街机织生产合作社章程　9-1-199（29）

一〇

第二十五條　結算期十二月底爲全年總決算期

書表　每年度總決算時由理事會造具左列各項書表送經監事會審查後連同監事會報告書提請社員大會承認并呈報主管機關備案另須具備一份存置社中以供本社社員及債權人查閱

（一）財產目錄　（二）資產負債表　（三）損益計算書　（四）業務報告書　（五）盈餘分配案

第二十六條　盈餘　本社年終決算有盈餘時除依次彌補累計損失償付對外借款應還本息并付股息外如有餘額作爲一百分按照下列規定分配之

（一）以百分之廿　爲公積金經社員大會之決定存儲於殷實之銀行或存款機關與商號或以穩妥之方法運用生息除彌補損失外不得移作別用但公積金超過股金總額二倍時其超過部份得由社員大會決定作爲擴充業務或供公共事業之用

（二）以百分之十　爲公益金由社員大會議決以爲協助本社附近居民之教育衛生及其他公益事業及社福利事業之用

（三）以百分之十　爲理事及職員聘僱員工之酬勞金其酬勞分配辦法由理事會決定之

华西实验区璧山县正兴乡会兴街机织生产合作社章程　9-1-199（30）

（四）以百分之六十為社員分配金按社員之工作效率成績及工資等比例分配之

第二十七條　虧損　本社年終決算有虧損時以公益金及股金順次抵補之如仍不足由各社員按所負之保證金額分担之

第二十八條　解散　本社遇有左列情事之一而解散

（一）社員大會議決解散或與他社合併時

（二）社員不足法定人數或成立期滿時

（三）破產或有解散之命令時

第二十九條　清算　本社解散時呈由主管機關或法院派清算員二人依合作社法之規定清理本社債權債務清算後尚有資產金額時由清算人擬定分配案呈准主管機關并提交社員大會決定處理

第三十條　附則　本章程附則附左：

一、本章程未規定事項悉依合作社法及同法施行細則或其他有關法令之規定辦理

二、本章程由社員大會通過呈請主管機關核准後施行

一一

华西实验区璧山县正兴乡会兴街机织生产合作社章程　9-1-199（31）

26

全體社員簽名蓋章或按斗於後：

姓名	蓋章或按斗	姓名	蓋章或按斗	姓名	蓋章或按斗	姓名	蓋章或按斗
朱樹先		朱鄧澤均		朱葉超治		郑炳榮	
朱羅大興		朱傅碧石		朱忠		朱繼孚	
朱家明		朱蔡大成		朱家祥		朱張程之	
左筒氏		朱唐禎華		朱林廖秀		朱左氏	
朱龍氏		朱唐祖朋		朱國榮		朱劉新組	
朱鄧光榮		朱紹成		朱傳福		郑楊氏	
左凱氏		朱伯良		朱紹林		喻述洲	
朱陳淑銀		朱家榮		朱熙成		谢陳氏	

华西实验区璧山县正兴乡会兴街机织生产合作社章程　9-1-199（32）

姓名	盖章或按斗	姓名	盖章或按斗	姓名	盖章或按斗	姓名	盖章或按斗
朱陳正德		宋龍長會		陳刘氏		简方遠財	
朱曾氏		朱左元		譚明高		左謝氏	
朱吳氏		朱南輝		譚紹軒		李紹文	
陳正福		朱劝永		朱沼財		左琚成	
朱徐氏		朱家文		朱葛氏		朱子路	
朱遂良		朱道三		朱注氏		張朱氏	
朱伯祿		朱郭氏		朱羅氏		左吳玉国	
谷繼訓		陳自強		朱樹春		朱刘氏	

华西实验区璧山县正兴乡会兴街机织生产合作社章程　9-1-199（32）

朱家訓
朱杰
朱錫三
朱家國
張廷生
朱家駿
朱鳳池
簡紹雄
朱伯禄
朱志篤
簡在中
簡錫兵
孫良玉
朱勤濤

孫明科
朱家癸
朱蕭氏
陳海洲
左興富
秦國清
朱李氏
朱金輝
張建勳
張祥海
朱胡氏
朱潘氏
朱王氏
朱家興

田海雲
朱國勤
張和盛
谷海耀
秦海華
羅錫君
張相武
張貞安
朱鳳章
朱秉廷
鄭成海
朱傳文
譚文富
朱紹全

朱國林
朱林氏
朱桂梁
朱朝良
朱曾氏
鄭文坤
朱建清
黄谷氏
何炳高
朱田氏
朱木林云
朱朝中
温少清
朱意如
左香山

左海洲
朱有為
朱見奎
朱勤模
朱伯進
左林氏
張德武
葉錫[illegible]
朱傳方

华西实验区璧山县正兴乡会兴街机织生产合作社章程　9-1-199（33）

29 36 28

保證責任璧山縣正興鄉會興街機織生產合作社章程

华西实验区璧山县正兴乡会兴街机织生产合作社章程　9-1-199（34）

29

保證責任璧山縣正興鄉會興街機織生產合作社章程

（本章於民國三八年三月七日經社員大會通過）

第一條　定名　本社定名為保證責任璧山縣正興鄉會興街機織生產合作社

第二條　宗旨　本社以發展工業增加生產改善社員生活建設經濟國防為宗旨

第三條　責任　本社為保證責任各社員之保證金額為其所認股額之貳倍並以其所認股額及保證金額為限負其責任

第四條　業務區域　本社以正興六七保轄境為業務區域

第五條　社址　本社社址設於正興鄉會興街

第六條　年限　本社成立年限定為二年但經社員大會之議決得縮短或延長

第七條　公告　本社應公告之事項在本社揭示處公佈之

第八條　社員資格　本社社員以本國人民年滿廿歲或未滿二十歲而有行為能力且有正當職業品行端正並無吸食鴉片或其他代用品宣告破產及褫奪公權之情形而對本社事業確有經營之技能與經驗並不加入其他任何工業合作社

华西实验区璧山县正兴乡会兴街机织生产合作社章程　9-1-199（35）

者為合格

第九條　入社　本社社員之入社依左列規定：

一、凡在本社成立後入社者須填具入社願書經社員二人以上之介紹或直接以書面請求理事會之同意及社員大會之追認方得入社

二、本社社員以每家一人入社為限如社員家屬有願參加本社工作者得由理事會依實際需要准許之工資按其工作效力計算並得將其工資數目或工作成績分數併入該社員名下享受年終盈餘分配

三、本社社員入社時得以書面指定一人為其繼承人經理事會之核准遇該社員死亡或不能繼續工作時得由其繼承人照章入社繼承其權利義務各社員入社後亦得隨時更易其繼承人

第十條　出社　本社社員出社之規定如左：

一、社員因自請退社除名死亡或喪失本章程第八條之社員資格者均得出社

二、社員自請退社須於本年度終了時並應在三個月前向理事會以書面請求經核准者始得退社

三、社員如有不遵照本社章則及決議履行者或有妨害本社業務與利益者

二

华西实验区璧山县正兴乡会兴街机织生产合作社章程　9-1-199（35）

30

凡有違犯關係法令以及喪失信譽之行為者均得經本社出席理監事四分之三以上社務會議之通過予以除名以書面通知被除名之社員並報告社員大會

四、出社社員對於出社前本社所負債務之保證責任自出社決定日起經過二年始得解除但本社於該社員出社後六個月內解散時得以該社員為未出社論

五、出社社員得請求退回其所繳股金之一部或全部但須於年度終了結算後由理事會決定之

第十一條　社股　本社關於社股之規定如左：

一、每股定為國幣[illegible]

二、社員入社時至少須認購一股嗣後可隨時添認但最多不得超過本社股金總額百分之二十第一次所交股金不得少認股額四分之一其餘股金之繳納日期由理事會決定但應自認股之日起一年內繳足之

三、社員如無力繳納股款之一部或全部者得按月由其應得之工資內扣繳或於年終由其應得之股息或盈餘分配金內扣充之

四、社員除以現款繳納股金外並可以機器工具及原料或其他財產物等經

三

四

理監事出席三分之二以上之社務會議評定折償抵充其應繳股金
五、社員轉讓社股須經本社理監事出席三分之二以上之社務會議之通過方可出讓其承繼人如非社員時須照本章程第八條及第九條之規定始可繼承其原讓人之社股及其權利義務如為本社社員則其所有社股金額應受不得超過本社股金總額百分之二十之限制
六、社員利息定為月息壹分　釐按實交之股款計算由理事會於每年度終了時決定之
七、社員不得以其對於本社社員或他人之債權抵繳其已認未繳之股金亦不得以其所繳之股金抵償其對於本社社員或他人之債務非經本社之同意亦不得以其社股為人之債務作担保

第十二條　理事　本社由社員大會就社員中選任理事五人組織理事會互推主席經理司庫各一人掌理事主席對內總理社務對外代表本社經理專掌本社業務之經營司庫專司本社款項之保管與出納

第十三條　監事　本社由社員大會就社員中選任監事五人組織監事會互選主席一人監事不得兼任本社其他職員曾任理事之社員其任内之責任未清了前不得不當選為理事

第十四條　僱員　本社因業務發展於必要時得由理事會任用副經理一人技師技術員事務員助理員或練習生及臨時僱工若干人練習生及臨時僱工應先儘社員之家屬選用其辦法另定之

第十五條　任期　本社職員之任期除聘僱人員另行規定外所有理監事之任期規定如左

一、理事之任期為三年每年改選三分之一得連選連任

二、監事之任期為一年亦得連選連任

三、理事在任期內非有正當理由不得辭職其確因故辭職或其他原因缺額時得召集臨時社員大會舉行補缺選舉其產生之理監事以前任之任期為任期

四、本社由理事會提經社員大會推選出席聯合之代表其任期為一年

第十六條　待遇　本社監理事均以義務職為原則必要時得經社員大會決議酌支津貼或生活補助費其他聘僱員工得經理事會之議決酌給薪資

第十七條　細則　理事會辦事細則由理事會另訂之監事會辦事細則由監事會另訂之其他員工之服務規則分別另訂之

五

华西实验区璧山县正兴乡会兴街机织生产合作社章程 9-1-199（37）

第十八條 社員大會，本社以社員大會為最高權力機關由全體社員組織之

一，社員大會之職權如左：

（一）理監事之選任或罷免

（二）決定業務進行方針及業務實施計劃

（三）通過本社預算決算各種報告書表以及各項規章之製定或修正

（四）追任社員之入社或出社

（五）決定本社社員職員待遇之標準

（六）決定本社內外借款之限度

（七）其他重要事項及理監事或社員之提議事項之決定

二、社員大會分常會臨時會兩種常會於每業務年度終了後一個月由內理事會召集之臨時會於理事會認為必要時或監事會對執行職務為必要時召集之全體四分之一以上社員認為必要時以書面說明提議事項及其理由亦得請求理事會召集臨時會此項請求提出十日內如理事會不召集時社員得呈請主管機關自行召集之

三、社員大會之召集應於七日前以書面或載明事理及提議事項通知各社員

华西实验区璧山县正兴乡会兴街机织生产合作社章程　9-1-199（37）

3932

四、社員大會應有社員過半數之出席始得開會出席社員過半數之同意始得決議但對理監事之罷免須有全體社員過半數之同意始得決議對本社解散或與他社之合併應有全體社員四分之三以上之出席出席社員三分之二以上之同意始得決議

五、社員大會開會以理事主席為理事主席缺席時以監事主席爲主席社員召集之臨時會議公推一人為主席

六、社員僅有一表決權或選舉權社員不能出席時得以書面委託其他社員代理之但同一代理人以不得代理兩個以上之社員爲限表決時如遇可否票數相等主席有投決定票之權

七、社員大會流會二次以上時理事會得以書面載明應議事項函由全體社員於一定期限內通信表決之但以期限不得少於十日

第十九條　社務會　由理事會於每三個月召集常會一次必要時得召集臨時會議均為討論理事會或監事會不能單獨解決而無須舉行社員大會之重要事項

一、社務會開會時其主席由理監事互選之

二、社務會應有全體理監事三分之二以上出席始得開會出席理監事過半數之同意始得決議

华西实验区璧山县正兴乡会兴街机织生产合作社章程 9-1-199（38）

三、社務會開會時副經理技師技術員及事務員均得列席陳述意見

第二十條 理事會及監事會 由各該會主席至少於每月召集會議一次

一、理事會及監事會應有理事或監事過半數以上之出席始得開會出席理事或監事過半數之同意始得決議

二、理事會之職權如左：

（一）執行社員大會決議案及一切社務

（二）擬定業務進行方針及實施計劃

（三）編造預算及決算

（四）編製各項報告書表及規章

（五）向外借款及其事項

（六）購置應須之原料及一切設備或其他不動產

（七）辦理本社產品之運銷

（八）會同本社監事對內對外簽訂各種契約或於訴訟時為本社代表

三、監事會之職權

（一）監查本社所有財務狀況

（二）監查本社業務執行狀況

八

华西实验区璧山县正兴乡会兴街机织生产合作社章程　9-1-199（38）

（三）審查本社年終決算編造之各項書表

（四）會同理事對內對外簽訂各種契約或於訴訟行為時為本社代表

第二十一條　記錄　本社舉行各種會議均應具備會議記錄其格式項目另定之

第二十二條　業務種類　本社經營業務如左：

（一）織布

（二）

（三）

第二十三條　業務管理　本社應需原料工具及設備所有產品之製造與運銷均以統籌集總辦理為原則

（一）本社社員如能供給前項原料工具或設備時得儘先徵收之按當地時價付款

（二）本社除應設立工廠外并得於必要時設置倉庫其辦法另定之

（三）本社遇有特殊情形時得經社務會議之決議准許社員領用原料工具在其家中製造但成品須交社中集總運銷其詳細辦法另定之

（四）其他一切管理辦法悉依工廠法之規定辦理

第二十四條　年度　本社以國歷一月一日至十二月三十一日為業務年度六月底為半年

九

华西实验区璧山县正兴乡会兴街机织生产合作社章程 9-1-199（39）

第二十五條 結算期十二月底為全年總決算期

書表 每年度總決算時由理事會造具左列各項書表送經監事會審查後連同監事會報告書提請社員大會承認幷呈報主管機關備案另須具備一份存置社中以供本社社員及債權人查閱

（一）財產目錄 （二）資產負債表 （三）損益計算書 （四）業務報告書 （五）盈餘分配案

第二十六條 盈餘 本社年終決算有盈餘時除依次彌補累計損失償付對外借款應還本息幷付股息外如有餘額作爲一百分按照下列規定分配之

（一）以百分之十 為公積金經社員大會之決定存儲於殷實之銀行或存款機關與商號或以穩妥之方法運用生息除彌補損失外不得移作別用但公積金超過股金總額二倍時其超過部份得由社員大會決定作為擴充業務或供公共事業之用

（二）以百分之五 為公益金由社員大會議決以為協助本社附近居民之教育衛生其及他公益事業及社福利事業之用

（三）以百分之十 為理事及職員聘僱員工之酬勞金其酬勞分配辦法由理事會決定之

华西实验区璧山县正兴乡会兴街机织生产合作社章程　9-1-199（39）

(四)以百分之　為社員分配金按社員之工作效率成績及工資等比例分配之

第二十七條　虧損　本社年終決算有虧損時以公益及股金順次抵補之如仍不足由各社員按所負之保證金額分担之

第二十八條　解散　本社遇有左列情事之一而解散

(一)社員大會議決解散或與他社合併時

(二)社員不足法定人數或成立期滿時

(三)破產或有解散之命令時

第二十九條　清算　本社解散時由主管機關或法院派清算員二人依合作社法之規定清理本社債權及債務清算後尚有資產金額時由清算人擬定分配案呈請主管機關并提交社員大會決定處理

第三十條　附則　本章程附則附左：

一　本章程未規定事項悉依合作社法及同法施行細則或其他有關法令之規定辦理

二　本章程由社員大會通過呈請主管機關核准後施行

一一

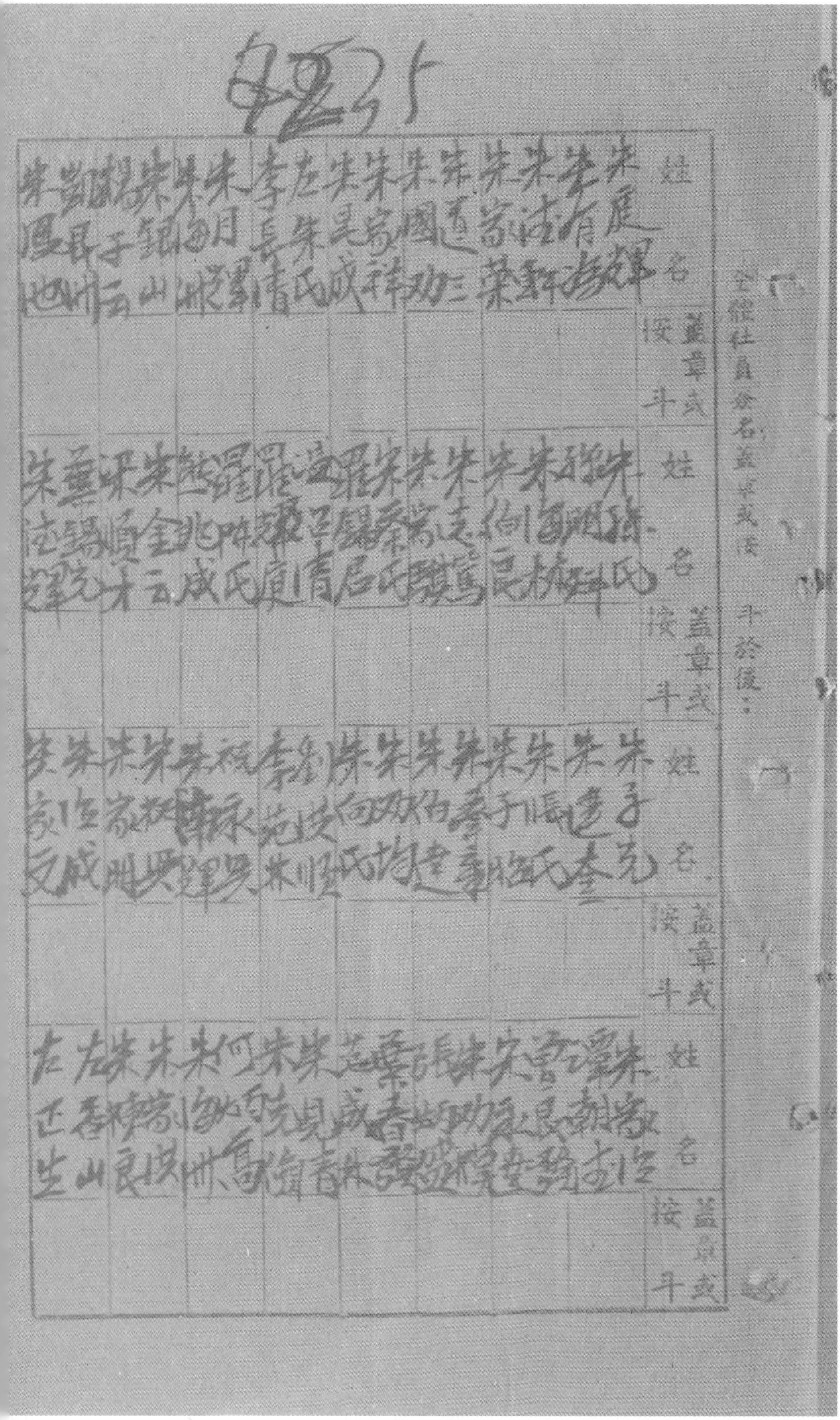
全體社員簽名蓋章或按斗於後：

华西实验区璧山县正兴乡会兴街机织生产合作社章程　9-1-199（40）

姓名	盖章或按斗
朱绍燡	
朱肖氏	
左貞云	
黄何州	
張施五	
朱澤軍	
朱家駒	
朱偉國	
朱國林	
朱朝中	
朱東云	
盧海州	
曾成富	
張德謙	
陳法之	
朱日暄	
汪炳云	
王合林	
周海云	
周金均	
杜森林	
朱伯楷	
左萬光	
朱吉南	
張樹云	
朱家駿	
朱傳恆	
朱家成	
朱國貴	
朱順炳	
簡錫金	
簡在中	
朱家華	
謝一心	
呂雖周	
呂君瑞	
余問氏	
謝華高	
張也生	
張耀貞	
張建云	
張全盛	
張德勳	
張九安	
張相武	
余有生	
朱金輝	
簡紹雅	
劉全安	
龍景州	
朱昌之	
朱壽氏	
朱潤堂	
朱百家	
朱仲壽	
簡錫賢	
劉甲之	
朱棟才	
王慶圃	
朱相林	
朱陸元	
朱闰清	
朱逸良	
朱劝模	

华西实验区璧山县正兴乡会兴街机织生产合作社章程　9-1-199（41）

华西实验区璧山县正兴乡会兴街机织生产合作社章程　9-1-199（41）

36

劉良先
朱麒麟
朱之輝
朱勿輝
朱炳林
朱玉清
朱家治
朱家法
朱澤氏
朱樹先
潭勳軒
譚海云
左正才
左正芳
朱家國

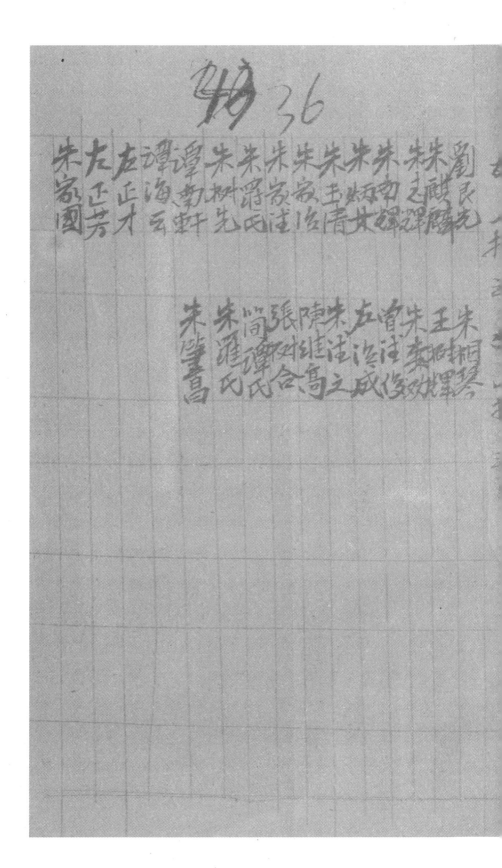

朱胡琴
王樹輝
朱奏效
曾法修
左治成
朱法之
陳維高
張樹合
簡譚氏
朱羅氏
朱肇高

华西实验区璧山县正兴乡正兴街机织生产合作社章程 9-1-199（52）

中華平民教育促進會華西實驗區

保證責任璧山縣正興鄉正興街機織生產合作社章程

华西实验区璧山县正兴乡正兴街机织生产合作社章程　9-1-199（53）

中華平民教育促進會華西實驗區

璧山縣正興鄉正興街機織生產合作社章程

（本章於民國三十八年二月十二日經社員大會通過）

第一條　定名　本社定名為保證責任璧山縣正興鄉正興街機織生產合作社

第二條　宗旨　本社以發展工業增加生產改善社員生活建設經濟國防為宗旨

第三條　責任　本社為保證責任各社員之保證金額為其所認股額之二十倍並以其所認股額及保證金額為限負其責任

第四條　業務區域　本社以璧山縣正興鄉為業務區域

第五條　社址　本社社址設於正興鄉第一保辦公處

第六條　年限　本社成立年限定為十年但經社員大會之議決得縮短或延長

第七條　公告　本社應公告之事項在本社揭示處公佈之

第八條　社員資格　本社社員以本國人民年滿二歲十或未滿二十歲而有行為能力且有正當職業品行端正並無吸食鴉片或其他代用品宣告破產及褫奪公權之形情而對本社事業確有經營之技能與經驗並不加入其他任何工業合作

华西实验区璧山县正兴乡正兴街机织生产合作社章程 9-1-199（54）

社者為合格

第九條 入社：本社社員之入社依左列規定：

一、凡在本社成立後入社者須填具入社願書經社員二人以上之介紹或直接以書面請求理事會之同意及社員大會之追認方得入社

二、本社社員以每家一人入社為限如社員家屬有願參加本社工作者得由理事會依實際需要准許之工資按其工作效力計算並得將其工資數目或工作成績分數併入該社員名下享受年終盈餘分配

三、本社社員入社時得以書面指定一人為其繼承人經理事會之核准遇該社員死亡或不能繼續工作時得由其繼承人照章入社繼承其權利義務

各社員入社後亦得隨時更易其繼承人

第十條 出社：本社社員出社之規定如左：

一、社員因自請退社除名死亡或喪失本章程第八條之社員資格者均得出社

二、社員自請退社須於本年度終了時並應在三個月前向理事會以書面請求經核准者始得退社

三、社員如有不遵照本社章則及決議履行者或有防害本社業務與利益者

二

凡有違犯關係法令以及喪失信譽之行為者均得經本社出席理監事四分之三以上社務會議之通過予以除名以書面通知被除名之社員並報告社員大會

四、出社社員對於出社前本社所負債務之保證責任自出社決定日起經過二年始得解除但本社於該社員出社後六個月內解散時得以該社員為未出社論

五、出社社員得請求退回其所繳股金之一部或全部但須於年度終了結算後由理事會決定之

第十一條　社股　本社關於社股之規定如左：

一、每股定為金圓二百元

二、社員入社時至少須認購一股嗣後可隨時添認但最多不得超過本社股金總額百分之二十第一次所交股金不得少認股額四分之一其餘股金之繳納日期由理事會決定但應自認股之日起一年內繳足之

三、社員如無力繳納股款之一部或全部者得按月由其應得之工資內扣繳或於年終由其應得之股息或盈餘分配金內扣充之

四、社員除以現款繳納股金外並可以機器工具及原料或其他財產物等經

三

华西实验区璧山县正兴乡正兴街机织生产合作社章程　9-1-199（55）

四

理監事出席三分之二以上之社務會議評定折價抵充其應繳股金

五、社員轉讓社股須經本社理監事出席二分之二以上之社務會議之通過方可出讓其承繼人如非社員時須照本章程第八條及第九條之規定始可繼承其原讓人之社股及其權利義務如爲本社社員則其所有社股金額應受不得超過本社股金總額百分之二十之限制

六、社員利息定爲月息八釐按實交之股款計算由理事會於每年度終了時決定之

七、社員不得以其對於本社社員或他人之債權抵繳其已認未繳之股金亦不得以其所繳之股金抵償其對於本社社員或他人之債務非經本社之同意亦不得以其社股爲人之債務作担保

第十二條　理事　本社由社員大會就社員中選任理事五人組織理事會互推主席經理司庫各一人掌理事主席對內總理社務對外代表本社經理專掌本社業務之經營司庫專司本社款項之保管與出納

第十三條　監事　本社由社員大會就社員中選任監事三人組織監事會互選主席一人監事不得兼任本社其他職員曾任理事之社員其任內之責任未清了前不得充當選爲理事

468

第十四條　僱員　本社因業務發展於必要時得由理事會任用副經理　人技師技術員事務員助理員或練習生及臨時僱工若干人練習生及臨時僱　工應先儘社員之家屬選用其辦法另定之

任期規定如左：

第十五條　任期　本社職員之任期除聘僱人員另行規定外所有理監事之任期規定如左

一、理事之任期爲三年每年改選三分之一得連選連任

二、監事之任期爲一年亦得連選連任

三、理事在任期內非有正當理由不得辭職其確因故辭職或其他原因缺額時得召集臨時社員大會舉行補缺選舉其產生之理監事以前任之任期爲任期

四、本社由理事會提經社員大會推選出席聯合社之代表其任期爲一年

第十六條　待遇　本社監理事均以義務職爲原則必要時得經社員大會決議酌支津貼或生活補助費其他聘僱員工得經理事會之議決酌給薪資

第十七條　細則　理事會辦事細則由理事會另訂之監事會辦事細則由監事會另訂之其他員工之服務規則分別另訂之

五

华西实验区璧山县正兴乡正兴街机织生产合作社章程　9-1-199（56）

第十八條　社員大會　本社以社員大會為最高權力機關由全體社員組織之

一、社員大會之職權如左：

（一）理監事之選任或罷免

（二）決定業務進行方針及業務實施計劃

（三）通過本社預算決算各種報告書表以及各項規章之製定或修正

（四）追任社員之入社或出社

（五）決定本社社員職員待遇之標準

（六）決定本社内外借款之限度

（七）其他重要事項及理監事或社員之提議事項之決定

二、社員大會分常會臨時會兩種常會於每業務年度終了後一個月内由理事會召集之臨時會於理事會認為必要時或監事會對執行職務認為必要時召集之全體四分之一以上社員認為必要時以書面說明提議事項及其理由亦得請求理事會召集臨時會此項請求提出十日内如理事會不召集時為社員得呈請主管機關自行召集之

三、社員大會之召集應於七日前以書面或載明事理及提議事項通知各社員

华西实验区璧山县正兴乡正兴街机织生产合作社章程 9-1-199（56）

得决議但對理監事之罷免須有全體社員過半數之同意始得決議對本社解散或與他社之合併應有全體社員四分之三以上之出席出席社員三分之二以上之同意始得決議

五、社員大會開會以理事主席為主席理事主席缺席時以監事主席為主席社員召集之臨時會議公推一人為主席

六、社員僅有一表決權或選舉權社員不能出席時得以書面委託其他社員代理之但同一代理人以不得代管兩個以上之社員為限表決時如雙方票數相等主席有投決定票之權

七、社員大會流會二次以上時理事會得以書面載明應議事項函由全體社員於一定期限內通信表決之但以期限不得少於十日

第十九條 社務會 由理事會於每三個月召集常會一次必要時得召集臨時會議均為討論理事會或監事會不能單獨解決而無須舉行社員大會之重要事項

一、社務會開會時其主席由理監事互選之

二、社務會應有全體理監事三分之二以上出席始得開會出席理監事過半之數同意始得決議

七

华西实验区璧山县正兴乡正兴街机织生产合作社章程　9-1-199（57）

八

三、社務會開會時副經理技師技術員及事務員均得列席陳述意見

第二十條　理事會及監事會　由各該會主席至少於每月召集會議一次

一、理事會及監事會應有理事或監事過半數以上之出席始得開會出席理事或監事過半數之同意始得決議。

二、理事會之職權如左：

(一)執行社員大會決議案及一切社務

(二)擬定業務進行方針及實施計劃

(三)編造預算及決算

(四)編製各項報告書表及規章

(五)向外借款及其事項

(六)購置應須之原料及一切設備或其他不動產

(七)辦理本社產品之運銷

(八)會同本社監事對內對外簽訂各種契約或於訴訟時為本社代表

三、監事會之職權

監查本社所有財務狀況

監查本社業務執行狀況

（三）審查本社年終決算編造之各項書表

（四）會同理事對內對外簽訂各種契約或於訴訟行為時爲本社代表

第二十一條　記錄　本社舉行各種會議均應具備會議記錄其格式項目另定之

第二十二條　業務種類　本社經營業務如左：

（一）織布

（二）整裝

（三）

第二十三條　業務管理　本社應需原料工具及設備所有產品之製造與運銷均以統籌集總辦理爲原則

（一）本社社員如能供給前項原料工具或設備時得儘先徵收之按當地時價付款

（二）本社除應設立工廠外并得於必要時設置倉庫其辦法另定之

（三）本社遇有特殊情形時得經社務會議之決議准許社員領用原料工具在其家中製造但成品須交社中集總運銷其詳細辦法另定之

（四）其他一切管理辦法悉依工廠法之規定辦理

第二十四條　年度　本社以國歷一月一日至十二月三十一日爲業務年度六月底爲半年

九

华西实验区璧山县正兴乡正兴街机织生产合作社章程　9-1-199（58）

一〇

第二十五條　結算期十二月底為全年總決算期
書表　每年度總決算時由理事會造具左列各項書表送經監事會審查後連
同監事會報告書提請社員大會承認并呈報主管機關備案另須具備一份存
置社中以供本社社員及債權人查閱
（一）財產目錄　（二）資產負債表　（三）損益計算書　（四）業務
報告書　（五）盈餘分配案

第二十六條　盈餘　本社年終決算有盈餘時除依次彌補累計損失償付對外借款應還本
息并付股息外如有餘額作為一百分按照下列規定分配之
（一）以百分之二十為公積金經社員大會之決定存儲於殷實之銀行或存
款機關與商號或以穩妥之方法運用生息除彌補損失外不得移作別用
但公積金超過股金總額二倍時其超過部份得由社員大會決定作為擴
充業務或供公共事業之用
（二）以百分之十為公益金由社員大會議決以為協助本社附近居民
之教育衛生及其他公益事業及社福利事業之用
（三）以百分之十為理事及職員聘雇員工之酬勞金其酬勞分配辦
法由理事會決定之

（四）以百分之六十為社員分配金按社員之工作效率成績及工資等比例分配之

第二十七條　虧損　本社年終決算有虧損時以公益金及股金順次抵補之如仍不足由各社員按所負之保證金額分担之

第二十八條　解散　本社遇有左列情事之一而解散

（一）社員大會議決解散或與他社合併時

（二）社員不及法定人數或成立期滿時

（三）破產或有解散之命令時

第二十九條　清算　本社解散時呈由主管機關或法院派清算員二人依合作社法之規定清理本社債權及債務清算後尚有資產金額時由清算人擬定分配案呈准主管機關并提交社員大會決定處理

第三十條　附則　本章程附則附左：

一、本章程未規定事項悉依合作社法及同法施行細則或其他有關法令之規定辦理

二、本章程由社員大會通過呈請主管機關核准後施行

一一

59

全體社員簽名蓋章或按斗於後：

姓名	蓋章或按斗	姓名	蓋章或按斗	姓名	蓋章或按斗	姓名	蓋章或按斗
朱炳松		張錫洲		林篤高 (?)		張偉高 (?)	
劉兆樞		尚月昇		軟隆輝 (?)		譚君仁 (?)	
朱國賢		朱森森 (?)		郝子聚 (?)		鄧崇良 (?)	
劉錫釗		尚道藩 (?)		陳月輝		陳海堂 (?)	
陳太安		尚崇階		陳泥俊 (?)		陳萬之 (?)	
秦致軒		吳朝清		朱萬庭 (?)		陳祥森 (?)	
雷雨成 (?)		林雲初		謝炳輝		陳文揚 (?)	
雷淑清 (?)		葉祖旺 (?)		張軍成 (?)		朱勤霄 (?)	

华西实验区璧山县正兴乡正兴街机织生产合作社章程　9-1-199（59）

华西实验区璧山县正兴乡正兴街机织生产合作社章程 9-1-199（60）

姓名	盖章或按斗
黄勤明	
纪厚勇	
冉荣英	
钟银轩	
黄远屋	
姜徊禹	
伍海林	
伍先達	
胡树成	
吴长海	
黄海恒	
朱继伦	
周宗南	
冷报昌	
林贵成	
黄发洲	
郑银阳	
曾桂山	
蔡海云	
钱远荣	
陈远辉	
胡远森	
陈泽辉	
张学臣	
陈树辉	
黄银奎	
陈文麟	
朱海旺	
范金义	
胡纪栋	
廖海清	
胡熊洲	

华西实验区璧山县正兴乡正兴街机织生产合作社章程　9-1-199（60）

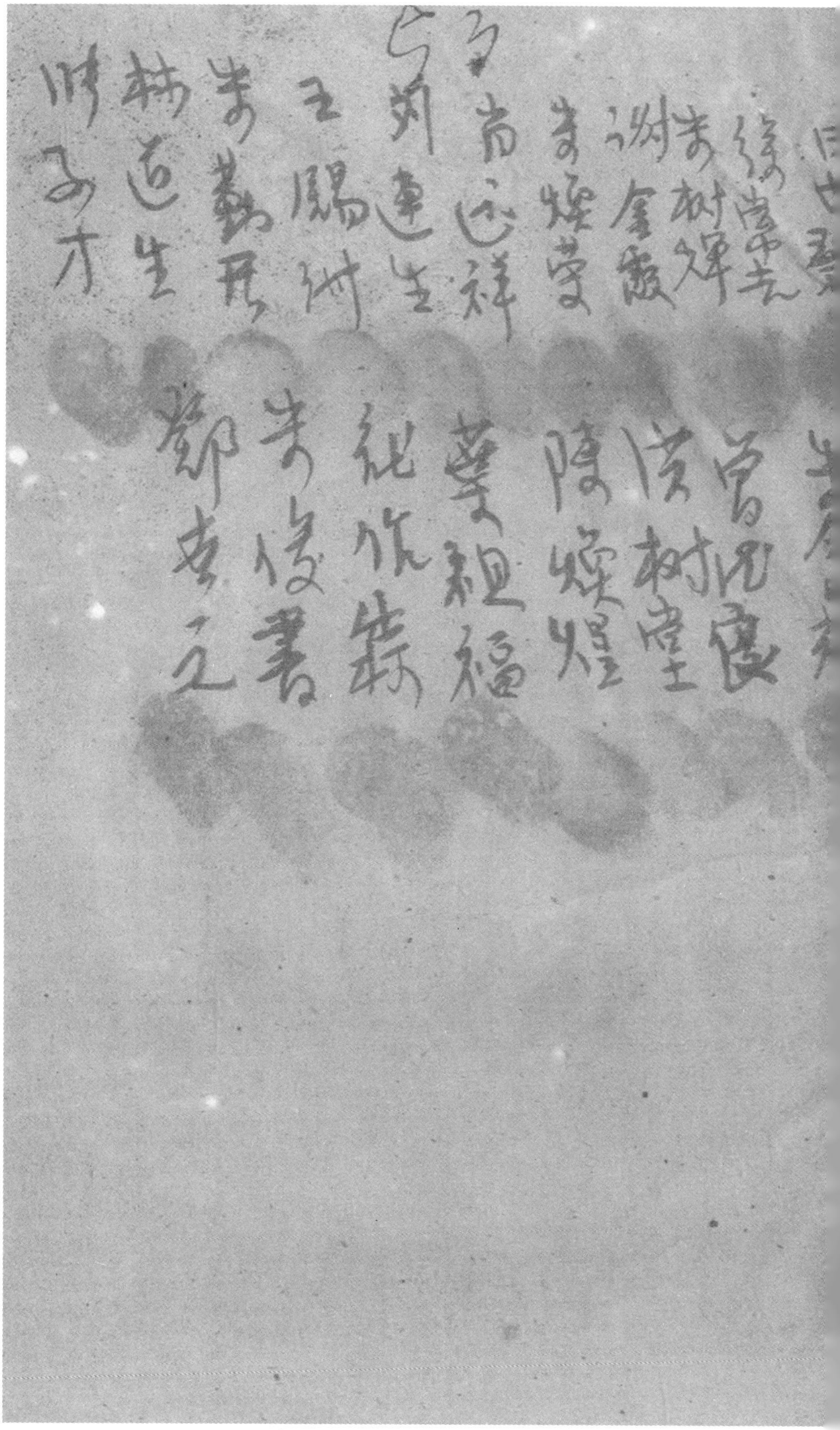
徐崇光
朱树辉
谢金霞
朱焕荣
肖述祥
刘连生
王赐树
朱勤兴
杨道生
邱子才
曾仕良
洪树堂
陈焕煌
叶祖福
钱作森
朱俊书
郑安之

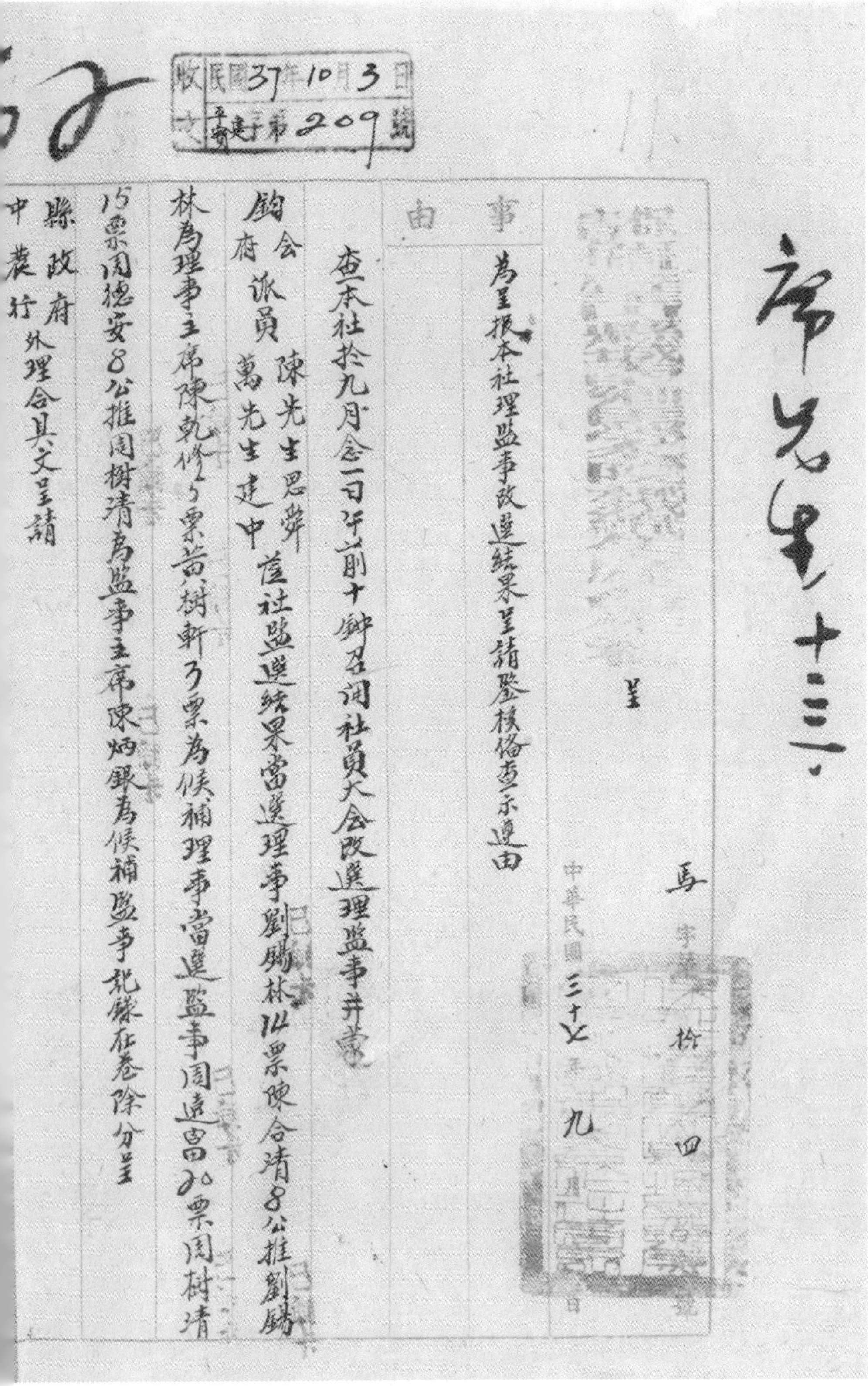

收文 民國37年10月3日 平建字第209號

呈 字第拾四號

事由：為呈報本社理監事改選結果呈請鑒核備查示遵由

查本社於九月念一日午前十鐘召開社員大會改選理監事并蒙
鈞府会派員陳先生思舜、萬先生建中蒞社監選結果當選理事劉錫林14票、陳合清8票，公推劉錫林為理事主席，陳乾修5票、苗樹軒3票為候補理事；當選監事周遠富20票、周樹清15票、周德安8票，公推周樹清為監事主席，陳炳銀為候補監事，記錄在卷。除分呈中農行外，理合具文呈請
縣政府

中華民國三十七年九月 日

璧山县各机织生产合作社与璧山县政府、中农行、华西实验区璧山办事处、华西实验区总办事处关于机织生产合作社相关事宜的往来公文　9-1-149（94）

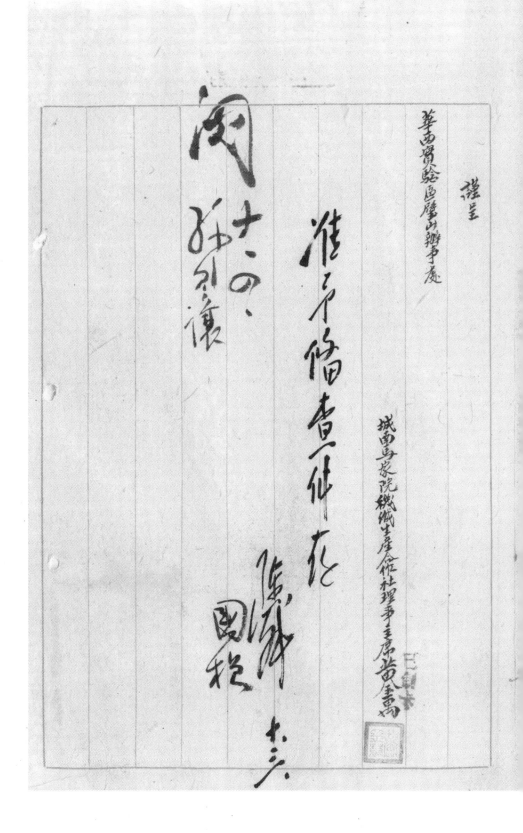

璧山县各机织生产合作社与璧山县政府、中农行、华西实验区璧山办事处、华西实验区总办事处关于机织生产合作社相关事宜的往来公文 9-1-149（95）

謹呈

華西實驗區璧山辦事處

城南馬家院機織生產合作社理事主席黃[illegible]

准予備查件存

陳[illegible] 十二、六

國楨

閱 十六

孫[illegible]議

璧山县各机织生产合作社与璧山县政府、中农行、华西实验区璧山办事处、华西实验区总办事处关于机织生产合作社相关事宜的往来公文　9-1-149（96）

保證責任璧山縣[illegible]機織生產合作社 呈

事由：呈為任期已滿懇祈派員監選以符法令而維社務由。

中華民國卅七年三月卅一日 字第 號

竊查職社理監事等任期一年者業已屆滿前於本月二十五日召開理監聯席會議決議本社理監事等定於四月七日呈請改選以符法令而維社務等語記錄在卷除已通知各社員按時出席選舉外理應具文呈請

鈞區鑒核懇祈准予派員於四月七日上午九時蒞城南鄉公所監視改選以昭鄭重實為公便

謹呈

中華平民教育促進會華西實驗區 公鑒

[illegible]

璧山縣城南鄉劉家溝機織生產合作社理事主席 梁芳明

已銷卡

梁芳明

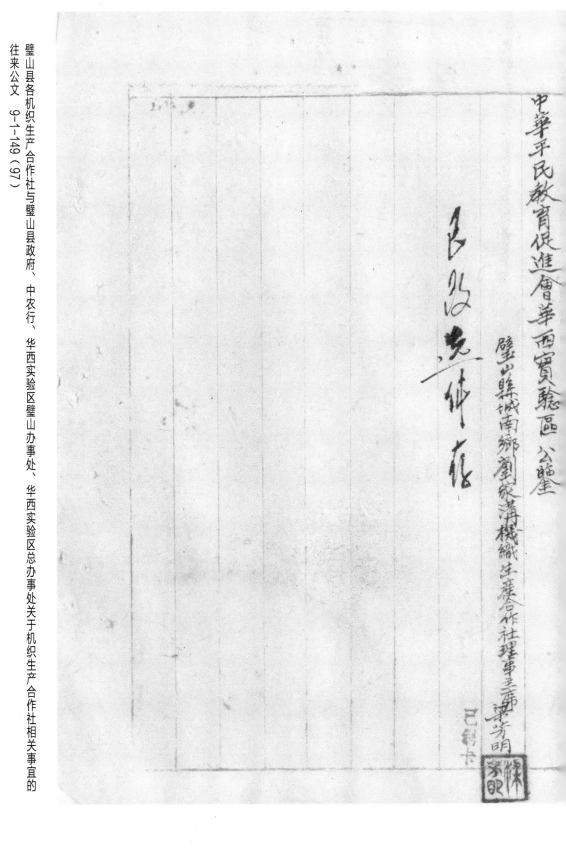

璧山县各机织生产合作社与璧山县政府、中农行、华西实验区璧山办事处、华西实验区总办事处关于机织生产合作社相关事宜的往来公文　9-1-149（97）

璧山县各机织生产合作社与璧山县政府、中农行、华西实验区璧山办事处、华西实验区总办事处关于机织生产合作社相关事宜的往来公文　9-1-149（98）

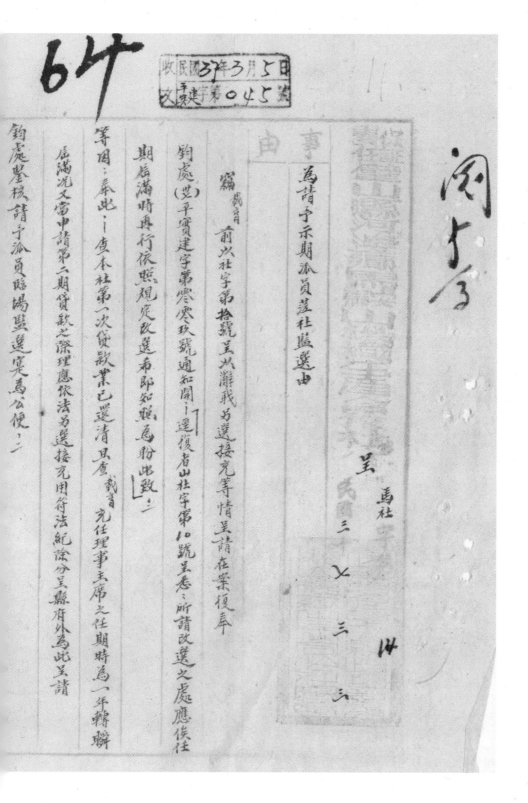

64

收文　民國37年3月5日　平教建字第045號

呈　馬社字第卅號

民國三十七年三月三日

事由：為請予示期派員蒞社監選由

竊戴育前以社字第拾號呈以辭職另選接充等情呈請在案復奉

鈞處（卅）平實建字第零零玖號通知開：「選復省山社字第10號呈悉。所請改選之處應俟任期屆滿時再行依照規定改選希即知照為盼此致」

等因；奉此。查本社第一次貸款業已還清且查戴育充任理事主席之任期時為一年轉瞬屆滿況又當申請第二期貸款之際理應依法另選接充用符法紀除分呈縣府外為此呈請

鈞處鑒核請予派員臨場監選寔為公便！

閱卜令

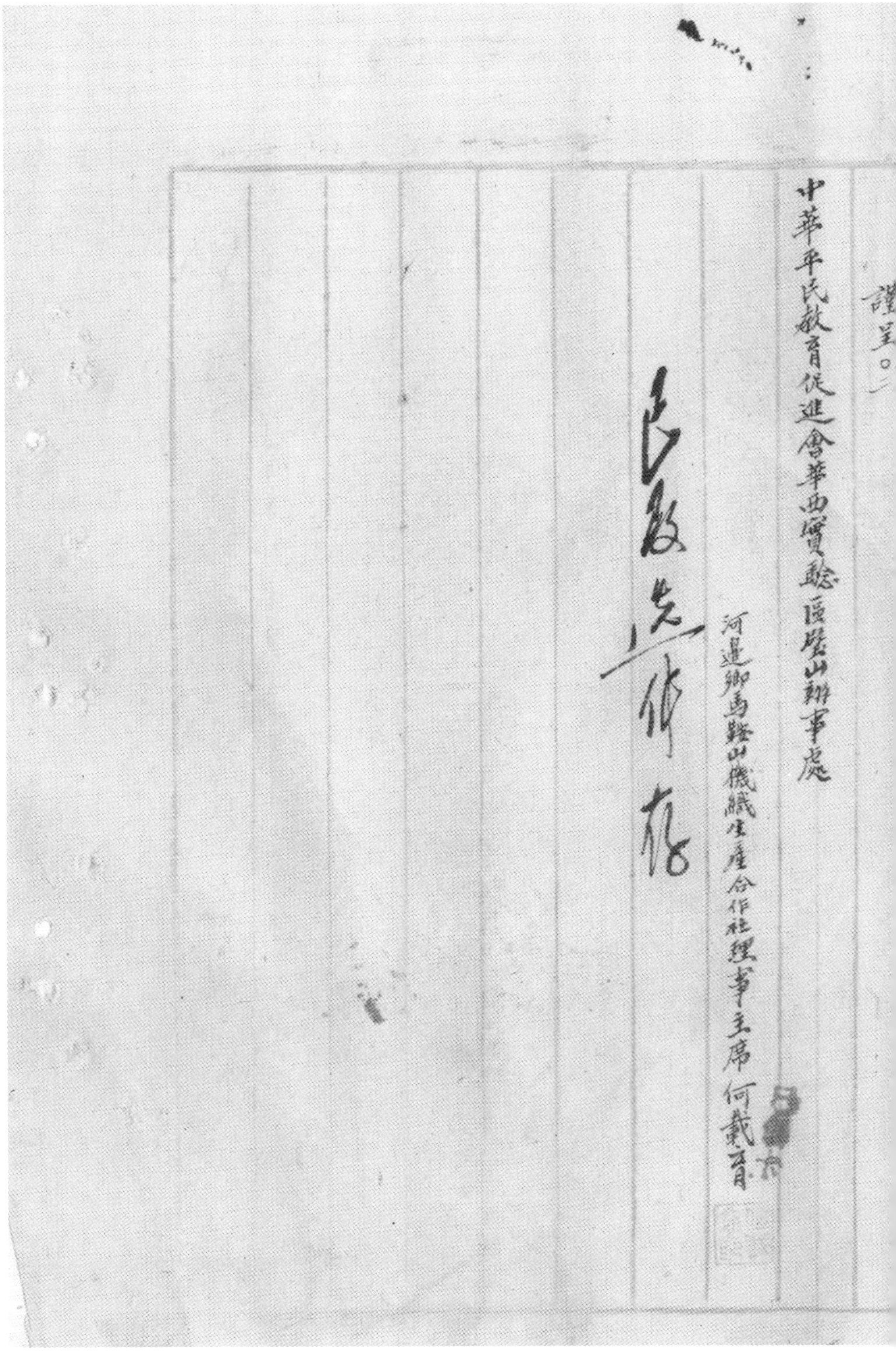
謹呈。
中華平民教育促進會華西實驗區璧山辦事處
河邊鄉馬鞍山機織生產合作社理事主席 何戴育

璧山县各机织生产合作社与璧山县政府、中农行、华西实验区璧山办事处、华西实验区总办事处关于机织生产合作社相关事宜的往来公文　9-1-149（99）

璧山县各机织生产合作社与璧山县政府、中农行、华西实验区璧山办事处、华西实验区总办事处关于机织生产合作社相关事宜的往来公文 9-1-149（100）

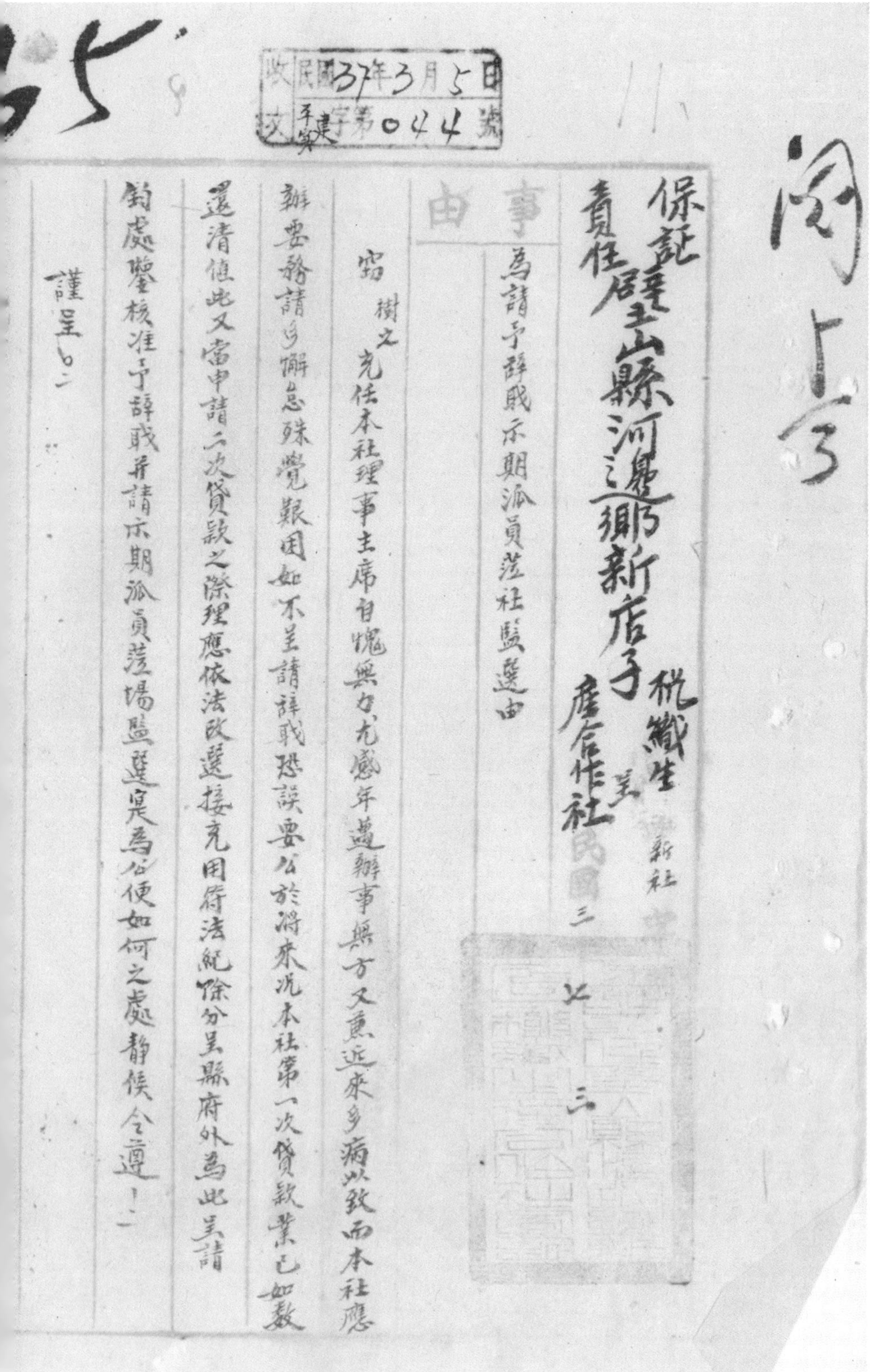

收文 民國37年3月5日 平建字第044號

閱 上字

保証責任璧山縣河邊鄉新店子機織生產合作社 呈 新社字

民國三七 二

事由：為請予辭職示期派員蒞社監選由

竊 樹之 充任本社理事主席自愧無力尤感年邁辦事無方又兼近來多病以致而本社應辦要務請多懈怠殊覺艱困如不呈請辭職恐誤要公於將來况本社第一次貸款業已如數還清值此又當申請二次貸款之際理應依法改選接充用符法紀除分呈縣府外為此呈請

鈞處鑒核准予辭職並請示期派員蒞場監選寔為公便如何之處靜候令遵！！

謹呈

璧山县各机织生产合作社与璧山县政府、中农行、华西实验区璧山办事处、华西实验区总办事处关于机织生产合作社相关事宜的往来公文　9-1-149（101）

河边乡新店子机织生产合作社理事主席申树之

查已于二月初旬在河边乡办事处改选

文渊

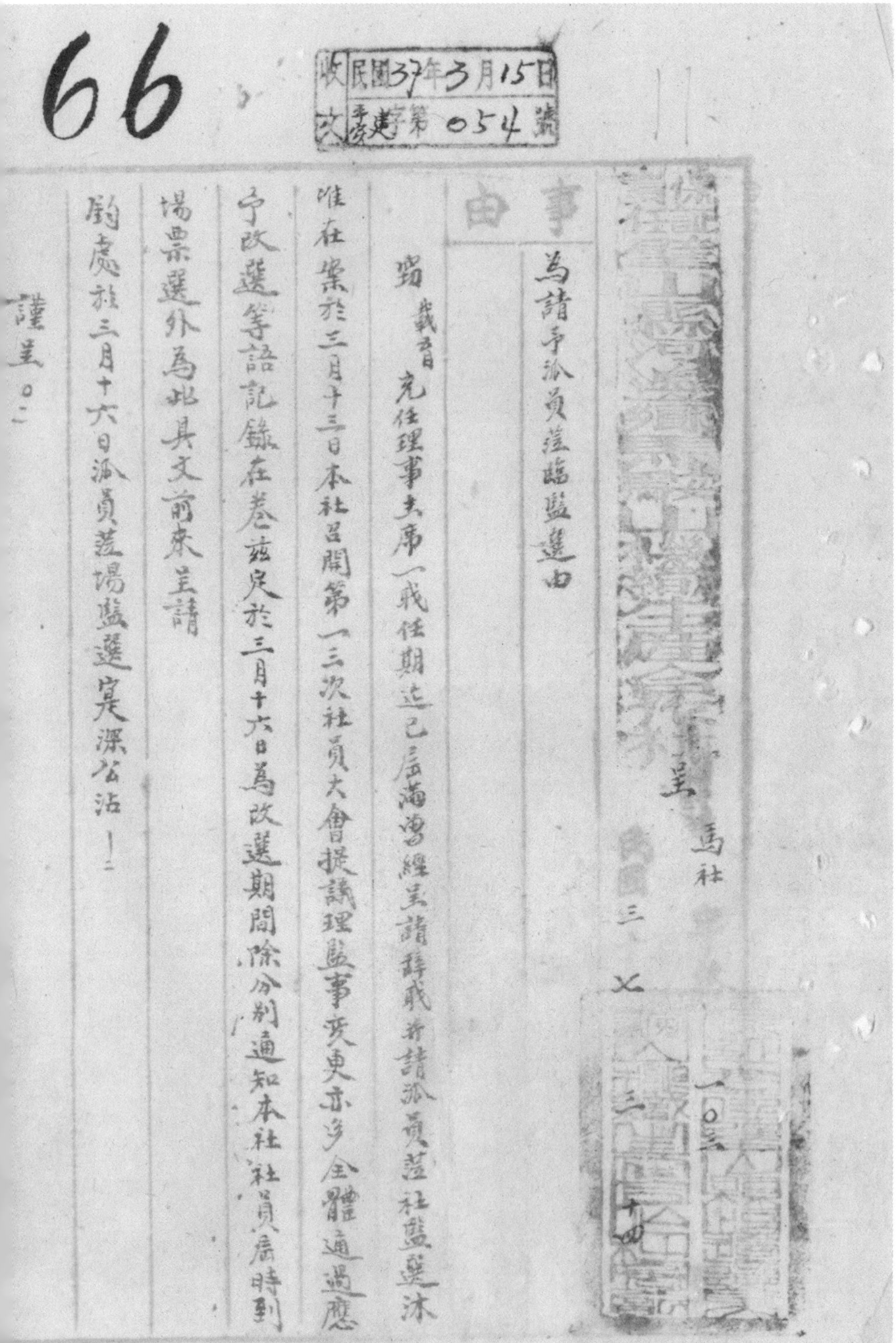
66

收文 民國37年3月15日 字第054號

事由 為請予派員蒞臨監選由

竊查敝社先任理事主席一職任期迄已屆滿曾經呈請辭職并請派員蒞社監選沐准在案於三月十三日本社召開第一三次社員大會提議理監事改更亦多全體通過應予改選等語記錄在卷茲定於三月十六日為改選期間除分別通知本社社員屆時到場票選外為此具文前來呈請

鈞處社三月十六日派員蒞場監選寔深公沾

謹呈

璧山县各机织生产合作社与璧山县政府、中农行、华西实验区璧山办事处、华西实验区总办事处关于机织生产合作社相关事宜的往来公文　9-1-149（102）

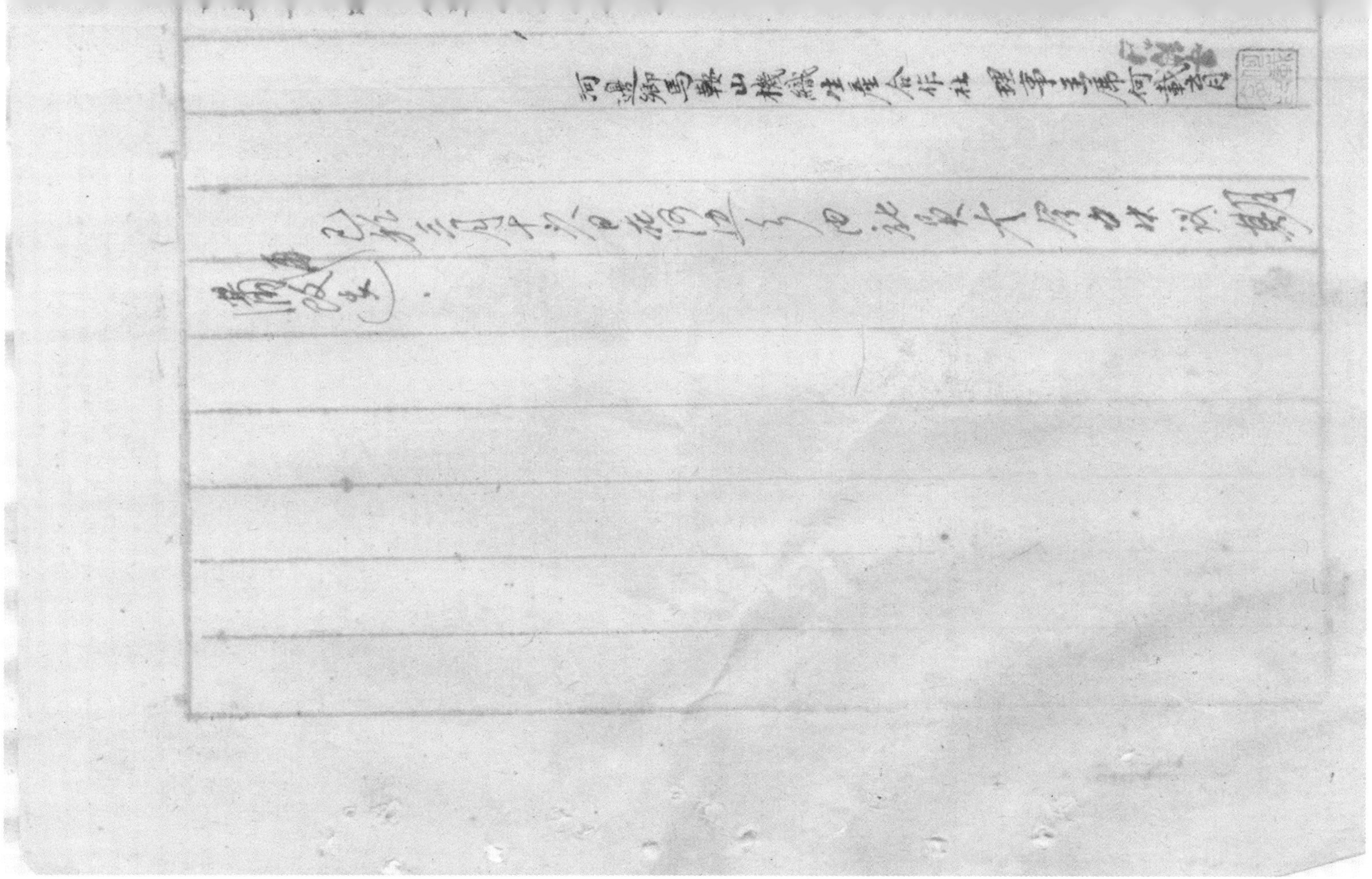
河邊鄉馬鞍山機織生產合作社 理事主席何載青

已於三月十六日在河边乡四社良大屋出状议期

满改文

璧山县各机织生产合作社与璧山县政府、中农行、华西实验区璧山办事处、华西实验区总办事处关于机织生产合作社相关事宜的往来公文 9-1-149（103）

璧山县各机织生产合作社与璧山县政府、中农行、华西实验区璧山办事处、华西实验区总办事处关于机织生产合作社相关事宜的往来公文 9-1-149（104）

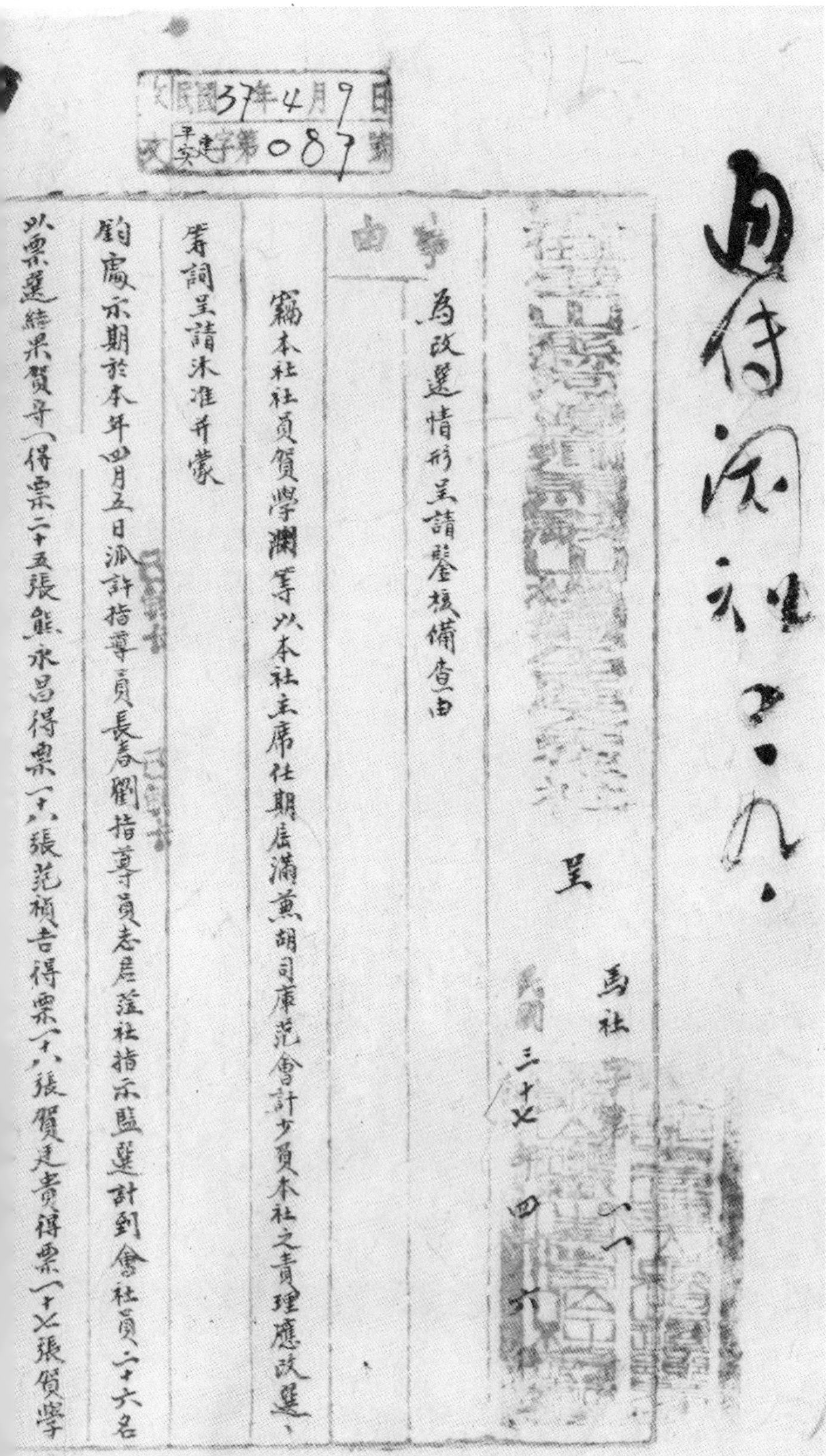

由侍閱示社

民國37年4月9日
平實建字第087號

事由：為改選情形呈請鑒核備查由

竊本社社員賀學淵等以本社主席社期屆滿黃胡司庫范會計均負本社之責理應改選、等詞呈請沐准并蒙鈞處示期於本年四月五日派許指導員長春劉指導員志君蒞社指示監選計到會社員二十六名以票選結果賀尋八得票二十五張熊永昌得票一十八張范禎吉得票一十八張賀建貴得票一十七張賀學

呈

馬社字第一號

民國三十七年四月六日

璧山县各机织生产合作社与璧山县政府、中农行、华西实验区璧山办事处、华西实验区总办事处关于机织生产合作社相关事宜的往来公文　9-1-149（105）

張以上三人當被選為監事三人仍以票選何載育為監事主席似此情形除分別呈

鈞處鑒核予以備查寔為公便！二

謹呈○二

中華平民教育促進會華西實驗區辦事處

（附決議錄一份）

理事主席何載育

存查

F6

璧山县各机织生产合作社与璧山县政府、中农行、华西实验区璧山办事处、华西实验区总办事处关于机织生产合作社相关事宜的往来公文 9-1-149（106）

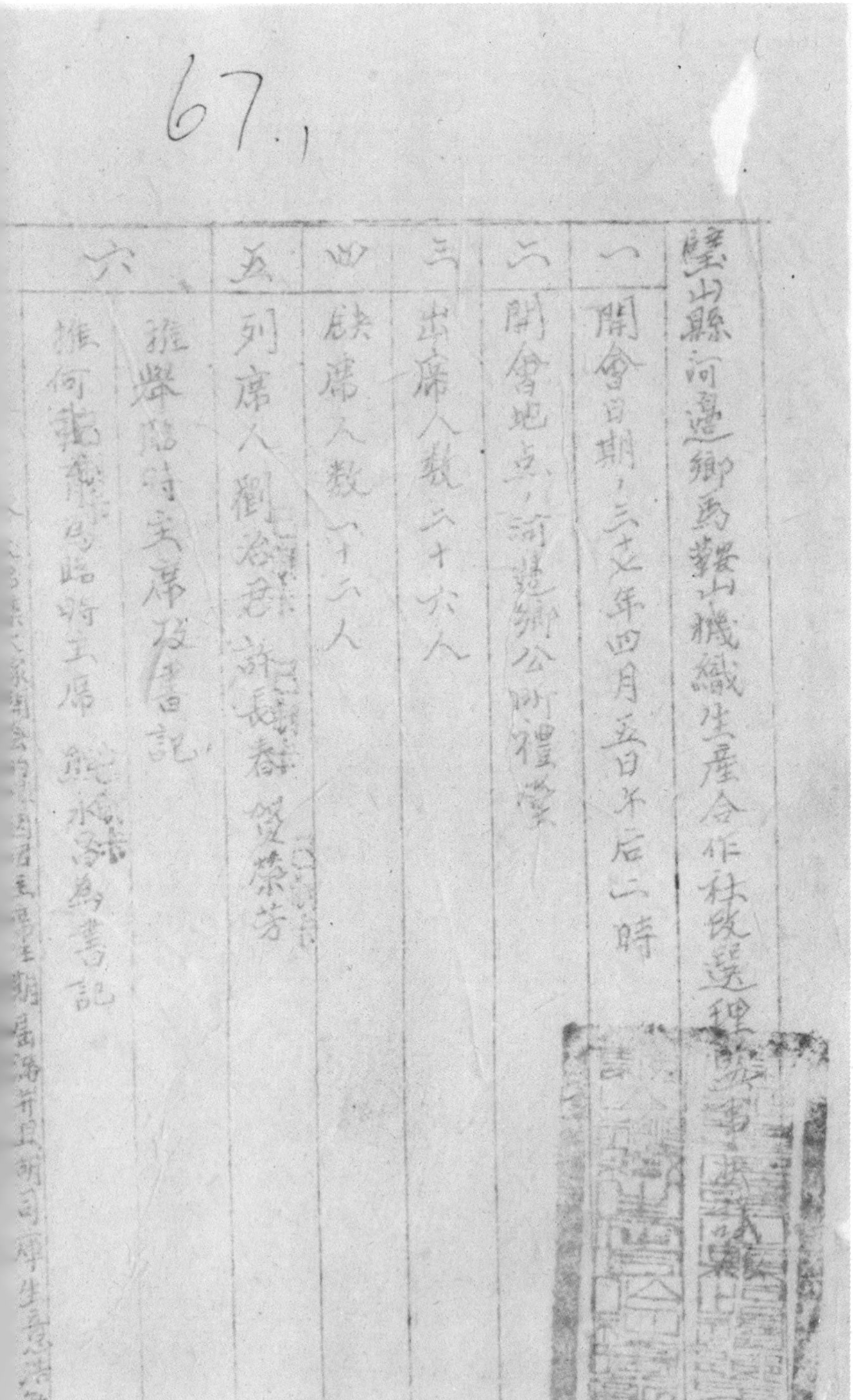

67.

璧山縣河邊鄉馬鞍山機織生產合作社改選理監事[illegible]

一 開會日期，三十七年四月五日午后二時

二 開會地点，河邊鄉公所禮堂

三 出席人數 二十六人

四 缺席人數 十二人

五 列席人 劉治君 許長春 賀榮芳

六 推舉臨時主席及書記

推何[illegible]為臨時主席 [illegible]為書記

[illegible]

1. 選舉理事
2. 當選者賀守一、熊永昌、曾學渊、賀建貴、范禎吉
3. 選舉監事
4. 當選者何載言、王海林、范合清
5. 業務計劃
6. 聯前實施
7. 散會

臨時主席 何載言
臨時書記 熊永昌

璧山县各机织生产合作社与璧山县政府、中农行、华西实验区璧山办事处、华西实验区总办事处关于机织生产合作社相关事宜的往来公文 9-1-149（107）

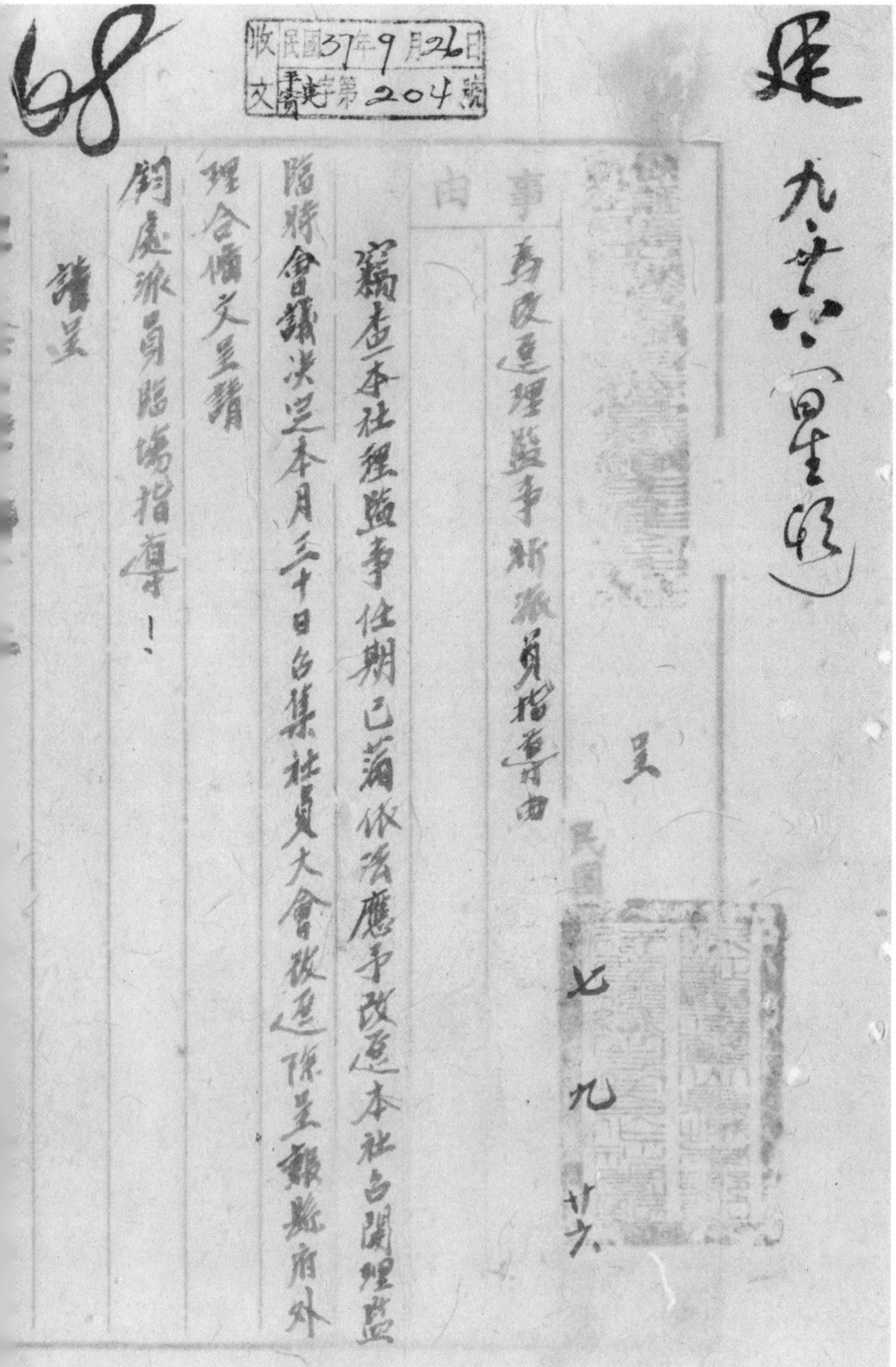

68

收文 民國37年9月26日 平實字第204號

事由 爲改選理監事新職員指導由

竊查本社理監事任期已滿依法應予改選本社台開理監臨時會議決定本月三十日召集社員大會改選除呈報縣府外理合備文呈請

鈞處派員臨場指導！

謹呈

民國 七 九 廿六

九廿八（星期）

璧山县各机织生产合作社与璧山县政府、中农行、华西实验区璧山办事处、华西实验区总办事处关于机织生产合作社相关事宜的往来公文　9-1-149（108）

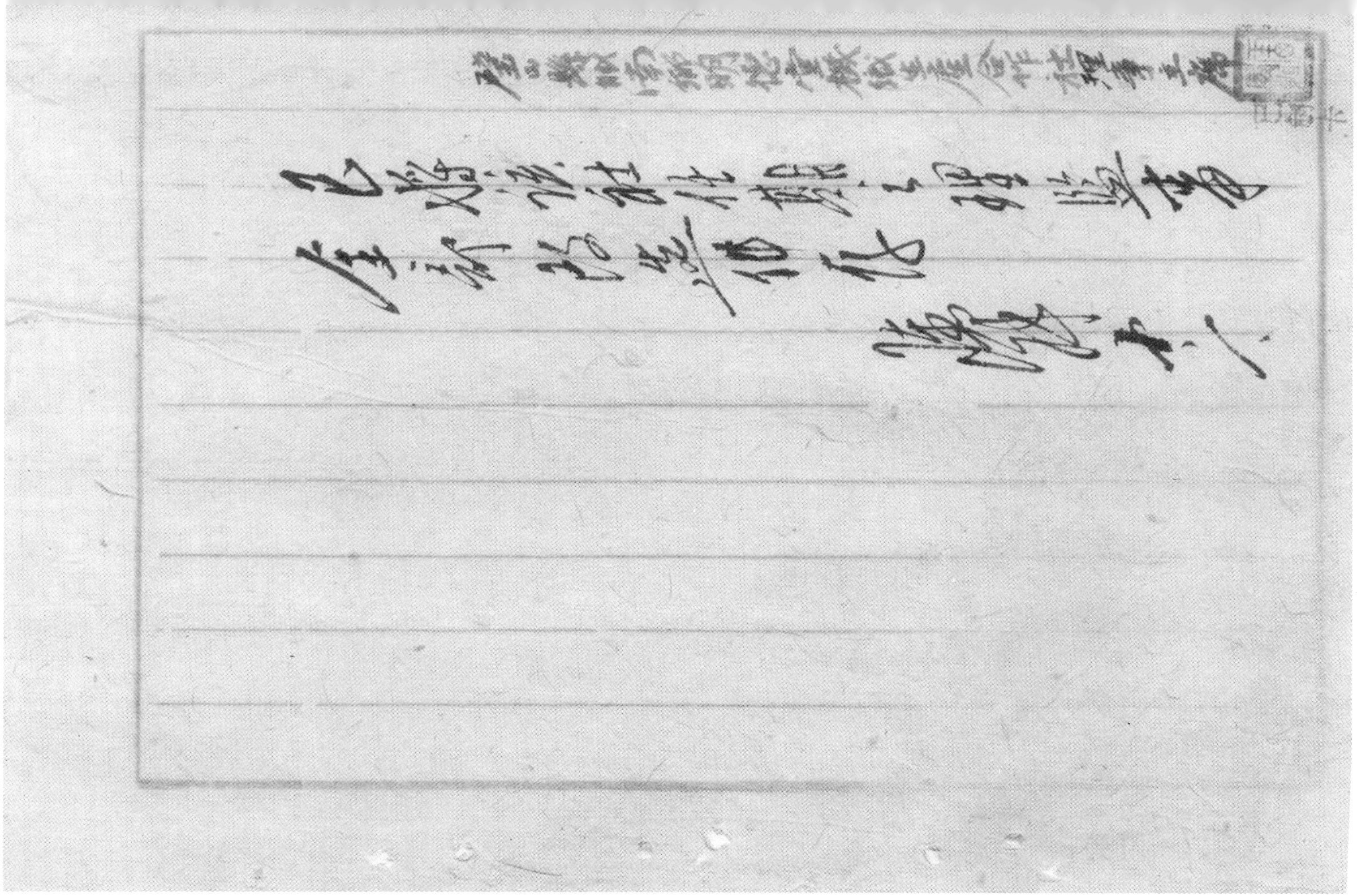

璧山县城南乡明德堂机织生产合作社理事主席

已将该社任期之理监事

全部改选备存

璧山县各机织生产合作社与璧山县政府、中农行、华西实验区璧山办事处、华西实验区总办事处关于机织生产合作社相关事宜的往来公文　9-1-149（109）

璧山县各机织生产合作社与璧山县政府、中农行、华西实验区璧山办事处、华西实验区总办事处关于机织生产合作社相关事宜的往来公文 9-1-149（149）

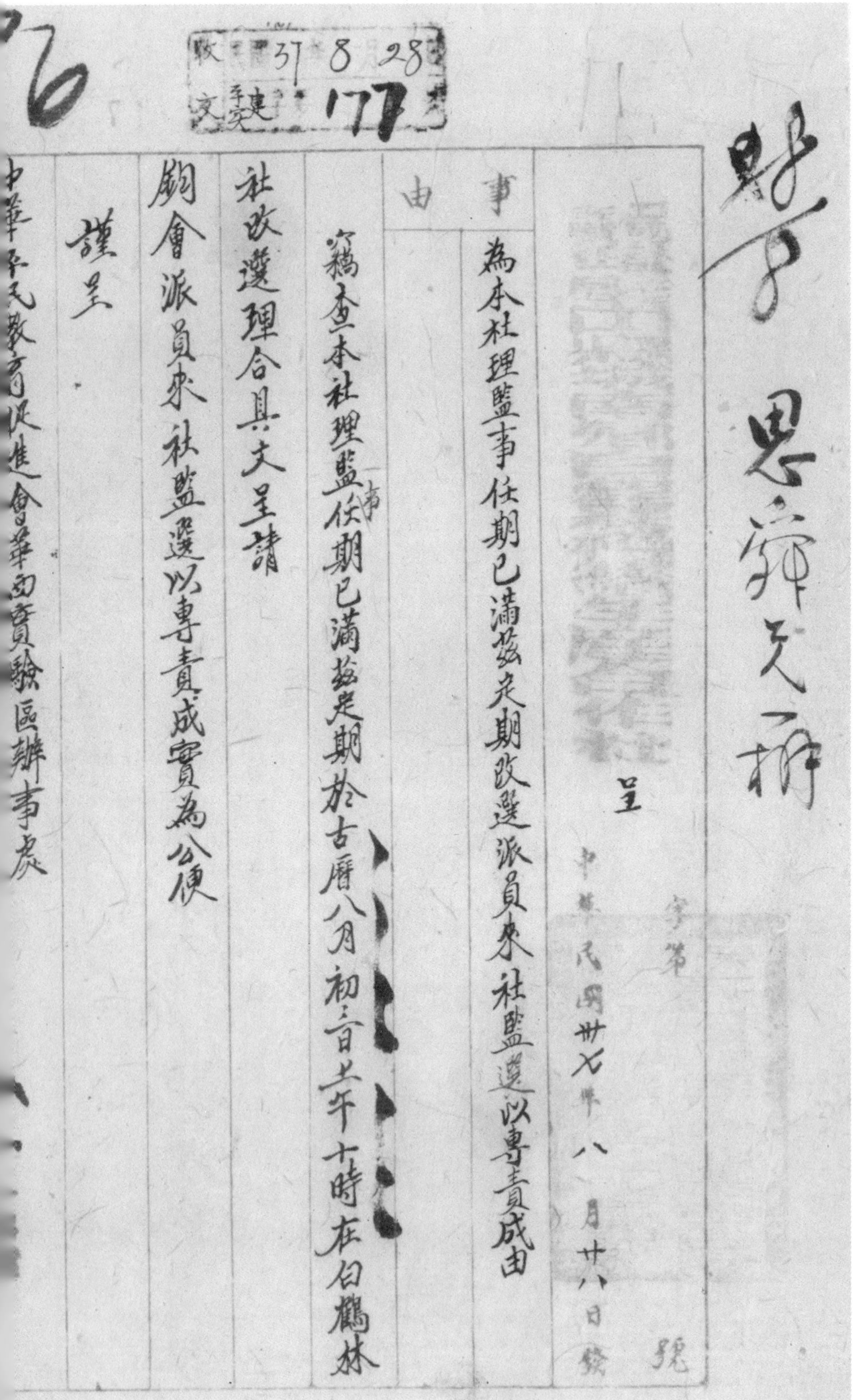

收文 37 8 28
177

事由：為本社理監事任期已滿茲定期改選派員來社監選以專責成由

呈 字第 號

中華民國卅七年八月廿八日發

竊查本社理監事任期已滿茲定期於古曆八月初三日上午十時在白鶴林社改選理合具文呈請

鈞會派員來社監選以專責成實為公便

謹呈

中華平民教育促進會華西實驗區辦事處

璧山县各机织生产合作社与璧山县政府、中农行、华西实验区璧山办事处、华西实验区总办事处关于机织生产合作社相关事宜的往来公文　9-1-149（150）

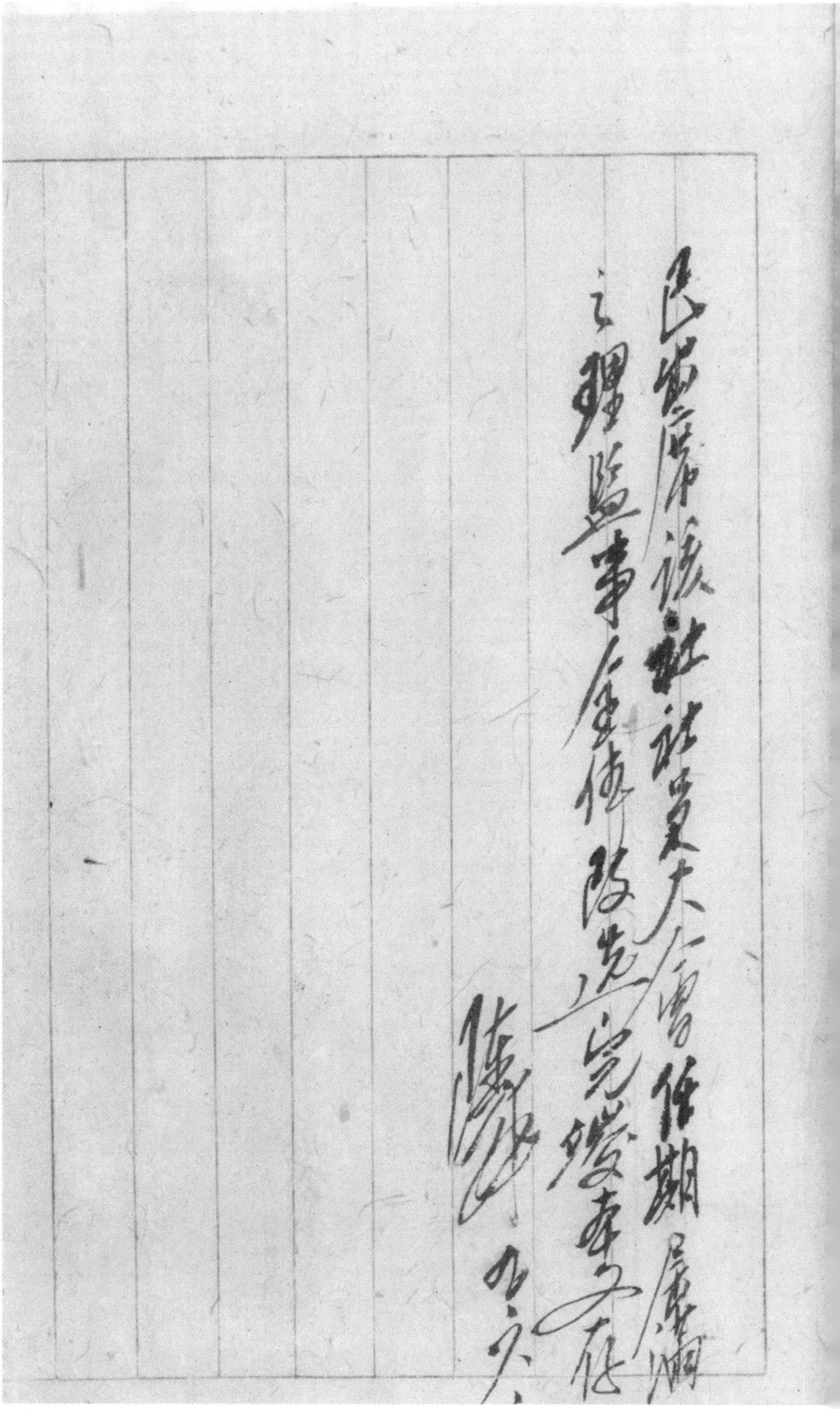

166

同發光梭布 15号

社名 養魚池機織生產合作社

民國卅七年 月 日

登記證 字 號

原登記事項	變更登記事項	更原因
原登記理事主席吳全良	更登記理事主席張世全監事	理事主席辭職其他年度
監事主席風海瀛 司庫	主席風海瀛 司庫蔣林軒	改选
朱星良會計蔣林軒	會計朱星良	

92

謹呈

理事主席 張世全

壹年發該社已前呈縣府

請辦理查更登記矣来件存查

八、十五

璧山县各机织生产合作社与璧山县政府、中农行、华西实验区璧山办事处、华西实验区总办事处关于机织生产合作社相关事宜的往来公文 9-1-149（159）

職別	姓名	簽字蓋章	任事起止年月日	備考
理事主席	張世全	[印]	任一年卅七年七月起卅八年七月止	
監事主席	風海瀛	[印]	任一年卅七年七月起卅八年七月止	
經理				
司庫	蔣林軒	[印]	任二年卅七年七月起卅九年七月止	
會計	朱星良	[印]	任一年卅七年七月起卅八年七月止	
圖記	[印]			
戳條	[印]			

中華民國三十七年　月　日編造

璧山县各机织生产合作社与璧山县政府、中农行、华西实验区璧山办事处、华西实验区总办事处关于机织生产合作社相关事宜的往来公文　9-1-149（160）

璧山县各机织生产合作社与璧山县政府、中农行、华西实验区璧山办事处、华西实验区总办事处关于机织生产合作社相关事宜的往来公文　9-1-149（161）

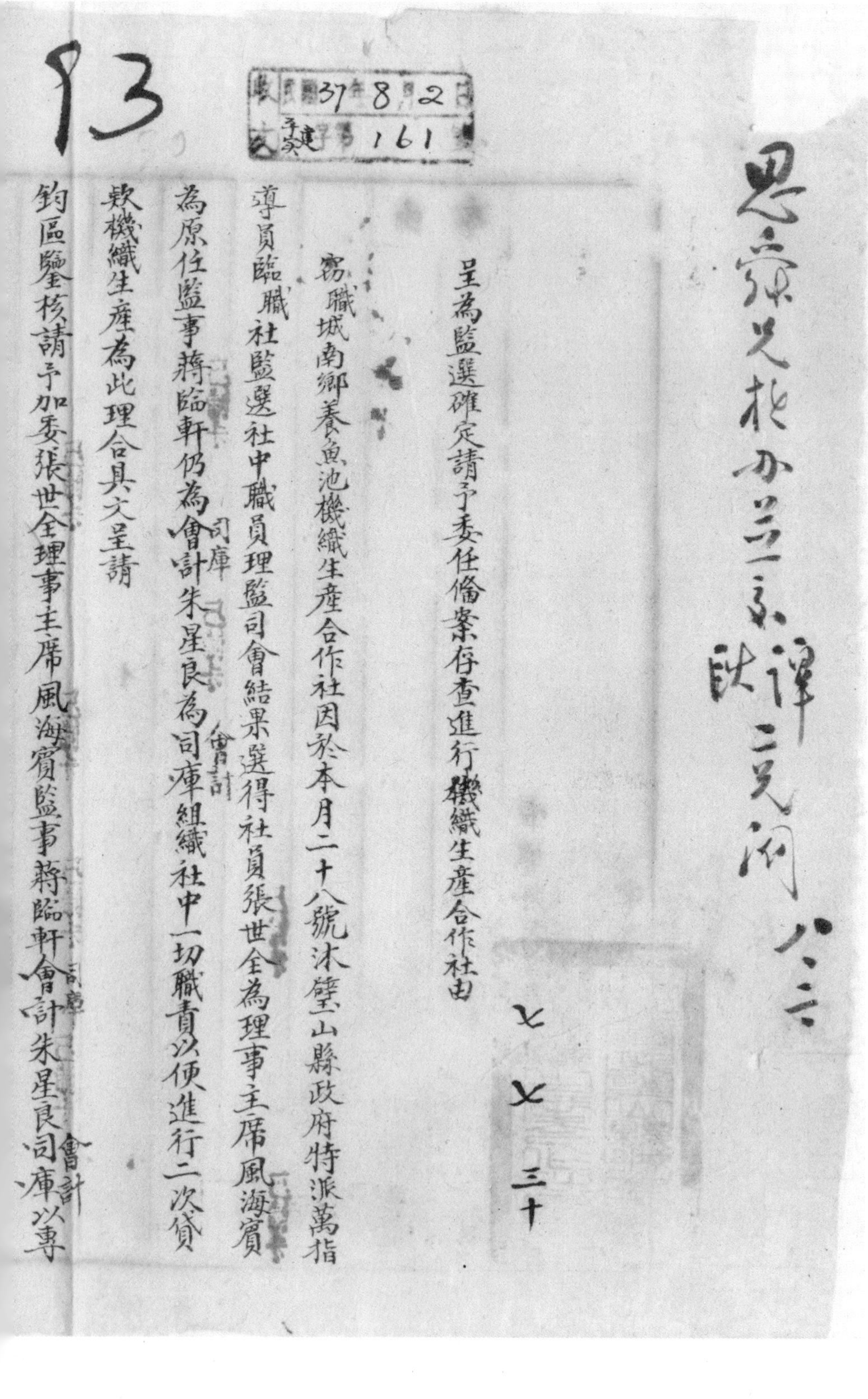

思齋兄核办呈一案 譚 ... 二見詢 八.二

收文 37 8 2 字第 161 號

83

呈為監選確定請予委任備案存查進行機織生產合作社由

七 七 三十

竊職城南鄉養魚池機織生產合作社因於本月二十八號沐璧山縣政府特派萬指導員臨職社監選社中職員理監司會結果選得社員張世全為理事主席風海賓為原任監事蔣臨軒仍為會計朱星良為司庫組織社中一切職責以便進行二次貸款機織生產為此理合具文呈請

鈞區鑒核請予加委張世全理事主席風海賓監事蔣臨軒會計朱星良司庫以專

璧山县各机织生产合作社与璧山县政府、中农行、华西实验区璧山办事处、华西实验区总办事处关于机织生产合作社相关事宜的往来公文　9-1-149（162）

謹呈

華西實驗區

公鑒

城南鄉春魚池機織生產合作社前任理事　吳全良　張世全

新任理事　風海濱　蔣臨軒　朱星良

閱 七.三.

查該社改選後應逕向

縣府呈報更易登記

書表以符法定

[illegible]

八.二六

璧山县各机织生产合作社与璧山县政府、中农行、华西实验区璧山办事处、华西实验区总办事处关于机织生产合作社相关事宜的往来公文　9-1-149（163）

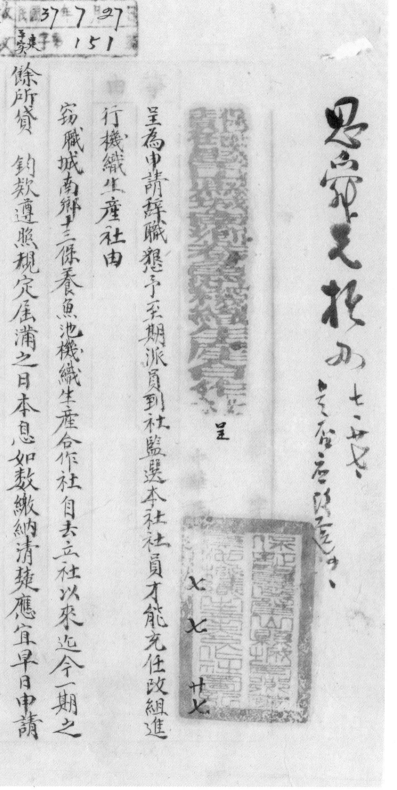

文 民国37年7月27 字第151

恳会予核办　七、廿七

呈为申请辞职恳予至期派员到社监选本社社员才能充任改组进行机织生产社由

呈

窃职城南乡十三保养鱼池机织生产合作社自去立社以来迄今一期之馀所贷　钧款遵照规定届满之日本息如数缴纳清楚应宜早日申请　钧区二次贷款进行国家正令机织生产社但职自办一期之久因社中一切概由会计办理殊知蒋会计外出应办事宜实有懈怠社务於职乃

七　七　廿七

即農曆本月廿二日午前十鐘，請派員前至職社為此具文呈請

鈞區鑒核，准予辭職，懇請至期派員到職社監選本社社員才能充任，

以免遺悞國家正令進行，是為公便。謹呈

華西實驗區

公鑒

具呈請養魚池理事 吳全良

准予撤職另選[illegible]

陳[illegible]

七、廿七

璧山县各机织生产合作社与璧山县政府、中农行、华西实验区璧山办事处、华西实验区总办事处关于机织生产合作社相关事宜的往来公文　9-1-149（164）

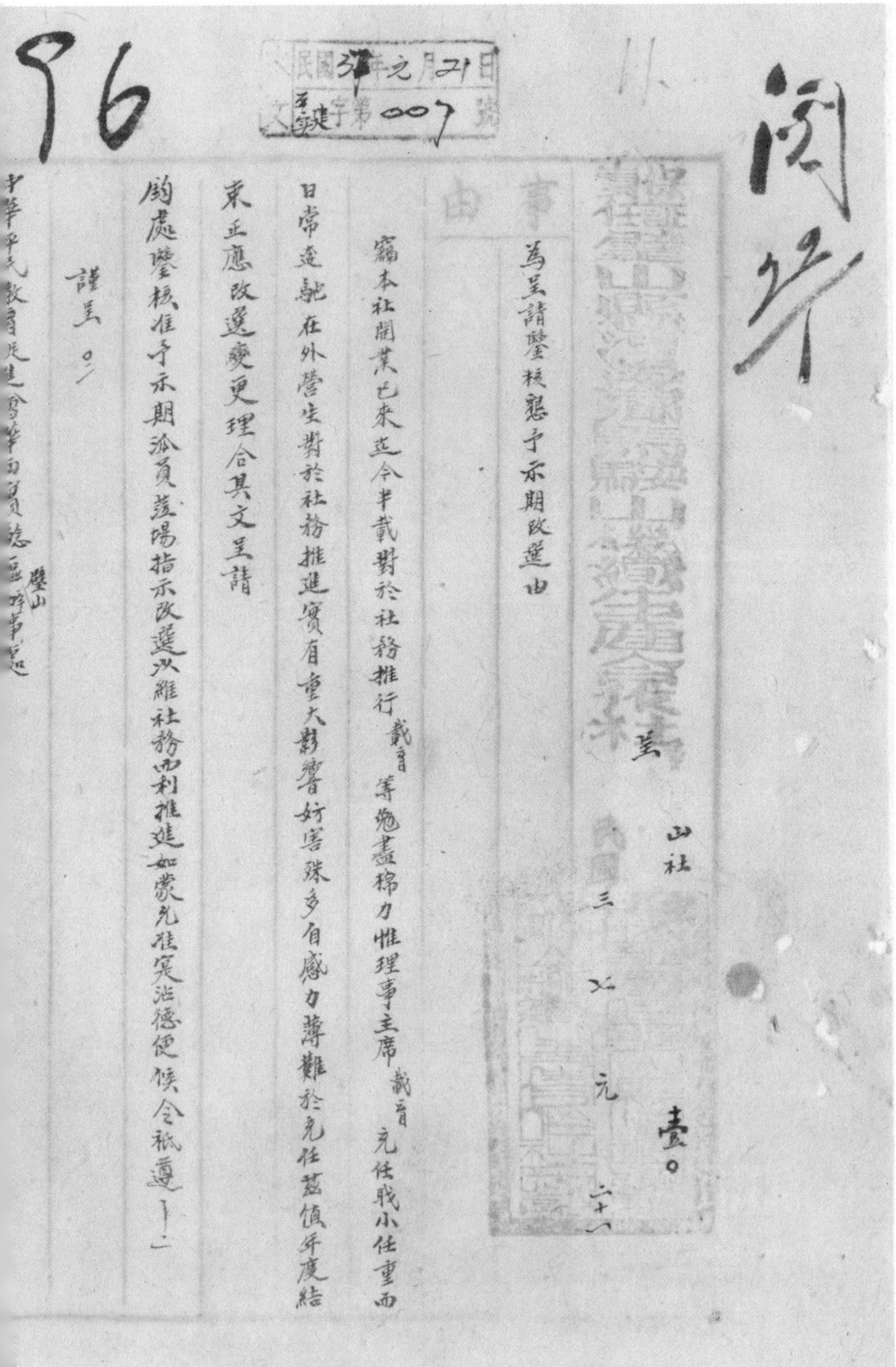
96
民國38年元月21日
收文 建字第007號
閱
事由：為呈請鑒核懇予示期改選由
竊本社開業已來迄今半載對於社務推行截肓等兔盡棉力惟理事主席截肓充任職小任重而
日常奔馳在外營生對於社務推進實有重大影響妨害殊多自感力薄難於充任茲值年度結
束正應改選變更理合具文呈請
鈞處鑒核准予示期派員蒞場指示改選以維社務而利推進如蒙允准寔沾德便謹呈
謹呈
中華平民教育促進會華西實驗區璧山辦事處
璧山……社 呈
民國三十八年元月二十一日

璧山县各机织生产合作社与璧山县政府、中农行、华西实验区璧山办事处、华西实验区总办事处关于机织生产合作社相关事宜的往来公文　9-1-149（167）

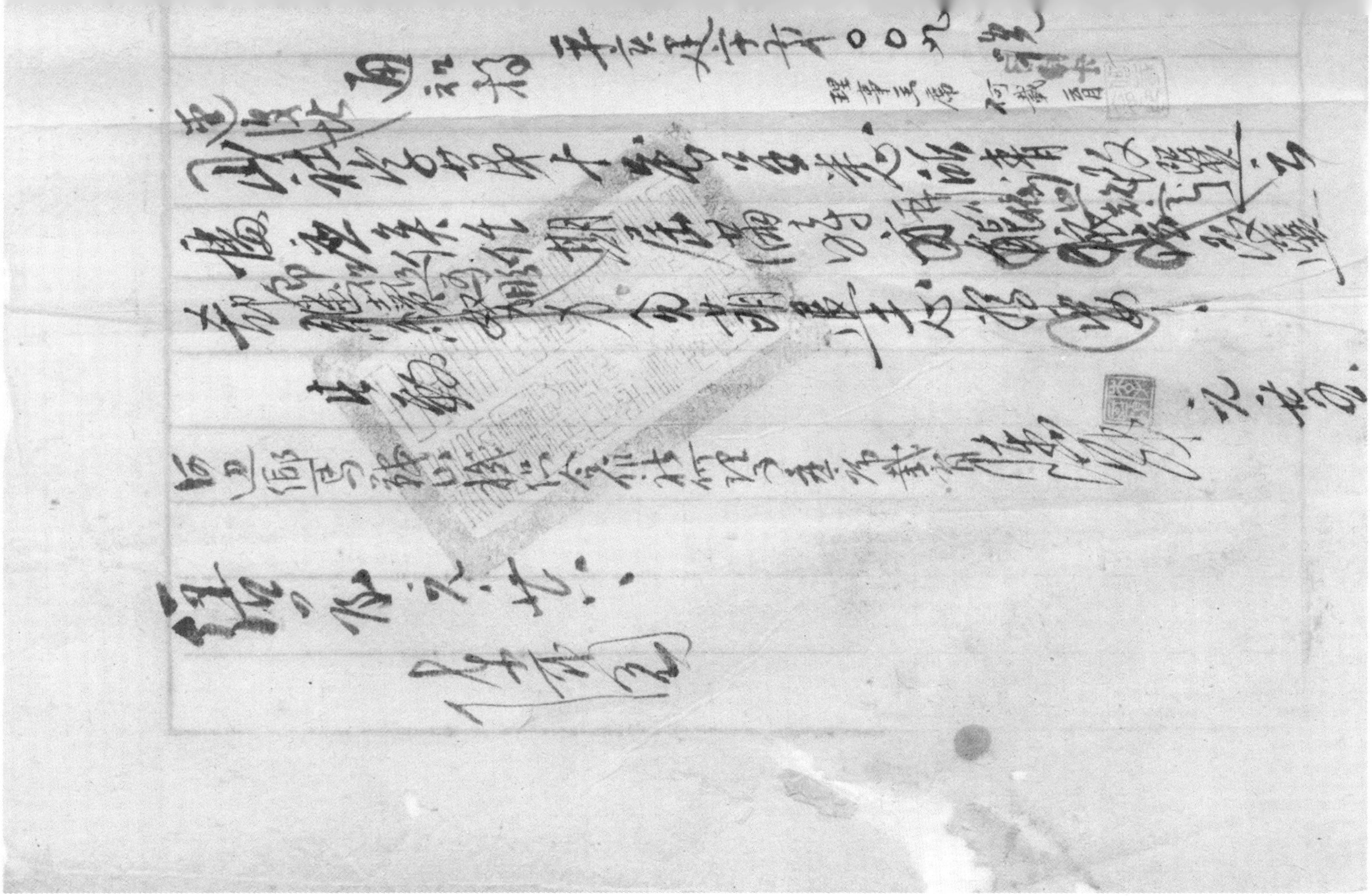

璧山县各机织生产合作社与璧山县政府、中农行、华西实验区璧山办事处、华西实验区总办事处关于机织生产合作社相关事宜的往来公文　9-1-149（168）

璧山县各机织生产合作社与璧山县政府、中农行、华西实验区璧山办事处、华西实验区总办事处关于机织生产合作社相关事宜的往来公文　9-1-149（91）

60

3

11

迳复私……

迳启者：卅六年十二月十五日呈已悉。查机织合作社之成立，应由本区派员考查民教成绩后，依法调查组设，所请派员指导组织之处，应从缓议。

此致

城西乡封家坪机织生产合作社　发起人彭济生君

中华平民教育促进会华西实验区办事处　长

启　二、五、

璧山县各机织生产合作社与璧山县政府、中农行、华西实验区璧山办事处、华西实验区总办事处关于机织生产合作社相关事宜的往来公文　9-1-149（92）

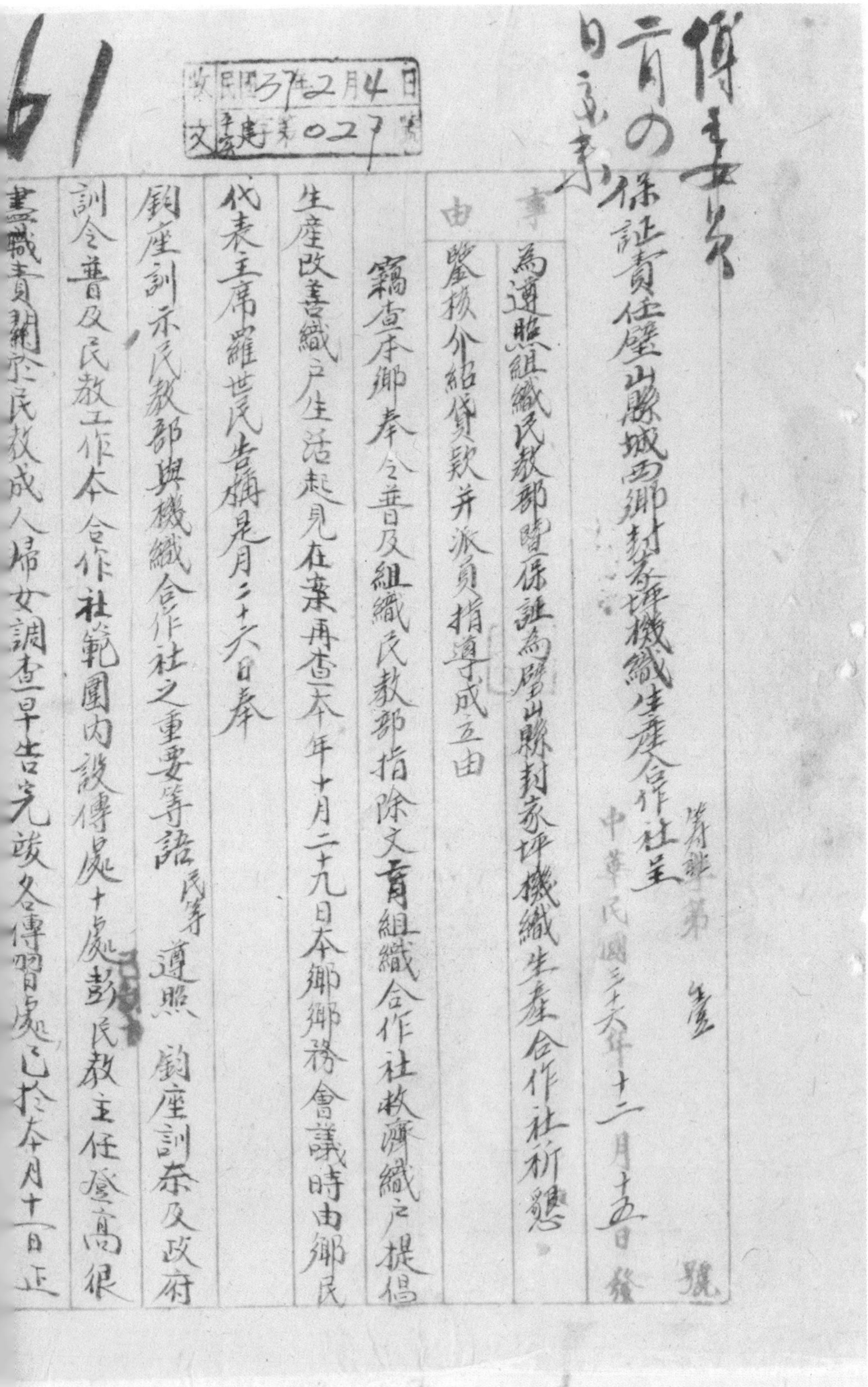
61

收文 民國37年2月4日 字第027號

保證責任璧山縣城西鄉封家坪機織生產合作社呈　等字第　號
中華民國三十六年十二月十五日發

事由　為遵照組織民教部暨保證為璧山縣封家坪機織生產合作社祈懇鑒核介紹貸款并派員指導成立由

竊查本鄉奉令普及組織民教部指除文盲組織合作社救濟織戶提倡生產改善織戶生活起見在案再查本年十月二十九日本鄉鄉務會議時由鄉民代表主席羅世民告稱是月二十六日奉鈞座訓示民教部與機織合作社之重要等語民等遵照鈞座訓示及政府訓令普及民教工作本合作社範圍內設傳習處十處彭民教主任登高很盡職責關於民教成人婦女調查早告完竣各傳習處已於本月十一日正

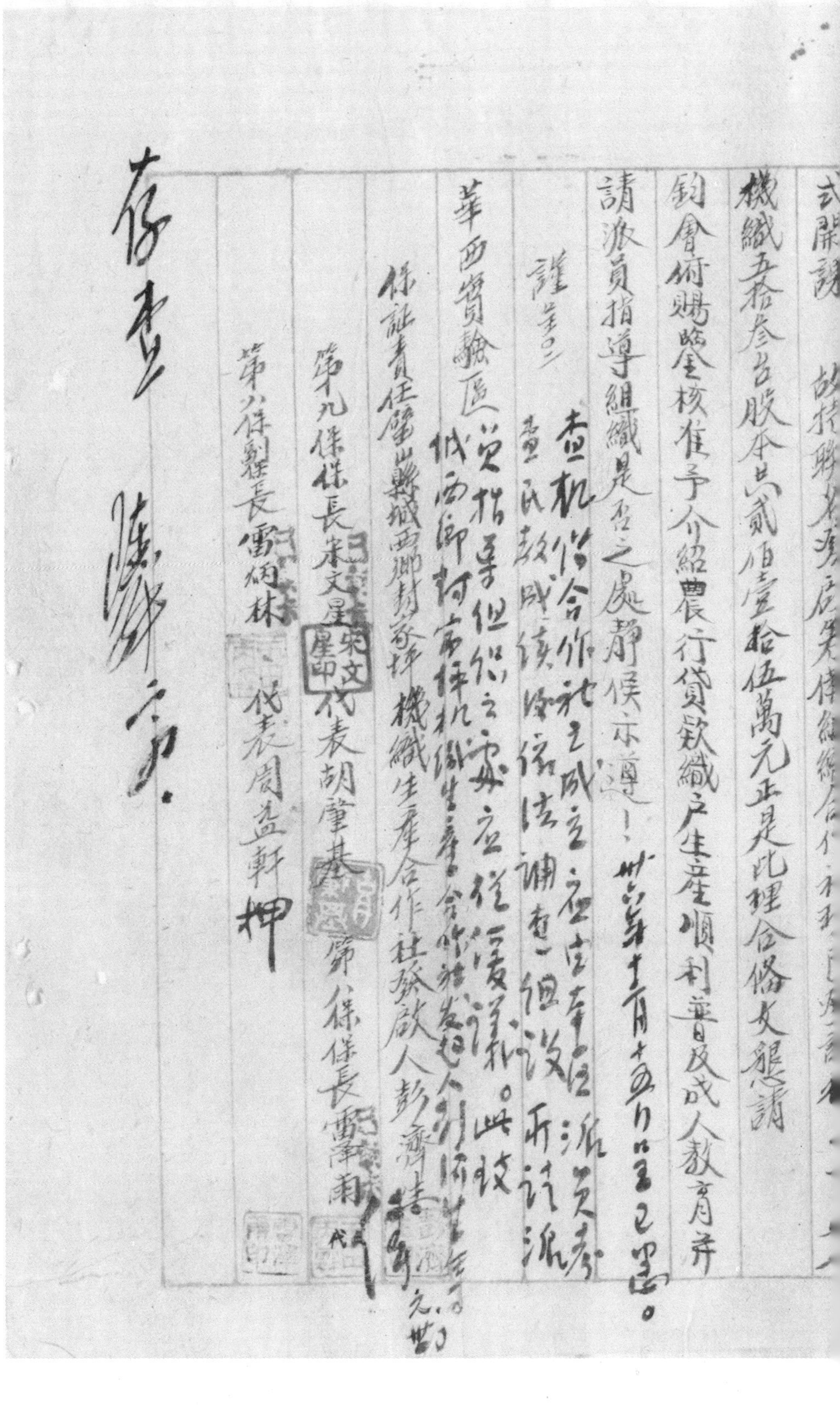

式槼認　故特聯名具呈……

機織五拾叁台股本共貳佰壹拾伍萬元正是此理合備文懇請

鈞會俯賜鑒核准予介紹農行貸款織產生產順利普及成人教育并

請派員指導組織是否之處靜候示遵！　卅八年十月十五日呈上。

謹呈

華西實驗區

保證責任璧山縣城西鄉封家棧機織生產合作社發啟人彭濟靑

第九保保長宋文星　代表胡肇基

第八保保長雷澤甫　代

第八保副保長雷炳林　代表周益軒　押

查机織合作社之成立，應由本區派員參查民教成績後，依法調查組設，所請派員指導組織之處，應從緩議。此致

城西鄉封家棧机織生產合作社發起人彭濟靑

存查　[illegible]

璧山县各机织生产合作社与璧山县政府、中农行、华西实验区璧山办事处、华西实验区总办事处关于机织生产合作社相关事宜的往来公文　9-1-149（93）

璧山县各机织生产合作社与璧山县政府、中农行、华西实验区璧山办事处、华西实验区总办事处关于机织生产合作社相关事宜的往来公文 9-1-149（110）

68

璧山縣城西鄉第九保十二保機織生產合作社呈

籌字第 壹 號

中華民國三十七年九月十六日發

事由：為籌備就緒請准予派員指導成立由

竊本社於八月十二日召開籌備會推定籌備員分別辦理一切進行事宜現對於社員社股業已登記完善茲定於九月二十二日即農曆八月二十日上午九時於城西鄉中心校召開創立大會選舉理監事為此呈報

鈞處派員臨場指導不勝沾感！

謹呈○○

璧山县各机织生产合作社与璧山县政府、中农行、华西实验区璧山办事处、华西实验区总办事处关于机织生产合作社相关事宜的往来公文　9-1-149（111）

璧山縣實驗區辦事處

籌備主任謝金銓

已轉委員曹幹事李
輔導員前往參加
八、廿六

璧山县各机织生产合作社与璧山县政府、中农行、华西实验区璧山办事处、华西实验区总办事处关于机织生产合作社相关事宜的往来公文 9-1-149（112）

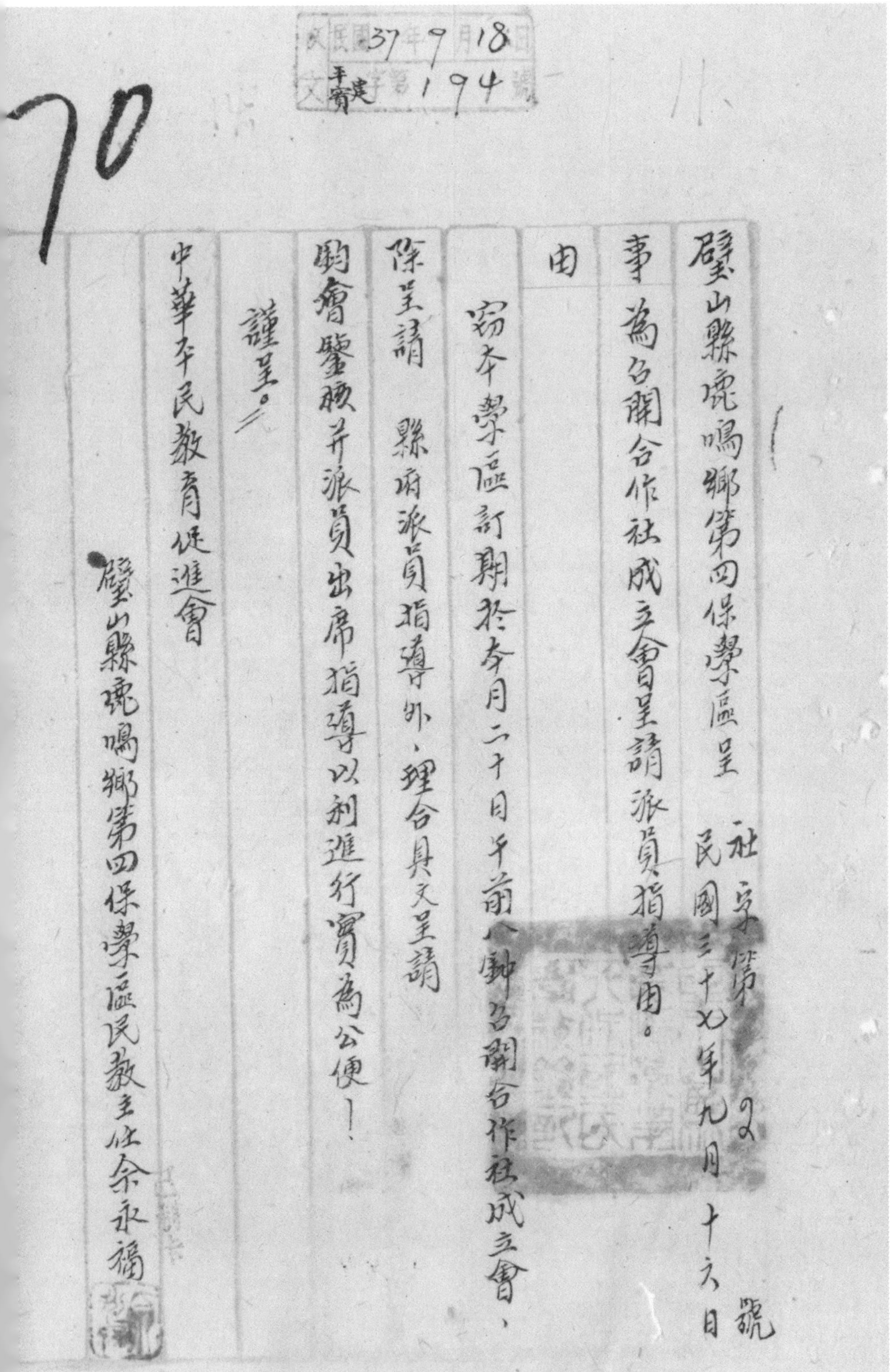

民國37年9月18日 收文 平實字第194號

璧山縣璁鳴鄉第四保學區呈　社字第2號
民國三十七年九月十六日

事由：為召開合作社成立會呈請派員指導由。

竊本學區訂期於本月二十日午前八時召開合作社成立會、除呈請 縣府派員指導外、理合具文呈請
鈞會鑒核并派員出席指導以利進行實為公便！

謹呈。
中華平民教育促進會

璧山縣璁鳴鄉第四保學區民教主任余永福

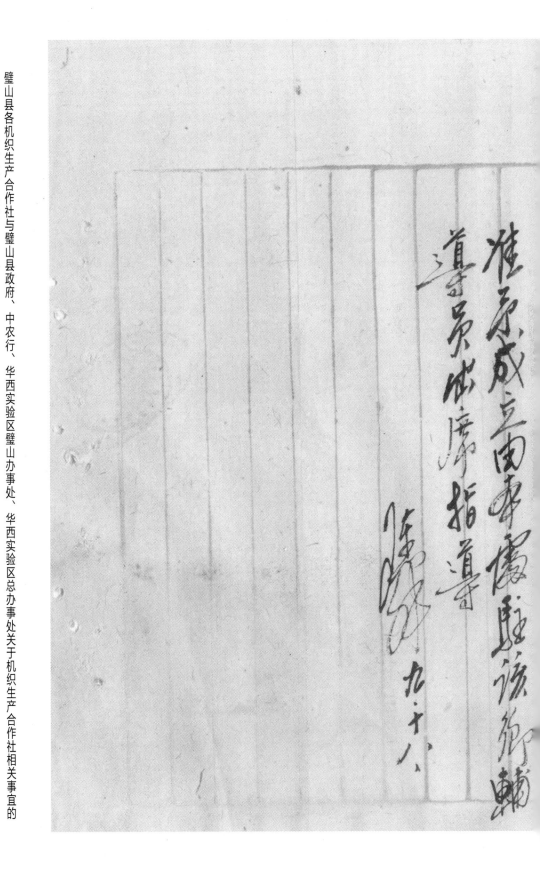

准予成立由本處駐該鄉輔導員協助指導

陳[illegible]

九.十八

璧山县各机织生产合作社与璧山县政府、中农行、华西实验区璧山办事处、华西实验区总办事处关于机织生产合作社相关事宜的往来公文　9-1-149（113）

璧山县各机织生产合作社与璧山县政府、中农行、华西实验区璧山办事处、华西实验区总办事处关于机织生产合作社相关事宜的往来公文　9-1-149（117）（118）

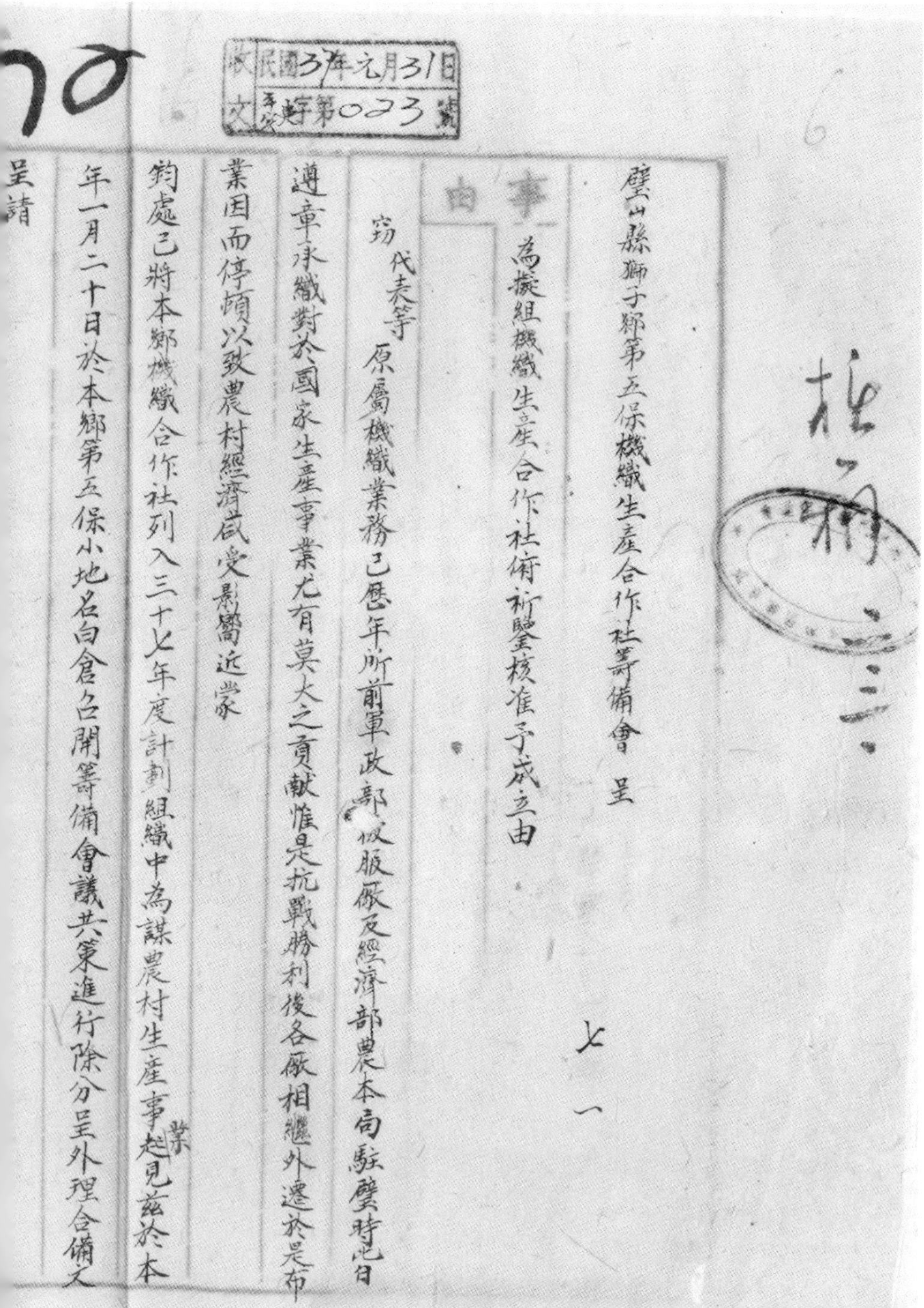
收文 民國37年元月31日 字第0223號

璧山縣獅子鄉第五保機織生產合作社籌備會 呈

事由 為擬組機織生產合作社術祈鑒核准予成立由

七一

竊代表等原屬機織業務已歷年所前軍政部被服廠及經濟部農本局駐璧時已日遵章承織對於國家生產事業尤有莫大之貢獻惟是抗戰勝利後各廠相繼外遷於是布業因而停頓以致農村經濟咸受影響近蒙鈞處已將本鄉機織合作社列入三十七年度計劃組織中為謀農村生產事業起見茲於本年一月二十日於本鄉第五保小地名白倉名開籌備會議共策進行除分呈外理合備文

呈請

璧山县各机织生产合作社与璧山县政府、中农行、华西实验区璧山办事处、华西实验区总办事处关于机织生产合作社相关事宜的往来公文　9-1-149（118）（119）

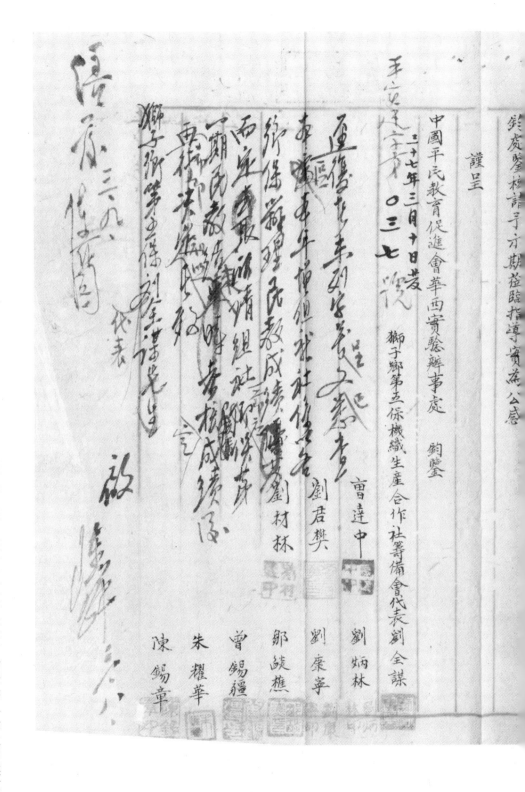

鈞處鑒核請予分期蒞臨指導實爲公感

謹呈

中國平民教育促進會華西實驗辦事處　鈞鑒

三十七年三月十日發　〇三七號

獅子鄉第五保機織生產合作社籌備會代表劉全謀

曾達中　劉炳林

劉君樊　劉康寧

劉材林　鄒皴樵

曾錫疆

朱耀華

陳錫章

璧山县各机织生产合作社与璧山县政府、中农行、华西实验区璧山办事处、华西实验区总办事处关于机织生产合作社相关事宜的往来公文 9-1-149（115）

71

收文 民國37年元月8日 平字第003號

6

悉…批知元.八

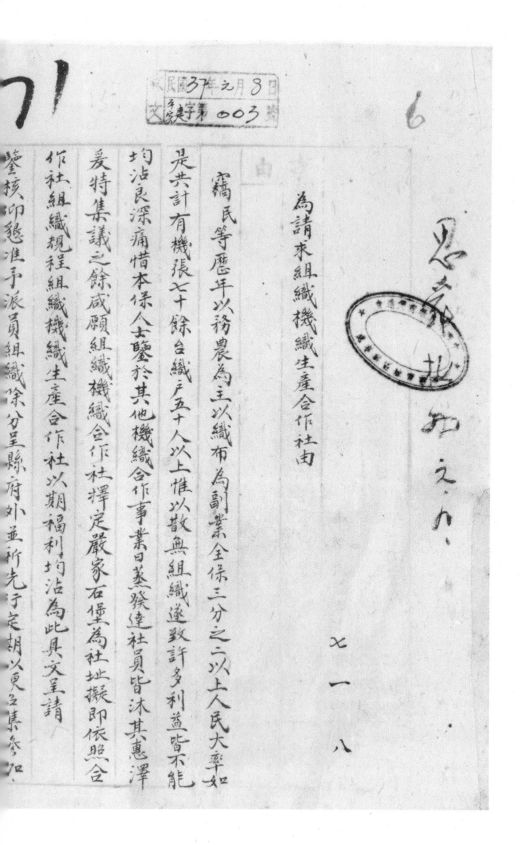

為請求組織機織生產合作社由

竊民等歷年以務農為主以織布為副業全係三分之二以上人民大率如是共計有機張七十餘台織戶五十人以上惟以散無組織遂致許多利益皆不能均沾良深痛惜本保人士鑒於其他機織合作事業日蒸發達社員皆沐其惠澤爰特集議之餘咸願組織機織合作社擇定嚴家石堡為社址擬即依照合作社組織規程組織機織生產合作社以期福利均沾為此具文呈請鑒核仰懇准予派員組織除分呈縣府外並祈先行定期以便召集參加、

七一八

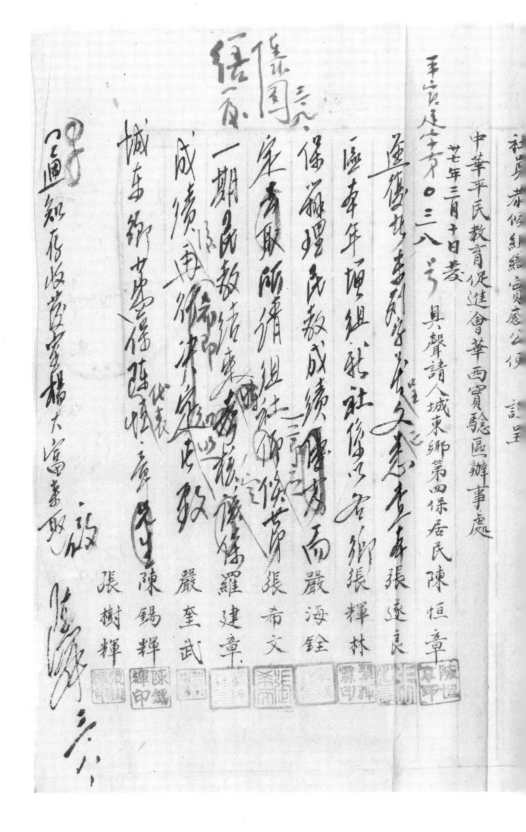

璧山县各机织生产合作社与璧山县政府、中农行、华西实验区璧山办事处、华西实验区总办事处关于机织生产合作社相关事宜的往来公文　9-1-149（116）

社員[illegible]組織[illegible]實驗處公便

謹呈

中華平民教育促進會華西實驗區辦事處

卅七年三月十日發

平民送字第〇三八號

具聲請人城東鄉第四保居民陳恒章

逕啓者[illegible]張遂良

極本年擬組織社[illegible]鄉張輝林

保籌辦理民教成績[illegible]而嚴海銓

定為[illegible]所轄組社[illegible]張希文

一期民教結束[illegible]羅建章

成績[illegible]嚴奎武

城東鄉第[illegible]保[illegible]陳錫輝

通知[illegible]楊大富[illegible]張樹輝

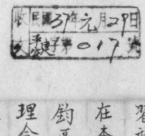

璧山县各机织生产合作社与璧山县政府、中农行、华西实验区璧山办事处、华西实验区总办事处关于机织生产合作社相关事宜的往来公文 9-1-149（120）

竊查本鄉奉令組織民教掃除文盲組織生產合作社救濟織户提倡生產等改進農民生活令在案民等奉令之餘業將本保民教部一二三傳習站次第成立惟生產合作部門業經登記社員七十二人織機八十六台擬在本保桂花園成立社址懇請鈞區檢發簡章一份并派員指導成立俾便辦理貸款手續是否之處理合呈請

鑒核 示遵

謹呈

平民促進會華西實驗區辦事處

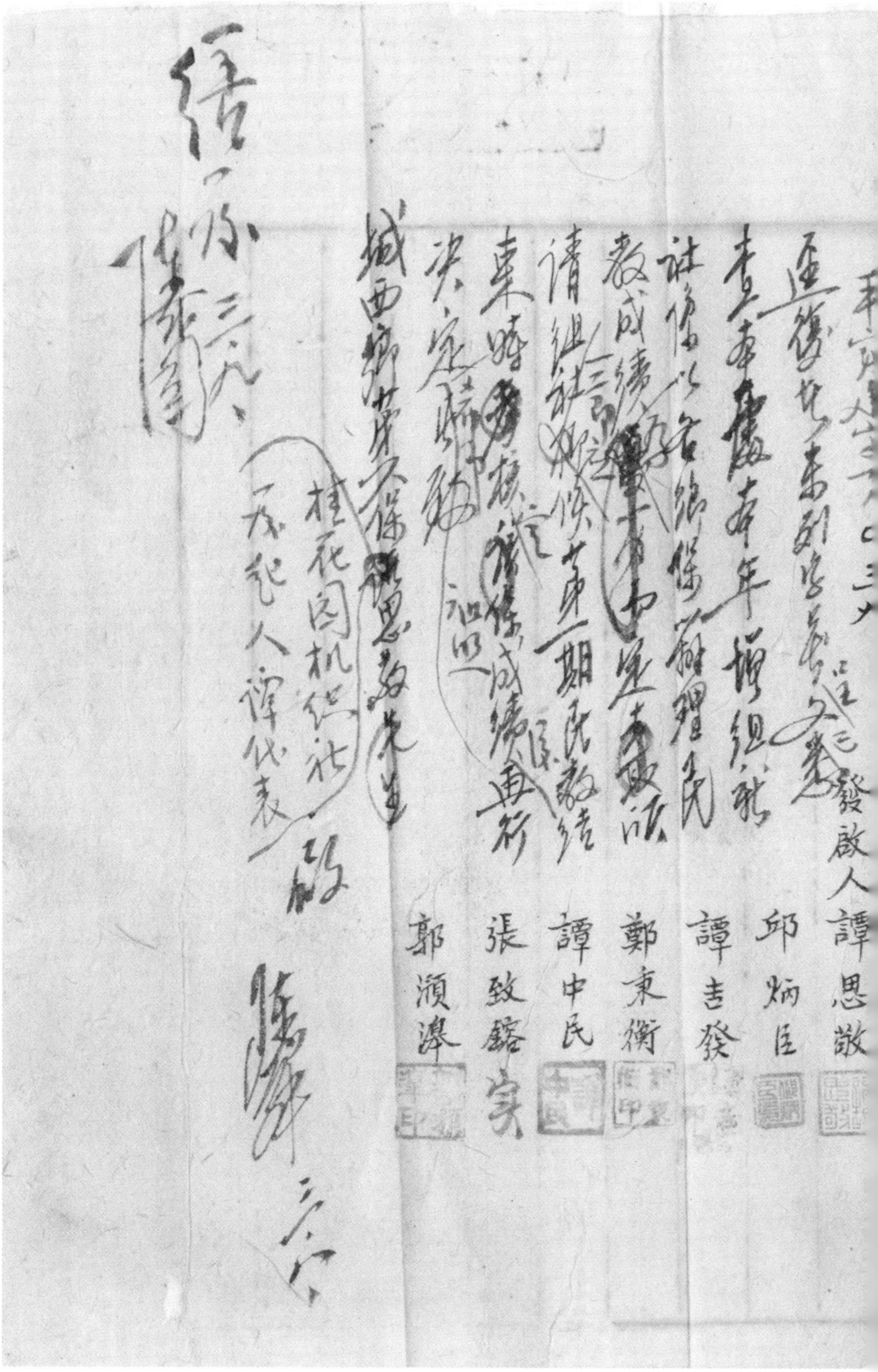
桂花园机织社
承办人谭代表
發啟人 譚思敞
邱炳臣
譚吉發
鄭東衡
譚中民
張致鎔
郭濵澤

璧山县各机织生产合作社与璧山县政府、中农行、华西实验区璧山办事处、华西实验区总办事处关于机织生产合作社相关事宜的往来公文　9-1-149（121）

璧山县各机织生产合作社与璧山县政府、中农行、华西实验区璧山办事处、华西实验区总办事处关于机织生产合作社相关事宜的往来公文　9-1-149（122）

4

收文　民國37年9月18日　建字第195號

璧山縣丹鳳鄉第五保學區呈

社字第　號

中華民國卅七年九月十四日發

借用

事由：為呈報本學區機織合作社籌備情形及創立時期懇予派員指導由

竊查本學區機織合作社已於本月十四日召開籌備會，當場推選徐鴻鈞、徐映龍、葉大興、白義之、田亞東等五人為籌備員，理合將會議紀錄、籌備委員名冊及社員名冊各一份隨文呈報創會備查，並議定於本月十九日午後二鐘在本學區第一傳習處開創立會，懇請屆時派員指導。

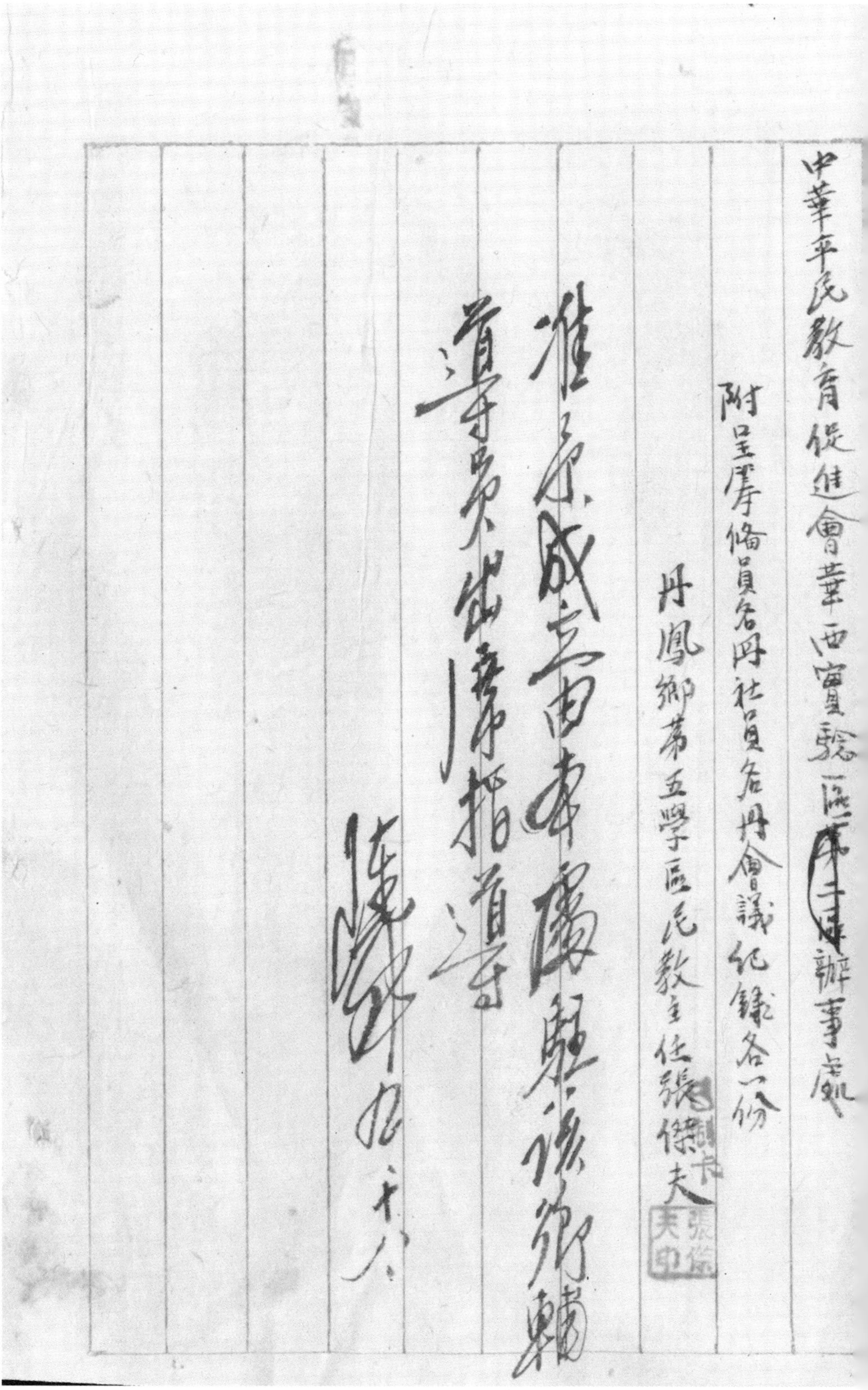

中華平民教育促進會華西實驗區第十區辦事處

附呈厚倫員名册社員名册會議紀錄各一份

丹鳳鄉第五學區民教主任張傑夫（印）

准予成立，由本區駐該鄉輔導員就近指導。

陳[illegible] 九、十八

璧山县各机织生产合作社与璧山县政府、中农行、华西实验区璧山办事处、华西实验区总办事处关于机织生产合作社相关事宜的往来公文　9-1-149（123）

璧山县各机织生产合作社与璧山县政府、中农行、华西实验区璧山办事处、华西实验区总办事处关于机织生产合作社相关事宜的往来公文　9-1-149（124）

75

璧山縣丹鳳鄉第五保學區機織合作社籌備會議紀錄　卅七年九.一四造送

時間：三十七年九月十四日

地點：張淳然坐宅

主席：張傑夫

紀錄：白藝之

出席人：社員四十八名

列席人：楊輔導員張鄉長及當地保甲長代表

主席報告：今天是本學區組織機織合作社開籌備會的一天

大家對於合作社這個組織還沒有相當的認識和了解

我想楊輔導員接着自然會向大家講述得非常明白的不

璧山县各机织生产合作社与璧山县政府、中农行、华西实验区璧山办事处、华西实验区总办事处关于机织生产合作社相关事宜的往来公文　9-1-149（125）

[illegible]
点：（一）社員資格的獲得並不是以私人關係來決定的而是政
府規定所定社員資格的不到幾個條件如家內有機台而能
自織者家內經常有失學成人在傳習處者……等（二）今後成
人教育仍然繼續办理的希望大家不要以合作社已經開始
組織了我已經獲得社員資格就不必再到傳習處去了同時
更希望還未加入社的失學成人不要以為既未入社又何讀書讀
書都是他們社員的事這種錯誤的觀念是要不得的。
揚輔導員訓詞大綱：（一）我們今後的工作是要開發民力建設
鄉村為了要開發民力所以才辦平民教育為了要建設鄉

璧山县各机织生产合作社与璧山县政府、中农行、华西实验区璧山办事处、华西实验区总办事处关于机织生产合作社相关事宜的往来公文 9-1-149（126）

76

村所以才有合作社和其他的組織這也就是經濟建設（二）合作社
的意義（三）合作社的好處及辦法（四）合作社與民教的關係（五）社章
的講解（六）合作社的精神：（1）講信用（2）重手續（3）尚公德
（4）要合作。
張鄉長的講演詞：（一）民眾教育與經濟建設應同樣并重不可
偏重一面（二）合作社是平民團結自救的一種組織是一種社會性
的新經濟力量非資本主義合作社的定義「為一種民治民
有民享的新社會新經濟組織是共同需要之平民集合資
本共同營業以提取公積金之方式擴充集体資本按各
人利用本社會之程度分配盈餘辦理合作社應該出自

璧山县各机织生产合作社与璧山县政府、中农行、华西实验区璧山办事处、华西实验区总办事处关于机织生产合作社相关事宜的往来公文　9-1-149（127）

動（三）本學[illegible]

非常的幸事今後仍繼續努力推進才不負政府的期望。

討論事項

（一）籌備員如何選拔案：

決議：由主席提名推白義之、田亞東、徐鴻剛、徐映龍、葉

大興五人等當選為籌備員

（二）開創立大會時期如何決定案

決議：本社訂期於九月二十一日午後二時開創立大會。

散會

璧山县各机织生产合作社与璧山县政府、中农行、华西实验区璧山办事处、华西实验区总办事处关于机织生产合作社相关事宜的往来公文　9-1-149（128）

收文　民國37年9月21日　字第200號

思卿兄核一稿　九、廿六

璧山縣中興場機織生產合作社籌備會呈　三十七　九　十九　借印　式

為呈報籌備情形及成立大會日期請鑒核備案並派員指導由

查本區已於九月十九日召開籌備會議公選張國華郭福清張明禮龍元章張德淵等五人為籌備委員並公推張國華為籌備主任積極籌備組社事宜業已籌備就緒並決定九月廿二日召開成立大會懇請

鈞處派員指導以昭鄭重而利進行理合具文檢同籌備會議

璧山县各机织生产合作社与璧山县政府、中农行、华西实验区璧山办事处、华西实验区总办事处关于机织生产合作社相关事宜的往来公文　9-1-149（129）

鈞處鑒核備案示遵

平教會華西實驗區辦事處

附呈璧山縣中興場機織生產合作社籌備會議錄一份

璧山縣中興場機織生產合作社籌備主任張國華

璧山中興鄉第一學區民教主任張聲財

准予成立，由本處璧山、該鄉輔導員出席指導

陳[illegible] 九廿八

璧山县各机织生产合作社与璧山县政府、中农行、华西实验区璧山办事处、华西实验区总办事处关于机织生产合作社相关事宜的往来公文　9-1-149（130）

78

4、講述合作社法規
馬輔導師然訓詞：
1、不但是經濟上的合作，而且是生活上的合作。
2、努力接受民衆教育，以達到經濟建設的目的。
3、按时到会，服從決議案。
討論事項：
1、籌備委員如何決定案
決議：選舉五人為籌備員
2、籌備委員如何產生案
決議：公推張國華　龍元章　鄭福清　張德騏　張明

禮等五人當選候補理事推張國華為主任委員

乙、成立大會日如何決定案

決議：九月二十二日

散会

主席 張聲財

紀錄 蕭國學

中華民國三十七年九月十九日

璧山县各机织生产合作社与璧山县政府、中农行、华西实验区璧山办事处、华西实验区总办事处关于机织生产合作社相关事宜的往来公文 9-1-149（131）

璧山县各机织生产合作社与璧山县政府、中农行、华西实验区璧山办事处、华西实验区总办事处关于机织生产合作社相关事宜的往来公文 9-1-149（132）

收文 民國37年9月17日 字第192號

閱

璧山縣福祿鄉第二保機織專營合作社公文 福字第叁號

中華民國三七年九月十五日

事由
為本社業經籌備就緒定期於九月二十日召開創立會懇請派員蒞臨指導由

竊以本社承蒙

貴處輔導業經依法籌備就緒謹訂於本年九月二十日召開創立大會

理合函達 仍懇

派員屆時蒞臨指導為禱

此致

中華平民教育促進會華西實驗區璧山辦事處

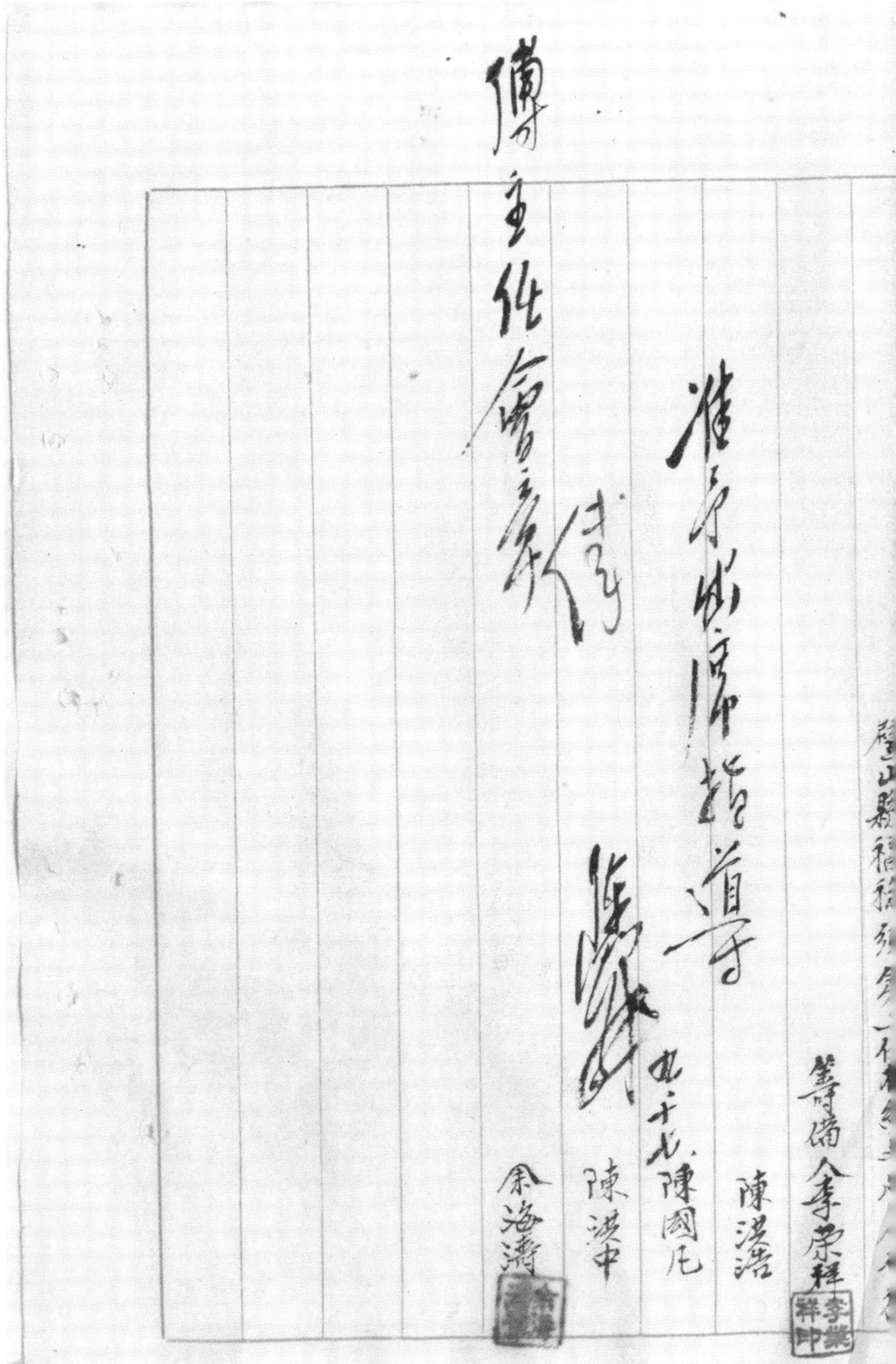
准予出席指導
備函主任委員
籌備人李宗祥
陳國茂
陳淡中
余海濤

璧山县各机织生产合作社与璧山县政府、中农行、华西实验区璧山办事处、华西实验区总办事处关于机织生产合作社相关事宜的往来公文　9-1-149（133）

璧山县各机织生产合作社与璧山县政府、中农行、华西实验区璧山办事处、华西实验区总办事处关于机织生产合作社相关事宜的往来公文　9-1-149（135）

80

收文　民國37年9月14日　平建字第187號

保證責任璧山縣城中鎮中北窄布機織生產合作社籌備會呈　　社綫字第　　號

中華民國卅七年九月十二日

備用

事由：為本社業已遵章組織籌備完竣並訂期召開創立大會祈予派員蒞臨指導由

為本社遵章組織，召開籌備大會，討論社務一切，業經人選初定，「决議」定名為「保證責任璧山縣城中鎮中北窄布機織生產合作社」，並訂定於九月十八日上午十時假城中鎮公所舉行創立大會，除分呈主管外，理合具文呈請

鈞會鑒核　祈予派員蒞臨指導為禱！

謹呈

華西平民教育促進會

壁山县各机织生产合作社与壁山县政府、中农行、华西实验区壁山办事处、华西实验区总办事处关于机织生产合作社相关事宜的往来公文　9-1-149（136）

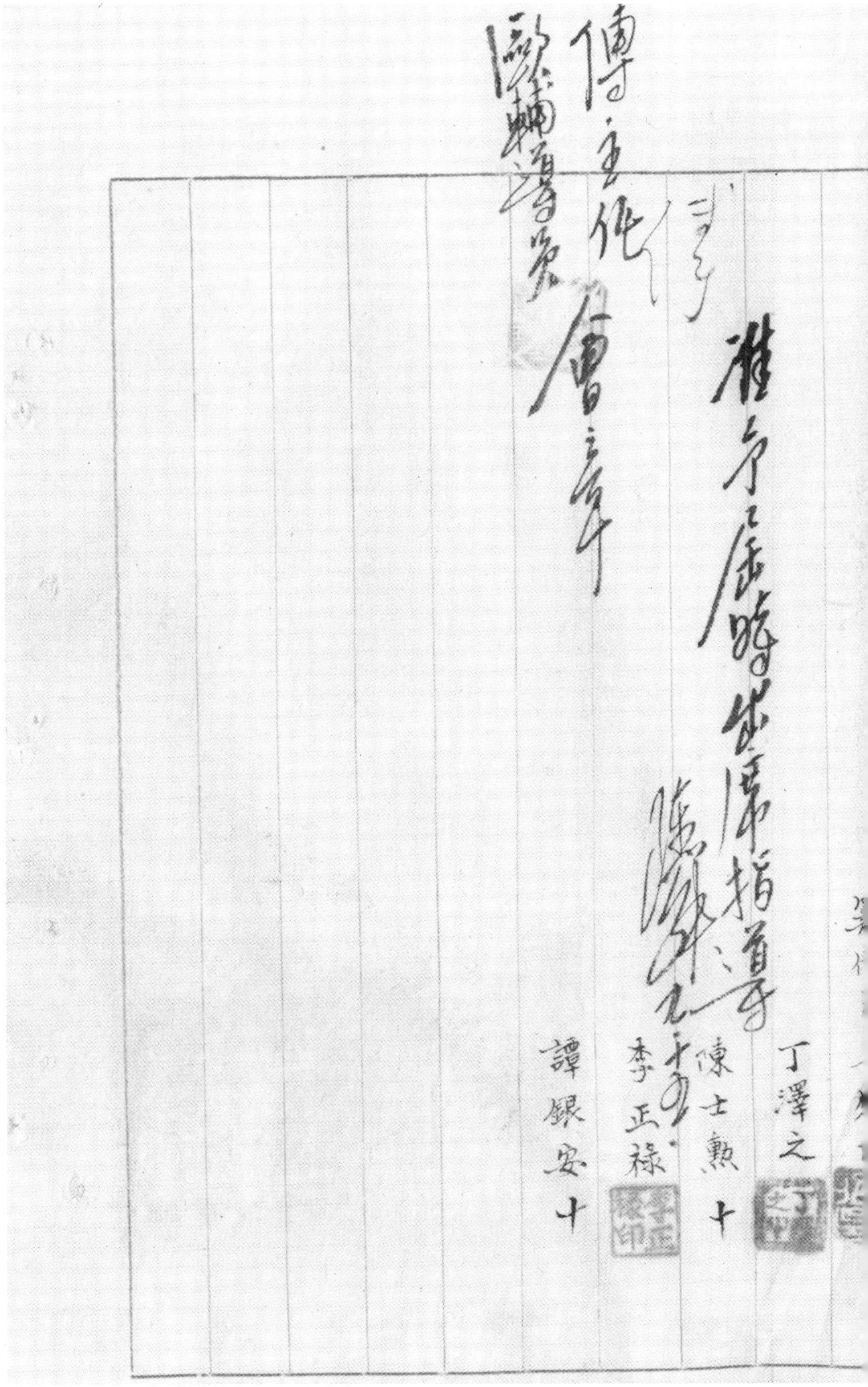
丁澤之
陳士勲　十
李正禄
譚銀安　十

璧山县各机织生产合作社与璧山县政府、中农行、华西实验区璧山办事处、华西实验区总办事处关于机织生产合作社相关事宜的往来公文　9-1-149（138）

收文　民國37年9月16日　建字第191號

三教鄉第二保，是否在推行[illegible]

三二社字第　　號

事由：為發起組織機織生產合作社，定於九月十八日召開創立會，懇予派員蒞臨指導由。

中華民國三十七年九月十三日

竊查三教鄉為窄布生產發達之區，尤以第二保生產特多，惟向無組織，布疋長短寬窄無一定標準，因此在市場上無應得之地位，復以運銷無人統辦，每受中間商人之剝削，所受之損失頗鉅，海榮等早感有組織合作社之必要，幸得此次平教會華西實驗區來本鄉推行成人教育並發展經濟事業，經攷核本保合於組社之條件，現經海榮等七人特發起組社，徵求社員，並於本月十二日召開籌備會議，決議發起人為籌備人，並定於本月十八日召開創立會，理合備文呈請

璧山县各机织生产合作社与璧山县政府、中农行、华西实验区璧山办事处、华西实验区总办事处关于机织生产合作社相关事宜的往来公文　9-1-149（139）

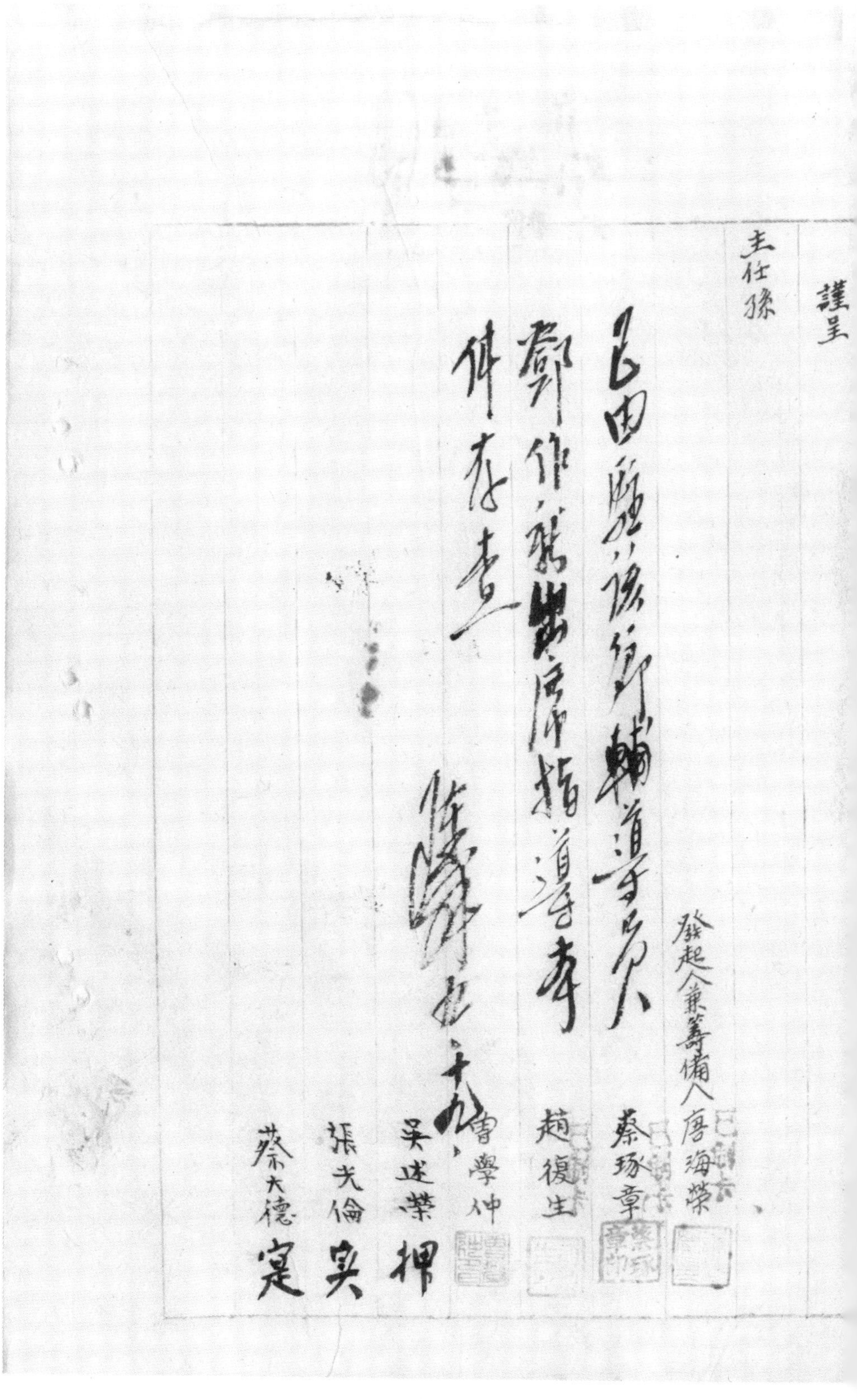

謹呈
主任孫
已由縣府孫節輔導員
鄭作龔、黃居仲指導奉
准存查
陳　九·十九
發起人兼籌備人　唐海榮
蔡琢章
趙復生
曹學仲
吳述榮　押
張光倫　実
蔡大德　寔

璧山县各机织生产合作社与璧山县政府、中农行、华西实验区璧山办事处、华西实验区总办事处关于机织生产合作社相关事宜的往来公文 9-1-149（146）（147）

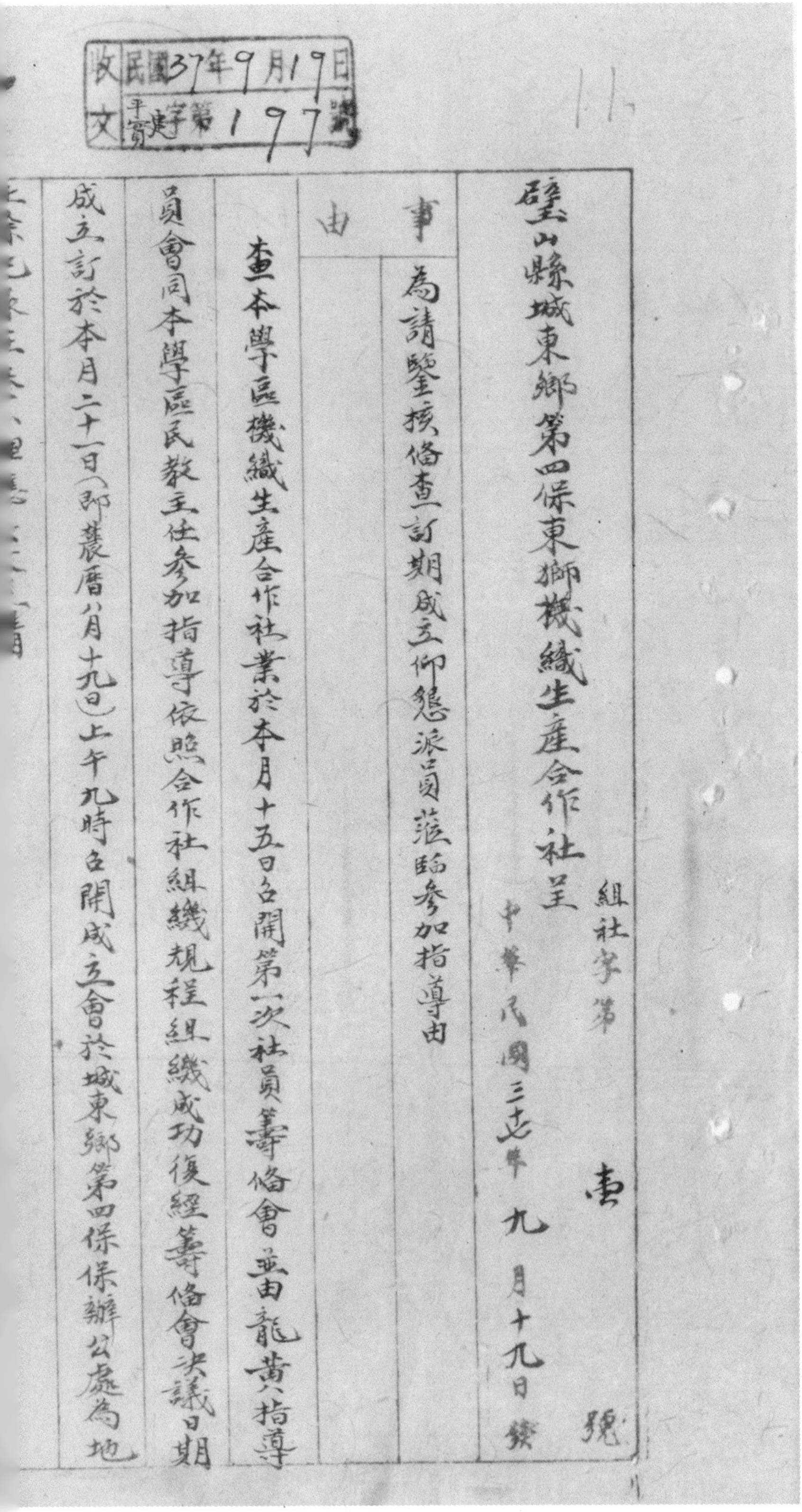
收文 民國37年9月19日 平實建字第177號

璧山縣城東鄉第四保東獅機織生產合作社呈 組社字第 號
中華民國三十七年九月十九日發

事由：為請鑒核備查訂期成立仰懇派員蒞臨參加指導由

查本學區機織生產合作社業於本月十五日召開第一次社員籌備會並由龍黃八指導員會同本學區民教主任參加指導依照合作社組織規程組織成功復經籌備會決議日期成立訂於本月二十一日（即農曆八月十九日）上午九時召開成立會於城東鄉第四保保辦公處為地[illegible]

璧山县各机织生产合作社与璧山县政府、中农行、华西实验区璧山办事处、华西实验区总办事处关于机织生产合作社相关事宜的往来公文　9-1-149（146）（147）

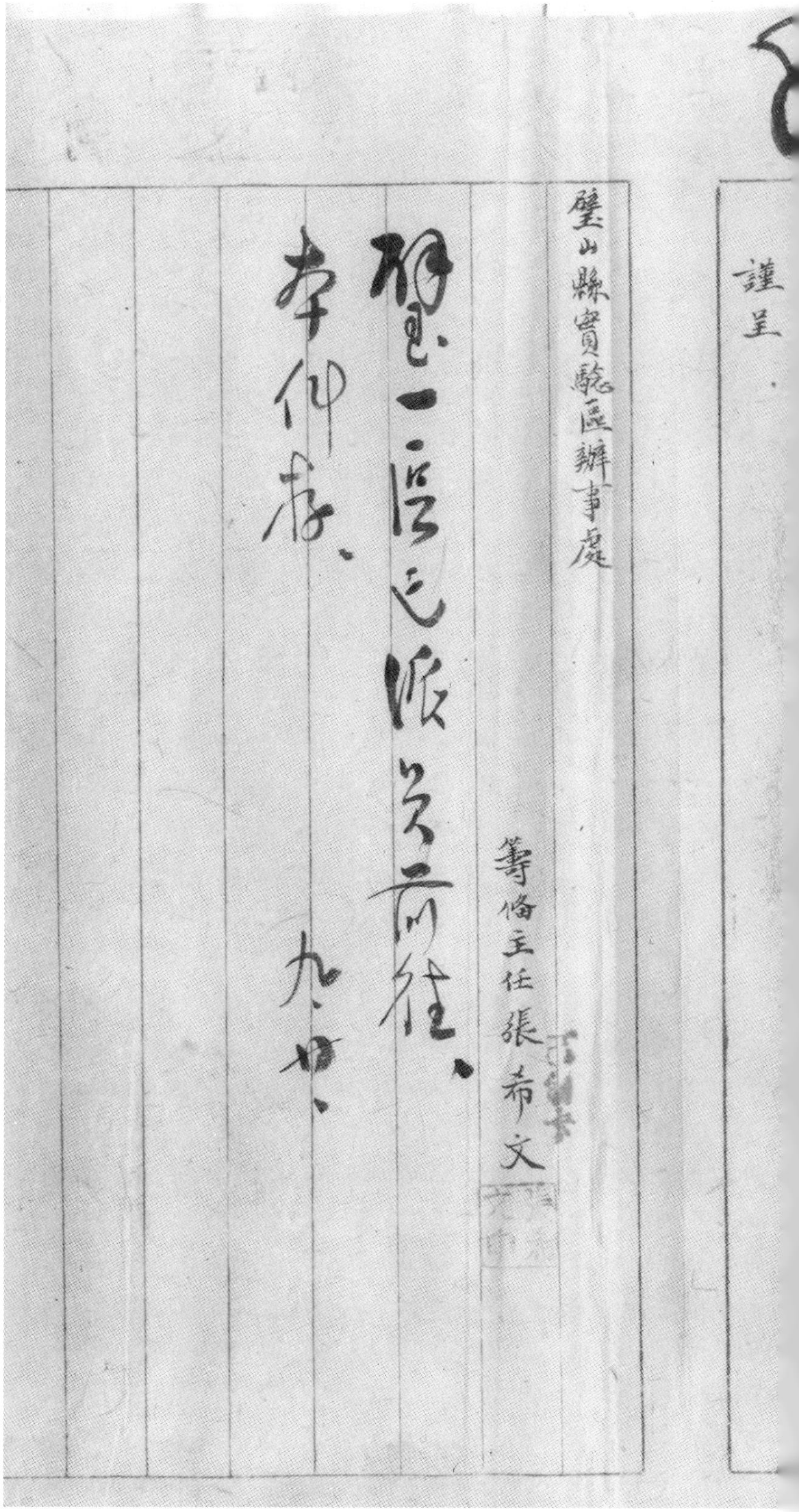

謹呈

璧山縣實驗區辦事處

籌備主任張希文

璧一區已派員前往、

李仲康、

九卅

存　85　九、廿

收文　民國37年9月19日　平實字第196號

11

璧山縣獅子鄉第九學區機織生產合作社籌備處呈　區社字第　號

中華民國卅七年九月十七日發

事由：為訂期開成立大會請屆時派員蒞臨指導由。

查本學區機織生產合作社已於九月十一日籌備妥善，特訂於本（九）月二十二日（即古曆八月二十日）上午九時在譚家塝開成立大會，敬請

鈞處屆時派員蒞臨參加指導進行

謹呈

請秀之指定人員出席交區保處存查　人　九、廿

中華平民教育華西實驗區第一辦事處

籌備主任　張行簡

璧山县各机织生产合作社与璧山县政府、中农行、华西实验区璧山办事处、华西实验区总办事处关于机织生产合作社相关事宜的往来公文　9-1-149（148）

璧山县各机织生产合作社与璧山县政府、中农行、华西实验区璧山办事处、华西实验区总办事处关于机织生产合作社相关事宜的往来公文 9-1-149（151）

陈 八、卅

九月一日发

令

衔公函稿 本府建字第一〇〇号 三十七年八月卅一日

事为准函据璧城中镇呈请组社一案复请

由 查照由

案准

贵府三十七年八月廿三日农建合字第二六二〇号公函

为据璧城镇公所呈请组织机织生产合作社

转请查照见复等由准此查本案前据该镇

于同日以府字第四四四号 [illegible]

通饬 云

知照 云

知照准函前由相应函复请

璧山县各机织生产合作社与璧山县政府、中农行、华西实验区璧山办事处、华西实验区总办事处关于机织生产合作社相关事宜的往来公文　9-1-149（152）

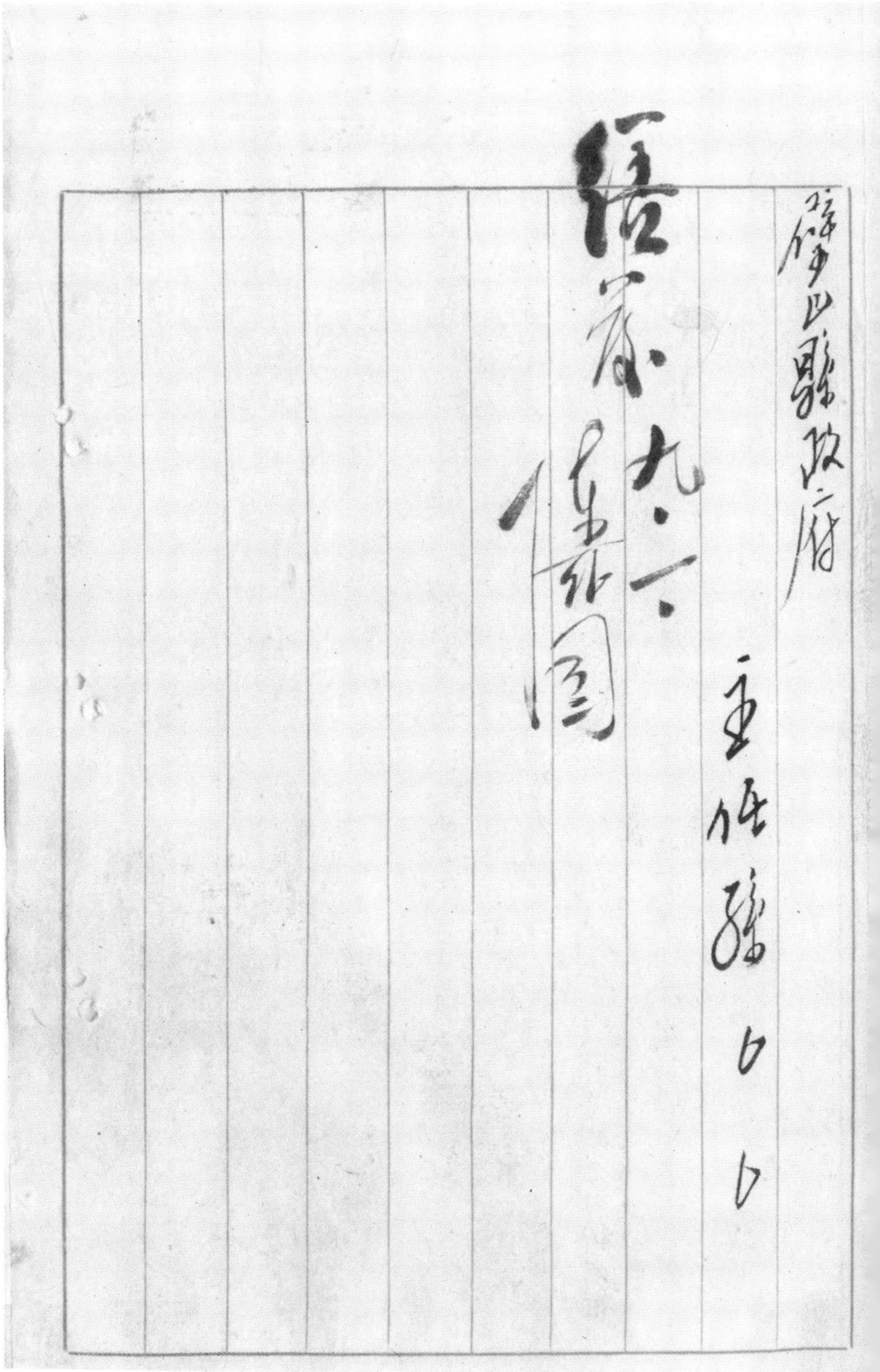

璧山县各机织生产合作社与璧山县政府、中农行、华西实验区璧山办事处、华西实验区总办事处关于机织生产合作社相关事宜的往来公文　9-1-149（153）

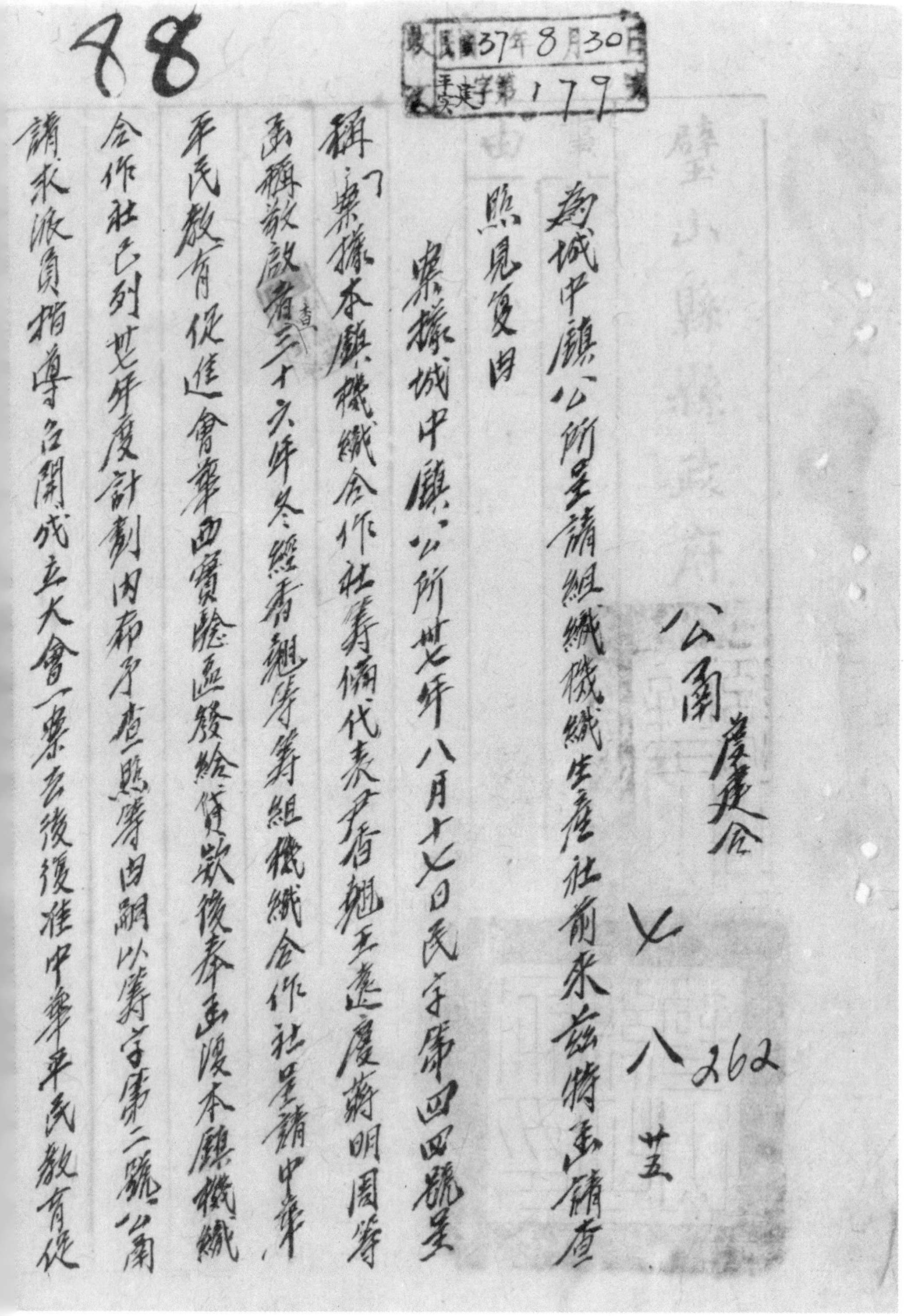

88

收 民國37年8月30日
平字第179號

璧山縣政府公函　農建合　七　八　262

為城中鎮公所呈請組織機織生產社前來茲將函請查照見復由

案據城中鎮公所卅七年八月十七日民字第四四號呈稱「案據本鎮機織合作社籌備代表尹香翹王遽慶蔣明周等函稱敬啟者三十六年冬經香翹等籌組機織合作社呈請中華平民教育促進會華西實驗區發給貸款後奉函復本鎮機織合作社已列卅七年度計劃內希予查照等由嗣以籌字第二號公函請求派員指導召開成立大會一案去後復准中華平民教育促

璧山县各机织生产合作社与璧山县政府、中农行、华西实验区璧山办事处、华西实验区总办事处关于机织生产合作社相关事宜的往来公文　9-1-149（154）

88

進會實驗部十一月七日函開敬復者案字第二號公函已悉查貴
鎮機織合作社應俟本處將織戶調查完畢時再行組織成立
所訂本月八日召開成立大會囑派員指導一節應暫從緩希即查
照為荷等由准此應俟派員調查織戶再行組織成立但一直候
至現在時已半載有餘并遵令辦理成人識字班兩期業經平教
會及縣府查明成人班成績优良如機織合作社之成立以辦理成
人班之成績而定亦應予以組織合作社以資救濟貧民生活同時并
可發展平民教育易於掃除文盲則是國家對人民先富而後教之
實為強國之本也用特函請貴所煩為查照轉呈中華平民教育
促進會華西實驗區辦事處及縣政府即時派員指導組織成立機

織合作社以資生產而濟平民生活實為公便等情到所查本縣
平民生產急待救助至機織合作社組織實有迅速籌組之必要
據函前情理合具文呈轉鈞府鑒核俯准予以組立實沾德便并
候示遵謹呈」等情據此相應函請
查照即希賜復以便轉飭遵照為荷！

此致。

中華平教會華西實驗區辦事處

縣長 [illegible]

璧山县各机织生产合作社与璧山县政府、中农行、华西实验区璧山办事处、华西实验区总办事处关于机织生产合作社相关事宜的往来公文　9-1-149（155）

璧山县各机织生产合作社与璧山县政府、中农行、华西实验区璧山办事处、华西实验区总办事处关于机织生产合作社相关事宜的往来公文　9-1-149（157）

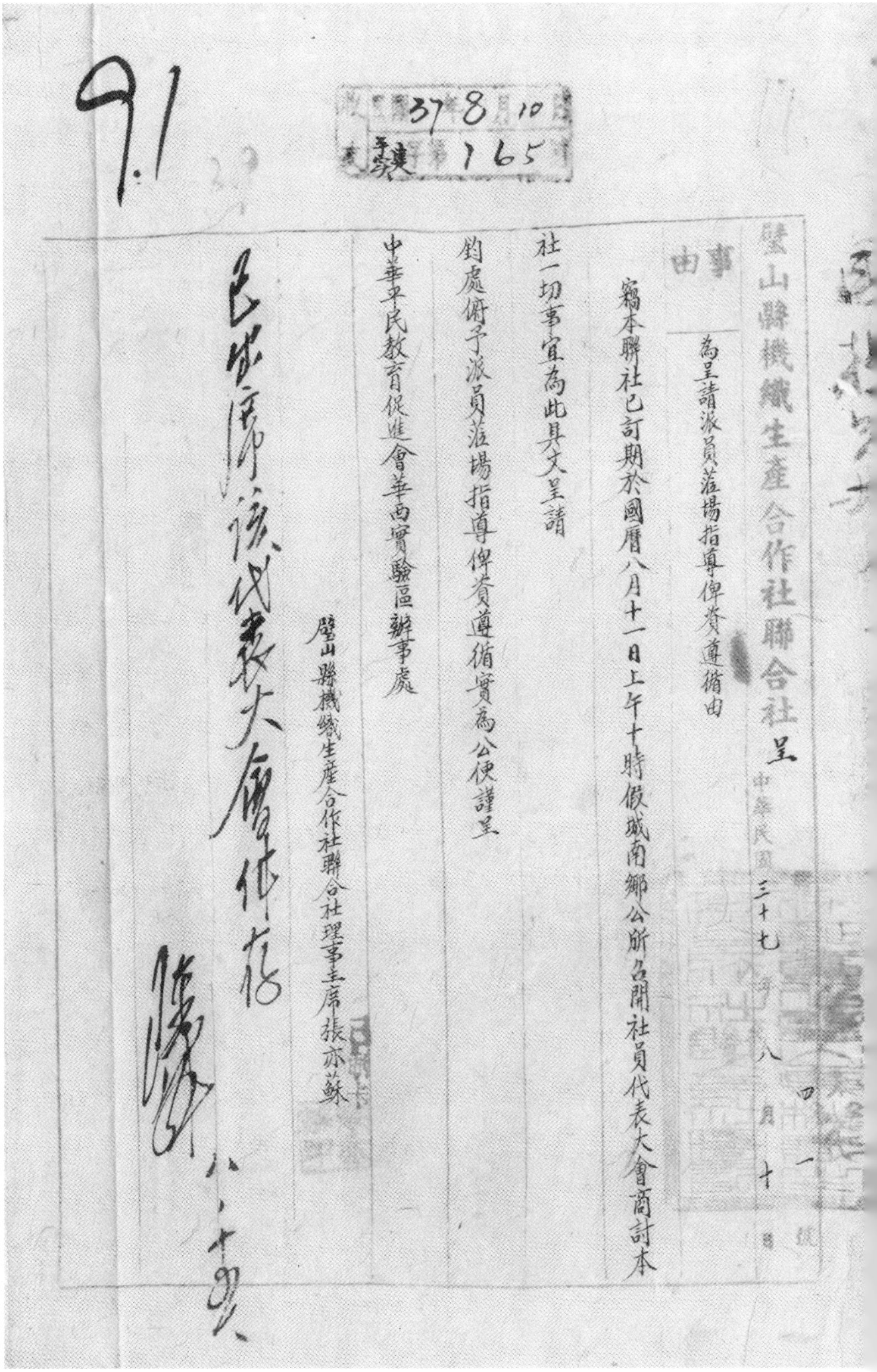

91

37 8 10

165

璧山縣機織生產合作社聯合社　呈

中華民國三十七年八月十日　四一號

事由　為呈請派員蒞場指導俾資遵循由

竊本聯社已訂期於國曆八月十一日上午十時假城南鄉公所召開社員代表大會商討本社一切事宜為此具文呈請

鈞處俯予派員蒞場指導俾資遵循實為公便謹呈

中華平民教育促進會華西實驗區辦事處

璧山縣機織生產合作社聯合社理事主席張亦蘇

已出席該代表大會作存

璧山县各机织生产合作社与璧山县政府、中农行、华西实验区璧山办事处、华西实验区总办事处关于机织生产合作社相关事宜的往来公文 9-1-149（165）

95

收文 37年7月4日 字第135號

11

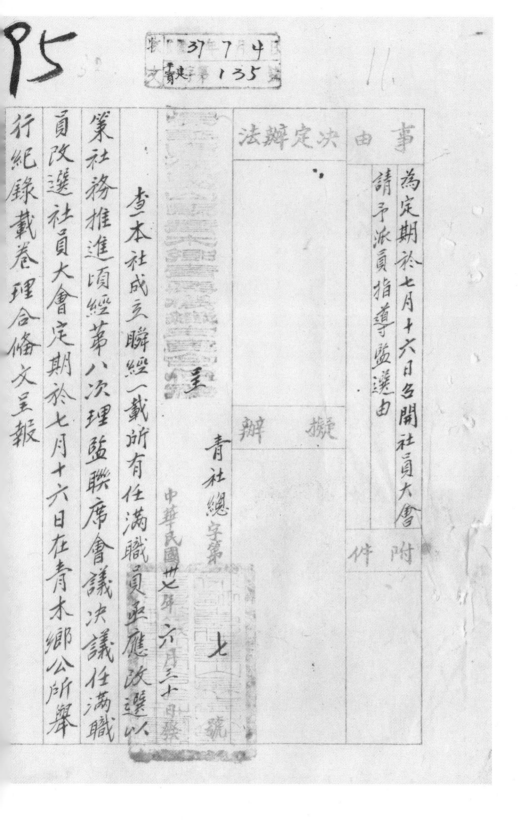

事由	為定期於七月十六日召開社員大會請予派員指導監選由
附件	
擬辦	
決定辦法	

青社總字第七號

中華民國卅七年六月三十日發

呈

查本社成立瞬經一載所有任滿職員亟應改選以策社務推進頃經第八次理監聯席會議決議任滿職員改選社員大會定期於七月十六日在青木鄉公所舉行紀錄載卷理合備文呈報

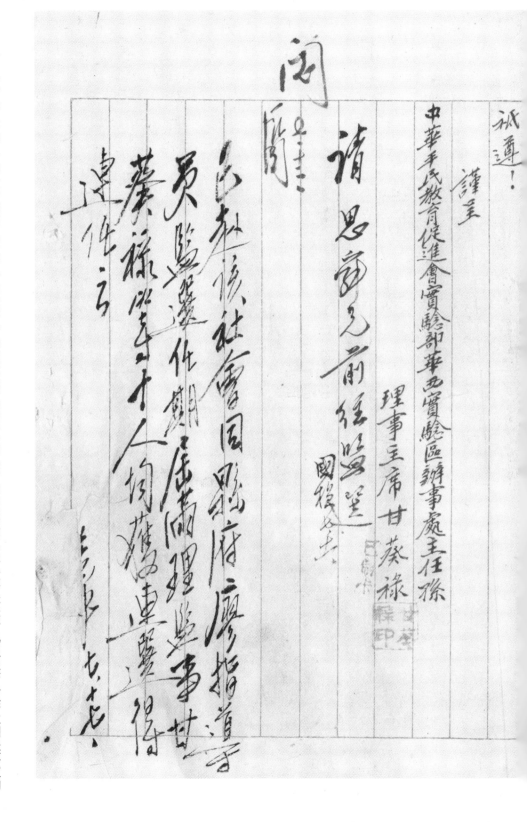

璧山县各机织生产合作社与璧山县政府、中农行、华西实验区璧山办事处、华西实验区总办事处关于机织生产合作社相关事宜的往来公文　9-1-149（166）

祇遵！

謹呈

中華平民教育促進會實驗部華西實驗區辦事處主任孫

理事主席甘葵祿（甘葵祿印）

請思前經照望

閱

已由該社會同縣府廖指導員監選，[illegible]理事甘葵祿等十人均獲連選連任云

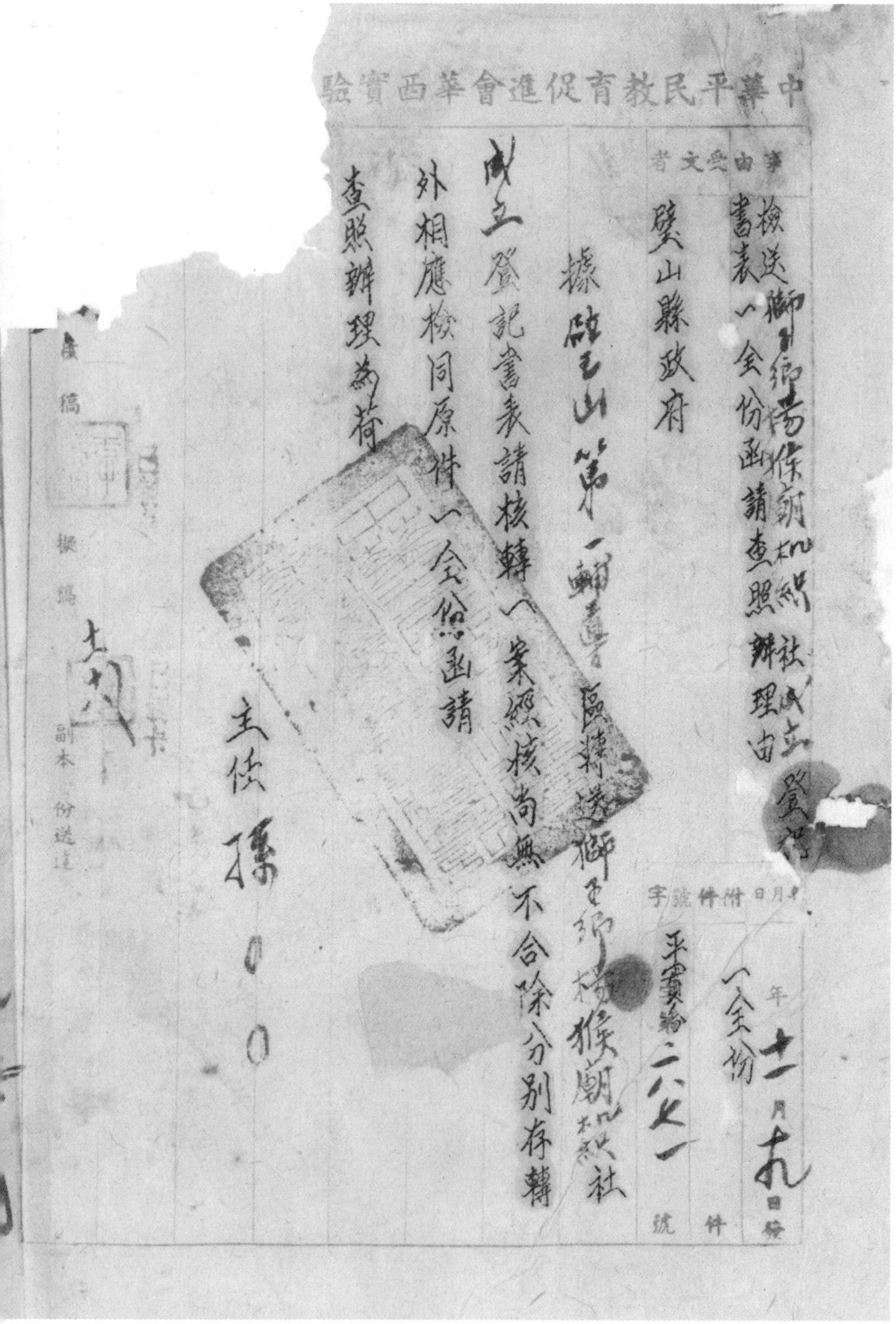

中華平民教育促進會華西實驗

事由：檢送獅子鄉猴廟機織社成立登記書表一全份函請查照辦理由

受文者：璧山縣政府

據璧山第一輔導區轉送獅子鄉猴廟機織社成立登記書表請核轉一案經核尚無不合除分別存轉外相應檢同原件一全份函請查照辦理為荷

主任　孫〇〇

年十一月十九日發

附件：一全份

件號字：平實輔二八七一

底稿

擬稿

副本　份送達

璧山县各机织生产合作社与璧山县政府、中农行、华西实验区璧山办事处、华西实验区总办事处关于机织生产合作社相关事宜的往来公文　9-1-152（111）

璧山县各机织生产合作社与璧山县政府、中农行、华西实验区璧山办事处、华西实验区总办事处关于机织生产合作社相关事宜的往来公文　9-1-152（112）

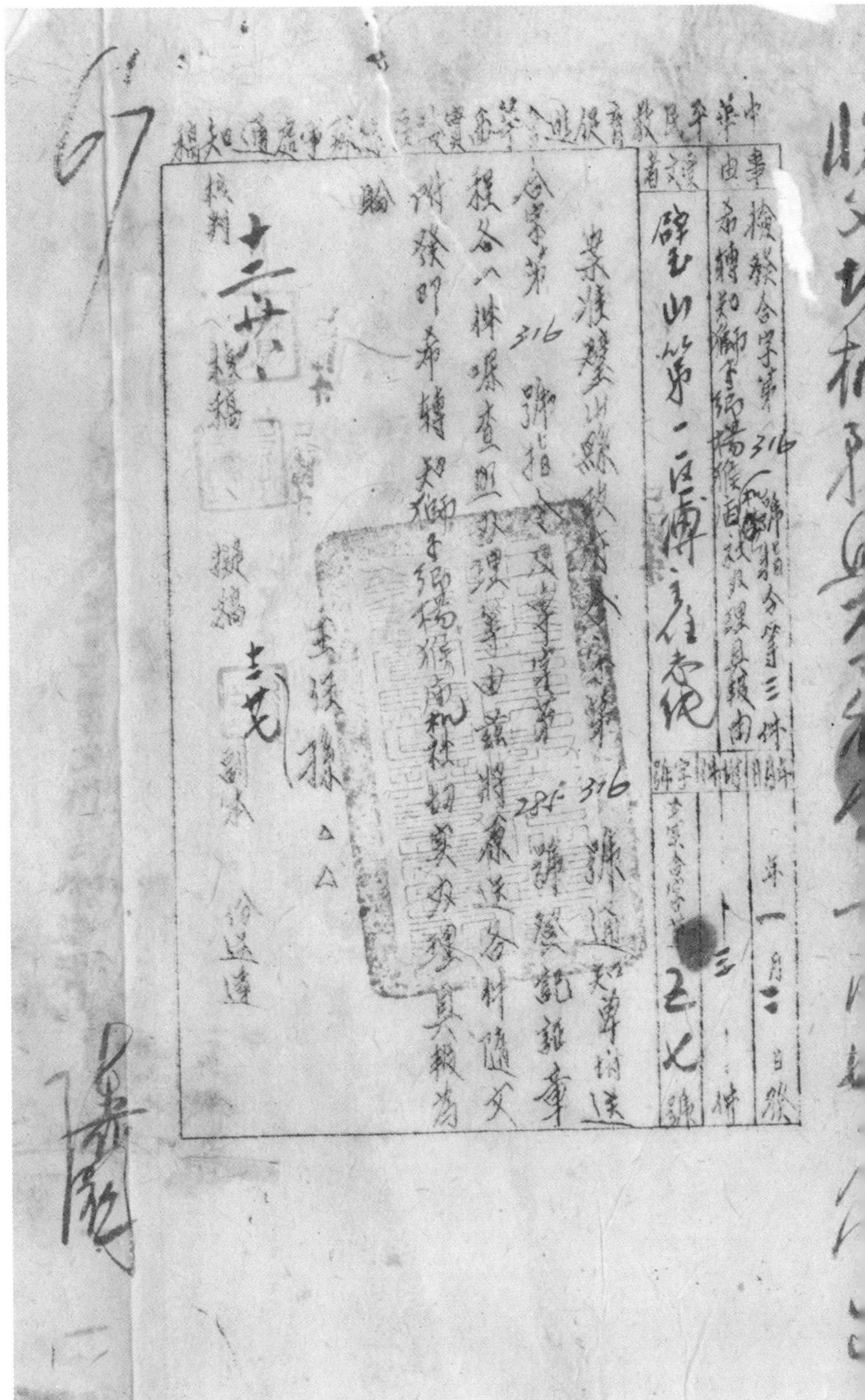

璧山县各机织生产合作社与璧山县政府、中农行、华西实验区璧山办事处、华西实验区总办事处关于机织生产合作社相关事宜的往来公文 9-1-152（113）

68

38 11 17
合 2840

審核

報告 璧一合機字第399號 三十八年十一月十六日

事由：為轉送本區獅子鄉楊猴廟機織生產合作社成立登記書表請 核辦由

據本區獅子鄉楊猴廟機織生產合作社填送成立登記書表前來經本處審核完竣理合檢附原件隨文報請

鈞處鑒核 謹呈

主任 孫

附：社員名冊三份 業務計劃三份 申請書三份

社章四份 創立會紀錄三份 調查表二份

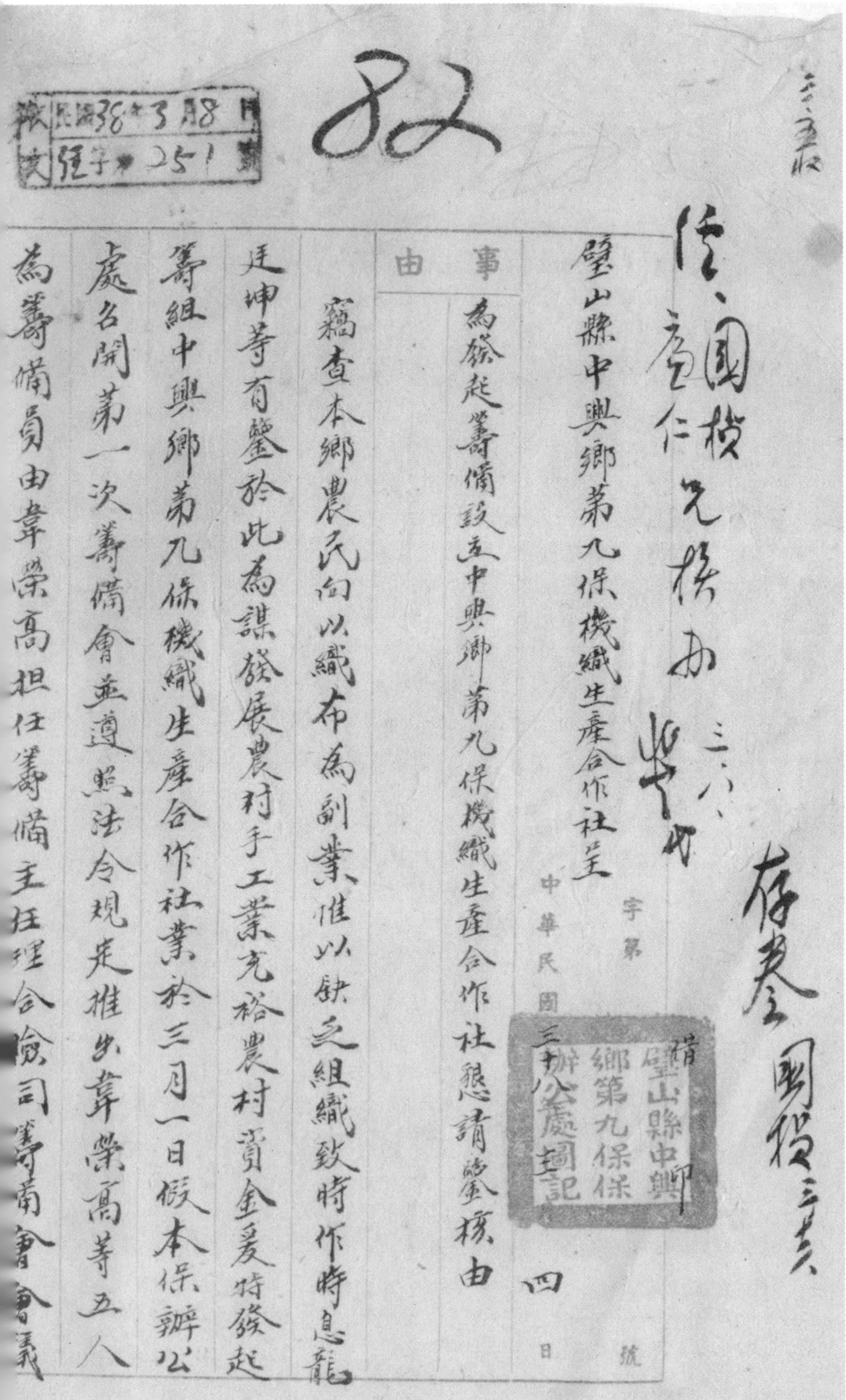
82

收文 民國38年3月8日 璧字第251號

三、三五收

請國模先生核辦
三、八

存參 國模 三、十六

璧山縣中興鄉第九保機織生產合作社呈　字第　號

中華民國三十八年三月四日

璧山縣中興鄉第九保保辦公處鈐記

事由：為發起籌備設立中興鄉第九保機織生產合作社懇請鑒核由

竊查本鄉農民向以織布為副業，惟以缺乏組織，致時作時息。龍廷坤等有鑒於此，為謀發展農村手工業，充裕農村資金，爰特發起籌組中興鄉第九保機織生產合作社，業於三月一日假本保辦公處召開第一次籌備會，並遵照法令規定，推出韋榮高等五人為籌備員，由韋榮高担任籌備主任，理合檢同籌備會會議

璧山县各机织生产合作社与璧山县政府、中农行、华西实验区璧山办事处、华西实验区总办事处关于机织生产合作社相关事宜的往来公文　9-1-152（146）

璧山县各机织生产合作社与璧山县政府、中农行、华西实验区璧山办事处、华西实验区总办事处关于机织生产合作社相关事宜的往来公文　9-1-152（147）

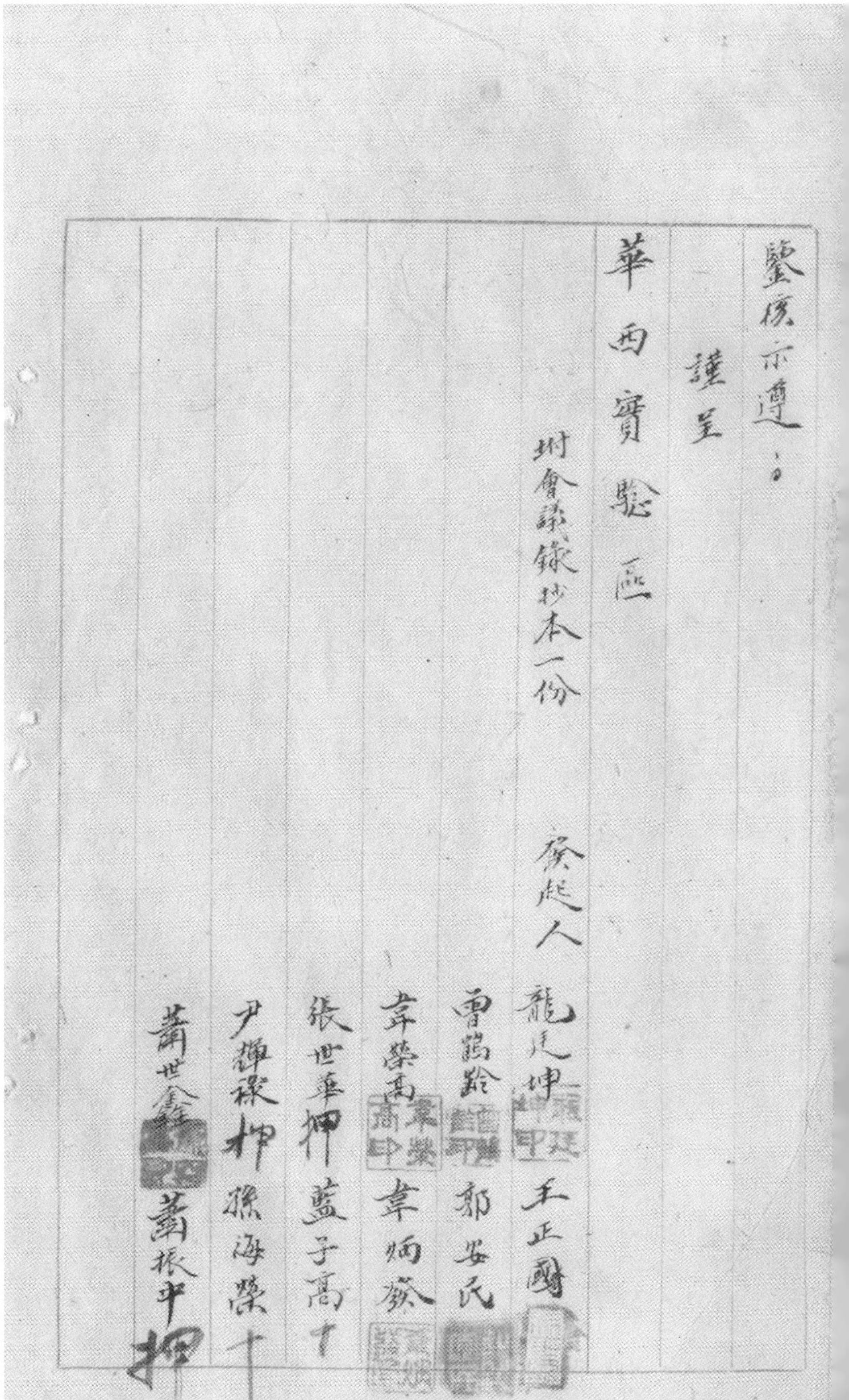

鑒核示遵。

謹呈

華西實驗區

附會議錄抄本一份

發起人　龍廷坤（印）　王正國（印）

曾鶴齡（印）　郭安氏（印）

韋榮高（印）　韋炳發（印）

張世華　押　藍子高　十

尹輝禄　押　孫海榮　十

蕭世鑫（印）　蕭振中　押

83

璧山縣中興鄉第九保機織生產合作社第一次籌備會記錄抄本

開會日期　三月一日

開會地点　李保辦公室

臨時主席　龍廷坤

記錄　王季榮

出席人　龍廷坤　鄭安民　韋榮高

孫海榮　盧子高　張世華

王正國　尹輝彬　韋炳發

韋秉德　蕭世鑫　蕭振中

曹鶴齡

璧山县各机织生产合作社与璧山县政府、中农行、华西实验区璧山办事处、华西实验区总办事处关于机织生产合作社相关事宜的往来公文　9-1-152（148）

临时主席报告组社目的

讨论事项

提议 业务

决议 本社社员以织布为中心业务

提议 区域

决议 本社业务暨区域以本保为限

提议 责任

决议 保证责任

提议 社址

璧山县各机织生产合作社与璧山县政府、中农行、华西实验区璧山办事处、华西实验区总办事处关于机织生产合作社相关事宜的往来公文 9-1-152（149）

璧山县各机织生产合作社与璧山县政府、中农行、华西实验区璧山办事处、华西实验区总办事处关于机织生产合作社相关事宜的往来公文 9-1-152（150）

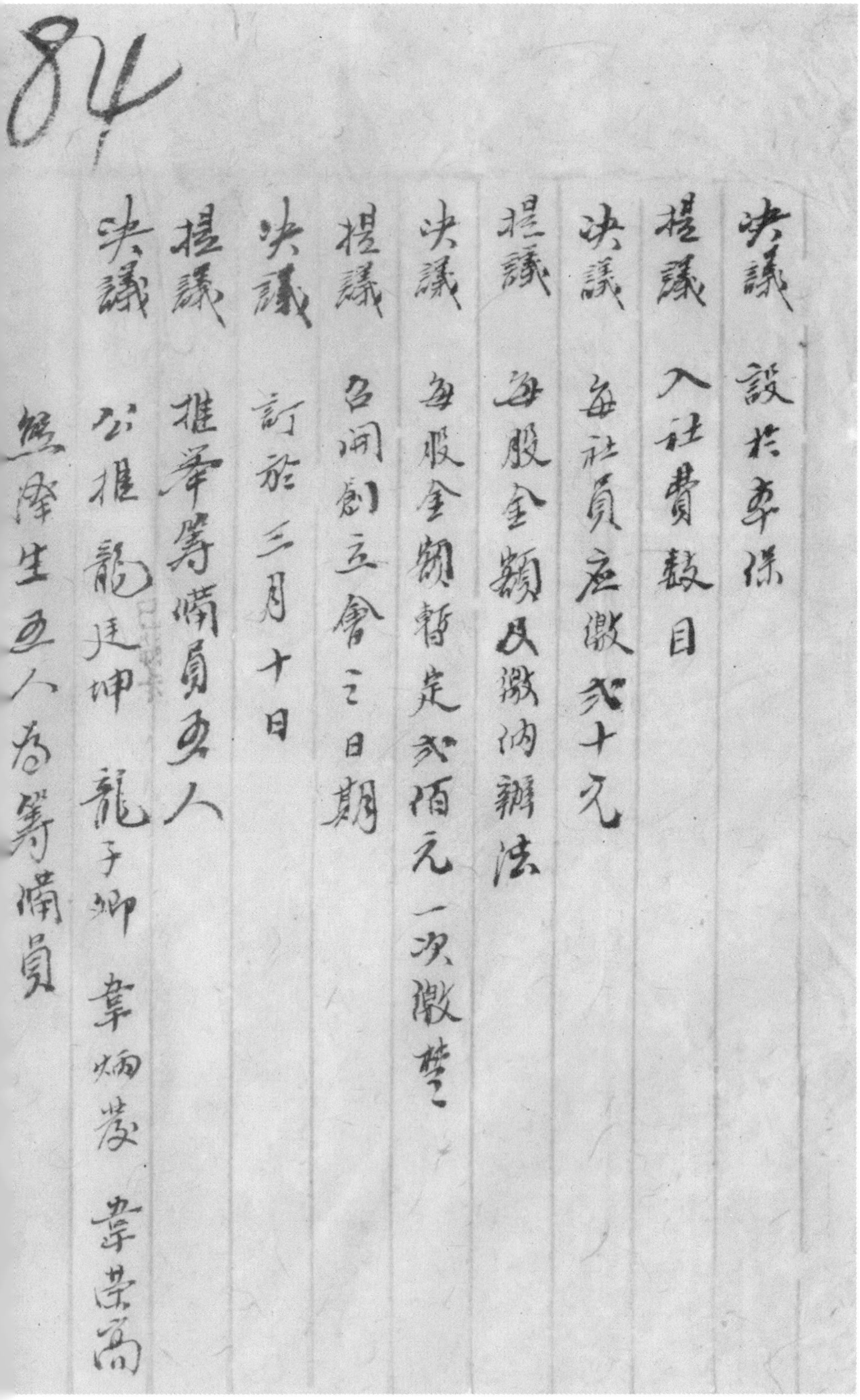
84

決議 設於本保
提議 入社費數目
決議 每社員應繳貳十元
提議 每股金額及繳納辦法
決議 每股金額暫定貳佰元一次繳楚
提議 召開創立會之日期
決議 訂於三月十日
提議 推舉籌備員五人
決議 公推龍廷坤 龍子卿 韋炳發 韋崇尚
無[illegible]生五人為籌備員

璧山县各机织生产合作社与璧山县政府、中农行、华西实验区璧山办事处、华西实验区总办事处关于机织生产合作社相关事宜的往来公文　9-1-152（151）

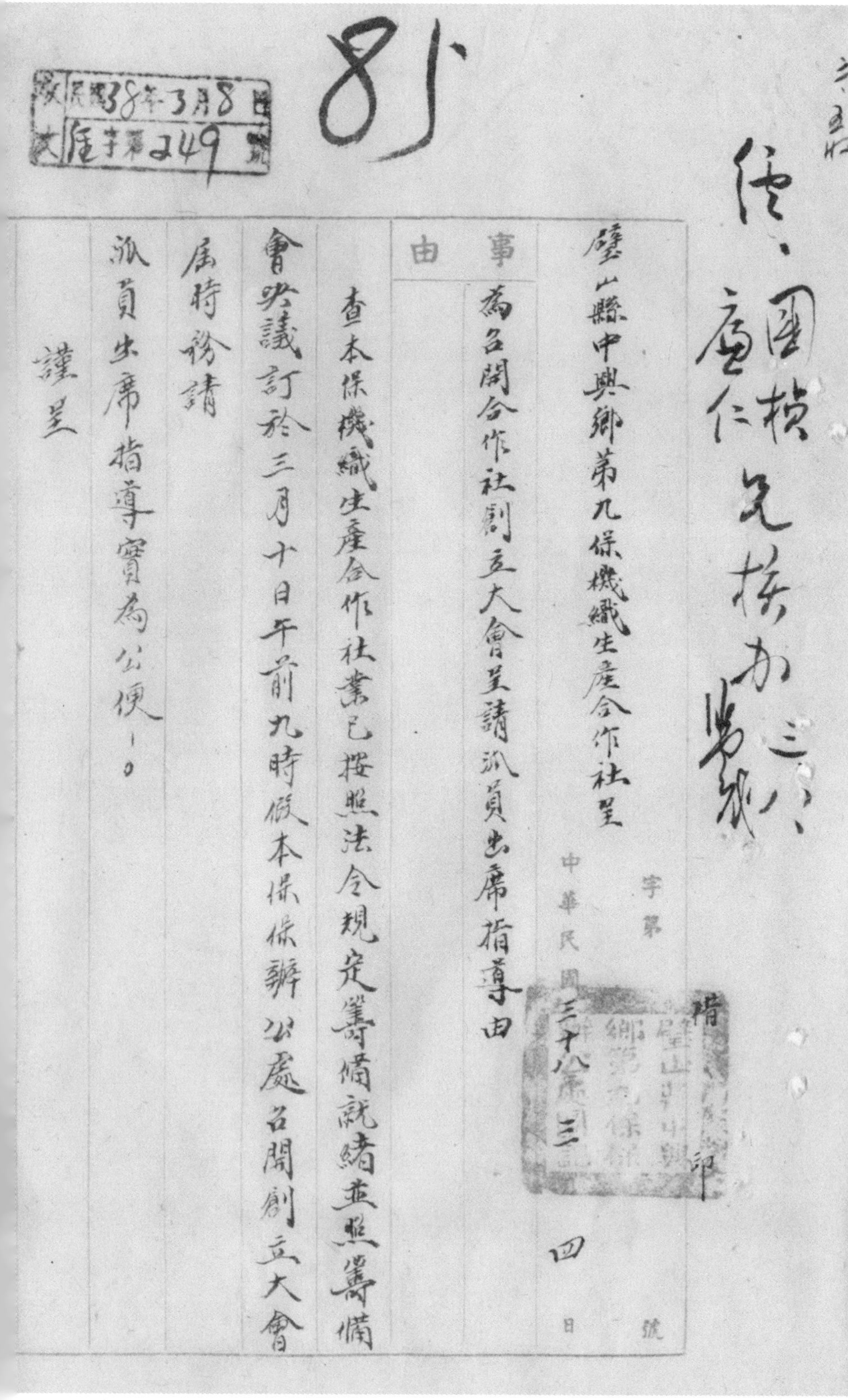

收文　民國38年3月8日　屋字第249號

81

传、国桢、唐仁　先接办　三、八

璧山縣中興鄉第九保機織生產合作社呈　字第　號

事由：為召開合作社創立大會呈請派員出席指導由

查本保機織生產合作社業已按照法令規定籌備就緒並照籌備會決議訂於三月十日午前九時假本保保辦公處召開創立大會屆時務請派員出席指導實為公便。

謹呈

中華民國三十八年三月四日

籌備主任韋榮高

韋榮高印

璧山县各机织生产合作社与璧山县政府、中农行、华西实验区璧山办事处、华西实验区总办事处关于机织生产合作社相关事宜的往来公文　9-1-152（152）

璧山县各机织生产合作社与璧山县政府、中农行、华西实验区璧山办事处、华西实验区总办事处关于机织生产合作社相关事宜的往来公文 9-1-152（153）

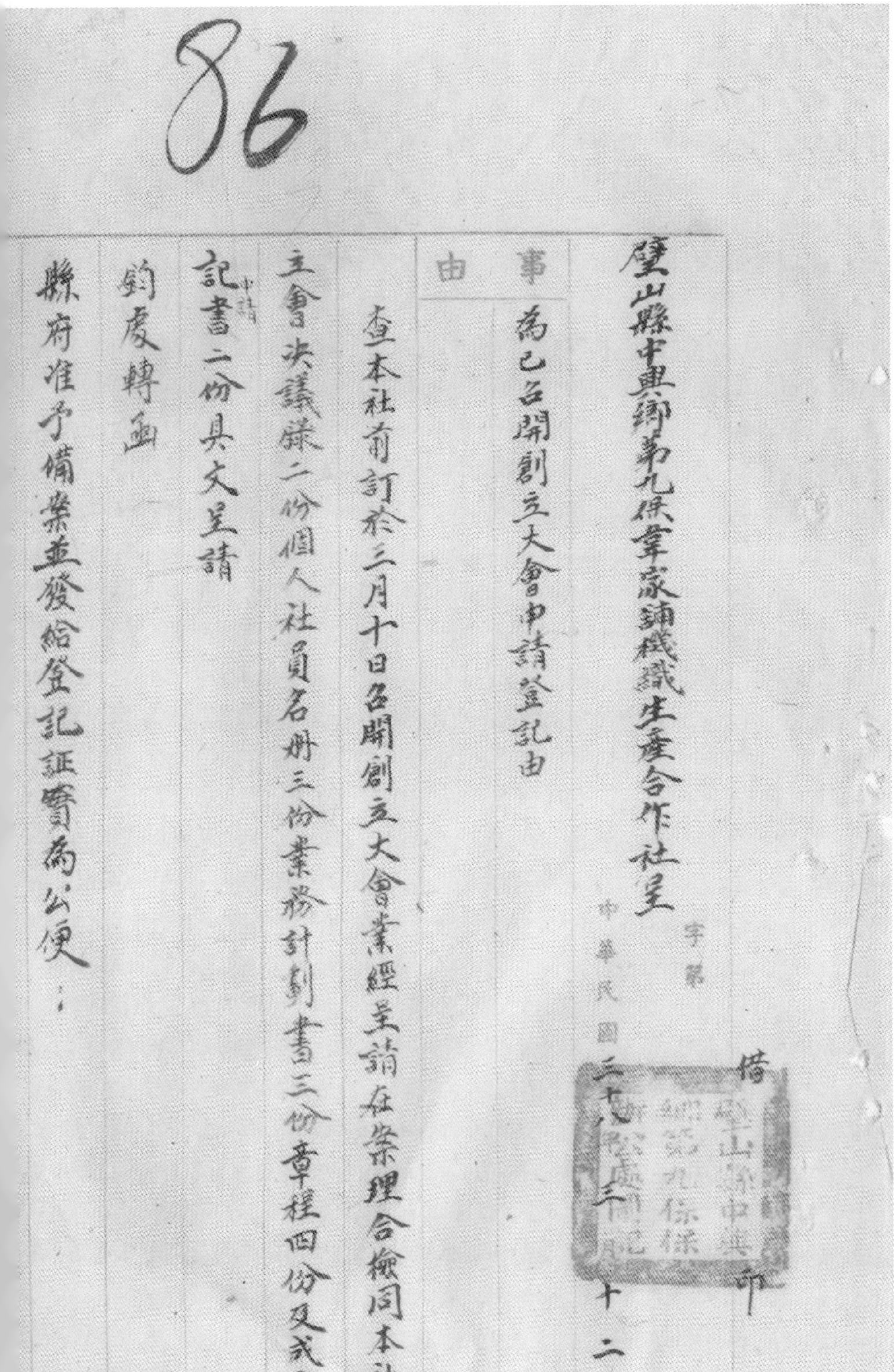

86

璧山縣中興鄉第九保韋家鋪機織生產合作社呈 字第 號

中華民國三十八年三月十二日

借印 （璧山縣中興鄉第九保保辦公處圖記）

事由：為已召開創立大會申請登記由

查本社前訂於三月十日召開創立大會業經呈請在案理合檢同本社創立會決議錄二份個人社員名冊三份業務計劃書三份章程四份及成立登記申請書二份具文呈請

鈞處轉函

縣府准予備案並發給登記証實為公便！

璧山县各机织生产合作社与璧山县政府、中农行、华西实验区璧山办事处、华西实验区总办事处关于机织生产合作社相关事宜的往来公文　9-1-152（154）

華西實驗區總辦事處

附呈創立會決議錄二份個人社員名册三份業務計劃書

三份章程四份成立登記申請書二份

理事主席　熊澤森　（印：熊澤森印）

已制卡

業務辦理人[illegible]轉平濤

（印）何□九

璧山县各机织生产合作社与璧山县政府、中农行、华西实验区璧山办事处、华西实验区总办事处关于机织生产合作社相关事宜的往来公文 9-1-152（155）

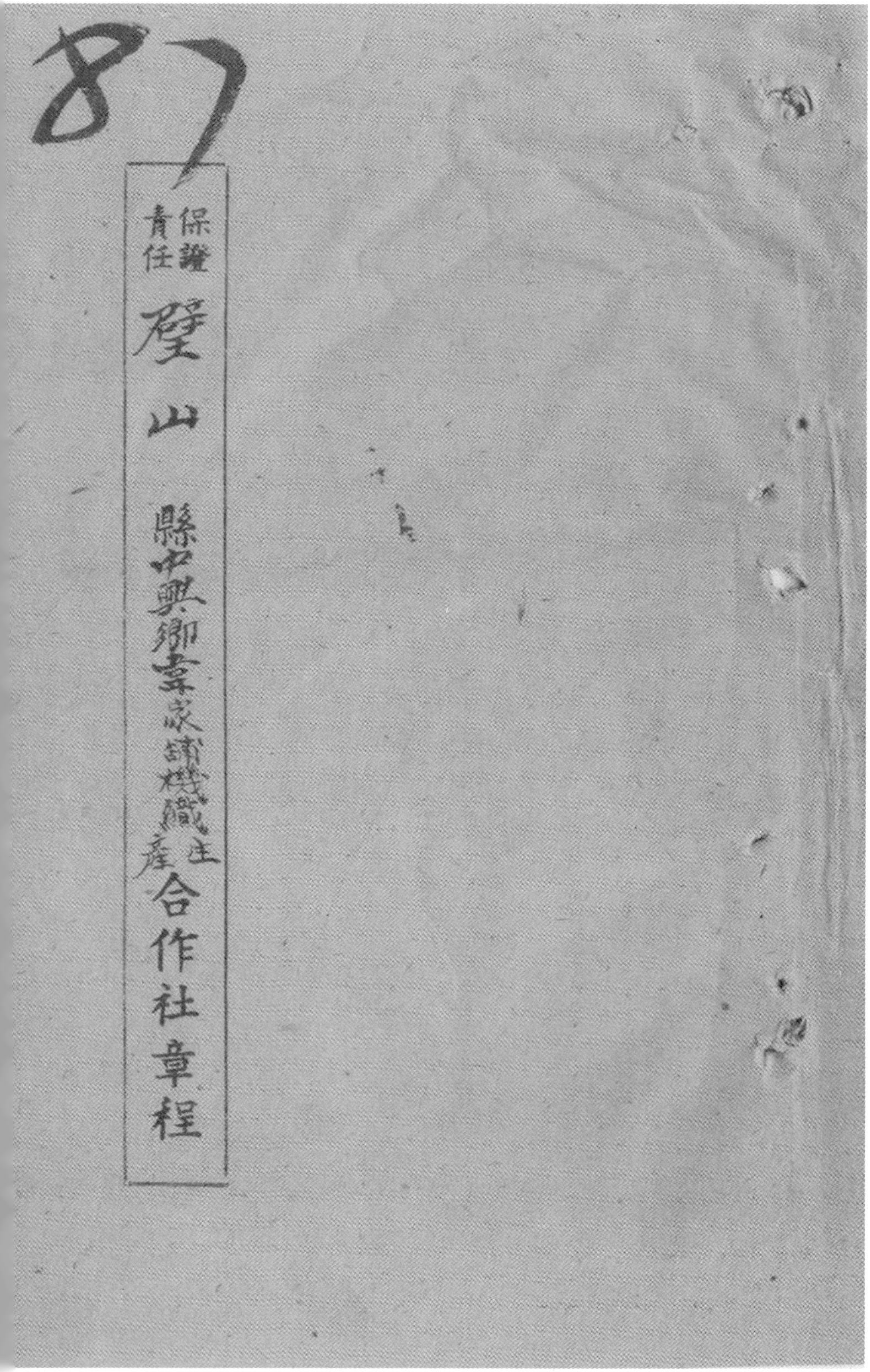

87

保證責任璧山縣中興鄉壹家庭機織生產合作社章程

璧山县各机织生产合作社与璧山县政府、中农行、华西实验区璧山办事处、华西实验区总办事处关于机织生产合作社相关事宜的往来公文　9-1-152（156）

保證責任璧山縣中興鄉韋家舖機織生產合作社章程

（本章於民國三十八年三月十日經社員大會通過）

第一條　定名　本社定名為保證責任璧山縣中興鄉韋家舖機織生產合作社

第二條　宗旨　本社以發展工業增加生產改善社員生活建設經濟國防為宗旨

第三條　責任　本社為保證責任各社員之保證金額為其所認股額之二十倍並以其所認股額及保證金額為限負其責任

第四條　業務區域　本社以璧山縣中興鄉第九保為業務區域

第五條　社址　本社社址設於中興鄉第九保保辦公處

第六條　年限　本社成立年限定為三年但經社員大會之議决得縮短或延長

第七條　公告　本社應公告之事項在本社揭示處公佈之

第八條　社員資格　本社社員以本國人民年滿廿歲或未滿二十歲而有行為能力且有正當職業品行端正並無吸食鴉片或其他代用品宣告破產及褫奪公權之情形而對本社事業確有經營之技能與經驗並不加入其他任何工業合作社

一

璧山县各机织生产合作社与璧山县政府、中农行、华西实验区璧山办事处、华西实验区总办事处关于机织生产合作社相关事宜的往来公文　9-1-152（157）

二

者為合格

第九條　入社　本社社員之入社依左列規定：

一、凡在本社成立後入社者須填具入社願書經社員二人以上之介紹或直接以書面請求理事會之同意及社員大會之追認方得入社

二、本社社員以每家一人入社為限如社員家屬有願參加本社工作者得由理事會依實際需要准許之工資按其工作效力計算並得將其工資數目或工作成績分數併入該社員名下享受年終盈餘分配

三、本社社員入社時得以書面指定一人為其繼承人經理事會之核准遇該社員死亡或不能繼續工作時得由其繼承人照章入社繼承其權利義務各社員入社後亦得隨時更易其繼承人

第十條　出社　本社社員出社之規定如左：

一、社員因自請退社除名死亡或喪失本章程第八條之社員資格者均得出社

二、社員自請退社須於本年度終了時並應在三個月前向理事會以書面請求經核准者始得退社

三、社員如有不遵照本社章則及決議履行者或有妨害本社業務與利益者

璧山县各机织生产合作社与璧山县政府、中农行、华西实验区璧山办事处、华西实验区总办事处关于机织生产合作社相关事宜的往来公文　9-1-152（158）

凡有違犯關係法令以及喪失信譽之行為者均得經本社出席理監事四分之三以上社務會議之通過予以除名以書面通知被除名之社員並報告社員大會

四、出社社員對於出社前本社所負債務之保證責任自出社決定日起經過二年始得解除但本社於該社員出社後六個月內解散時得以該社員為未出社論

五、出社社員得請求退回其所繳股金之一部或全部但須於年度終了結算後由理事會決定之

第十一條　社股　本社關於社股之規定如左：

一、每股定為國幣金圓壹佰元

二、社員入社時至少須認購一股嗣後可隨時添認但最多不得超過本社股金總額百分之二十第一次所交股金不得少認股額四分之一其餘股金之繳納日期由理事會決定但應自認股之日起一年內繳足之

三、社員如無力繳納股款之一部或全部者得按月由其應得之工資內扣繳或於年終由其應得之股息或盈餘分配金內扣充之

四、社員除以現款繳納股金外並可以機器工具及原料或其他財產物等經

三

璧山县各机织生产合作社与璧山县政府、中农行、华西实验区璧山办事处、华西实验区总办事处关于机织生产合作社相关事宜的往来公文 9-1-152（159）

四

理監事出席三分之二以上之社務會議評定折價抵充其應繳股金

五、社員轉讓社股須經本社理監事出席三分之二以上之社務會議之通過方可出讓其承繼人如非社員時須照本章程第八條及第九條之規定始可繼承其原讓人之社股及其權利義務如為本社社員則其所有社股金額應交不得超過本社股金總額百分之二十之限制

六、社員利息定為月息貳釐按實交之股款計算由理事會於每年度終了時決定之

七、社員不得以其對於本社社員或他人之債權抵繳其已認未繳之股金亦不得以其所繳之股金抵償其對於本社社員或他人之債務非經本社之同意亦不得以其社股為人之債務作担保

第十二條　理事　本社由社員大會就社員中選任理事五人組織理事會互推主席經理司庫各一人掌理事主席對內總理社務對外代表本社經理專掌本社業務之經營司庫專司本社款項之保管與出納

第十三條　監事　本社由社員大會就社員中選任監事三人組織監事會互選主席一人監事不得兼任本社其他職員曾任理事之社員其任內之責任未清了前不得不當選為監事

第十四條　僱員　本社因業務發展於必要時得由理事會任用副經理一人技師技術員事務員助理員或練習生及臨時僱工若干人練習生及臨時僱工應先儘社員之家屬選用其辦法另定之

任期規定如左：

第十五條　任期　本社職員之任期除聘僱人員另行規定外所有理監事之任期規定如左

一、理事之任期為三年每年改選五分之二得連選連任

二、監事之任期為一年亦得連選連任

三、理事在任期內非有正當理由不得辭職其確因故辭職或其他原因缺額時得召集臨時社員大會舉行補缺選舉其產生之理監事以前任之任期為任期

四、本社由理事會提經社員大會推選出席聯合社之代表其任期為一年

第十六條　待遇　本社監理事均以義務職為原則必要時得經社員大會決議酌支津貼或生活補助費其他聘僱員工得經理事會之議決酌給薪資

第十七條　細則　理事會辦事細則由理事會另訂之監事會辦事細則由監事會另訂之其他員工之服務規則分別另訂之

五

璧山县各机织生产合作社与璧山县政府、中农行、华西实验区璧山办事处、华西实验区总办事处关于机织生产合作社相关事宜的往来公文　9-1-152（160）

璧山县各机织生产合作社与璧山县政府、中农行、华西实验区璧山办事处、华西实验区总办事处关于机织生产合作社相关事宜的往来公文 9-1-152（161）

第十八條 社員大會 本社以社員大會為最高權力機關由全體社員組織之

一，社員大會之職權如左：

（一）理監事之選任或罷免

（二）決定業務進行方針及業務實施計劃

（三）通過本社預算決算各種報告書表以及各項規章之製定或修正

（四）追任社員之入社或出社

（五）決定本社社員職員待遇之標準

（六）決定本社內外借款之限度

（七）其他重要事項及理監事或社員之提議事項之決定

二、社員大會分常會臨時會兩種常會於每業務年度終了後一個月由內理事會召集之臨時會於理事會認為必要時或監事會對執行職務為必要時召集之全體四分之一以上社員認為必要時以書面說明提議事項及其理由亦得請求理事會召集臨時會此項請求提出十日內如理事會不召為集時社員得呈請主管機關自行召集之

三、社員大會之召集應於七日前以書面或載明事理及提議事項通知各社員

璧山县各机织生产合作社与璧山县政府、中农行、华西实验区璧山办事处、华西实验区总办事处关于机织生产合作社相关事宜的往来公文　9-1-152（162）

四、社員大會應有社員過半數之出席始得開會出席社員過半數之同意始得決議但對理監事之罷免須有全體社員過半數之同意始得決議對本社解散或與他社之合併應有全體社員四分之三以上之出席出席社員三分之二以上之同意始得決議

五、社員大會開會以理事主席為主席理事主席缺席時以監事主席爲主席社員召集之臨時會議公推一人爲主席

六、社員僅有一表決權或選舉權社員不能出席時得以書面委託其他社員代理之但同一代理人以不得代理兩個以上之社員爲限表決時如雙方票數相等主席有投決定票之權

七、社員大會流會二次以上時理事會得以書面載明應議事項函由全體社員於一定期限內通信表決之但以期限不得少於十日

第十九條　社務會　由理事會於每三個月召集常會一次必要時得召集臨時會議均爲討論理事會或監事會不能單獨解決而無須舉行社員大會之重要事項

一、社務會開會時其主席由理監事互選之

二、社務會應有全體理監事三分之二以上出席始得開會出席理監事過半數之同意始得決議

七

璧山县各机织生产合作社与璧山县政府、中农行、华西实验区璧山办事处、华西实验区总办事处关于机织生产合作社相关事宜的往来公文 9-1-152（163）

八

三、社務會開會時副經理技師技術員及事務員均得列席陳述意見

第二十條 理事會及監事會 由各該會主席至少於每月召集會議一次

一、理事會及監事會應有理事或監事過半數以上之出席始得開會出席理事或監事過半數之同意始得決議

二、理事會之職權如左：

(一)執行社員大會決議案及一切社務

(二)擬定業務進行方針及實施計劃

(三)編造預算及決算

(四)編製各項報告書表及規章

(五)向外借款及其事項

(六)購置應須之原料及一切設備或其他不動產

(七)辦理本社產品之運銷

(八)會同本社監事對內對外簽訂各種契約或於訴訟時為本社代表

三、監事會之職權

(一)監查本社所有財務狀況

(二)監查本社業務執行狀況

璧山县各机织生产合作社与璧山县政府、中农行、华西实验区璧山办事处、华西实验区总办事处关于机织生产合作社相关事宜的往来公文　9-1-152（164）

（三）審查本社年終決算編造之各項書表

（四）會同理事對內對外簽訂各種契約或於訴訟行爲時爲本社代表

第二十一條　記錄　本社舉行各種會議均應具備會議記錄其格式項目另定之

第二十二條　業務種類　本社經營業務如左：

（一）織布

（二）

（三）

第二十二條　業務管理　本社應需原料工具及設備所有產品之製造與運銷均以統籌集總辦理爲原則

（一）本社社員如能供給前項原料工具或設備時得儘先徵收之按當地時價付款

（二）本社除總設立工廠外并得於必要時設置倉庫其辦法另定之

（三）本社遇有特殊情形時得經社務會議之決議准許社員領用原料工具在其家中製造但成品須交社中集總運銷其詳細辦法另定之

（四）其他一切管理辦法悉依工廠法之規定辦理

第二十四條　年度　本社以國歷一月一日至十二月三十一日爲業務年度六月底爲半年

九

璧山县各机织生产合作社与璧山县政府、中农行、华西实验区璧山办事处、华西实验区总办事处关于机织生产合作社相关事宜的往来公文　9-1-152（165）

一〇

第二十五條　結算期十二月底為全年總決算期

書表　每年度總決算時由理事會造具左列各項書表送經監事會審查後連同監事會報告書提請社員大會承認并呈報主管機關備案另須具備一份存置社中以供本社社員及債權人查閱

（一）財產目錄　（二）資產負債表　（三）損益計算書　（四）業務報告書　（五）盈餘分配案

第二十六條　盈餘　本社年終決算有盈餘時除依次彌補累計損失償付對外借款應還本息并付股息外如有餘額作為一百分按照下列規定分配之

（一）以百分之卅為公積金經社員大會之決定存儲於殷實之銀行或存款機關與商號或以穩妥之方法運用生息除彌補損失外不得移作別用但公積金超過股金總額二倍時其超過部份得由社員大會決定作為擴充業務或供公共事業之用

（二）以百分之十為公益金由社員大會議決以為協助本社附近居民之教育衛生及其他公益事業及社會福利事業之用

（三）以百分之十為理事及職員聘僱員工之酬勞金其酬勞分配辦法由理事會決定之

(四)以百分之六十為社員分配金按社員之工作效率成績及工資等比例分配之

第二十七條　虧損　本社年終決算有虧損時以公益金及股金順次抵補之如仍不足由各社員按所負之保證金額分担之

第二十八條　解散　本社遇有左列情事之一而解散

(一)社員大會議決解散或與他社合併時

(二)社員不足法定人數或成立期滿時

(三)破產或有解散之命令時

第二十九條　清算　本社解散時由主管機關或法院派清算員二人依合作社法之規定清理本社債權及債務清算後尚有資產金額時由清算人擬定分配案呈准主管機關并提交社員大會決定處理

第三十條　附則　本章程附則附左：

一　本章程未規定事項悉依合作社法及同法施行細則或其他有關法令之規定辦理

二　本章程由社員大會通過呈請主管機關核准後施行

一一

璧山县各机织生产合作社与璧山县政府、中农行、华西实验区璧山办事处、华西实验区总办事处关于机织生产合作社相关事宜的往来公文　9-1-152（166）

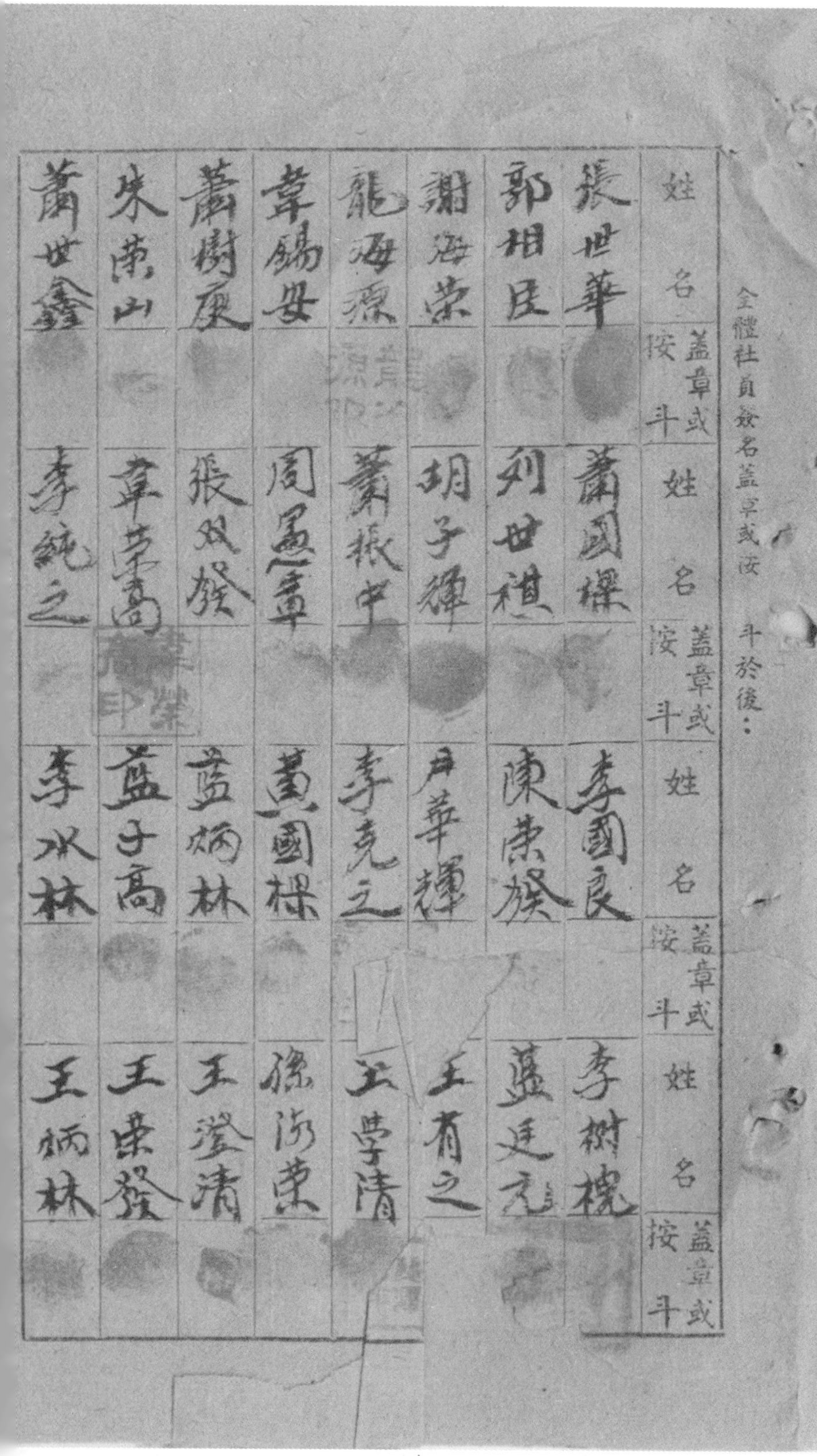
全體社員簽名蓋章或按斗於後：

姓名	蓋章或按斗	姓名	蓋章或按斗	姓名	蓋章或按斗	姓名	蓋章或按斗
張世華		蕭國樑		李國良		李樹槐	
郭相臣		劉世禎		陳崇發		藍廷光	
謝海榮		胡子輝		冉華輝		王有之	
龍海源		蕭振中		李克之		王學清	
韋錫安		周盈章		黃國樑		徐海榮	
蕭樹康		張双發		藍炳林		王澄清	
朱榮山		韋崇高		藍子高		王崇發	
蕭世鑫		李純之		李水林		王炳林	

璧山县各机织生产合作社与璧山县政府、中农行、华西实验区璧山办事处、华西实验区总办事处关于机织生产合作社相关事宜的往来公文　9-1-152（167）

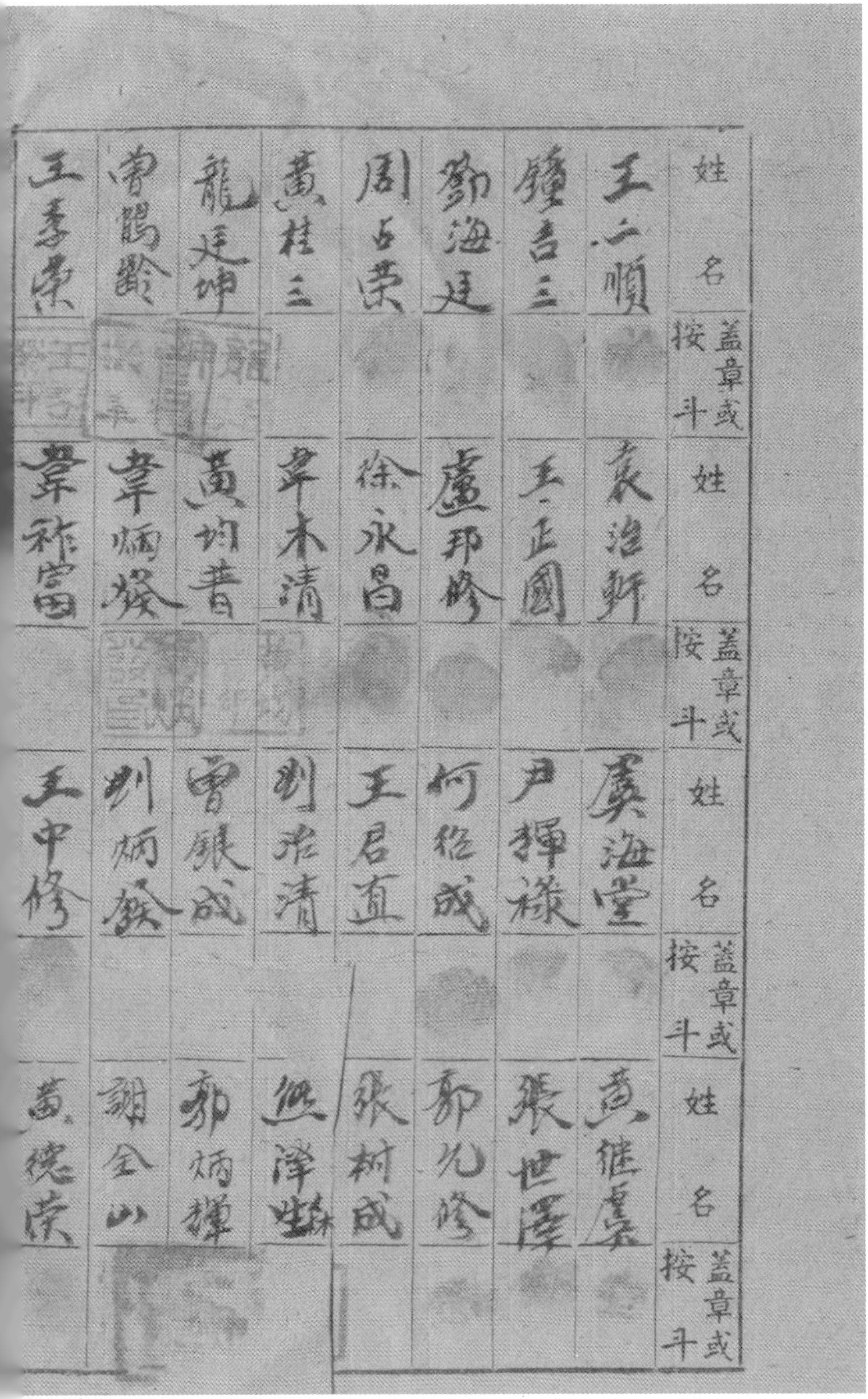

姓名	盖章或按斗	姓名	盖章或按斗	姓名	盖章或按斗	姓名	盖章或按斗
王二順		袁治軒		虞海堂		黃繼虞	
鍾吉三		王正國		尹輝祿		張世澤	
鄧海廷		盧邦修		何紹成		郭允修	
周占榮		徐永昌		王君直		張樹成	
黃桂三		韋木清		劉兆清		熊澤林	
龍廷坤		黃均書		曾銀成		郭炳輝	
曾鶴齡		韋炳燦		劉炳燦		謝金山	
王壽榮		韋祚富		王中修		黃德榮	

璧山县各机织生产合作社与璧山县政府、中农行、华西实验区璧山办事处、华西实验区总办事处关于机织生产合作社相关事宜的往来公文　9-1-152（168）

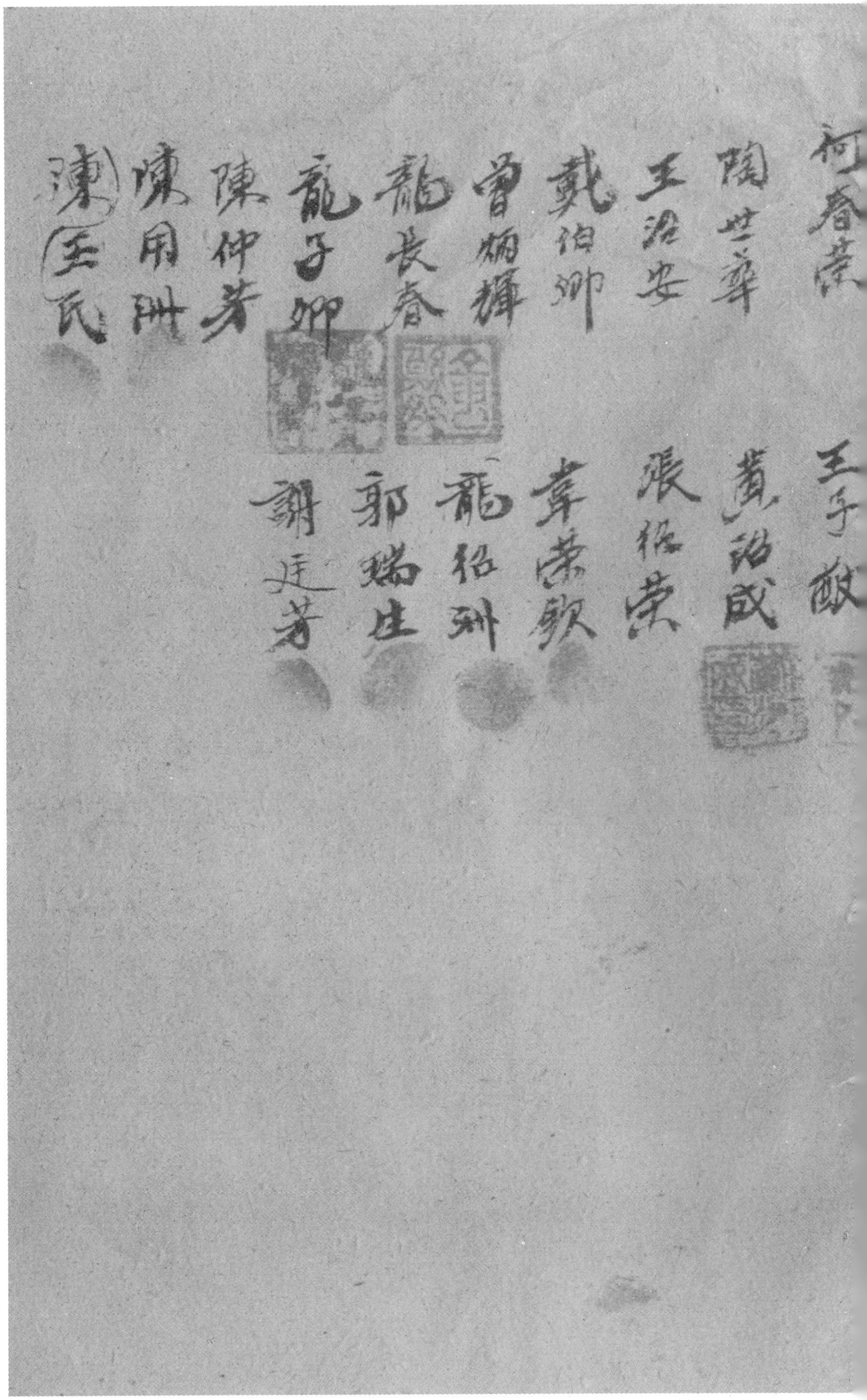

何春棠
陶世華
王治安
戴伯卿
曾炳輝
龍長春
龍子卿
陳仲芳
陳用卅
陳王氏
王子敵
黃銘成
張銘榮
韋榮欽
龍銘則
郭瑞生
謝廷芳

璧山县各机织生产合作社与璧山县政府、中农行、华西实验区璧山办事处、华西实验区总办事处关于机织生产合作社相关事宜的往来公文　9-1-152（169）

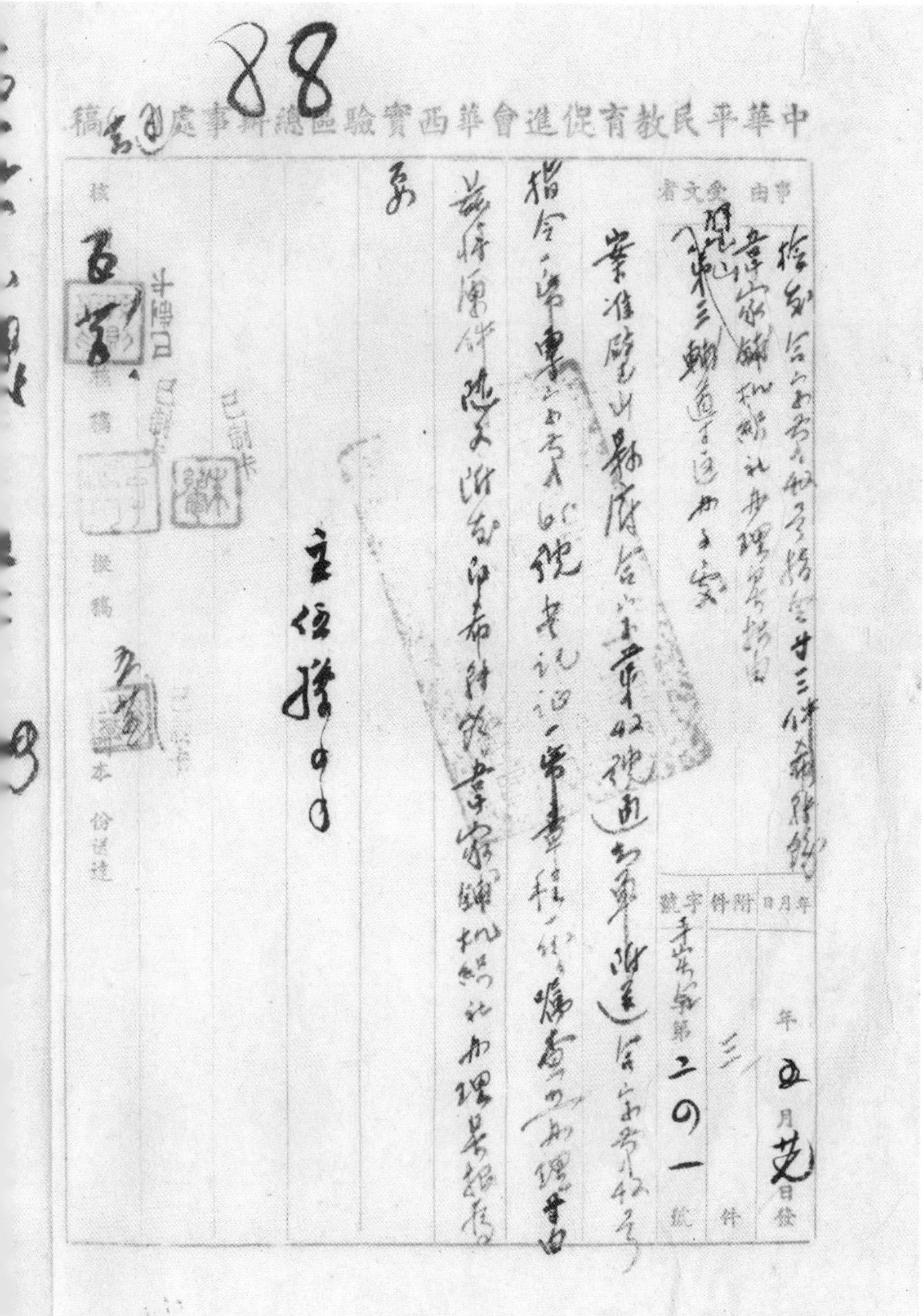

璧山县各机织生产合作社与璧山县政府、中农行、华西实验区璧山办事处、华西实验区总办事处关于机织生产合作社相关事宜的往来公文　9-1-152（170）

璧山县各机织生产合作社与璧山县政府、中农行、华西实验区璧山办事处、华西实验区总办事处关于机织生产合作社相关事宜的往来公文　9-1-152（171）

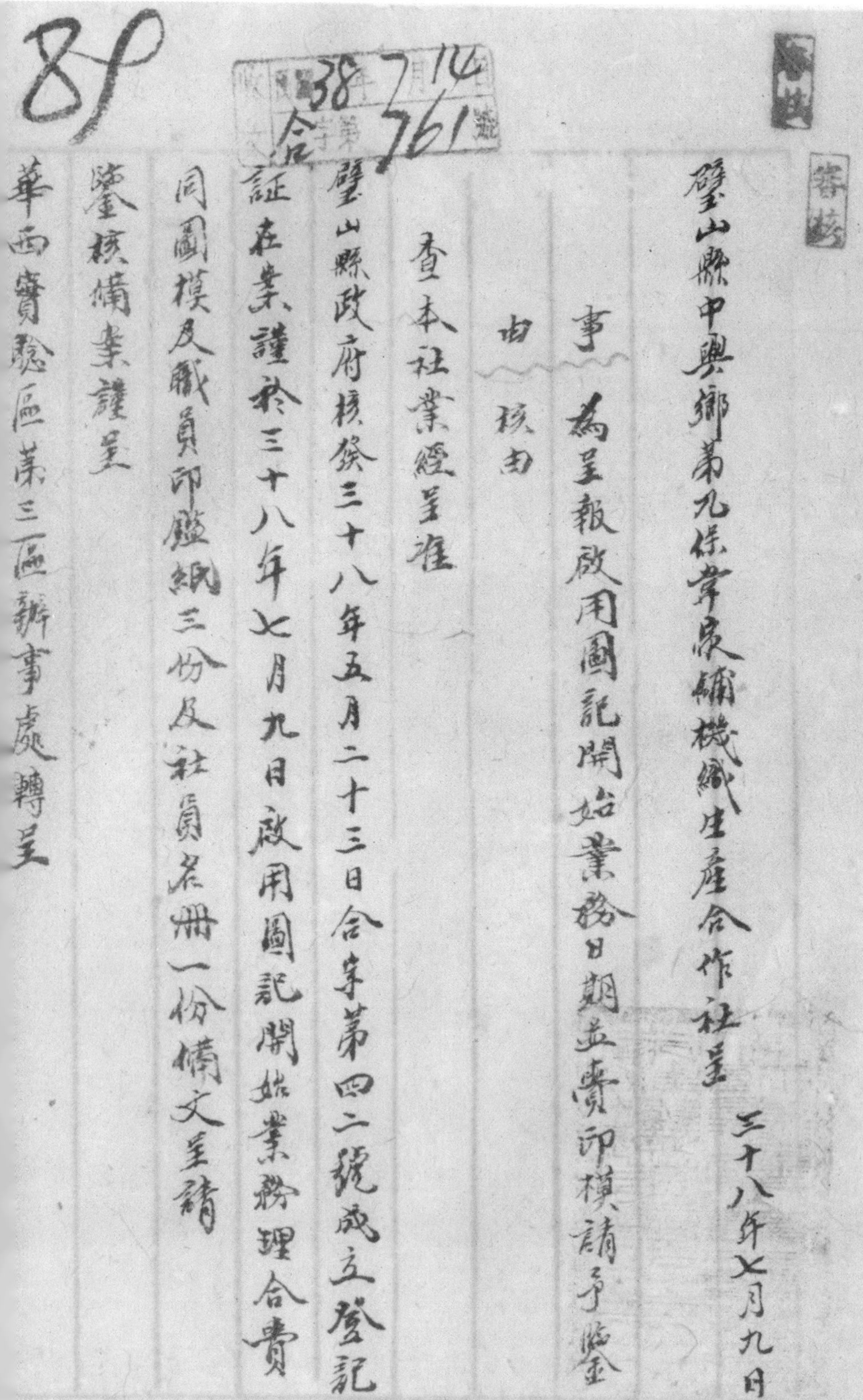
收文 民國38年7月14日 合字第761號

璧山縣中興鄉第九保常家鋪機織生產合作社呈　三十八年七月九日

事由：為呈報啟用圖記開始業務日期並賫印模請予鑒核由

查本社業經呈准

璧山縣政府核發三十八年五月二十三日合字第四二號成立登記証在案，謹於三十八年七月九日啟用圖記開始業務，理合賫同圖模及職員印鑑紙三份及社員名冊一份，備文呈請

鑒核備案。謹呈

華西實驗區第三區辦事處轉呈

附圖模及印鑑紙三份社員名冊一份

理事主席　熊澤森

璧山县各机织生产合作社与璧山县政府、中农行、华西实验区璧山办事处、华西实验区总办事处关于机织生产合作社相关事宜的往来公文　9-1-152（172）

璧山縣中興鄉[redacted]章家蹋機織生產合作社職員印鑑　三十八年七月　造報

職務	姓名	字	蓋章或簽字	任期	任職日期	備註
理事主席	熊澤森 已制卡		（印）	年	三十八年	
監事主席	龍廷坤 已制卡		（印）	年	三十八年	
經理	李樹槐		（印）	年	三十八年	
會計	戴伯卿		戴伯卿印	年	三十八年	
司庫	韋榮高 已制卡		韋榮高印	年	三十八年	

璧山县各机织生产合作社与璧山县政府、中农行、华西实验区璧山办事处、华西实验区总办事处关于机织生产合作社相关事宜的往来公文　9-1-152（173）

璧山县各机织生产合作社与璧山县政府、中农行、华西实验区璧山办事处、华西实验区总办事处关于机织生产合作社相关事宜的往来公文　9-1-152（174）

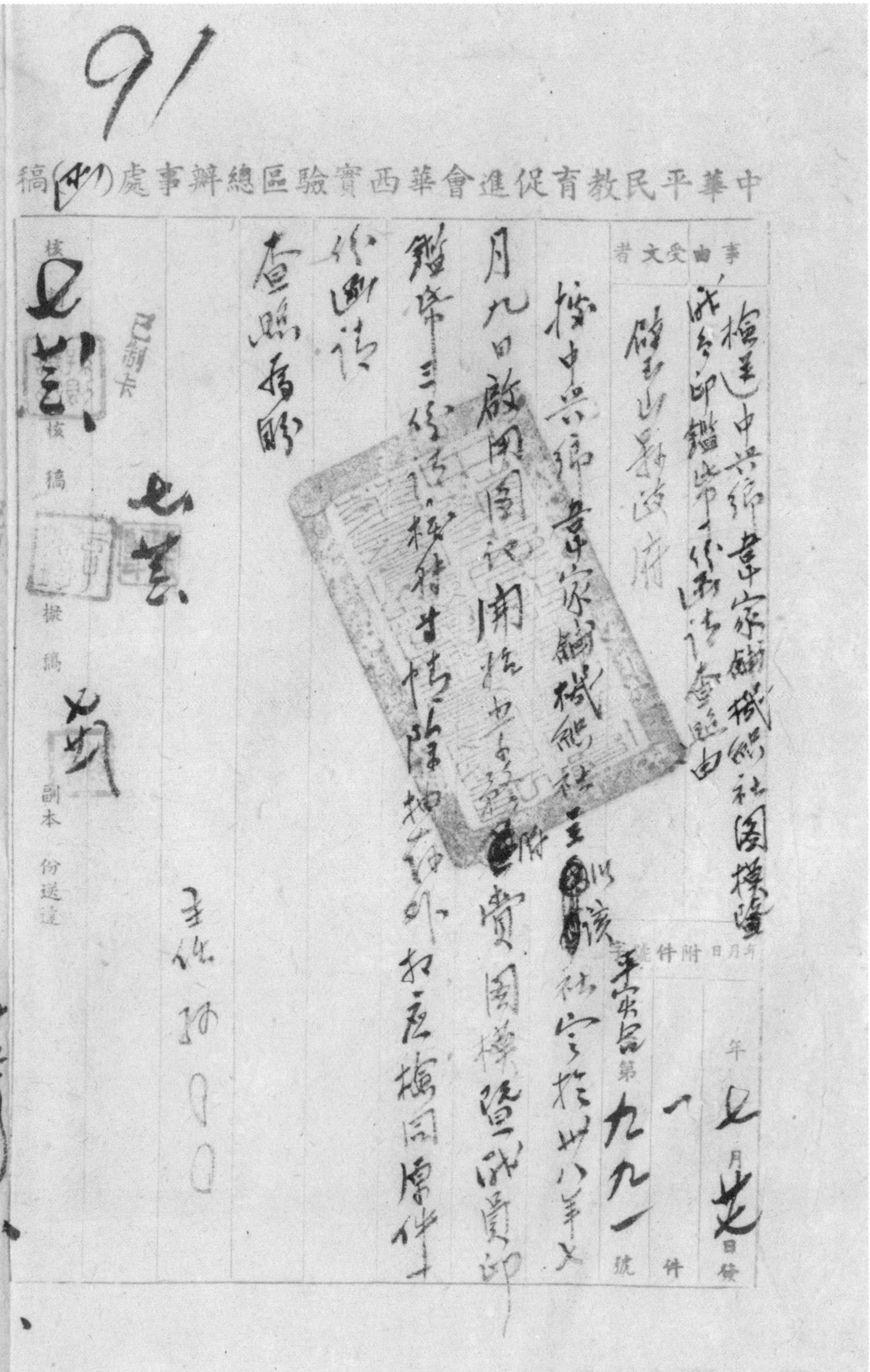

中華平民教育促進會華西實驗區總辦事處（附）稿

事由	檢送中興鄉韋家鋪機織社圖樣暨戳記印鑑紙十份請查照由
受文者	璧山縣政府
年月日附件號字	七月廿日發　一件　平實合字第九九一號

據中興鄉韋家鋪機織社呈以該社定於卅八年七月九日啟用圖記，附呈圖樣暨戳記印鑑紙三份，請予轉請備查等情，除指令外，相應檢同原件十份函請查照為荷。

核　已制卡
核稿
擬稿
副本　份送
主任　孫

璧山县各机织生产合作社与璧山县政府、中农行、华西实验区璧山办事处、华西实验区总办事处关于机织生产合作社相关事宜的往来公文　9-1-152（175）

壁山县各机织生产合作社与壁山县政府、中农行、华西实验区壁山办事处、华西实验区总办事处关于机织生产合作社相关事宜的往来公文　9-1-152（176）

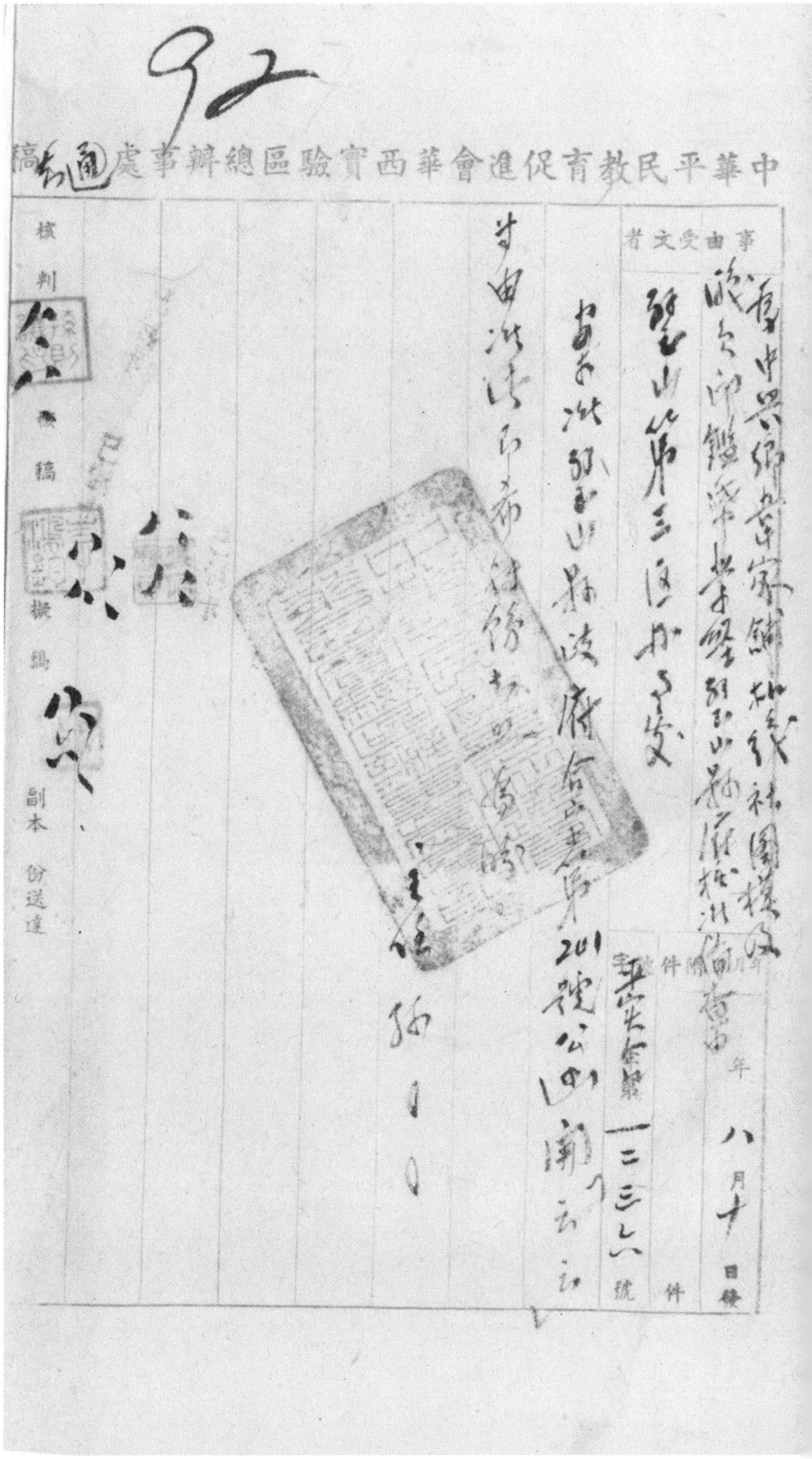

璧山县各机织生产合作社与璧山县政府、中农行、华西实验区璧山办事处、华西实验区总办事处关于机织生产合作社相关事宜的往来公文　9-1-152（177）

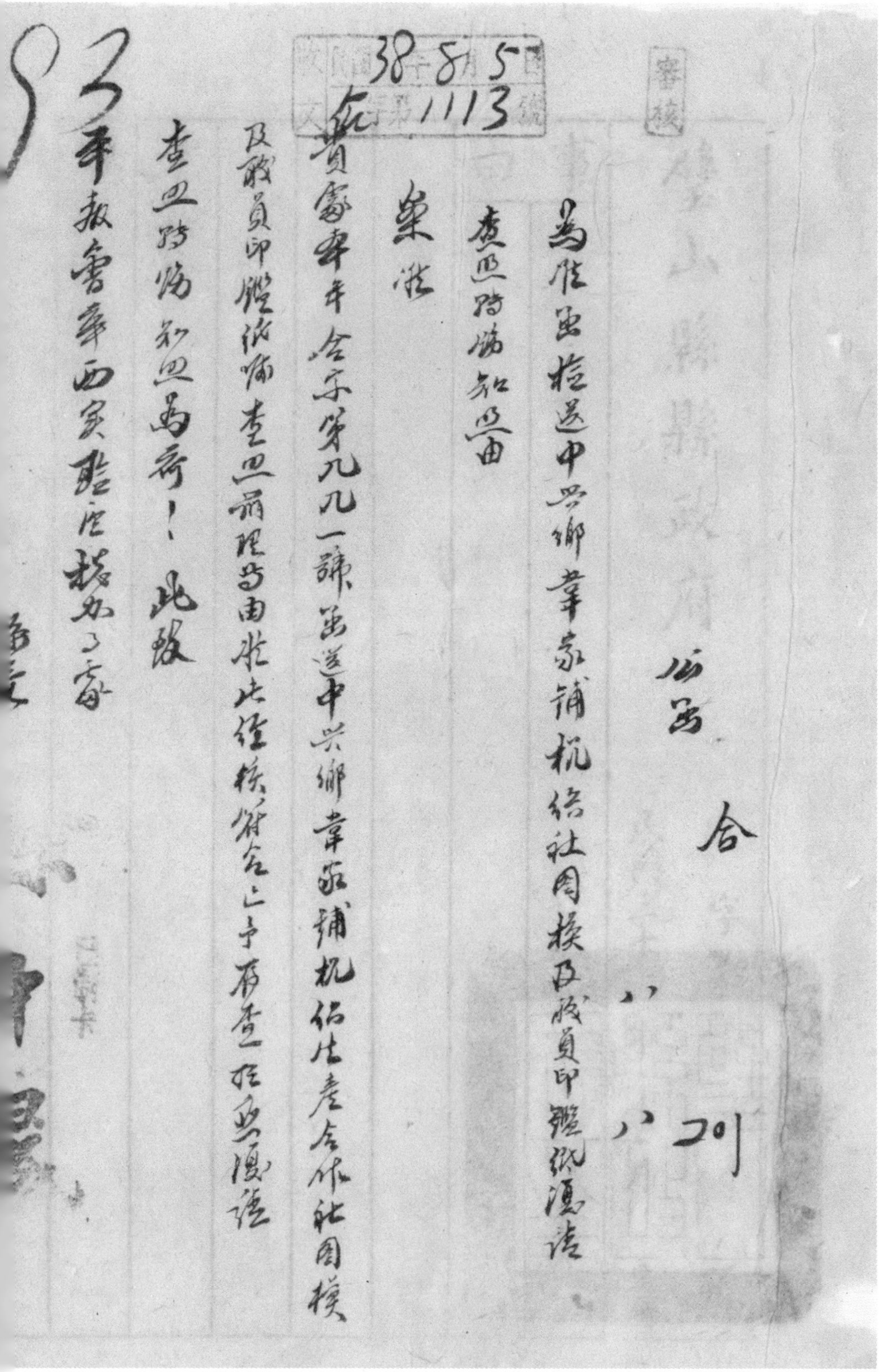
璧山縣政府公函　合　字第　號
為准函檢送中興鄉韋家鋪機織社圖模及職員印鑑紙過請查照備案知照由
案准
貴處本年　字第九九一號函送中興鄉韋家鋪機織生產合作社圖模及職員印鑑紙請查照辦理等由准此經核尚合已予存查相應函請查照為荷！此致
華西實驗區璧山辦事處

94

收文 387月18 合字第827號

會核

璧山縣中興鄉韋家舖機織生產合作社呈

事由 為社員增減申請變更登記由

三十八年七月九日

竊查本社前奉
鈞府本年五月二十三日合字第四二號指令略開：「韋錫安等十八因無戶籍應予剔除」等因奉此遵即轉知韋錫安等依照業已申請戶籍登記擬請再行加入合作社又社員黃、繼虞、張紹棠、劉治鄉、曾炳輝等四人自願退社理合將退社入社社員人數報請

璧山县各机织生产合作社与璧山县政府、中农行、华西实验区璧山办事处、华西实验区总办事处关于机织生产合作社相关事宜的往来公文　9-1-152（178）

璧山县各机织生产合作社与璧山县政府、中农行、华西实验区璧山办事处、华西实验区总办事处关于机织生产合作社相关事宜的往来公文　9-1-152（179）

謹呈

華西實驗區第三區辦事處轉

璧山縣政府

附呈變更登記申請書一份户籍登記申請書九份户籍登記簿　份新增退出社員名冊五份

理事主席　熊澤森

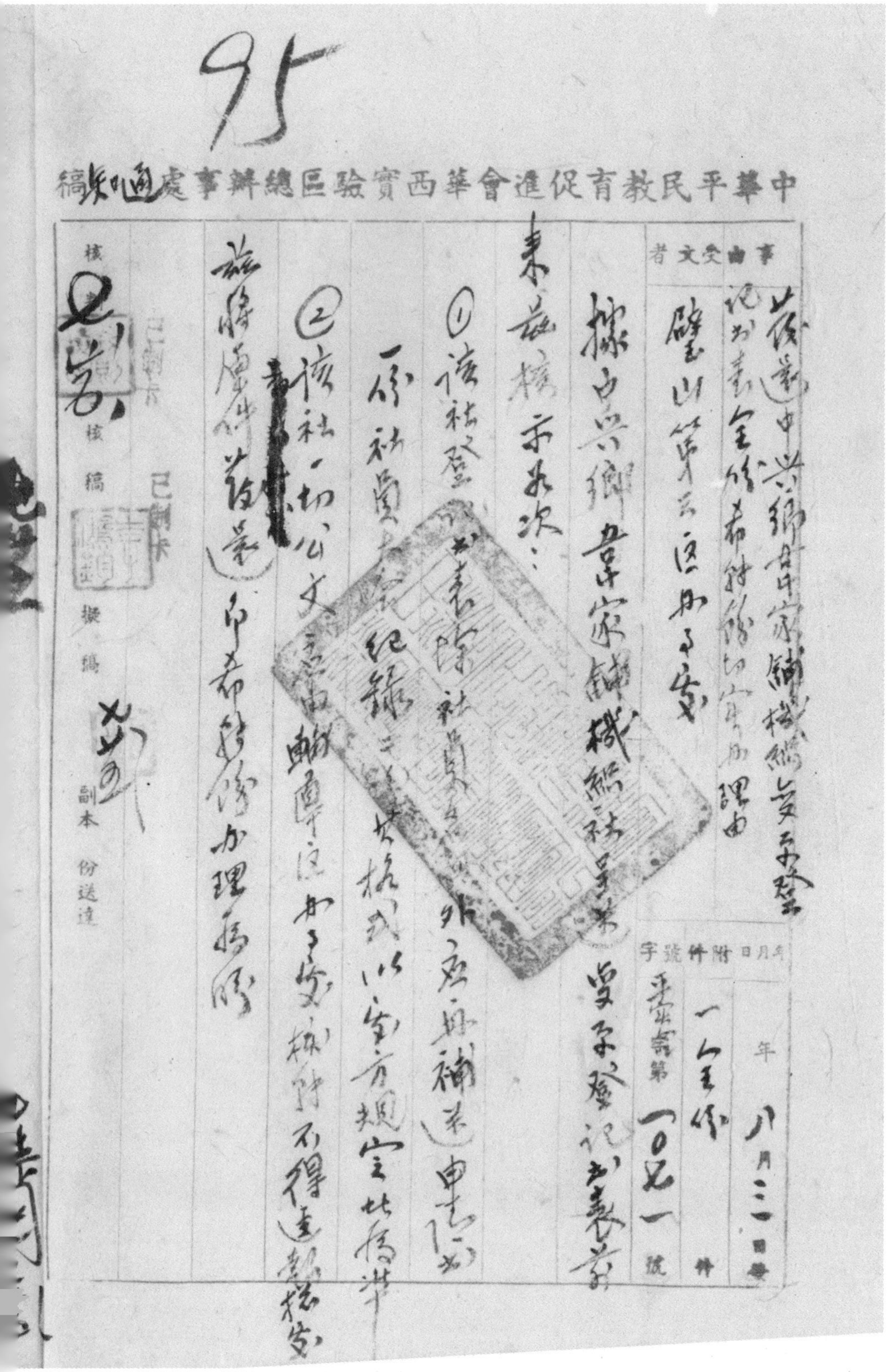

95

中華平民教育促進會華西實驗區總辦事處通知稿

事由：據中興鄉章家鋪機織[illegible]

受文者：璧山第三區辦事處

年 八月 二[illegible] 日發

附件：[illegible]

字號：[illegible]字第[illegible]號

[illegible]

核

核稿

擬稿

副本　份送達

璧山县各机织生产合作社与璧山县政府、中农行、华西实验区璧山办事处、华西实验区总办事处关于机织生产合作社相关事宜的往来公文　9-1-152（180）

璧山县各机织生产合作社与璧山县政府、中农行、华西实验区璧山办事处、华西实验区总办事处关于机织生产合作社相关事宜的往来公文　9-1-152（182）

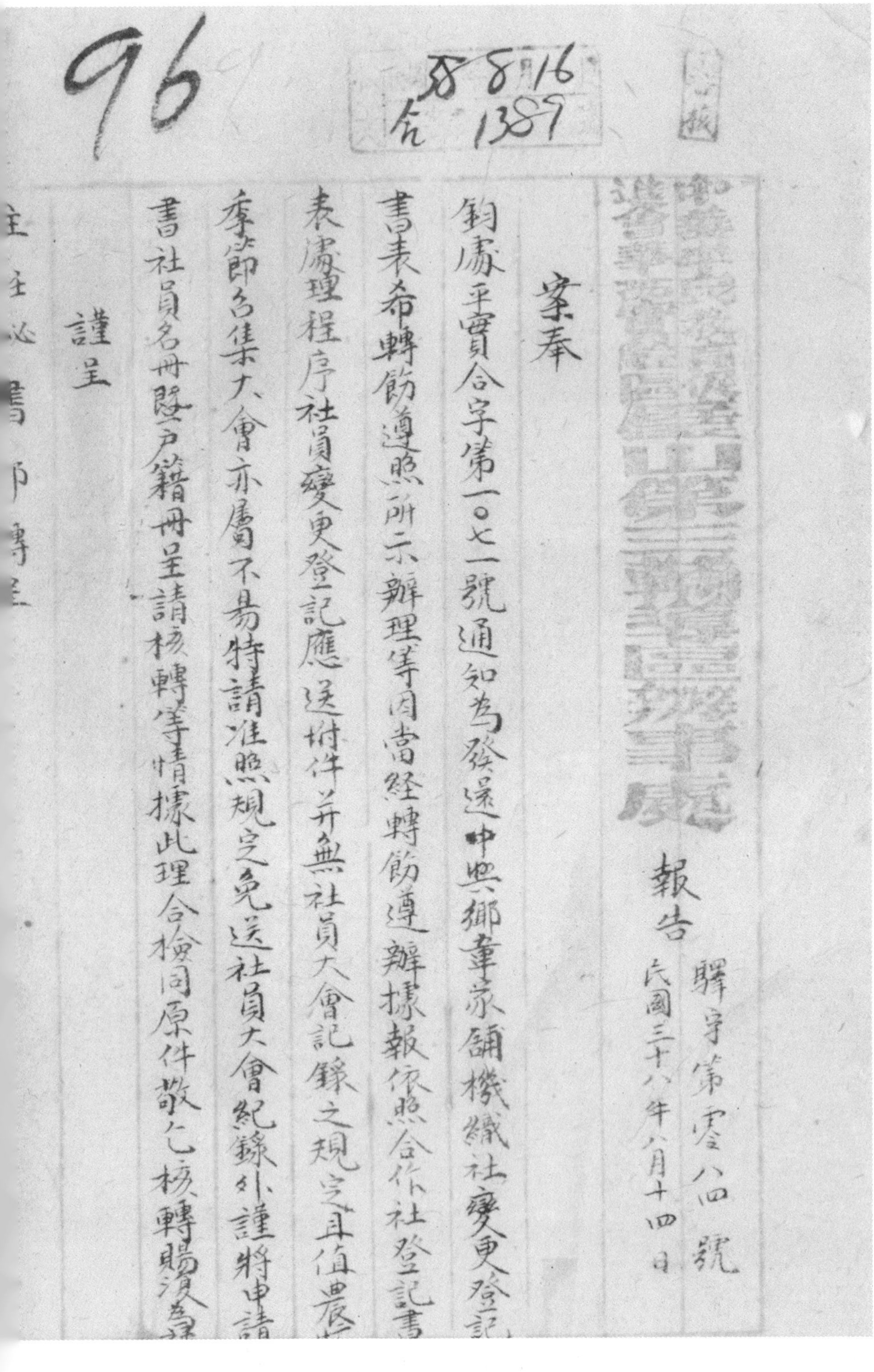

報告

驛字第零八四號

民國三十八年八月十四日

案奉

鈞處平實貝合字第一○七一號通知為發還中興鄉韋家舖機織社變更登記書表希轉飭遵照所示辦理等因當經轉飭遵辦據報依照合作社登記表處理程序社員變更登記應送附件并無社員大會記錄之規定且值農忙季節召集大會亦屬不易特請准照規定免送社員大會紀錄外謹將申請書社員名冊暨戶籍冊呈請核轉等情據此理合檢同原件敬乞核轉賜復為禱

謹呈

主任汪[illegible]轉呈

璧山县各机织生产合作社与璧山县政府、中农行、华西实验区璧山办事处、华西实验区总办事处关于机织生产合作社相关事宜的往来公文　9-1-152（183）

主任孫

職魏西河呈
魏西河印

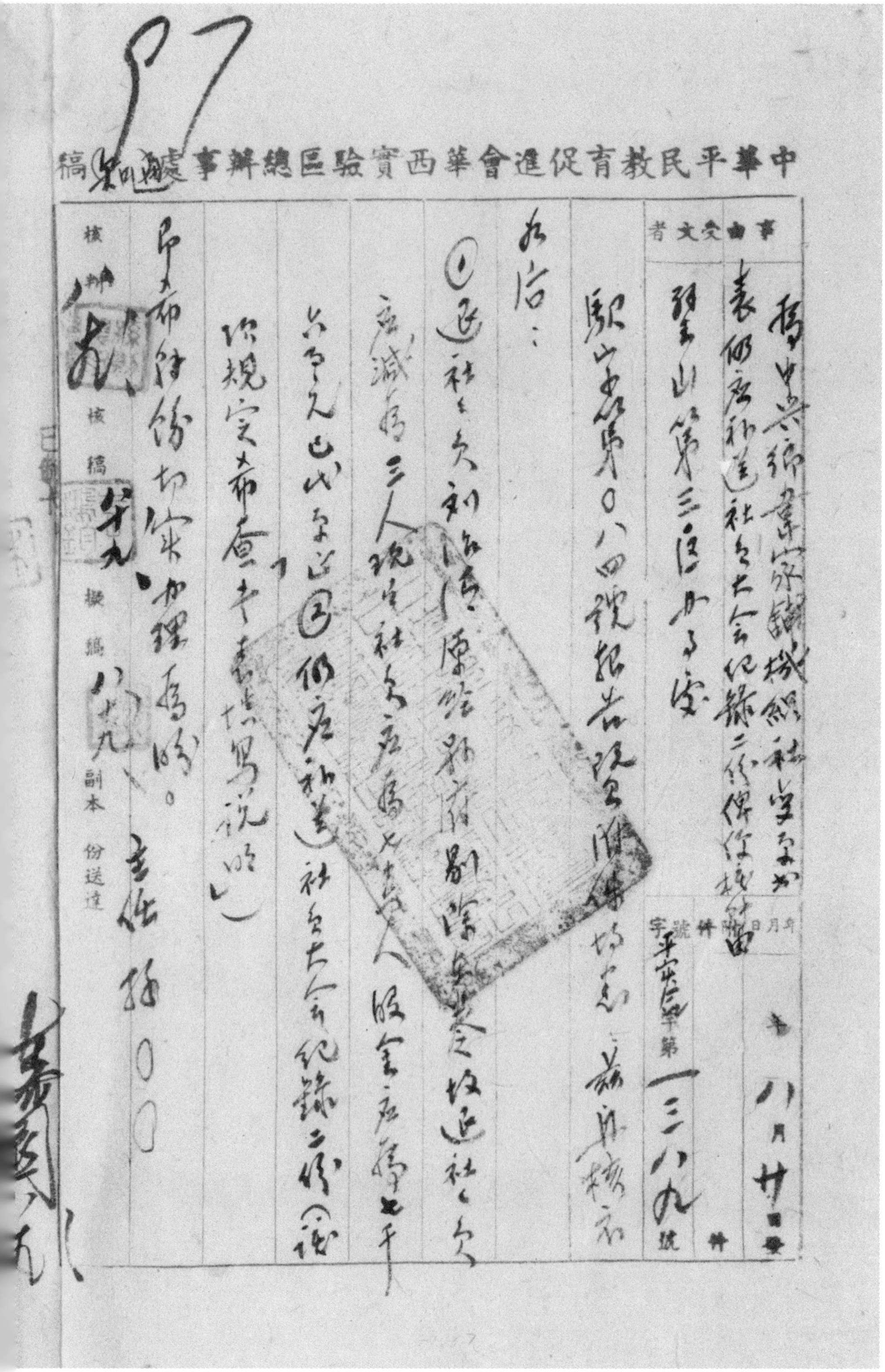

中華平民教育促進會華西實驗區總辦事處稿

事由

受文者

核辦

核稿

擬稿

副本　份送達

年月日附件號

字第　　號

璧山县各机织生产合作社与璧山县政府、中农行、华西实验区璧山办事处、华西实验区总办事处关于机织生产合作社相关事宜的往来公文　9-1-152（184）

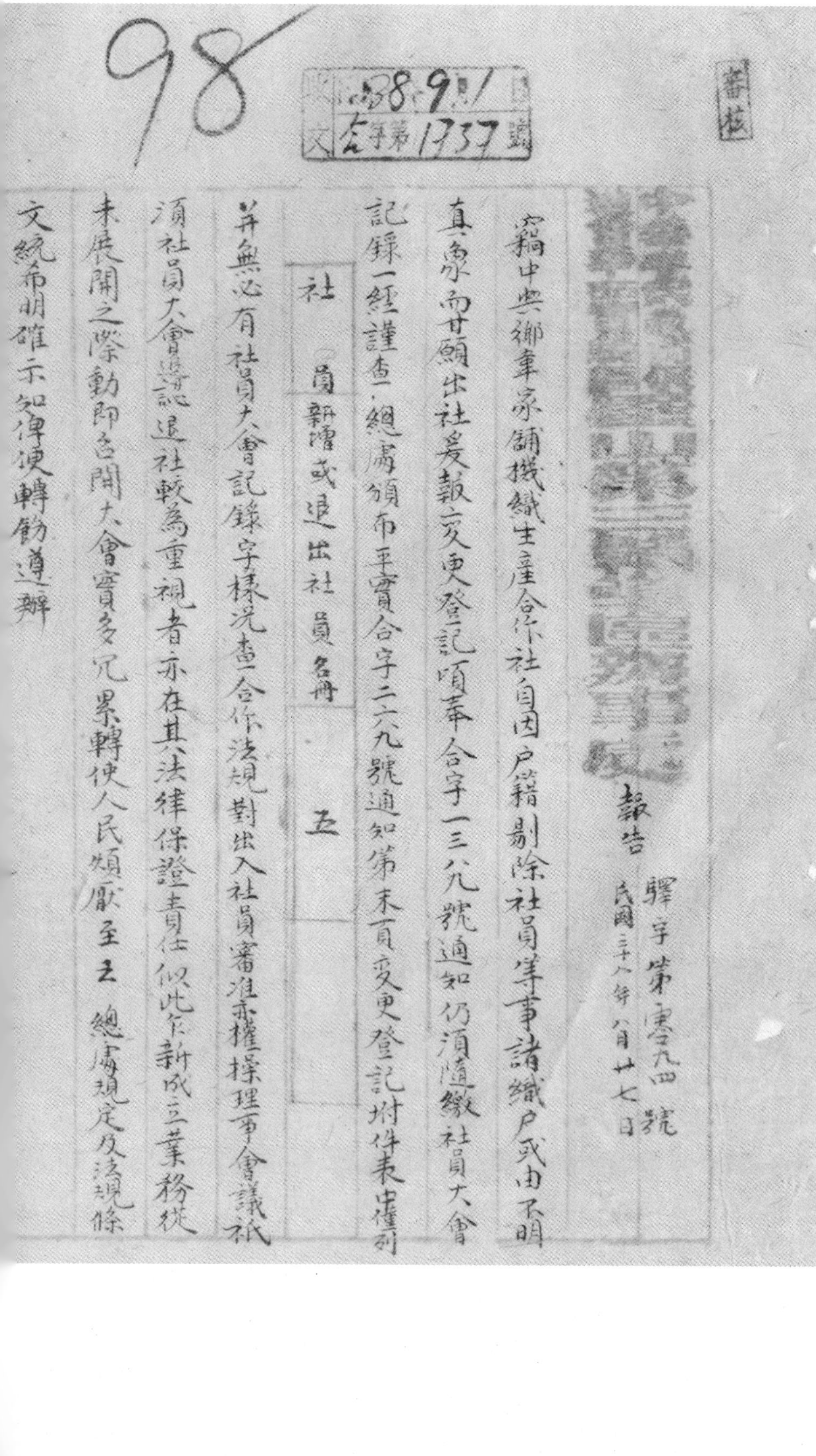
審核

收文 38.9.1 合字第1737號

報告

驛字第零九四號

民國三十八年八月廿七日

竊中興鄉韋家舖機織生產合作社自因户籍剔除社員等事諸織户或由不明真象而甘願出社是報交更登記項奉合字一三八九號通知仍須隨繳社員大會記錄一經謹查。總處頒布平實合字二六九號通知第末頁變更登記附件表中僅列

社員新增或退出社員名冊 五

并無必有社員大會記錄字樣況查合作法規對出入社員審准亦權操理事會議衹須社員大會追認退社較為重視者亦在其法律保證責任似此乍新成立業務從未展開之際動即召開大會實多冗累轉使人民煩厭至 總處規定及法規條文統希明確示知俾便轉飭遵辦

璧山县各机织生产合作社与璧山县政府、中农行、华西实验区璧山办事处、华西实验区总办事处关于机织生产合作社相关事宜的往来公文　9-1-152（185）

主任秘書郭轉呈

主任孫

職魏西河（魏西河印）呈

璧山县各机织生产合作社与璧山县政府、中农行、华西实验区璧山办事处、华西实验区总办事处关于机织生产合作社相关事宜的往来公文　9-1-152（186）

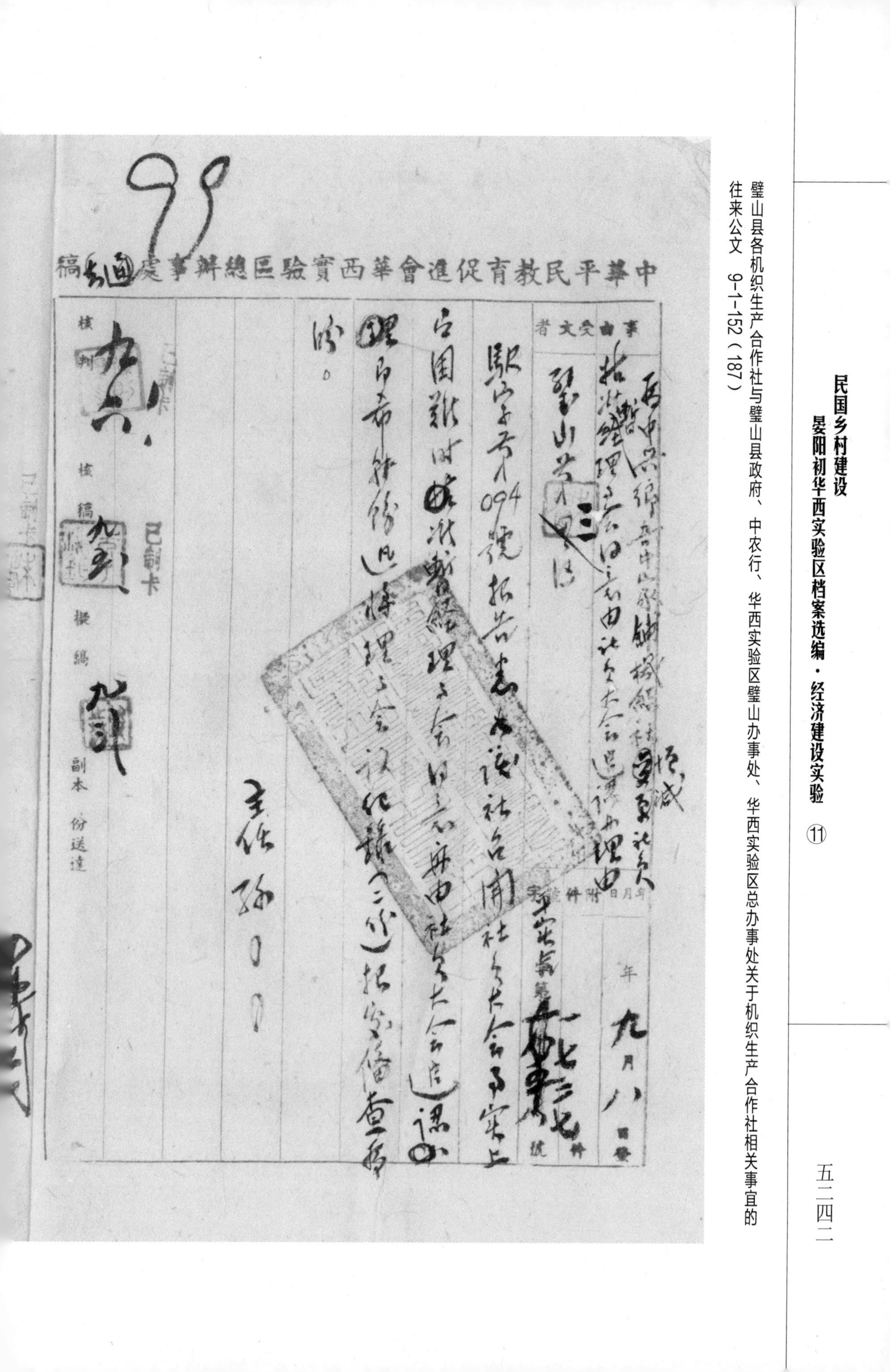

99

中華平民教育促進會華西實驗區總辦事處稿

事由：[illegible]機織[illegible]理由

受文者：璧山辦事處

核判

核稿

擬稿

副本 份送達

年 九月八日發

附件

字號 第一七二七號

[illegible]字第1094號報告[illegible]社[illegible]社員大會[illegible]

[illegible]理事[illegible]社員大會選[illegible]

理[illegible]（三份）[illegible]備查為要。

主任 孫〇〇

已制卡

璧山县各机织生产合作社与璧山县政府、中农行、华西实验区璧山办事处、华西实验区总办事处关于机织生产合作社相关事宜的往来公文 9-1-152（187）

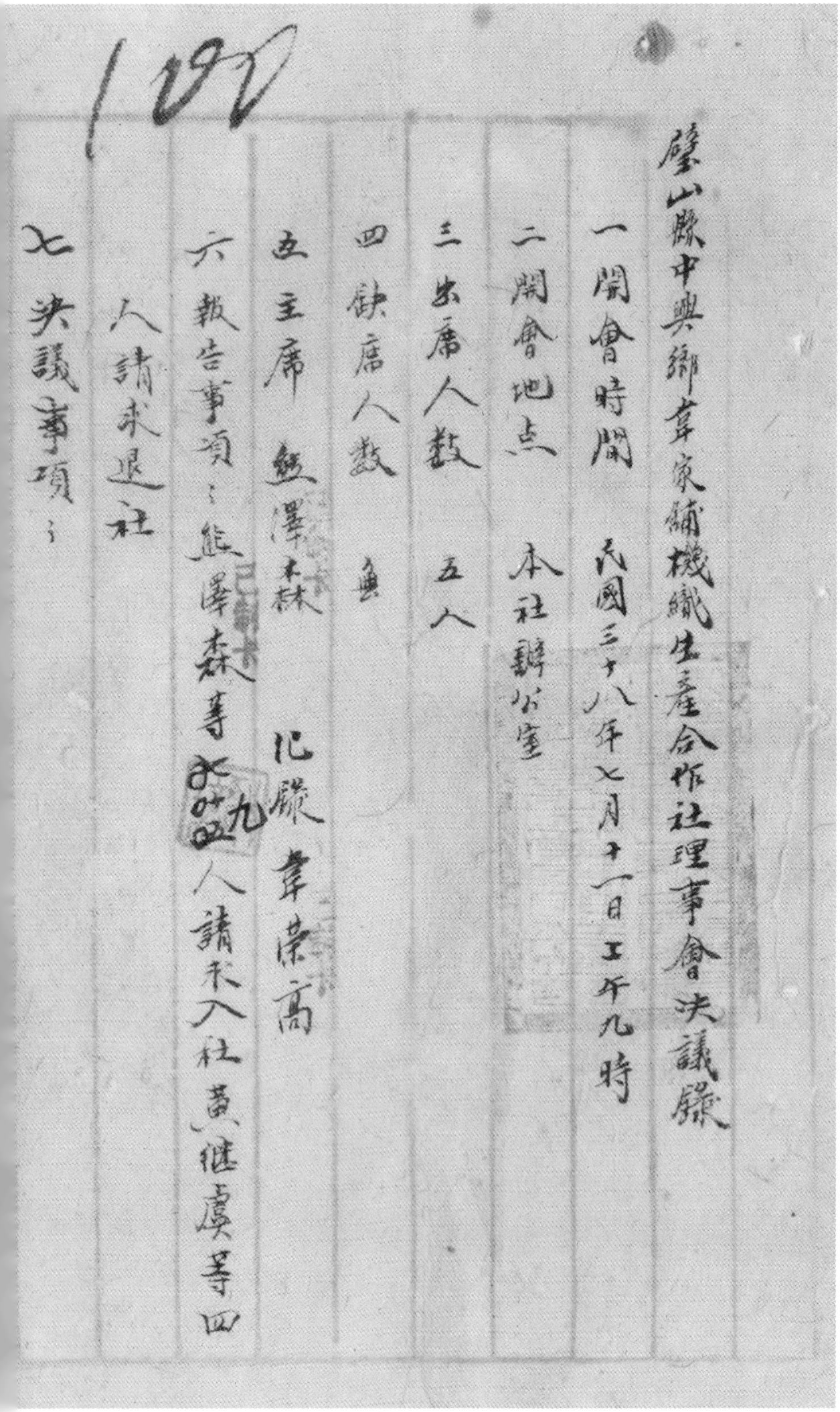

璧山縣中興鄉韋家舖機織生產合作社理事會決議錄

一 開會時間 民國三十八年七月十一日上午九時

二 開會地点 本社辦公室

三 出席人數 五人

四 缺席人數 無

五 主席 熊澤森 紀錄 韋崇高

六 報告事項：熊澤森等廿九人請求入社，黃繼虞等四人請求退社

七 決議事項：

璧山县各机织生产合作社与璧山县政府、中农行、华西实验区璧山办事处、华西实验区总办事处关于机织生产合作社相关事宜的往来公文 9-1-152（188）

決議：徐澤森等十九人准予入社並報告社員大會備查

乙、黃繼虞等三人請求退社案

決議：黃繼虞等三人准予退社

八、散會

主席 徐澤森

紀錄 韋崇高

璧山县各机织生产合作社与璧山县政府、中农行、华西实验区璧山办事处、华西实验区总办事处关于机织生产合作社相关事宜的往来公文　9-1-152（189）

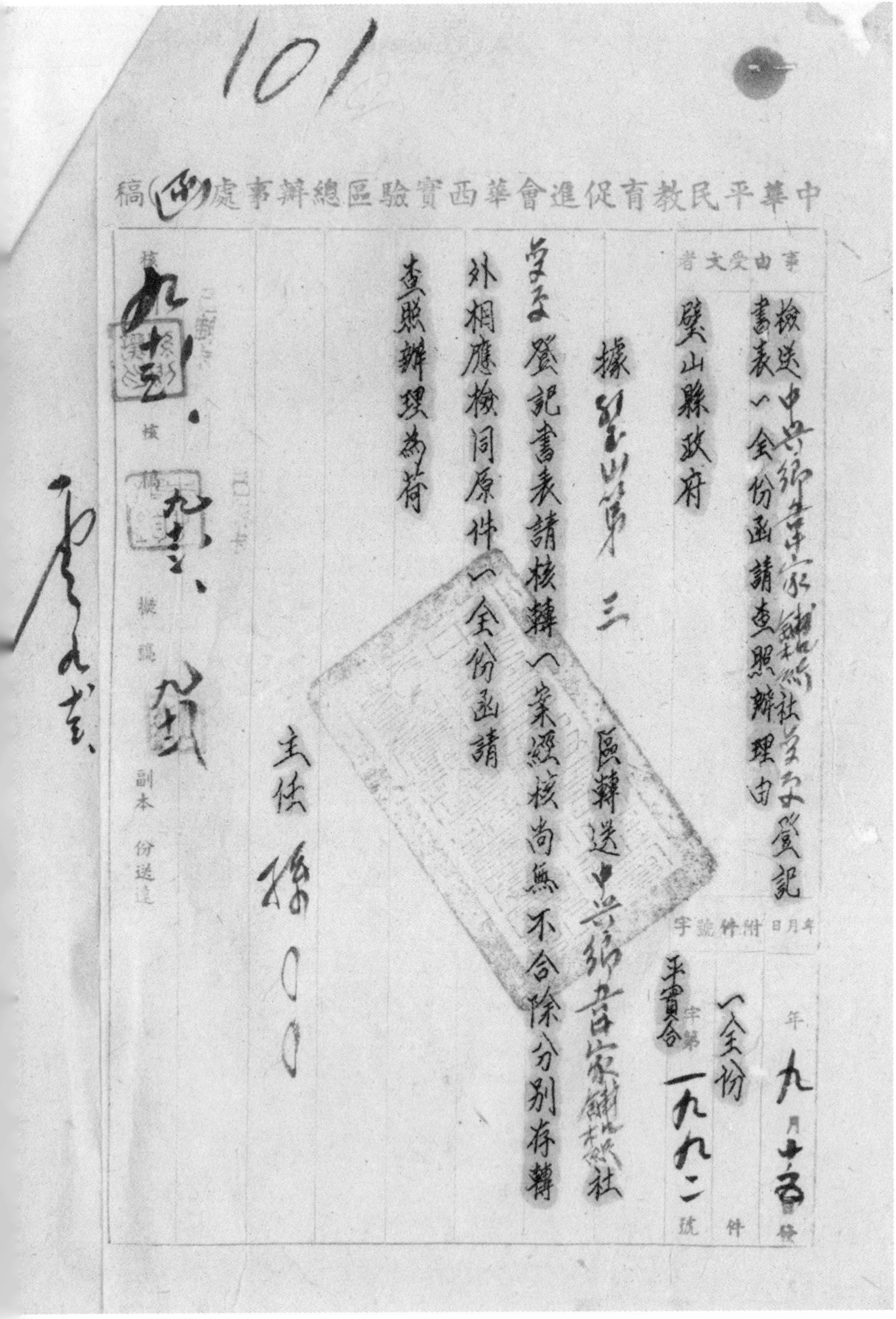

101

中華平民教育促進會華西實驗區總辦事處（函）稿

事由	檢送中興鄉朱家機織社業務登記書表一全份函請查照辦理由
受文者	璧山縣政府
年月日	年九月十五日發
附件	一全份 件
字號	平實合字第一九九二號

據璧山第三區轉送中興鄉朱家機織社業務登記書表請核轉一案經核尚無不合除分別存轉外相應檢同原件一全份函請查照辦理為荷

主任 孫〇〇

核

核稿

擬稿

副本 份送達

璧山县各机织生产合作社与璧山县政府、中农行、华西实验区璧山办事处、华西实验区总办事处关于机织生产合作社相关事宜的往来公文　9-1-152（190）

璧山县各机织生产合作社与璧山县政府、中农行、华西实验区璧山办事处、华西实验区总办事处关于机织生产合作社相关事宜的往来公文　9-1-152（191）（192）

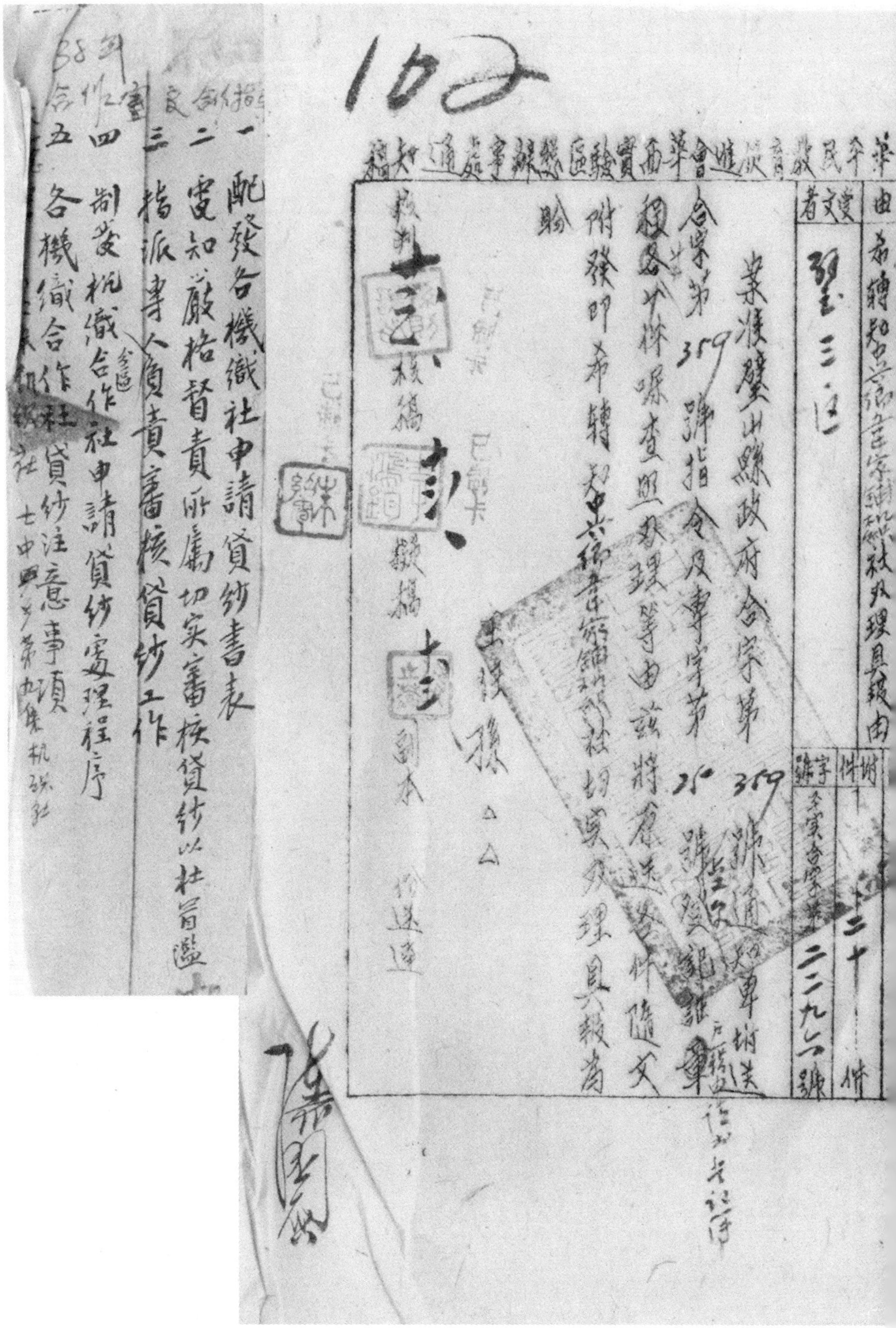

一 配發各機織社申請貸紗書表
二 更知嚴格督責所屬切實審核貸紗
三 指派專人負責審核貸紗工作
四 制發機織合作社申請貸紗處理程序
五 各機織合作社貸紗注意事項

璧山县××乡机织生产合作社章程（草稿）　9-1-263（251）

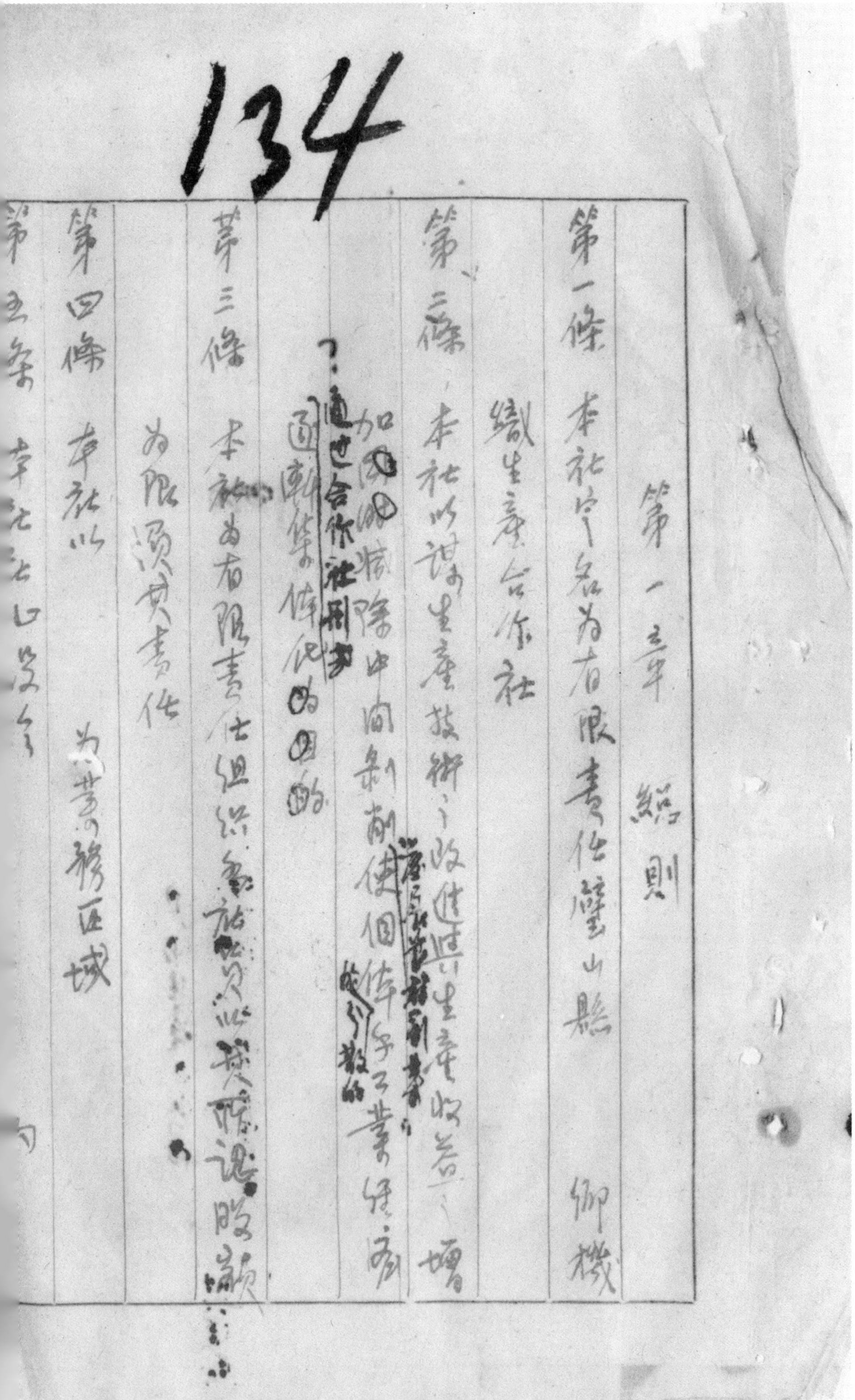
134

第一章　總則

第一條　本社定名為有限責任璧山縣　鄉機織生產合作社

第二條　本社以謀生產技術之改進、生產收益之增加、加強組織、除中間剝削、使個體手業經濟通過合作社形式逐漸集體化為目的

第三條　本社為有限責任組織，社員以其所認股額為限負責任

第四條　本社以　　為業務區域

第五條　本社社址設　　內

璧山县××乡机织生产合作社章程（草稿） 9-1-263（252）

第六條 本社社员以在本社業務区域内凡年满十六歲的劳動人民除患精神病及褫奪公權者外不分性别职業信仰[illegible]技能者均可加入本社为社员其未满十六歲加[illegible]

[illegible]有選举权及被選举权

第七條 本社社员以其直接[illegible]

第七條 凡願入社者须有社员二人以上之介紹经理會通過始加入社员對於入社前之權利義務和责任與舊社员同

璧山县××乡机织生产合作社章程（草稿） 9-1-263（253）

第八條 本社社員有左列情事之一者為出社

~~(一) 喪失中華民國國籍者~~

一(二) 違反第六條所規定情事之一者

二(三) 死亡

三(四) 自請退社

第九條 社員申請退社須於結帳前一個月向本社提出并於結帳後三個月內退還其股金如有虧損按股扣除如有盈餘除照股金原數退還外其盈餘部份悉數作為公積金

社員如有特殊之必要時[illegible]

璧山县××乡机织生产合作社章程（草稿） 9-1-263（254）

虧損時依照退社办法處理

第十五條 社员如有死亡其社股於繼承後三個月內退還其合法繼承人，繼承人入社時得為新社员

第十一條 社员之權利為選舉權被選舉權罷免權

三、享受優待等權

第十二條 社员之義務為遵守社之章服從決議發展

社员維護本社利益保護本社財產

社员不得以營利或投機之目的將本社之貨物及成品轉售他人

璧山县××乡机织生产合作社章程（草稿） 9-1-263（255）

136

社员如违犯本社章规定及大会决议与
妨害本社社务业务及有犯罪或不名誉
之行为者得依情节轻重予以批评警告
定期停止其本社之权利或开除之处分
开除社员应经社员大会通过后行之
但有投机舞弊及破坏本社者得由理事
会先予开除报由社员大会追认

第三章 社股

第十三条 本社社股每股人民币 元
社员入社以人为单位每人至少须缴纳壹

壁山县××乡机织生产合作社章程（草稿） 9-1-263（256）

[illegible]
经由其应得之股息或盈余分配金内扣
除之
（二）社股不得转让亦不得以之担保或抵借债务
社员对本社所负之责任为有限责任
第十四条 社股利息定为年息一分由理事
会按每年度终了时决定之
第十五条 出社社员得请求退还其已缴股金
前项股金之退还于每年度终了
经核收决定之

璧山县××乡机织生产合作社章程（草稿） 9-1-263（257）

137

第四章 组织

第十条 本社设社员大会 理事会 监事会

、評議会

第十一条 社员大会为本社最高权力机关由全体社员组织之

第十二条（八） 理事会由理事 人组织之监事会由监

事 人组织之

第十三条（九） 理事及监事均由社员大会中选举之理事

会监事会各设主任一人由理事监事分别

推选

璧山县××乡机织生产合作社章程（草稿） 9-1-263（258）

前项理事之任期

连选连任

第卅条 理事之直系亲属及其职员均不得充任监事

第卅一条 本社为促进社务健全得于社员大会推举评议员 人组织评议会督促理监事及其他职员执行职务

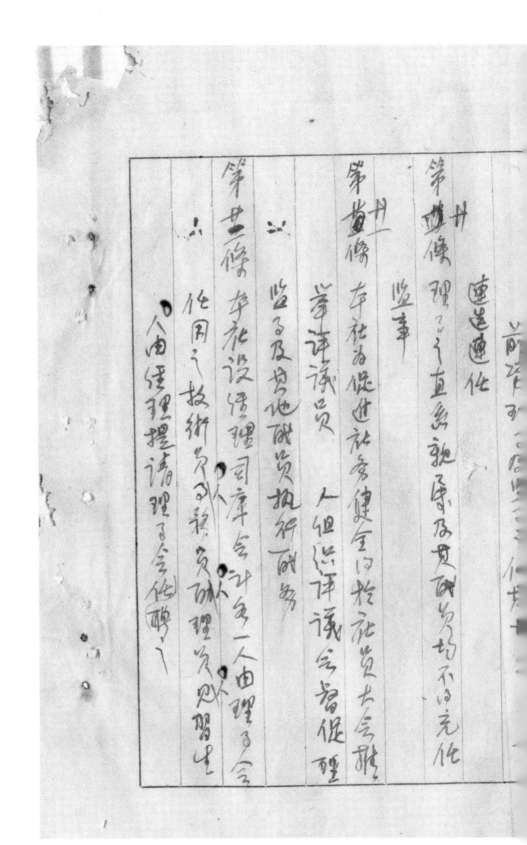

第卅二条 本社设经理司库会计各一人由理事会任用之技术员事务员助理员见习生 人由经理提请理事会任聘之

璧山县××乡机织生产合作社章程（草稿） 9-1-263（259）

138

第卅三条 理事得兼任经理及经理以下之其他职员

第卅四条 理事监事评议员皆系义务职但有必要公务费用时由理事会之议可支付之惟理事兼任经理及经理以下其他职员时得酌支薪给

第卅五条 本社出席上级总社之代表由理事会提出社员大会推选之其任期为一年但出席上级总社代表被选为理监事时以上级总社之任期为任期

壁山县××乡机织生产合作社章程（草稿）　9-1-263（260）

第廿六條　社員大會為社員民主權[illegible]

社員組織：

一、社員大會之職權如左

(一)通過或修改社章

(二)選舉或罷免理事監事並解散理事會

監事會

(三)審查通過業務方針營業計劃及預算

(四)審查並批准業務報告及決算書

(五)批准盈餘分配及彌補損益之議案

(六)其他重要問題的討論和決議

璧山县××乡机织生产合作社章程（草稿） 9-1-263（261）

139

二、社员大会於每年度结束后由理事会召集之，临时社员大会在理事会认为必要时或监事会对执行职务认为必要时召集之，全体四分之一以上社员认为必要时，以书面说明提议事项并理由，向请求理事会召集临时社员大会，此项请求提出十日内由理事会不为召集时，社员得呈请主管机关自行召集之。

三、社员大会之召集，应於七日前用书面载明事由及提议事项通知各社员

璧山县××乡机织生产合作社章程（草稿） 9-1-263（262）

四、社员大会应有社员过半数之出席始

开会出席社员过半数之同意始得决议

但对于理监事之罢免须有全体社员过半

数之同意方得决议对本社解散或与他社

合并须有全体社员四分之三以上出席出席

社员三分之二以上同意方始得决议

五、社员大会开会以理事主任为主席缺席时

以监事主任为主席社员召集之临时会议

由社员中公推一人为主席

六、社员仅有一表决权或选举权社员不能

璧山县××乡机织生产合作社章程（草稿） 9-1-263（263）

141

一、理事会之职权如左
（一）执行社员大会决议及上级指示对社员大会及上级机关负业务上的责任
（二）依照社员大会批准的计画执行任务
（三）对外代表本社签订合同及其他事项
（四）吸收新社员教育社员
（五）其他有关本社业务财务社务执行事项
理事会负责保管本社财产不得滥用职权营私舞弊违者须负法律上之处分
理事会开会时应有监事列席[illegible]

璧山县××乡机织生产合作社章程（草稿）　9-1-263（264）

[illegible]

陈述意见、

一、监事会之职权如左

(一)监督理事会对大会决议与上级指示之

执行

(二)监查本社财务与业务工作

(三)於必要时要求理事会召开临时社员大

会如在十日内理事会仍不召开时得呈报

上级准许召开

(四)接受社员意见进行了解情况并向

璧山县××乡机织生产合作社章程（草稿） 9-1-263（265）

142

理事会提出质询或建议此项建议于十日内理事会不予讨论理事会即须依照其建议执行

监事会如发现理事会有违法舞弊行为时应要求理事会召开临时社员大会并立即报告上级联合社请求解决之

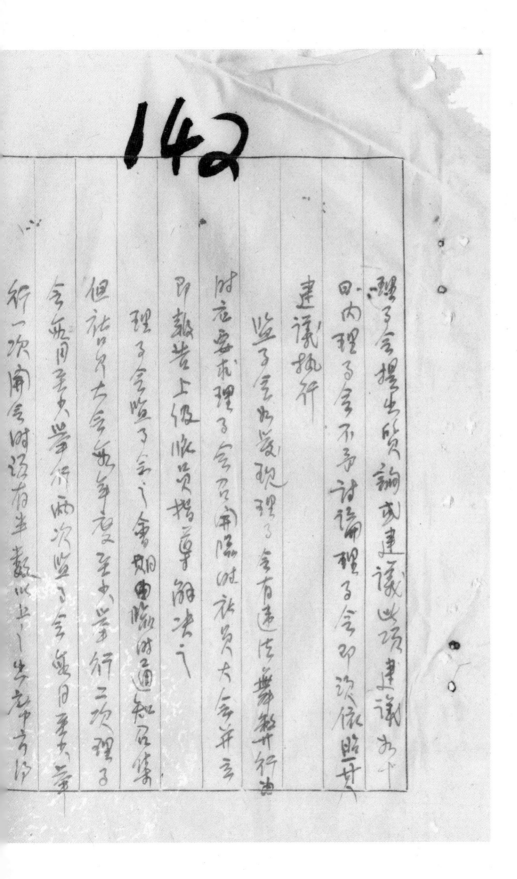

理事会监事会之会期由临时通知召集但社员大会每年度至少举行二次理事会每月至少举行两次监事会每月至少举行一次开会时须有半数以上之出席方得

璧山县××乡机织生产合作社章程（草稿）　9-1-263（266）

第廿七條　本社得划分为若干社员小组，各选组长一人负联系，为召开小组会议，传达上级指示及理监事会决议，统计社员需要，反映社员意见

第廿八條　本社举行各种会议均应分别具备会议纪录

第六章　業務

第廿九條　本社業務如左

（一）

璧山县××乡机织生产合作社章程（草稿） 9-1-263（267）

143

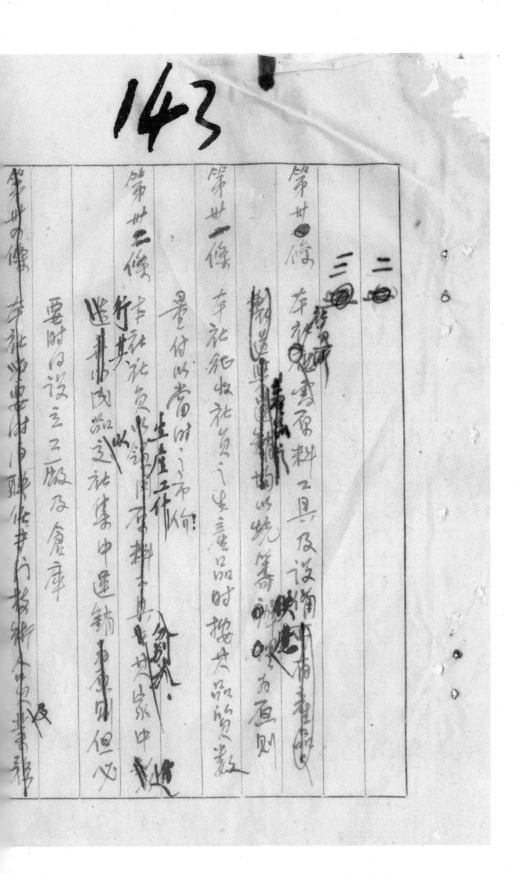

第廿四條 本社所需原料工具及設備均由本社購置
製造其運銷均以統籌為原則
第廿一條 本社收社員之生產品時按其品質數
量付以當時之市價
第廿二條 本社社員以領用原料工具在其家中製造
其製成品交社集中運銷為原則但必
要時得設立工廠及倉庫
第卅四條 本社必要時得聯合他社或其他業務

璧山县××乡机织生产合作社章程（草稿） 9-1-263（268）

第卅三条 本社雇用工人时应先从社员及其家属中雇用之 但临时雇佣工人的数不得超过本社社员总数百分之卅五

第卅四条 本社经营业务应以上级总社规定之

一、任务及社员需要经社员大会所通过之计画为根据不得进行商业投机并不得以营利为目的

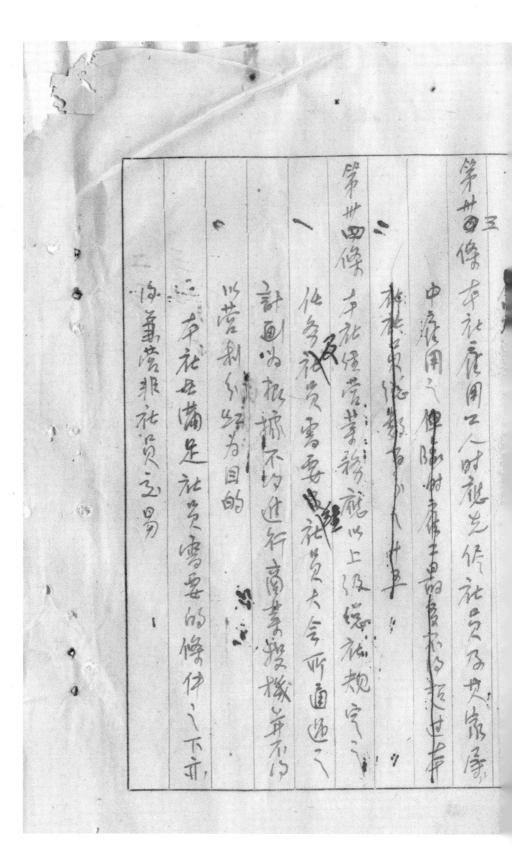

二、本社在满足社员需要的条件下亦得兼营非社员之贸易

华西实验区合作社物品供销处来凤驿办事处、联合勤务总司令部江津被服厂为以布易纱事与华西实验区合作社物品供销处璧山分处的往来公文（附：双方所订以纱易布草约）　9-1-96（179）

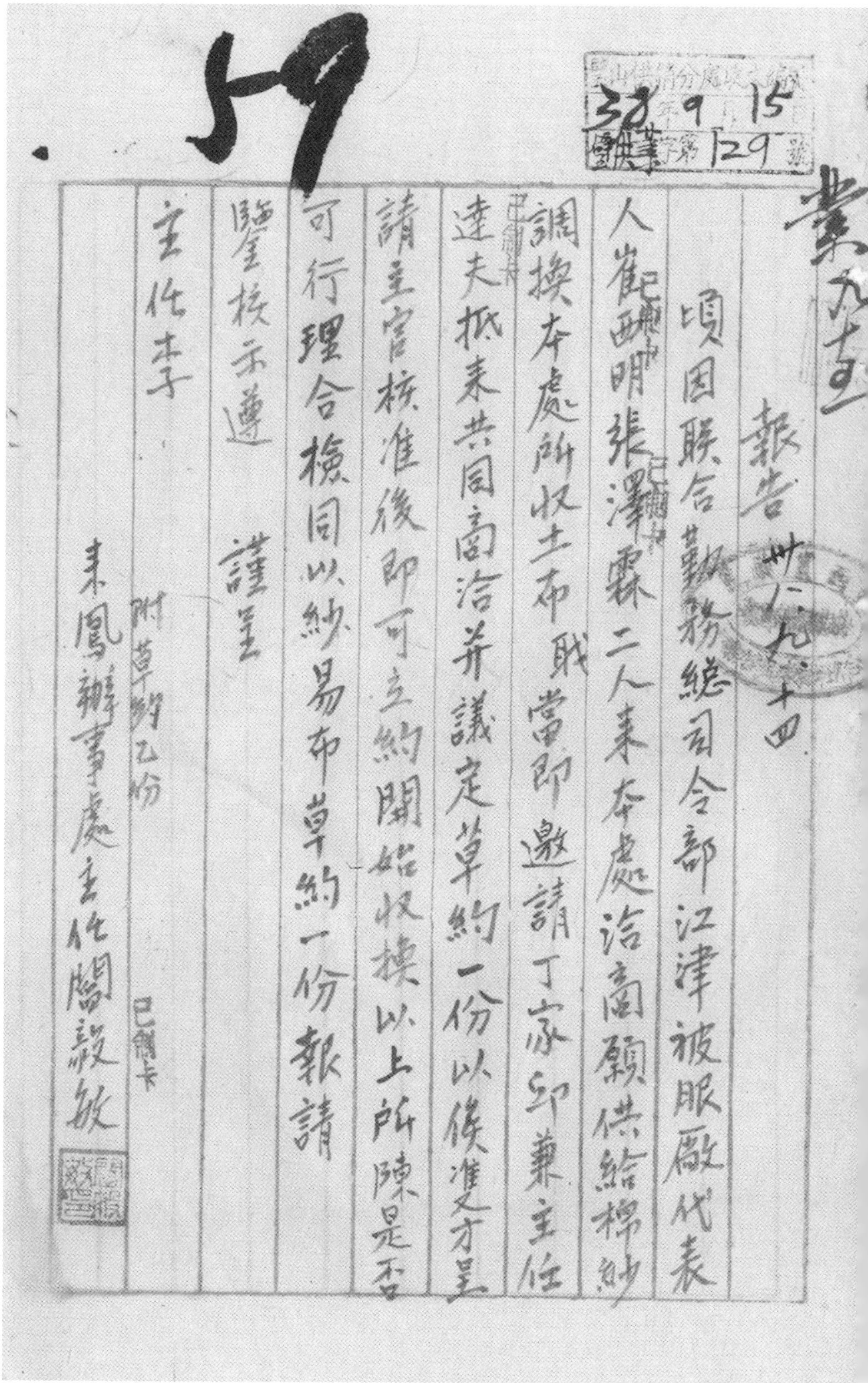

璧山供銷分處收文之章　38年9月15日　業字第129號

業九七

報告　卅八、九、十四

頃因聯合勤務總司令部江津被服廠代表人崔顯明（已辦卡）張澤霖（已辦卡）二人來本處洽商願供給棉紗調換本處所收土布職當即邀請丁家印兼主任達夫（已辦卡）抵來共同商洽并議定草約一份以候准予才呈請主官核准後即可立約開始收換以上所陳是否可行理合檢同以紗易布草約一份報請

鑒核示遵

謹呈

主任李

附草約乙份（已辦卡）

來鳳辦事處主任閻毅敏

华西实验区合作社物品供销处来凤驿办事处、联合勤务总司令部江津被服厂为以布易纱事与华西实验区合作社物品供销处璧山分处的往来公文（附：双方所订以纱易布草约） 9-1-96（180）

60

聯合勤務總司令部江津被服廠
華西實驗區合作社物品供銷處來鳳驛辦事處（以下簡稱甲乙方）訂定以
紗易布草約

一、甲方以撥棉紗委託乙方負責代織寬面白土布

二、雙方議定每包棉紗（計肆拾把）掉換土白布（長肆丈肆尺寬壹尺壹寸津經津緯經50至52）壹佰玖拾疋

三、紗布交接均在來鳳驛起運力資則由甲方自負

四、乙方將布收集後須由甲方派員覆驗各於布端加蓋津廠驗訖字樣後再由乙方每廿疋束爲一捆交甲方起運如標準不符則拒絕接收

五、乙方承織數量暫定肆萬疋於兩個半月內如數交

华西实验区合作社物品供销处来凤驿办事处、联合勤务总司令部江津被服厂为以布易纱事与华西实验区合作社物品供销处璧山分处的往来公文（附：双方所订以纱易布草约）　9-1-96（181）

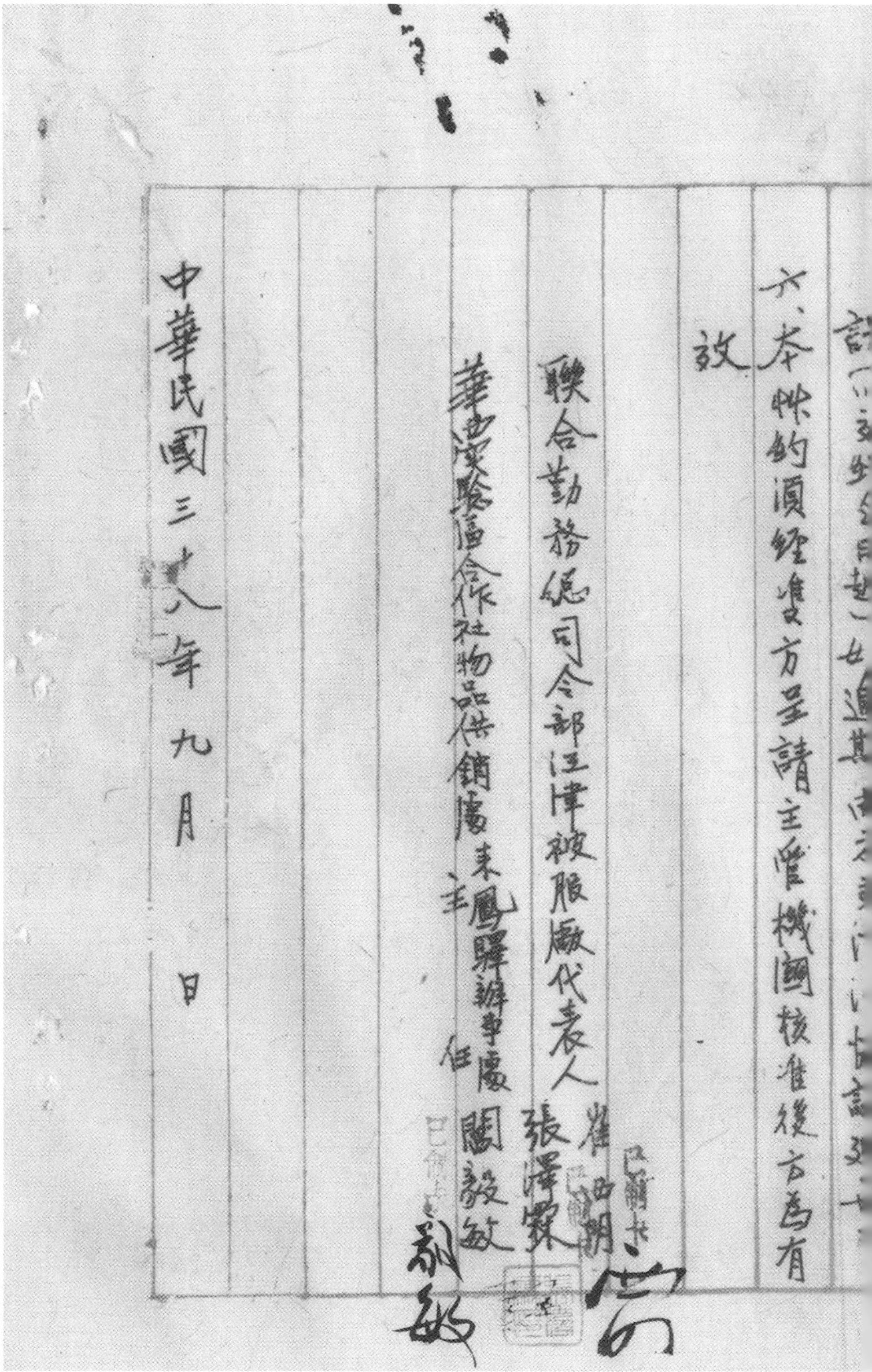

訂（一）[illegible]

六、本帖約須經雙方呈請主管機關核准後方為有效

聯合勤務總司令部江津被服廠代表人 張澤霖 崔西明

華西實驗區合作社物品供銷處來鳳驛辦事處主任 闞毅敏

中華民國三十八年九月　日

华西实验区合作社物品供销处来凤驿办事处、联合勤务总司令部江津被服厂为以布易纱事与华西实验区合作社物品供销处璧山分处的往来公文（附：双方所订以纱易布草约） 9-1-96（178）

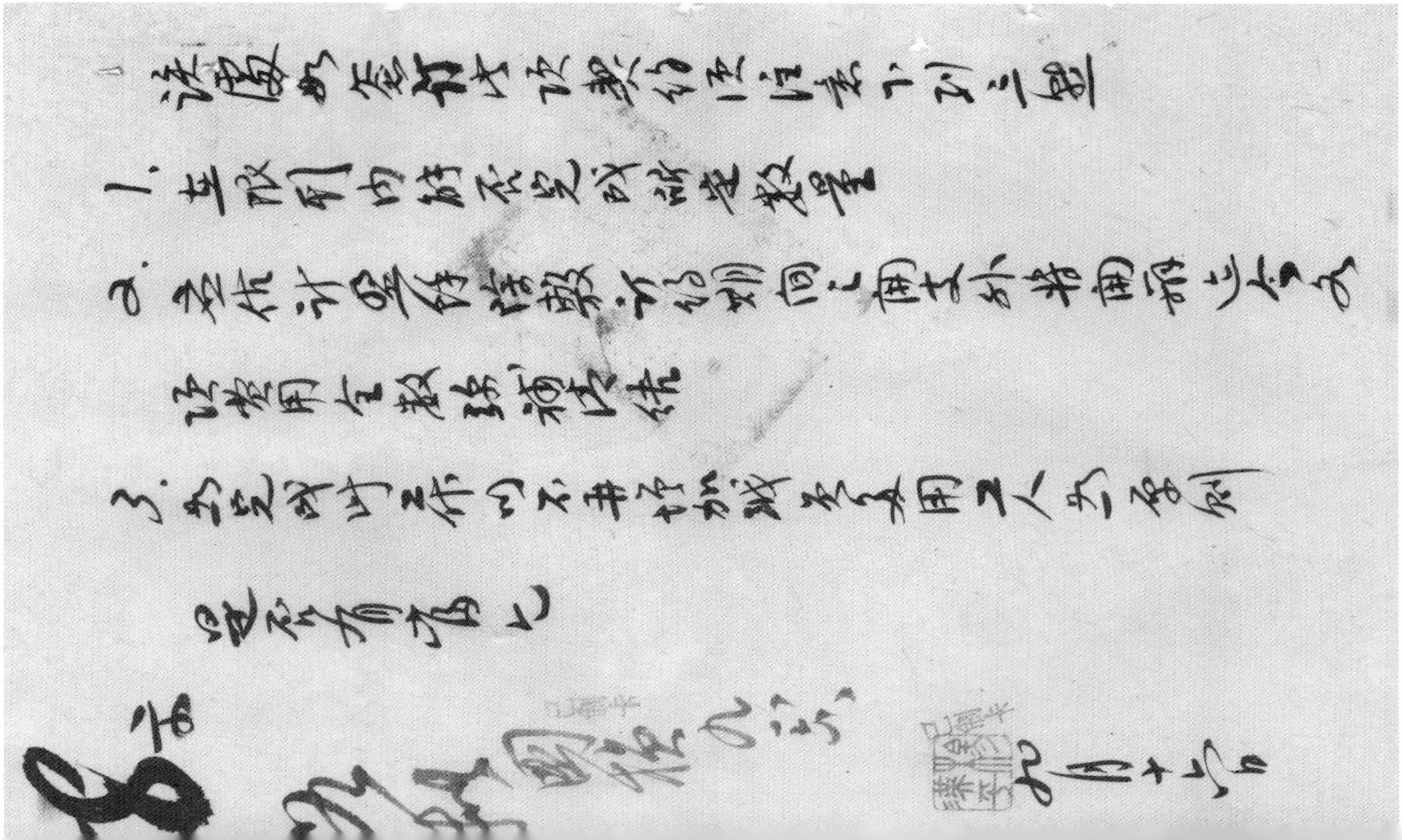
该处如签订此项契约须注意下列三点
1、在限期内能否完成所定数量
2、应估计[illegible]数，订约明[illegible]开支外将[illegible]
该费用全数[illegible]补清结
3、为完成此工作以不再增加职员多用工人为原则
是否有当 乞
[illegible]
九月十[illegible]

华西实验区合作社物品供销处来凤驿办事处、联合勤务总司令部江津被服厂为以布易纱事与华西实验区合作社物品供销处壁山分处的往来公文（附：双方所订以纱易布草约） 9-1-96（176）

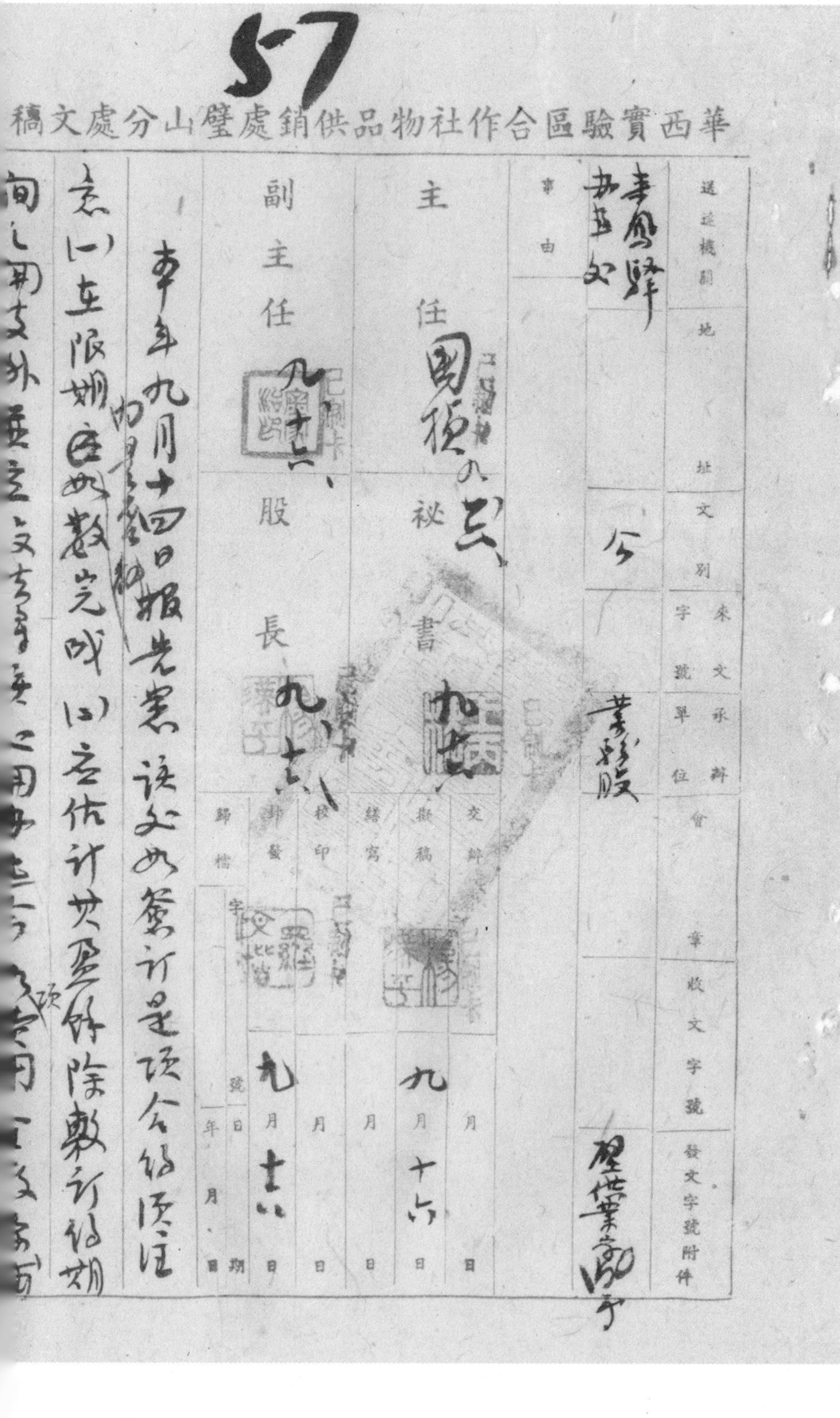

人为原则，至有技术问题，应自行详加研讨，以期□□相之

函达即希

查照办理为荷

此致

来凤驿办事处

主任 李〇〇

副主任 □〇〇

华西实验区合作社物品供销处来凤驿办事处、联合勤务总司令部江津被服厂为以布易纱事与华西实验区合作社物品供销处璧山分处的往来公文（附：双方所订以纱易布草约）　9-1-96（177）

华西实验区合作社物品供销处来凤驿办事处、联合勤务总司令部江津被服厂为以布易纱事与华西实验区合作社物品供销处璧山分处的往来公文（附：双方所订以纱易布草约）　9-1-96（198）

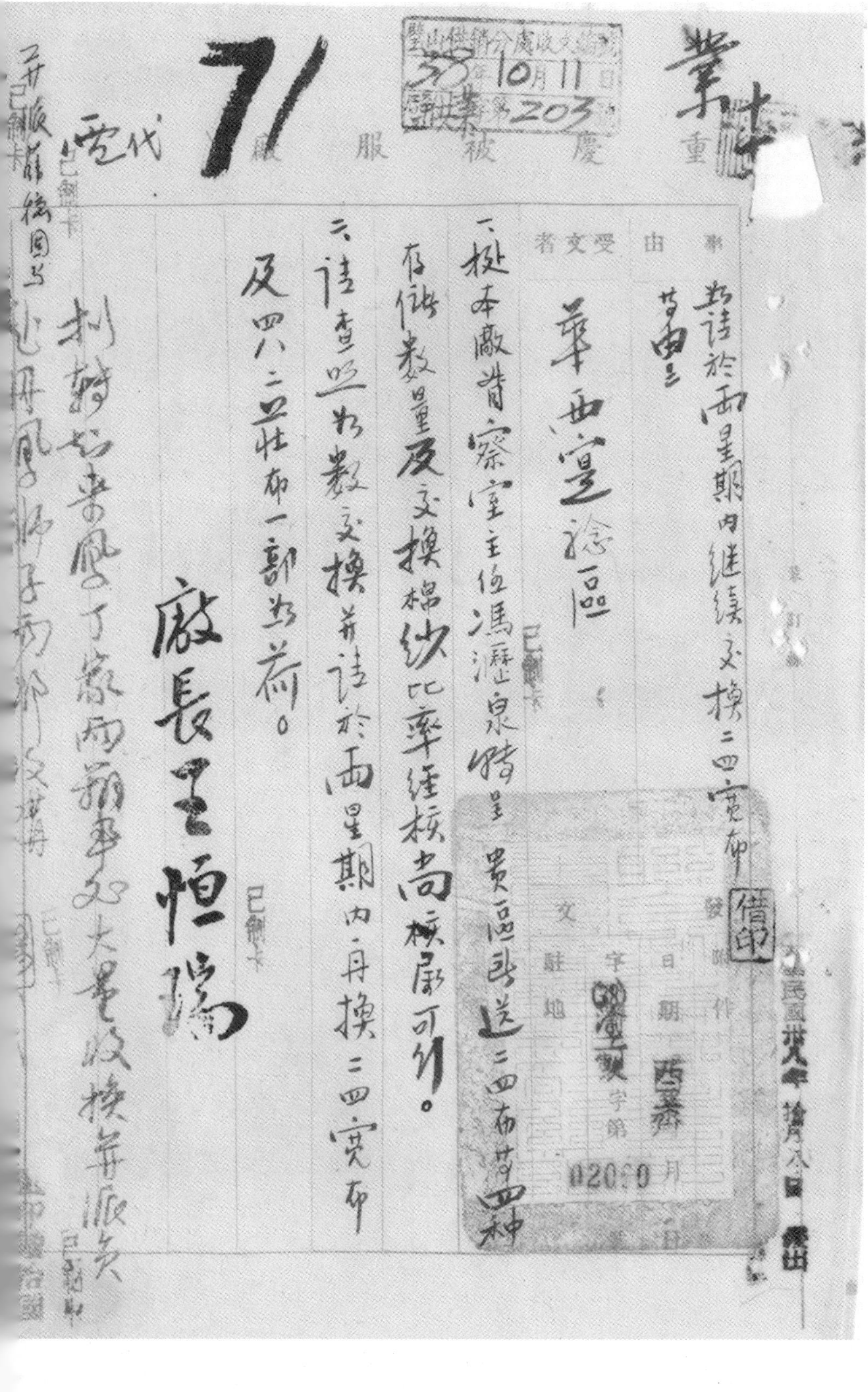
重慶被服廠代電

璧山供銷分處收文編號 38年10月11日 第203號

事由：請於兩星期內繼續交換二四寬布由

受文者：華西實驗區

一、據本廠背察室主任馮瀝泉轉呈貴區函送二四布樣四種，存儲數量及交換棉紗比率經核尚屬可行。

二、請查照將數交換並請於兩星期內再換二四寬布及四八二五莊布一部為荷。

廠長王恒

中華民國卅八年拾月八日發出

字第02090號

华西实验区合作社物品供销处来凤驿办事处、联合勤务总司令部江津被服厂为以布易纱事与华西实验区合作社物品供销处璧山分处的往来公文（附：双方所订以纱易布草约） 9-1-96（199）

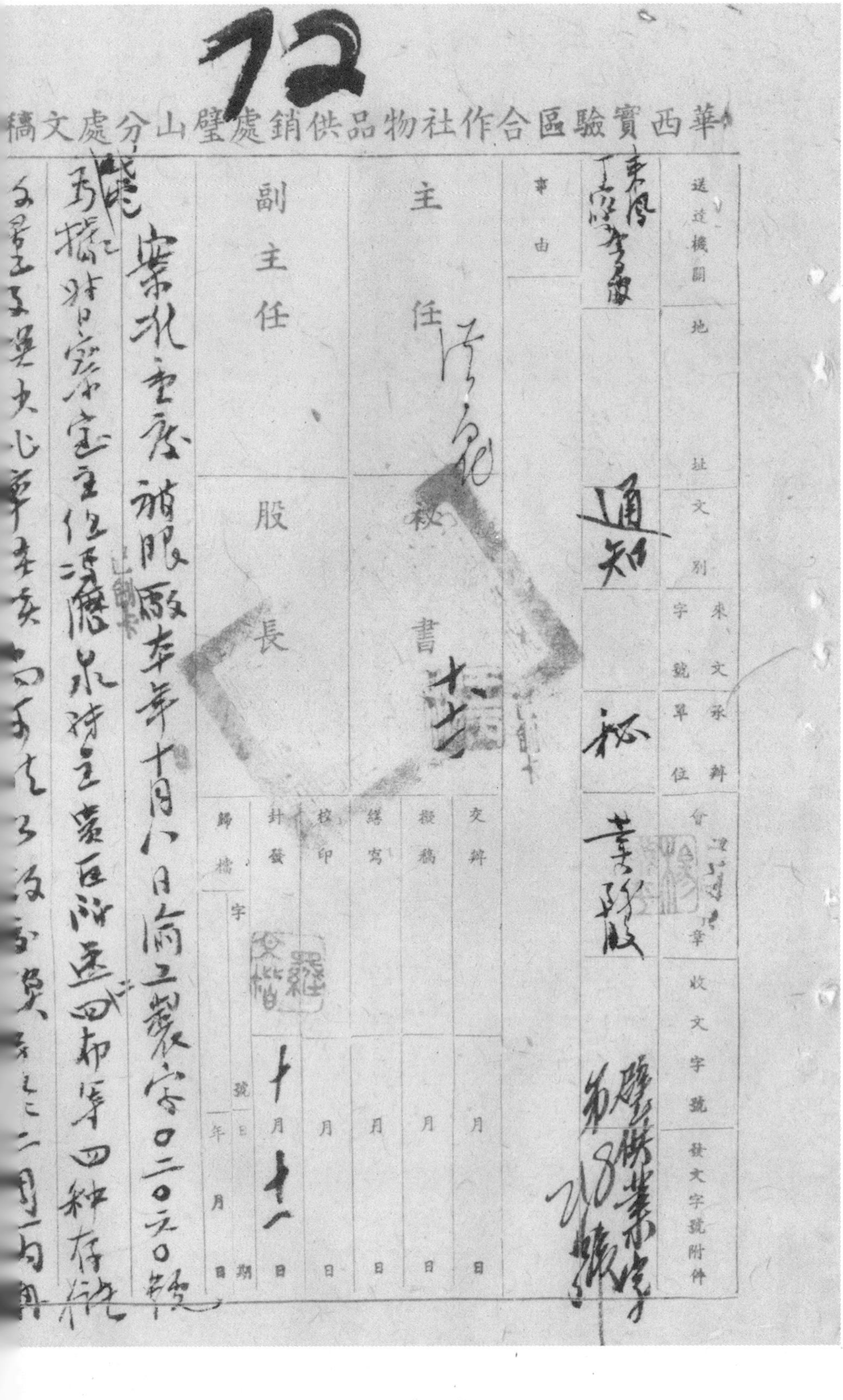

72

華西實驗區合作社物品供銷處璧山分處文稿

送達機關地址：東區……
文別：通知
來文字號 承辦單位：秘
台章：葉……
收文字號
發文字號附件：璧供業字第218號
事由
主任
副主任
秘書
股長
交辦 月 日
擬稿 月 日
繕寫 月 日
校印 月 日
封發 十月十一日
歸檔 字 號 年 月 日期

案准重慶被服廠本年十月八日渝工製字〇二〇六〇號……

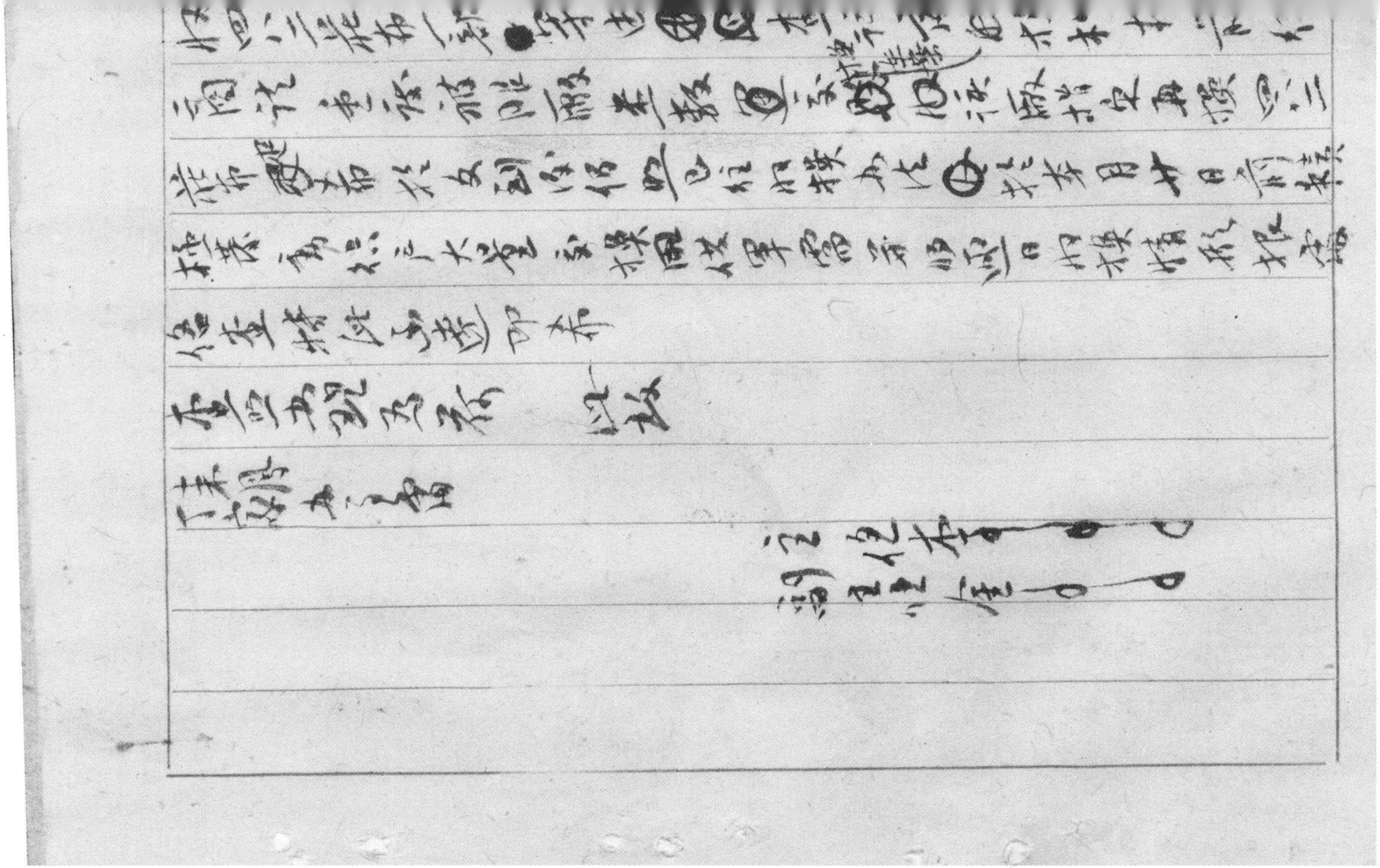

[illegible]
[illegible]
[illegible]
[illegible]
[illegible]特此函達 即希
查照办理為荷 此致
[illegible]

主任 李[illegible]
副主任 金[illegible]

华西实验区合作社物品供销处来凤驿办事处、联合勤务总司令部江津被服厂为以布易纱事与华西实验区合作社物品供销处璧山分处的往来公文（附：双方所订以纱易布草约）　9-1-96（200）

北碚、璧山机织贷款协议书　9-1-97（87）

654

璧山北碚机织贷款协议书

立办机织贷款协议书中华平民教育促进会华西实验区办事处、中国农民银行重庆分行（以下简称行区方）为以双方商谋发展璧山北碚两县区机织合作事业，藉以增加布匹生产，以裕民生，并巩固双方贷款收布业务安全起见，经双方协订条款如左：

一、贷款地区以璧山北碚两县区为限。

二、贷款总额暂定棉纱二五〇件，由区方负责棉纱一五〇件，行方负责棉纱一〇〇件搭配贷放，其搭配比例即区方估六股，行方估四股，以后增贷时之比例届时双方重行商订。

三、贷款方式以贷实收实为准，目前暂定以贷纱收布，其办法（另拟附

北碚、璧山机织贷款协议书　9-1-97（88）

四、貸放棉紗之購辦及收回布疋之銷售處理辦法

購辦棉紗及銷售布疋事宜悉以信託方式委託行方信託分部代為辦理除另訂信託合約雙方遵照外關於託購棉紗及委銷布疋與商業技術有密切關係對於有關商業技術性之業務雙方按照下列兩項辦理

（甲）雙方應根據行方信託分部所報紗布價格隨時或最多一個月會商及研究紗布市價漲跌之趨勢以作購銷之依據關於渝市紗價及標準布疋之銷區各種布疋市價應通知行方信託分部分別調查供給資料

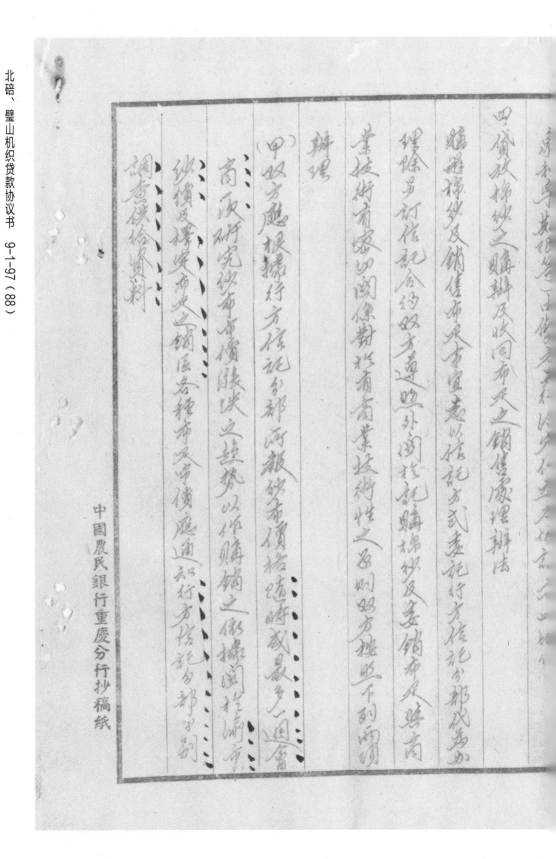

中國農民銀行重慶分行抄稿紙

北碚、璧山机织贷款协议书　9-1-97（89）

56

一、本合约定期一年[illegible]十二月　日止经双方签字后生[illegible]

二、区行两方在本合约实行后凡一切费用之支出结算及发生损失或盈余时均按区方负担五分之三行方负担五分之二比例分摊之。

三、本合约有效期间如因事实上之需要时得经双方同意换文修正之期满后如仍有需要经双方同意延长之。

四、本合约一式四份双方各执一份其余二份由区行双方分别存转备查。

北碚、璧山机织贷款协议书　9-1-97（90）

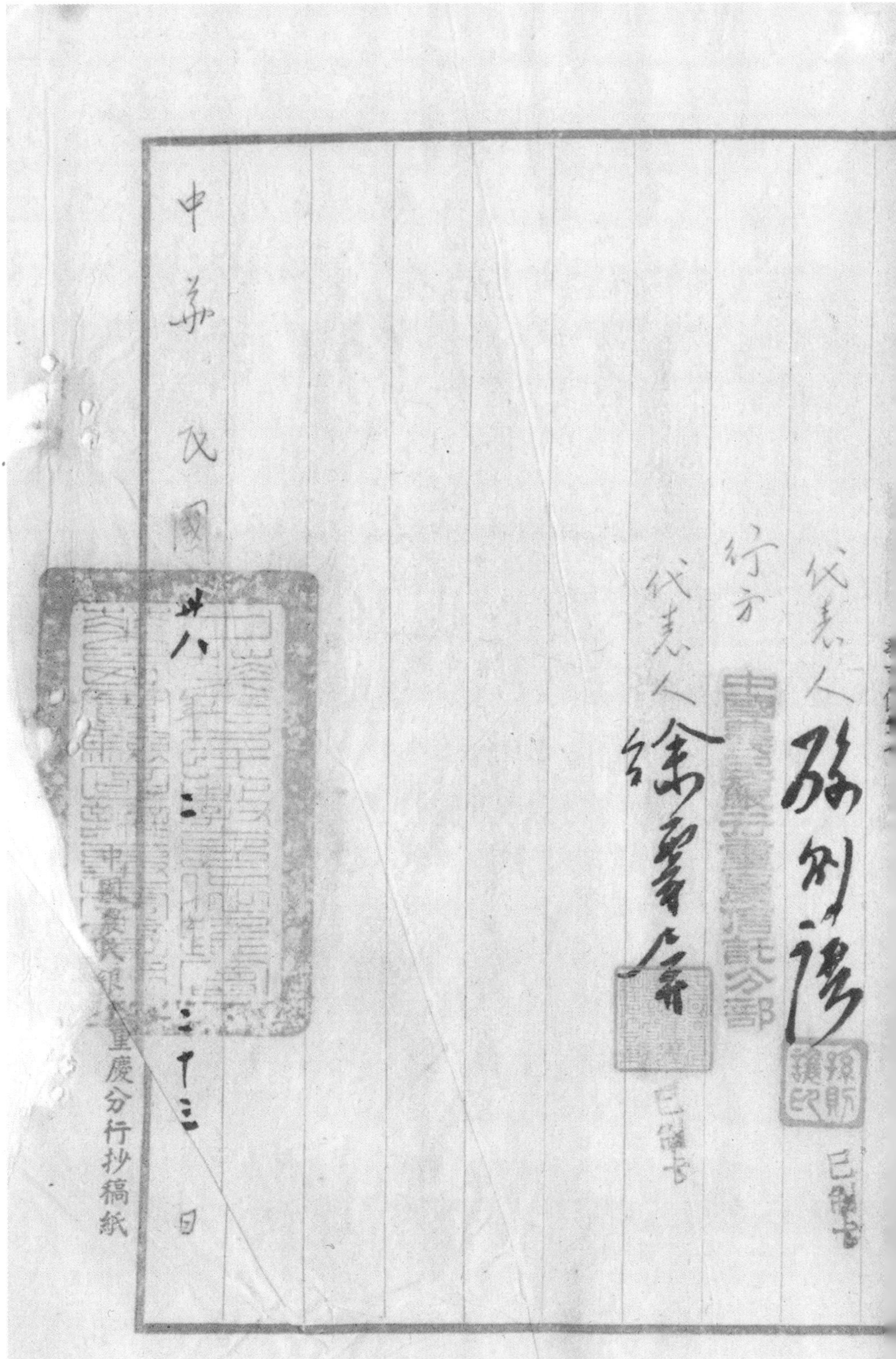

6

借週轉紗契約

璧山縣　　鄉　　機織生產合作社因承織布已訂約有案　　架機承織　　疋現以需用週轉紗特向華西實驗區合作社物品供銷處璧山分處借週轉紗　　件：　　并　　支　　排正并願履行左列各條件

一、本社借用週轉紗完全集中社內作收換社員布疋之用

二、本社之賬簿及存紗供銷分處可隨時查核如發現有不實及移用情事願照供銷分處規定提前償還借紗

三、本社所借之週轉紗願於本年十月一日起交送布疋時每疋扣紗　支至承織布疋之最後一次

璧山机织生产合作社社员借周转纱契约　9-1-100（11）

[illegible]

為前願放棄先訴抗辯權

五、本約自訂立之日生效一式兩份一份存供銷分處一份存本社

璧山縣機織生產合作社

理事主席

監事主席

司庫

會計

人

住址

人

中華民　　年九月　　日訂

验收军布修正加纱扣纱办法　9-1-8（133）

99

驗收軍布修正加紗扣紗辦法 十月一日起实行

一、每疋布足超過長度四十碼者其超過部份依左列加紗。

1、逾長在六吋以内者不計。

2、逾長六吋一吩至八吋者加紗一排。

3、逾長八吋一吩至十五吋者加紗二排。

4、逾長十五吋一吩以上者加紗三排。

二、每疋布足長度不足四十碼者其短少部份依左列扣紗。

1、不足一至三吋者扣紗半排。

2、不足三吋一吩至六吋者扣紗一排。

3、不足六吋一吩至十二吋者扣紗二排。

4、不足十二吋一吩至十八吋者扣紗三排。

5、不足十八吋一吩至廿四吋者扣紗四排。

验收军布修正加纱扣纱办法　9-1-8（133）

8、不足一磅即三十六吋以上者不收。

三、每一布足寬度不足廿六吋其短少部份每吋扣紗一排扣七排為止

凡不足八吩（即一吋）以上者不收。

四、每一布足緯密每吋不足六十根者其短少部份依平均數計照後列

扣紗。

1、不足一根者扣紗一排半。　2、不足二根者扣紗三排。

3、不足三根者扣紗四排半。　4、不足四根者扣紗六排。

5、不足五根者扣紗八排。　6、不足六根者扣紗十排。

7、不足七根者扣紗十二排。　8、不足八根者扣紗十四排。

9、不足九根者扣紗十六排。　10、不足十根者扣紗十八排。

11、不足十一根以上者或于五點中有兩点不足十二根[redacted]者不收。

五、每一布足經密每吋不足六十二根者其短少部份依平均數照緯

密1、至11、項辦法扣紗但短少貳根以上者不收。

註：經緯密度平均有小數者以四捨五入計算。

24

華西實驗區機織合作社承織軍布配貸週轉紗辦法

一、華西實驗區合作社物品供銷處璧山分處配貸承織軍布之機織生產合作社週轉紗，悉依本辦法之規定辦理。（按三条廿）如各社產量激增須增加週轉紗時，供銷分處可視實際需要增貸之。

二、機織合作社配貸週轉紗數量按各社承織軍布合約上載明之織機台數，每台貸放廿支紗叁大束另半支叉排。

三、機織合作社借貸週轉紗須具聯殷實鋪保或人保，經供銷分處核對屬實者方為合格。

四、機織合作社貸得之週轉紗係專作收換社員交布之用，如查覺有挪用情事或不能與合約規定承織數量按期送布者，得由供銷分處提前收回貸紗之全部或一部。

五、為防對機織合作社挪用週轉紗，供銷分處得隨時派員稽查各社庫存及賬籍，各社不得拒絕或隱藏。

六、機織合作社所貸之週轉紗，供銷分處於接收布匹最後一月內分期收回，每送繳布匹一匹即扣紗一支

华西实验区机织合作社承织军布配贷周转纱办法　9-1-100（40）

华西实验区机织合作社承织军布配贷周转纱办法　9-1-100（40）

中華平民教育促進會華西實驗區
合作社物品供銷處璧山分處二八布規格表　　按字第1號

長度	寬度	經密	緯密
40碼	36吋	62根	60根

備考

1. 總經數……2220根
2. 邊線……8根
3. 重量……12磅
4. 長度寬度經密緯密下機後不得少於規定并不得有隙道跳紗斷綫及更換紗支潮濕等情事
5. 此項規格係與聯勤總部第四補給區簽訂以布易紗製造軍布合約為維持合作社信譽及謝展本身業務起見必須依照本規定承織

璧山分處製

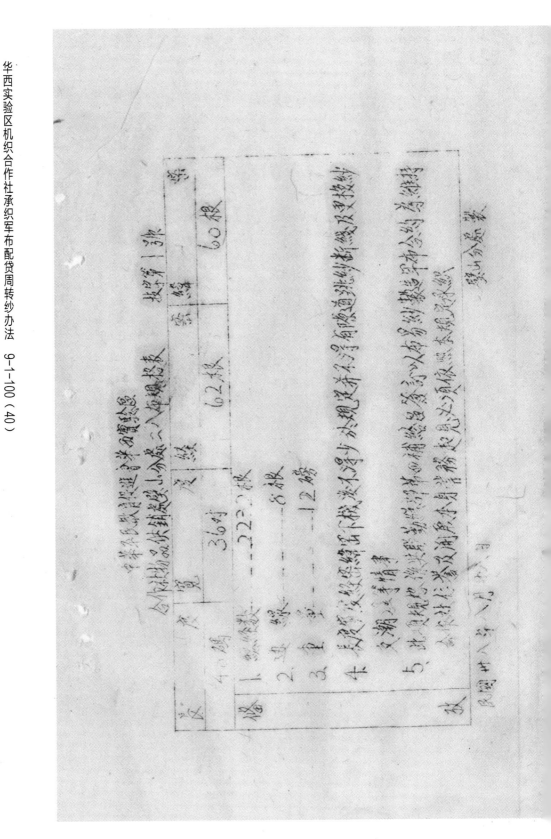

民國卅八年八月廿八日

西南区冬服筹制委员会验收华西实验区物品供销处璧山分处承织白布办法　9-1-100（55）

32

西南區冬服籌製委員會驗收華西實驗區物品供銷處璧山分處承織白布辦法

一、華西實驗區物品供銷處璧山分處承織本會冬服白布除合約規定者外悉依本辦法驗收之

二、本辦法所定驗布規格依照合約第四條訂定如左

1. 用紗：渝市各紗廠所生產之廿支棉紗織成
2. 長寬度：每疋長四十碼寬三十六吋
3. 密度：經紗每吋六十二根緯紗每吋六十根
4. 所交之布疋每疋兩端必須有粗紗一道並由承織廠商于兩端蓋用標記印以資識別

西南区冬服筹制委员会验收华西实验区物品供销处璧山分处承织白布办法　9-1-100（55）

四、驗收方法

1、每次所交布疋照規定應抽驗百分之十但不得少於百分三（由驗收人員視所交布疋情形臨時自定）

2、丈量尺寸以將布疋拉開放平丈量為準

3、檢驗經緯密度經紗查驗三點橫幅每十二吋查驗一點緯紗查驗五點直幅每距八碼查驗一點

4、檢驗人員應將檢驗情形逐項詳細紀錄於驗收表內并於所驗各點加以標記

五、驗收地點在璧山及北碚該分銷處倉庫內舉行之

六、所交布疋經檢驗有下列情形之一者剔除之

97

督導軍布增產各項規章辦法書表

目次

已制卡

辅导机织生产合作社加强军布生产方案　9-1-131（179）

107

輔導機織生產合作社加強軍布生產方案

（甲）目標

一、促進各社軍布生產如期完成承織數量

（乙）工作要點

一、監督各社依照規定運用周轉紗，務使確能發揮周轉效益，不得有挪用情事

二、督促各社社員如期如數交足承織數量，並鼓勵增產增交，必要時得按戶抽查機械及織造工作進行情形

三、切實稽核各社日用品配備紗轉發情形，嚴防負責人運用機會侵佔社員權益

四、考查各社社務業務工作得失，隨時予以矯正，如有舞弊情事時，應以書面報請核辦

五、指導各社建立會計制度，務使均有完備之帳冊記載，同時選定示範社及表證社員藉資觀摩

（丙）實施辦法

第一區 包括城[illegible]
關及大兴鄉屬兩座橋等六社
第二區 包括城北鄉屬漫宗塘黄泥塘雷家塘楊家祠六人
城東鄉屬嚴家灣等六社與獅子鄉屬軍布生產小組
第四區 包括城西鄉屬彭家寨沃家塘及福祿鄉屬大水竹丈
鳳橋天星觀等五社與城西鄉屬軍布生產小組
第五區 包括河边鄉屬荊店子馬鞍山金彭灘响水灘等四社
第六區 包括蒲元鄉屬上蒲元場馬家橋上塘灘四面山黄
家坪及接龍鄉屬五雲山青木鄉青兴等七社
第七區 包括六廠管理局所轄金剛朝陽滚沃等三社

二、每區設輔導幹事一人從速由輔導人員之任用以聘請華
西實驗區總辦事處及璧山縣政府合作工作人員兼任
為原則除支給公旅費外不另支薪

三、各區輔導人員應照乙項所列各要點切實執行務期達
成預定目標

（丁）其他

一、本方案提經處務會議通過後有效并自三十八年九月一
日起實施

辅导机织生产合作社加强军布生产方案　9-1-131（165）

[illegible]實驗區
[illegible]八節機織布規格表 [illegible]

長	寬度	經密	緯密
40碼	36吋	62根	60根

備

1. 總紗數……[illegible]根
2. 边　線……8根
3. 重　量……12磅
4. 長度寬度經緯密度不得小於規定并不得有隙邊跳紗斷頭及更換紗支割邊等情事。
5. 此項機織布係[illegible]以布易紗製造[illegible]

攷

民國卅八年九月廿一日

璧山分處製

100

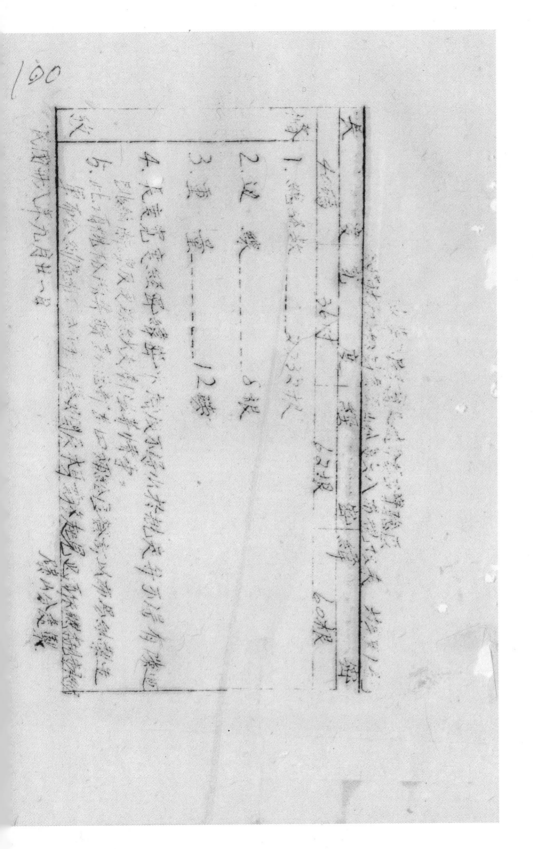

不合規格布尺扣紗辦法如次：

1、長度　短一至三吋扣紗半排　短三至六吋扣紗壹排
六至十二吋扣紗二排　十二至十八吋扣紗三排
十八至廿四吋扣紗四排　廿四至卅吋扣紗五排
卅至卅六吋扣紗六排　卅六吋（一碼）以上者不收

2、寬度　寬一至二分扣紗一排　寬二至四分（半吋）扣紗二排
四至六分扣紗四排　六至八分扣紗六排
一吋（八分）以上者不收

3、緯密　短一根者扣二排　短二根者扣四排
三根者扣五排　四根者扣七排
五根者扣九排　六根者扣十排
七根者扣十二排　八根者扣十四排
九根者扣十五排　十根者扣十七排
十根以上者不收

4、經密　照緯密短者扣紗計算，同短至五根以上者不收

本辦法自十二日起實行

华西实验区合作社物品供销处璧山分处军布生产小组设置办法 9-1-131（195）

華西實驗區合作社物品供銷處璧山分處
軍布生產小組設置辦法

——第六次處務會議通過——

一、本處為發動散漫織戶承織軍布完成預定數量起見特訂定本辦法

二、軍布生產小組之定名應以縣名為首鄉名為二小地名為三末後以軍布生產小組六字結尾

三、凡本區機織生產合作社以外之織戶自願承織軍布有十人以上之联合即可發起設立

四、軍布生產小組應設正副組長各一人

員姓名年齡住址及業務區域現有機台數及每月產量填具登記表送請本處核定備查

六、軍布生產小組承織軍布須向本處完成訂約手續並遵守一切約定

七、軍布生產小組及組員履行契約成績優良時得在不牴觸合作社法令及本區所訂單行辦法之原則下申請優先組社或優先參加當地之機織生產合作社為社員

八、本辦法經本處務會議通過施行並呈報華西實驗區辦事處備查

军布生产小组设立登记书　9-1-131（197）

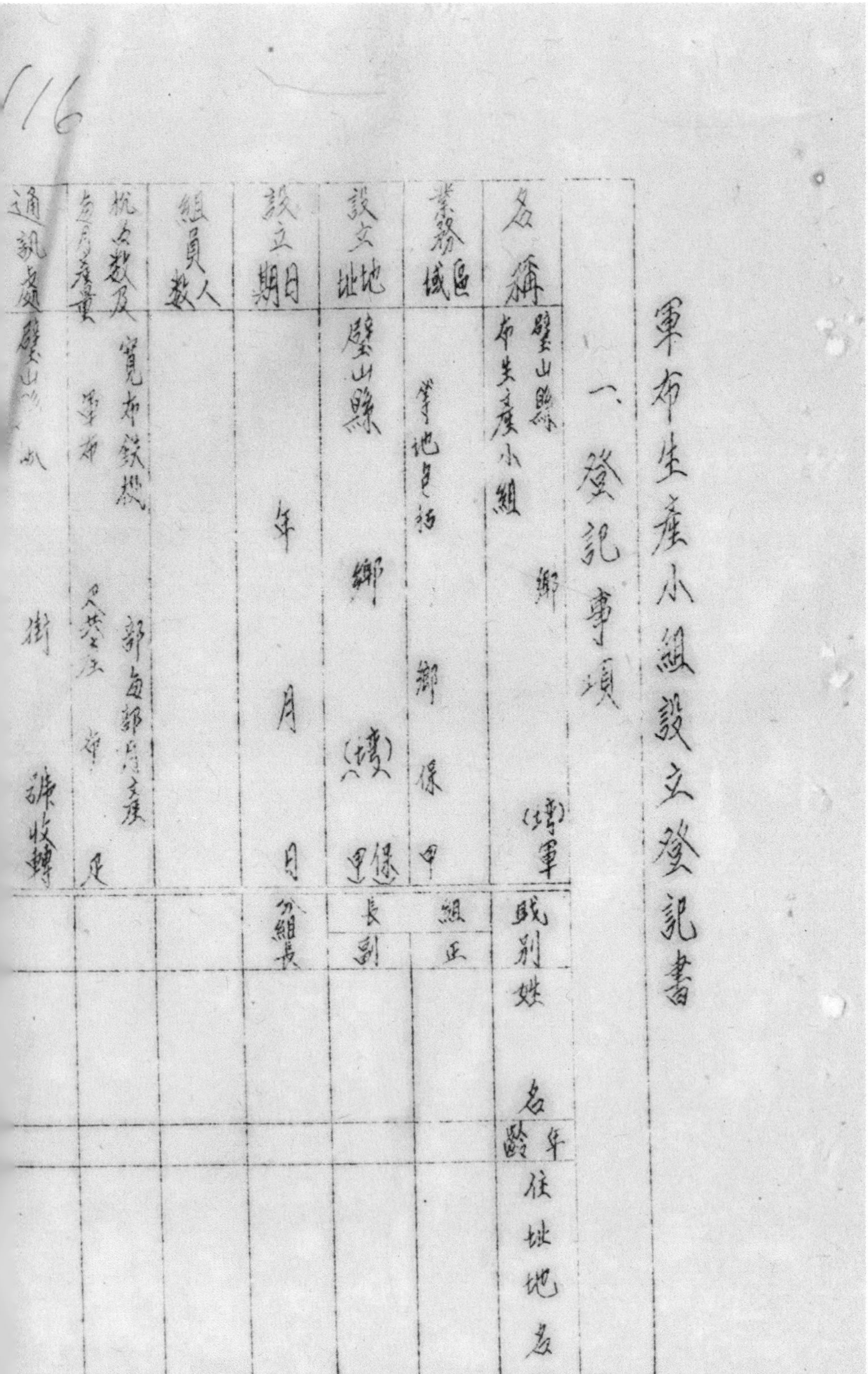
116

軍布生產小組設立登記書

一、登記事項

名稱	璧山縣　鄉（鎮）軍布生產小組
業務區域	第　地包括　鄉　保　甲
設立地址	璧山縣　鄉（鎮）　保　甲
設立日期	年　月　日
組員人數	
機數及每月產量	寬布鐵機　部　每部月產　平布　尺　每年　疋
通訊處	璧山縣　街　號收轉

職別	姓名	年齡	住址地名
組長　正			
組長　副			
分組長			

二、組員名冊

編號	姓名	性別	住址地名	承織機台數	承織軍布數量	蓋章

华西实验区总办事处为检发机织生产合作社承织军布惩奖办法致璧山县政府公函
（附：华西实验区机织生产合作社承织军布惩奖办法） 9-1-91（30）

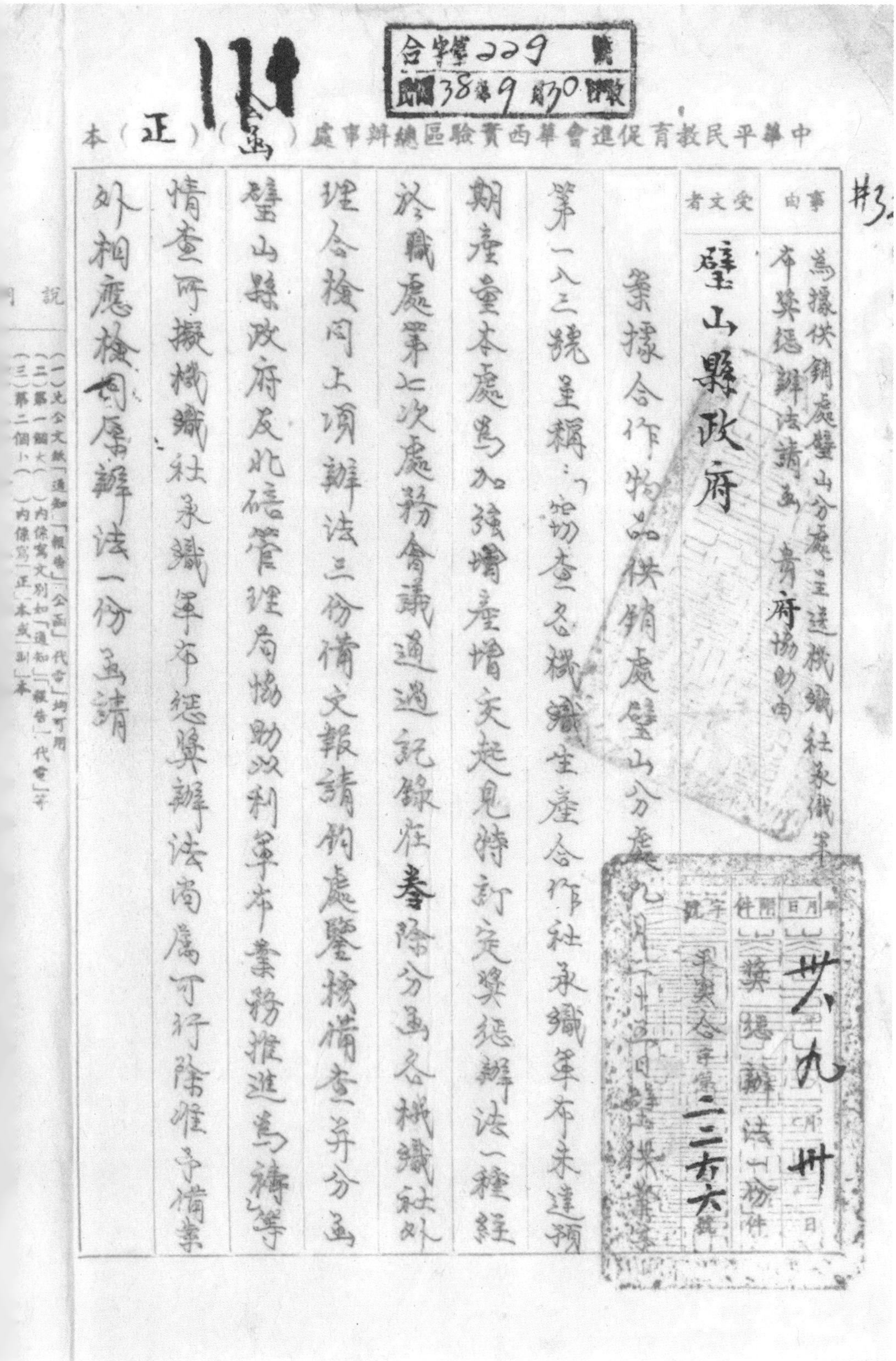
合字第229號
民國38年9月30日發

中華平民教育促進會華西實驗區總辦事處（函）（正）本

事由：為據供銷處璧山分處呈送機織社承織軍布獎懲辦法請函貴府協助由

受文者：璧山縣政府

案據合作物品供銷處璧山分處九月二十五日璧(供)業字第一八三號呈稱：「竊查各機織生產合作社承織軍布未達預期產量，本處爲加強增產增效起見，特訂定獎懲辦法一種，經於職處第七次處務會議通過記錄在卷，除分函各機織社外，理合檢同上項辦法三份備文報請鈞處鑒核備查，並分函璧山縣政府及北碚管理局協助，以利軍布業務推進爲禱」等情。查所擬機織社承織軍布懲獎辦法尚屬可行，除准予備案外，相應檢同原辦法一份函請

說明
（一）凡公文統「通知」「報告」「公函」「代電」均可用
（二）第一個（ ）內係寫文別如「通知」「報告」「代電」等
（三）第二個（ ）內係寫「正」本或「副」本

华西实验区总办事处为检发机织生产合作社承织军布惩奖办法致璧山县政府公函
（附：华西实验区机织生产合作社承织军布惩奖办法） 9-1-91（31）

114

查照惠予协助为荷

主任 孙则让

拟分令各机织社所在地该管乡公所协助
督催各该社遵守信约交送军布以免
贻误军需

如拟

已制卡

已制卡

已制卡

已制卡

已制卡

华西实验区总办事处为检发机织生产合作社承织军布惩奖办法致璧山县政府公函
（附：华西实验区机织生产合作社承织军布惩奖办法） 9-1-91（32）

113

華西實驗區機織生產合作社承織軍布懲奬辦法

一、華西实驗區合作社物品供銷處璧山分處為奬勵各机織合作社承織軍布增產增交起見特訂定本辦法

二、各机織合作社送交布足於約定期終結時如不足承織数量按約訂辦理有超過承織数量者按所送多寡分列次第予以奬勵其奬勵辦法另訂之

三、各机織合作社員每一机台承織軍布交送数量每月達十四尺者其所交数量按每足加給奬紗一排每月送交達二十尺者每足加給奬紗五排如送交数量不足約数或根本未織交者除照第四条辦理外并由該社理監事會同該社員在璧山北碚以外之市場購買補足数額其有虧損時由該社員負担之

四、各机織合作社及社員已向華西实驗區貸紗而不訂約承織軍布或訂約不能履

华西实验区总办事处为检发机织生产合作社承织军布惩奖办法致璧山县政府公函
（附：华西实验区机织生产合作社承织军布惩奖办法） 9-1-91（32）

社籍移交縣政府按貽誤軍布罪懲辦
五、本辦法經處務會議通过後公佈實施并呈报華西實驗區總辦事處轉請有
關縣政府備案。

璧山四宮閣文具印刷紙號印製

璧山县政府为协助督导各机织生产合作社遵守信约依限交足军布事宜致各乡（镇）公所的训令 9-1-91（27）

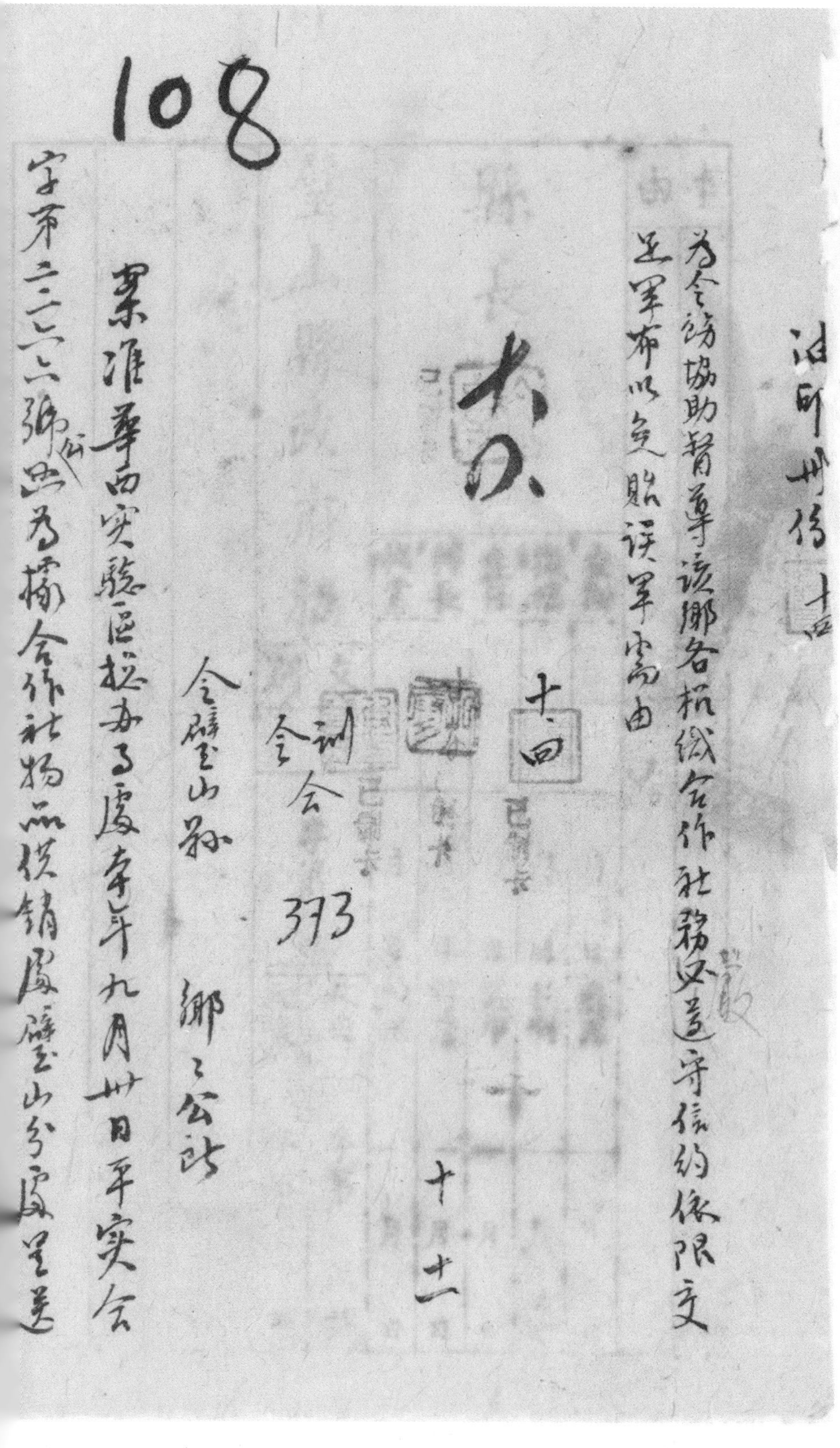
为令饬协助督导该乡各机织合作社务必遵守信约依限交足军布以免贻误军需由

训令

令璧山县　乡　公所

案准华西实验区总办事处本年九月卅日华实会字第二二六六号函为据合作社物品供销处璧山分处呈送

璧山县政府为协助督导各机织生产合作社遵守信约依限交足军布事宜致各乡（镇）公所的训令　9-1-91（28）

109

县各机织社经向实验区物品供销处璧山分处签订承织
军布合约各该社自应遵守信约依限交足军布以免贻
误军需致干惩处准函前由除分令外合行令仰该
公所切实协助以赴事功为要
此令

县长〇〇〇

璧山县政府为协助督导各机织生产合作社遵守信约依限交足军布事宜致各乡（镇）公所的训令 9-1-91（29）

110

為令飭協助督導該鄉各機織合作社嚴守信約依限交足軍布以昭信譽而利軍需由

璧山縣政府訓令 合作字第 號

三十八年十月 日

令 鄉鎮公所

案准華西實驗區總辦事處本年九月廿日華實合字第三六六號公函為據合作社物品供銷處璧山分處呈送機織合作社承織軍布契約辦法請惠予協助一案查本縣各機織社經向實驗區合作社物品供銷處璧山分處簽訂承織軍布合約各該社自應遵守信約依限交足軍布以免貽誤軍需致干懲處准函前由除分令外合行令仰該公所切實協助以赴事功為要

此令

华西实验区合作社物品供销处璧山分处为借用棉纱一事致中国农民银行璧山办事处的函　9-1-131（66）

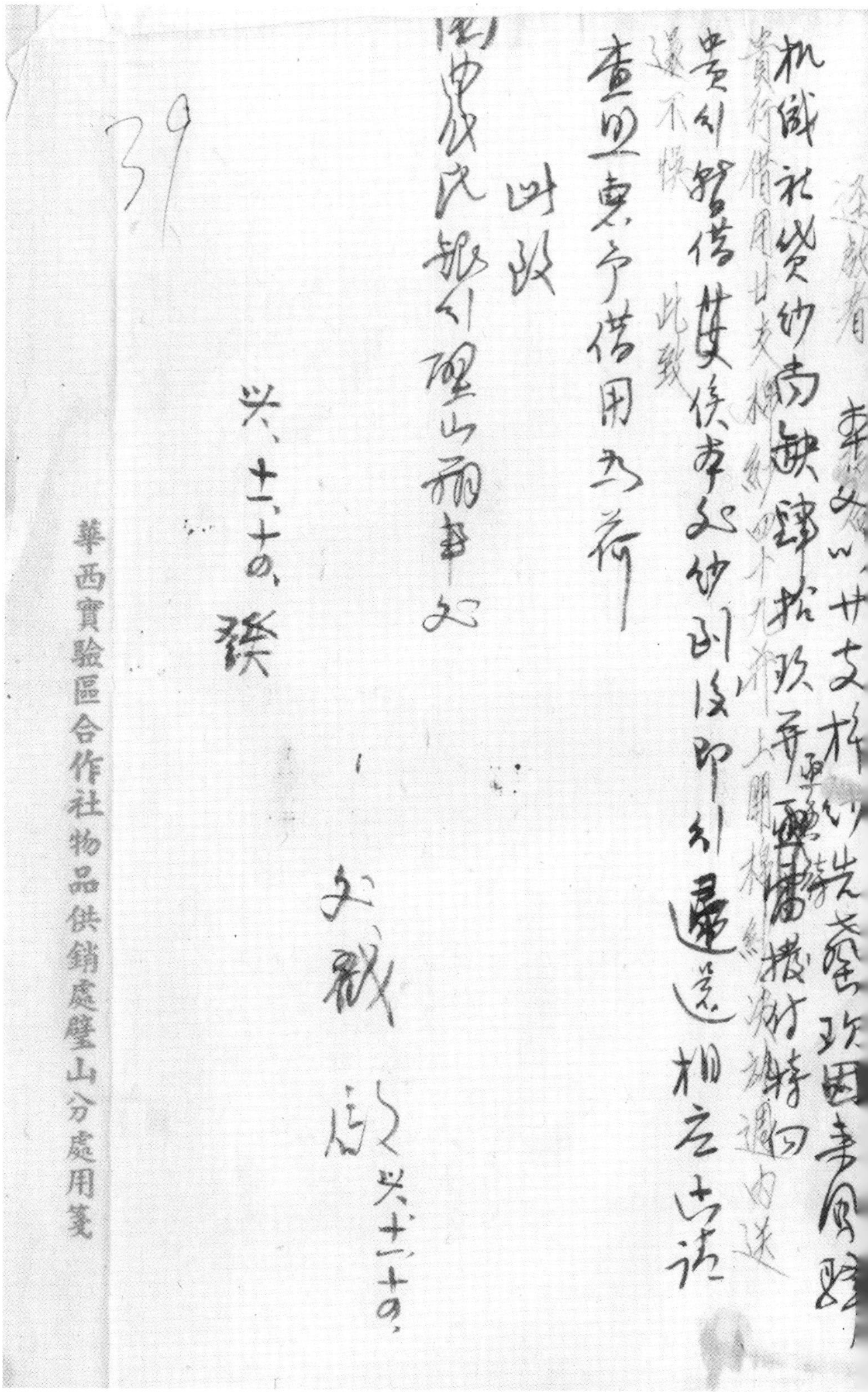

迳启者：本处以廿支棉纱先发玖团事贷与
机织社贷纱尚缺肆拾玖斤，无存货，特向
贵行暂借，俟本处纱到后即行归还，相应函请
查照惠予借用为荷！
此致
中国农民银行璧山办事处
文戢启　卅八、十二、十四
发　卅八、十二、十四

华西實験區合作社物品供銷處璧山分處用箋

华西实验区合作社物品供销处璧山分处为制送军布生产进度表一事致军布检验组的函　9-1-131（87）

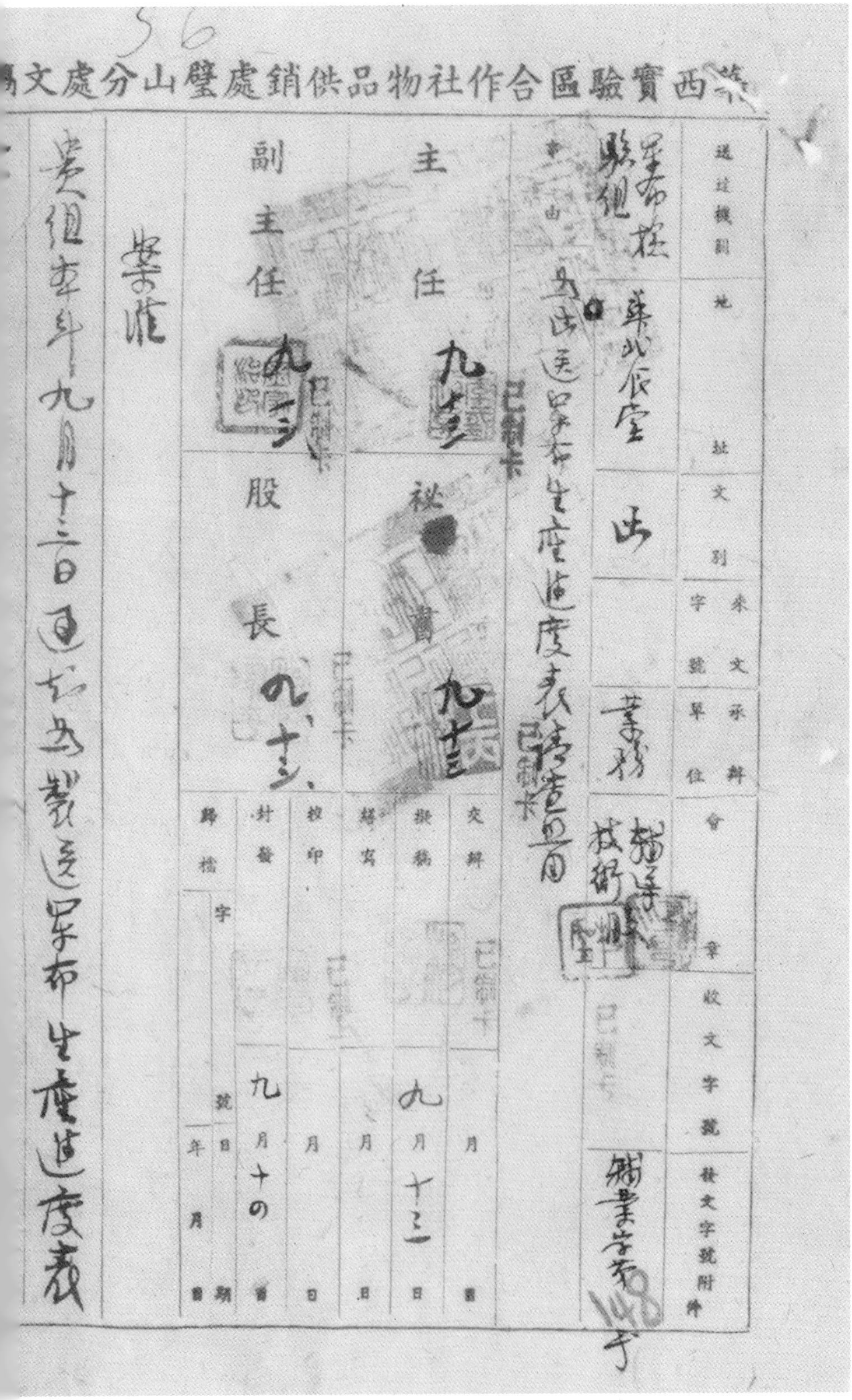
56

華西實驗區合作社物品供銷處璧山分處文稿

送達機關	軍布檢驗組
地址	華北農堂
文別	函
來文字號	
承辦單位	業務
會章	輔導　技術
收文字號	
發文字號附件	輔業字第148號
事由	為送軍布生產進度表請查照由
主任	九、十三
副主任	九、十三
秘書	九、十三
股長	九、十三
擬稿	九月十三日
封發	九月十四日

案准

貴組本年九月十二日通知為製送軍布生產進度表

华西实验区合作社物品供销处璧山分处为制送军布生产进度表一事致军布检验组的函　9-1-131（88）

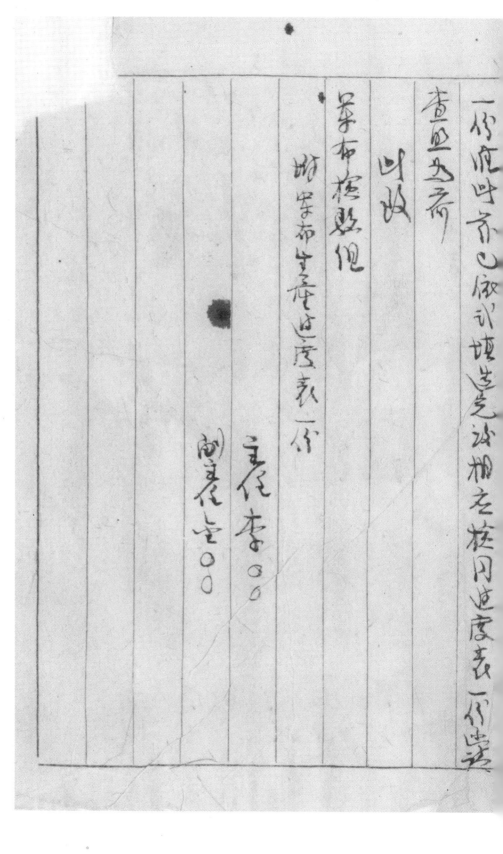

一份依此亦已依式填造送该组相应检同进度表一份函达
查照为荷
此致
军布检验组
附军布生产进度表一份
主任　李〇〇
副主任　金〇〇

关于召开增加军布产量工作检讨会的通知　9-1-131（89）

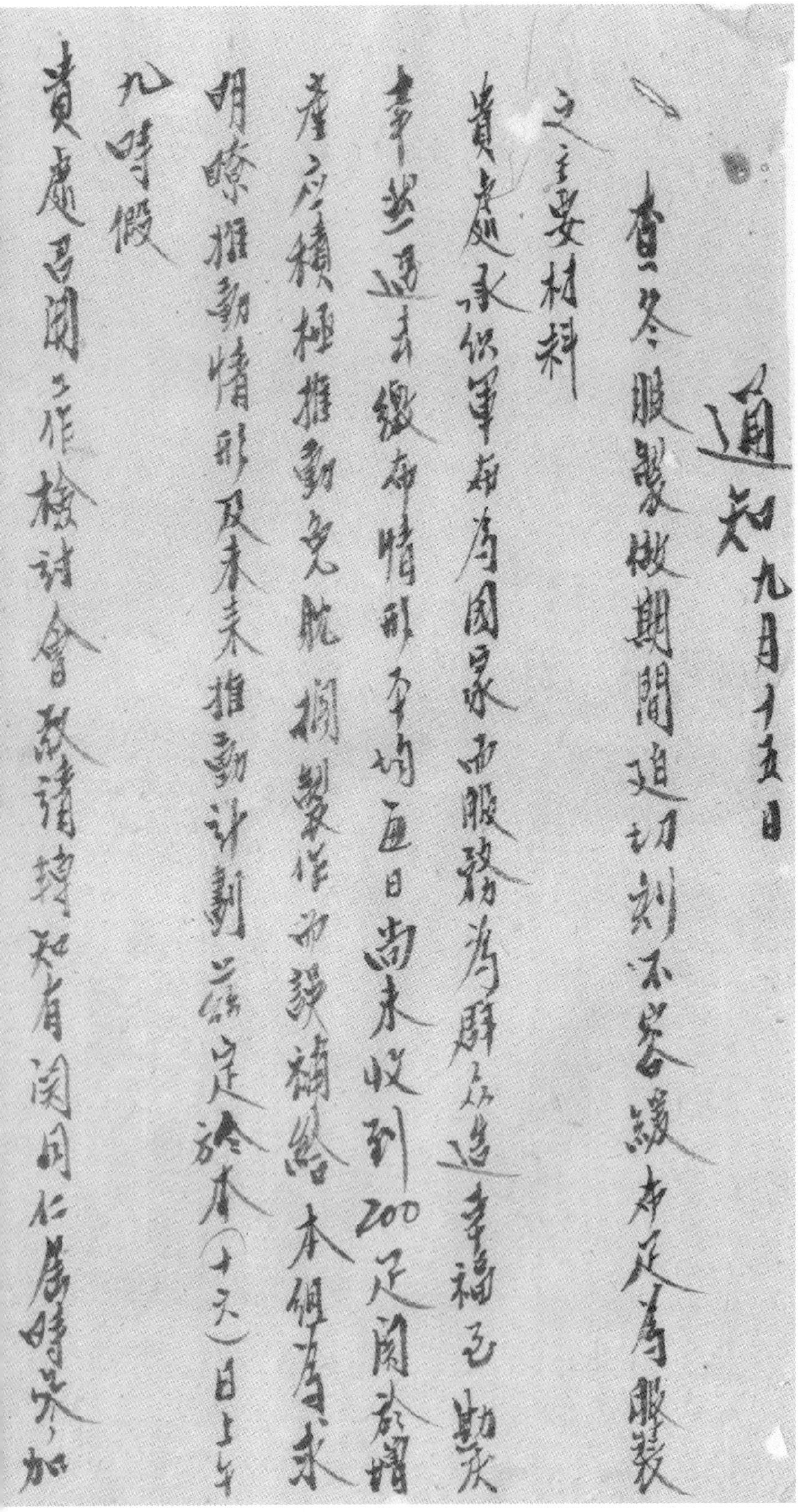

通知　九月十五日

查冬服製做期間迫切刻不容緩本廠為服裝之主要材料

貴處承織軍布為國家而服務為群众造幸福已勤茂惟與過去織布情形每月均匯日尚未收到200疋關於增產應積極推動免耽擱製作而缺補給本組為求明瞭推動情形及今來推動計劃茲定於本月（十天）日上午九時假

貴處召開工作檢討會敬請轉知有關同仁屆時參加

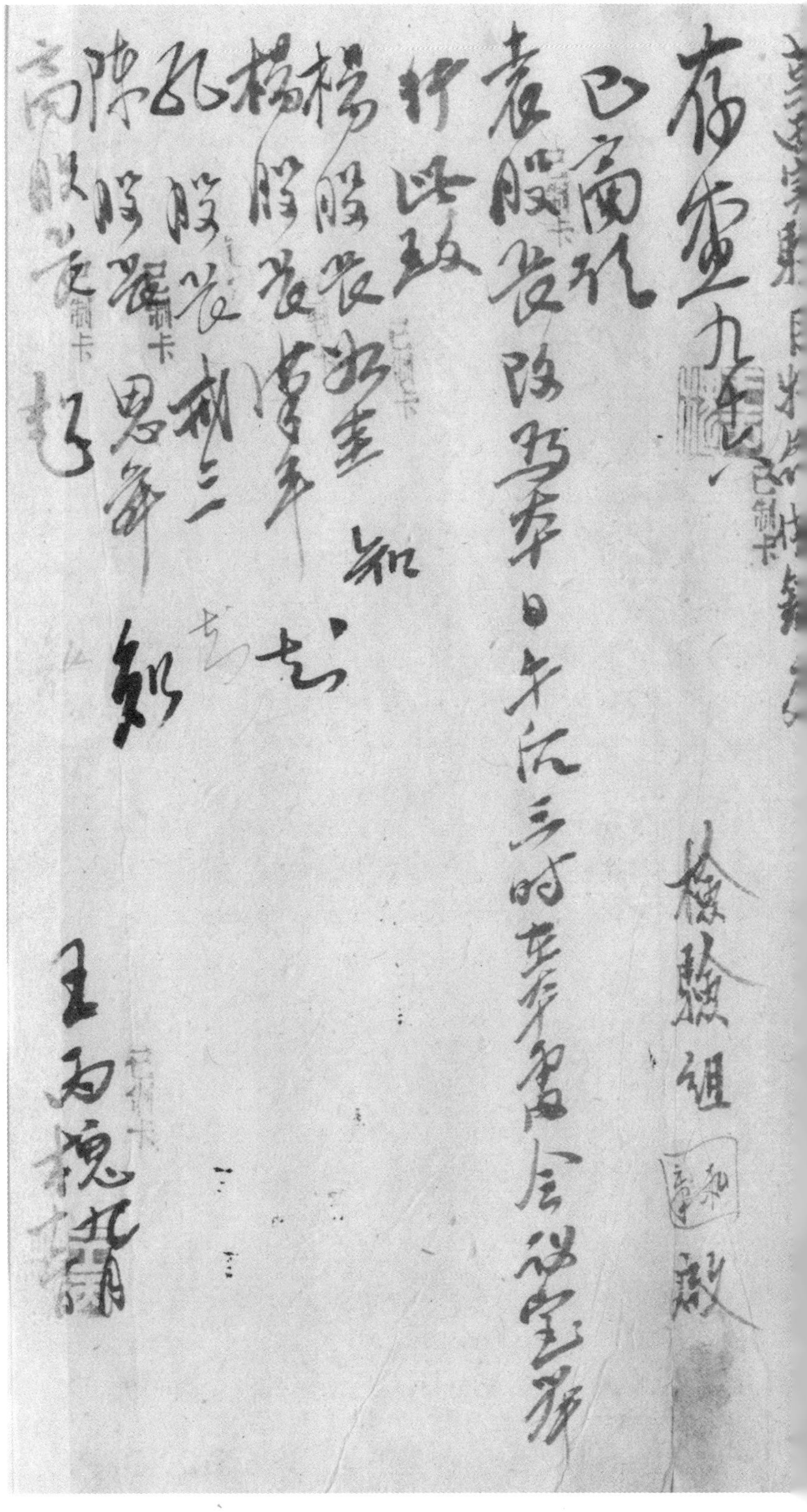
存查　九、廿八
已函知
袁股长段君本日午后三时在本署会议室开
检验组

华西实验区总办事处为呈送订定军布生产小组办法给物品供销处璧山分处的通知　9-1-131（149）

38 9 22
璧供辅 第145號

辅

華平民教育促進會華西實驗區總辦事處（通知）（正）本

事由：為擬呈訂定軍布生產小組辦法准予備查由

受文者：供銷處璧山分處

年月日：卅八年九月廿二日

字號：辛發合字第一八〇二號

三十八年九月三日璧供辅字第一二二號呈為訂定軍布生產小組設置辦法呈請核備等情附辦法一份。據此，經核尚屬可行，准予備查。

主任 孫則讓

已制卡

說明（一）此公文紙「通知」「報告」「公函」「代電」均可用（二）第一個大（）內係寫文別如「通知」「報告」「代電」等

重庆被服总厂为验收白布相关事宜致华西实验区合作社物品供销处璧山分处的通知　9-1-131（86）

通知　十一月二日

事由

一、谕：本廠須布白量尚不敷用，抄轉知供銷處根據合約規定繼續驗收

二、本廠檢驗小組由十月廿一日起本日止庫存白布未參加檢驗，請貴處將扣四週情形列統計表一份擲下存查

三、關於驗收辦法，惟緯密度前規定十根以上者不收，現改為八根以上者不收，其他不變更

四、相應抄知辦理爲荷

此請

華西區物品供銷處璧山分處

已訂卡

啟

华西实验区合作社物品供销处璧山分处、华西实验区各军布生产辅导员为督促承织军布生产事宜的往来公文　9-1-150（72）

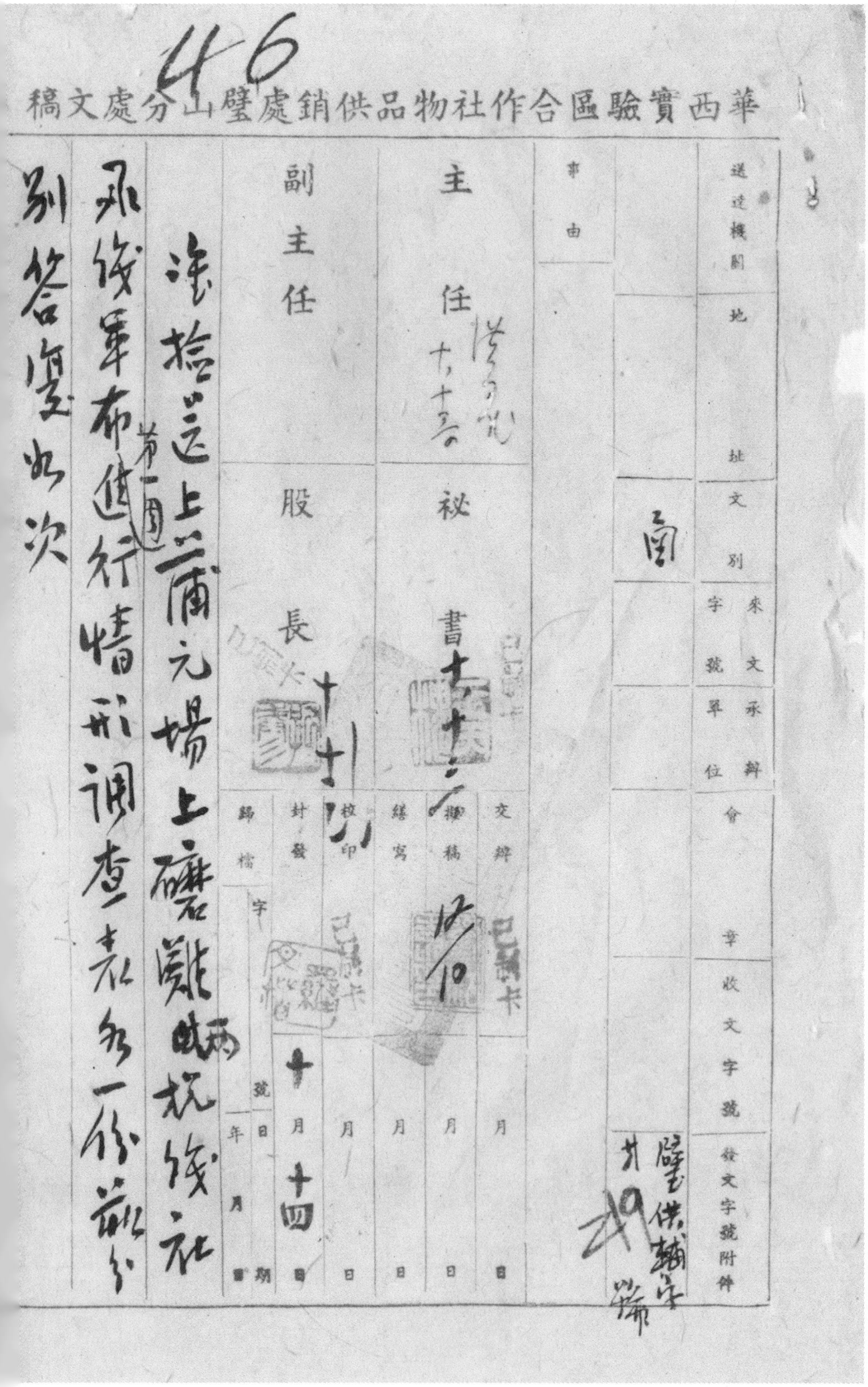

华西實驗區合作社物品供銷處璧山分處文稿

送達機關	
地址	
文別	函
來文字號	
承辦單位	
會辦單位	
收文字號	
發文字號附件	璧供輔字49號
事由	
主任	
副主任	
秘書	
股長	
交辦	月 日
擬稿	月 日
繕寫	月 日
校印	月 日
封發	十月十四日
歸檔	字 號 年 月 日

茲據送上二甫元塲上磨灘兩機織社承織軍布第一週進行情形調查表各一份，敬祈……别答覆為次

华西实验区合作社物品供销处璧山分处、华西实验区各军布生产辅导员为督促承织军布生产事宜的往来公文 9-1-150（73）

查催以免中途停滞

二、为有订约迄今仍无准备织之迹象者或有已借纱而未签约者均须督饬查明亟速进行签订

华西实验区总办事处核办并于下周调查表内分别注明以备查考

以上各点即希

查照为荷！此致

王辅导员保民

副主任 任 李 [illegible]

华西实验区合作社物品供销处璧山分处、华西实验区各军布生产辅导员为督促承织军布生产事宜的往来公文 9-1-150（74）

47

華西實驗區合作社物品供銷處璧山分處文稿

修稿請仍繕
簽稿併行

送達機關地址	
文別	函
來文字號	
承辦單位	
會章	
收文字號	
發文字號附件	璧供轄字第2232號
事由	
主任	（簽）十／十
秘書	
副主任	
股長	黃（章）
交辦 月 日	
擬稿 月 日	閔（章）
繕寫 月 日	
校印 月 日	
封發 月 日	十月十四日
歸檔 字號 日期 年 月 日	

准十月十二日抄送
劉觀言、闞宗海社承領
軍布進行情形廿一週調查表一份
以資分別答覆爲次

华西实验区合作社物品供销处璧山分处、华西实验区各军布生产辅导员为督促承织军布生产事宜的往来公文　9-1-150（75）

一、表式之社员详表分年、保、甲
期之情如经查明竟无从交涉
像者希迳行报请实验区从
办了处核办，并于下次调查表中
说明，以便查考而了责成，该社依
照本处九月廿五日璧供业字附予
公函修订机织社承织军布实缴
办法十三条之规定办理
二、以后填送调查表请用本处前
检送之格式填写，如正用完可向

华西实验区合作社物品供销处璧山分处、华西实验区各军布生产辅导员为督促承织军布生产事宜的往来公文 9-1-150（76）

48

本處亦取備用

三、已交布之社員其所交布與承織數量相差甚遠者仍請督促加緊繳綫

以上各點希即

查照爲荷！

此致

吳、李輔導員俊民、震清

主任 李

副主任 □

二、二

49

本年九月十二日接城南乡观音阁社负责人[illegible]送来观音阁社承织军布延迟情形第一周调查表乙份，兹拟答复如次：

一、本处布社社员，请立即加督催，并限期交布，如系[illegible]查系织交该社者，请速行报请核办，实系[illegible]于下次调查表中注明，以便查考。负责[illegible]依照本处九月廿五日璧供业字187号公函所附原发修订机织社承织军布奖惩办法第三条[illegible]办理。

二、以后调查请用本处所检送调查表格式填送。

3、已交布社员，其[此交布]余各社织者尚属相差甚远者，
似请督促加紧赶织。
以上各点，当否，请
示
黄□□ 十一、二

华西实验区合作社物品供销处璧山分处、华西实验区各军布生产辅导员为督促承织军布生产事宜的往来公文　9-1-150（78）

华西实验区合作社物品供销处璧山分处、华西实验区各军布生产辅导员为督促承织军布生产事宜的往来公文 9-1-150（79）

報告 卅八年十月六日

窃職前奉派去观音阁、刘家沟机织社督導催缴二八军布，即遵于所指定時日前往該社催缴，除大數多社员已開始上布外，僅少數社员因有特殊原因致未能按時上布。謹將所調查结果及其原因簽請

鑒核備查 呈

主任孫

辅導员 吴紹民 上
李麗清

华西实验区合作社物品供销处璧山分处、华西实验区各军布生产辅导员为督促承织军布生产事宜的往来公文　9-1-150（80）

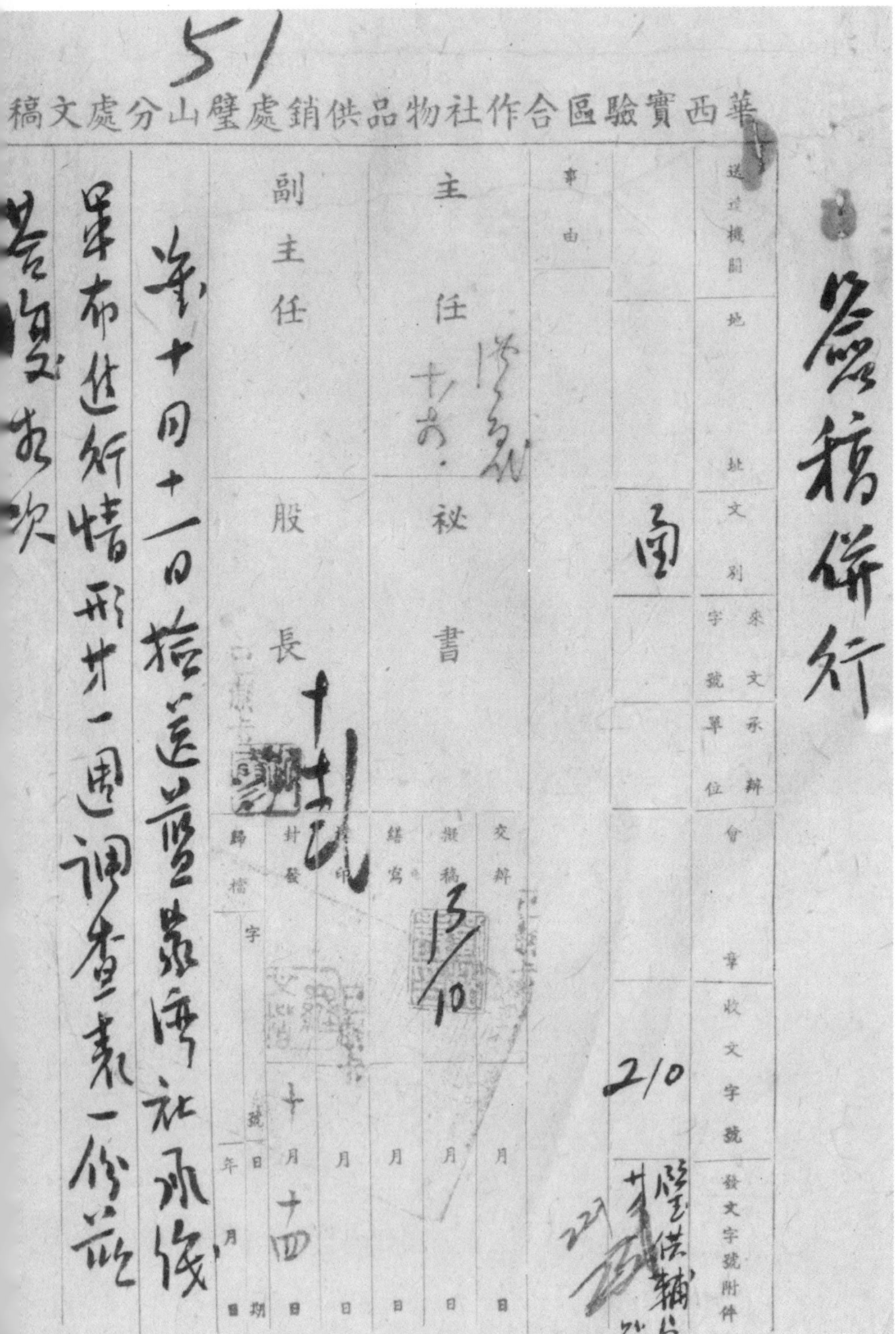

51

華西實驗區合作社物品供銷處璧山分處文稿

送达機關地址	
文別	函
来文字號	
承辦單位	
會章	
收文字號	210
發文字號附件	璧供輔字第223號
事由	
主任	[illegible] 十/六
副主任	
秘書	
股長	十/六
交辦	月 日
擬稿	13/10
繕寫	月 日
校印	月 日
封發	十月十四日
歸檔	字 號 年 月 日

簽稿併行

案十月十一日據送蒼蘭濟社承織軍布進行情形卅一週調查表一份，茲
呈復 [illegible] 次

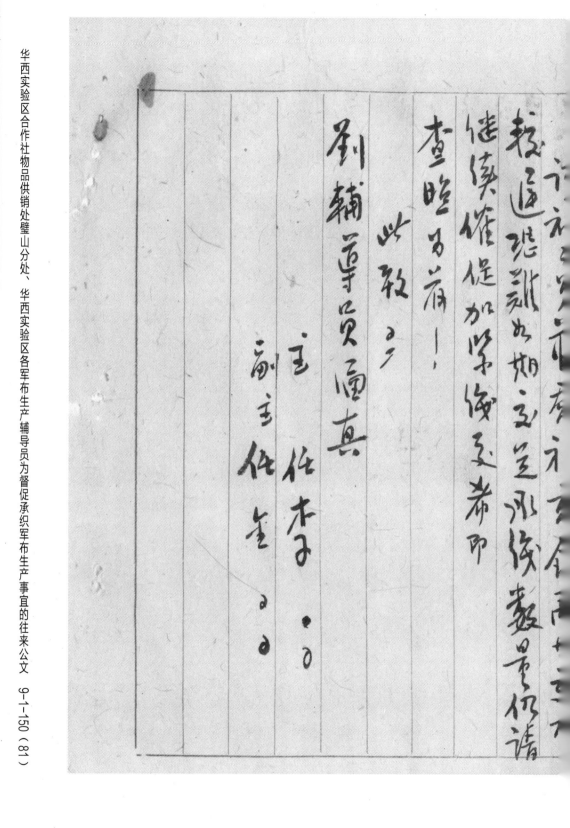

华西实验区合作社物品供销处璧山分处、华西实验区各军布生产辅导员为督促承织军布生产事宜的往来公文　9-1-150（81）

[illegible]

较迟误如期交足承织数量仍请

继续催促加紧织交希即

查照为荷！！

此致

刘辅导员圃真

主任李〇〇

副主任金〇〇

华西实验区合作社物品供销处璧山分处、华西实验区各军布生产辅导员为督促承织军布生产事宜的往来公文 9-1-150（82）

50

本年十月十日接城南鄉藍家灣社負責精亭
員劉恩真交來藍家灣社承織軍布進行情形
週調查表乙份，兹擬簽覆如次：
該社社員蔣樹高、楊周等交布較遲，恐難如期
交足承織布量，仍請催促如期織交。
當否，請
示。

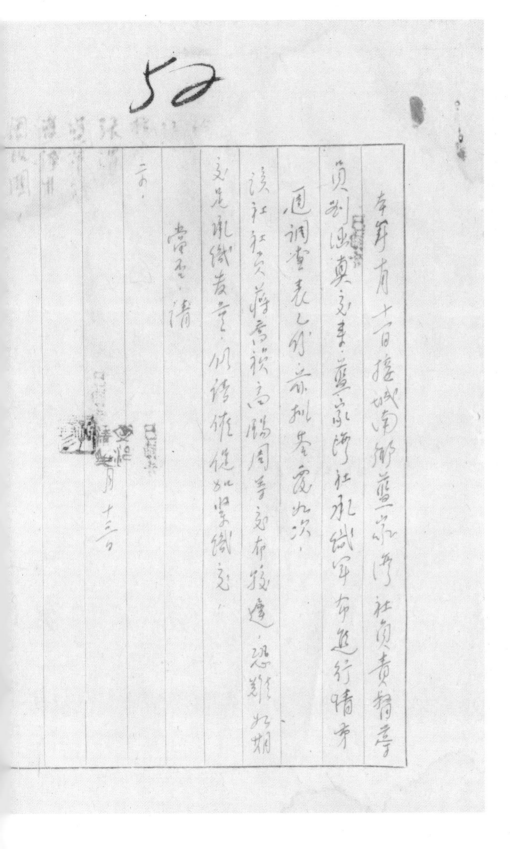

黄□□
月十二日

华西实验区合作社物品供销处璧山分处、华西实验区各军布生产辅导员为督促承织军布生产事宜的往来公文　9-1-150（83）

53

華西實驗區合作社物品供銷處璧山分處文

簽稿併紅

送達機關地址：
文別：函
來文字號單位：
收文字號：219
發文字號附件：璧供輔字　號

事由：

主任：
秘書：
副主任：
股長：

交辦：　月　日
擬稿：　月　日
繕寫：　月　日
校印：　月　日
封發：十月十四日
歸檔字號：　年　月　日期

茲十月十二日檢送全縣社承織軍布進行情形共一週調查表一份並分別簽

一、已交布社員中其交布匹數與原承織數量相差甚遠者加緊催促如期交足

二、已起機已拉綜之社員仍須時加督導限期繳交

三、未交布之社員如再經查明仍無交布跡象者希速行報請實驗區從辦予嚴核辦并於下次調查表中註明以備查攷

四、調查表中承織軍布進行情形各欄請分別填明交布累積數字及機

华西实验区合作社物品供销处璧山分处、华西实验区各军布生产辅导员为督促承织军布生产事宜的往来公文　9-1-150（85）

54

台数

五、社员胡克成不肯以匹社为词延不交布请责成该社员责人及该社员之保证人负责如期交足

六、社员何金铭何俊甘仍请查明催促交布

七、社员顾桂柏住地果动不责成该社查明催交

八、该社借生活费四十万并对该社员之

[illegible]

情形
~~本社已借得生活之社众中有全未~~
准佣线者
以上各点即希
查照为荷
此致
陈辅导员文俊
主任 李
副主任
年 月 日

华西实验区合作社物品供销处璧山分处、华西实验区各军布生产辅导员为督促承织军布生产事宜的往来公文 9-1-150（86）

华西实验区合作社物品供销处璧山分处、华西实验区各军布生产辅导员为督促承织军布生产事宜的往来公文 9-1-150（87）

接河边乡辅导员陈文俊本年十一月十六日送来河边乡金龙乡社承织军布进行情形第一周调查表，已将前报各案处如次：

1.已交布社员中，其已交布者与承织者尚远者，请如数催促，如期交定。

2.已起机或已经织社员，请严加督导，限期交布。

3.凡未交布社员，如经再查明仍未交布确系者，另进行报请理事会提出予处分，并于下次报告调查表中注明，以备查考。

上调查表中承织军布进行情形不明，请分别查填。

华西实验区合作社物品供销处璧山分处、华西实验区各军布生产辅导员为督促承织军布生产事宜的往来公文　9-1-150（88）

56

收交布疋稽考存查……

4. 社员胡克成一名不能收纱返社为词延不交布，请

责成该社负责人及该社员之保证人负责如期

交足。

6. 社员何金铭何俊明两名，请查明催促交布

7. 社员颜松柏因移住地，下落不明，请责成该社查明

并责成该社催交。

8. 该社借生活费四十万，其转发给社员生活费为三七万，

请查明保证布之存该社者……有……情形

该社所借……社员有会……备……

华西实验区合作社物品供销处璧山分处、华西实验区各军布生产辅导员为督促承织军布生产事宜的往来公文　9-1-150（89）

57

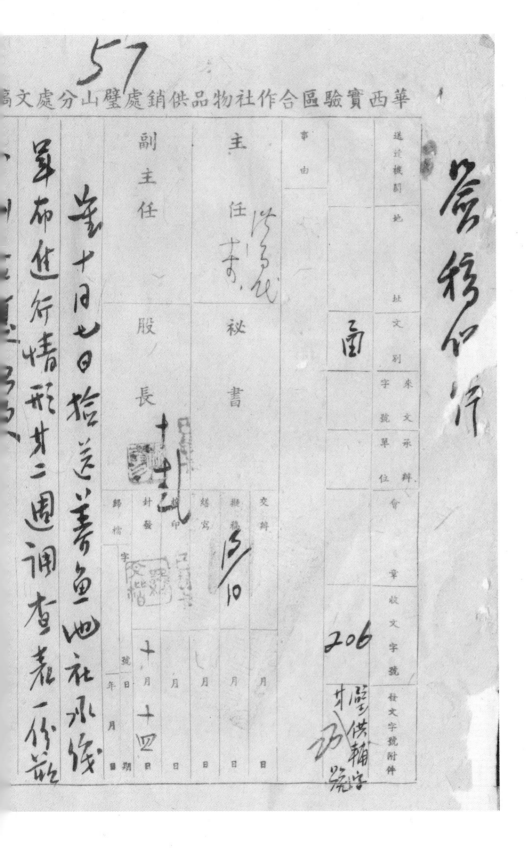

華西實驗區合作社物品供銷處璧山分處文稿

送达机关地址	
文别	函
来文字号	
承办单位	
会章	
收文字号	206
发文字号附件	璧供辅字第　號
事由	
主任	
秘书	
副主任	
股长	
交办	月　日
拟稿	月　日
缮写	月　日
校印	月　日
封发	十月十四日
归档	字號 年月日期

查十月七日拾送以善魚池社承織

軍布進行情形并二週調查表一份茲

一、该社承织总量为九二〇疋，迄至十月八日仅交三七三疋，相差甚远，请再严加督促。

二、请转知该社负责人至本年月八日止，该社尚须交军布五四七疋，[illegible]负责如限交足。

以上两项即希

查照为荷。此致

胡辅导员松[illegible]

[illegible]

主任 李[illegible]

副主任 [illegible]

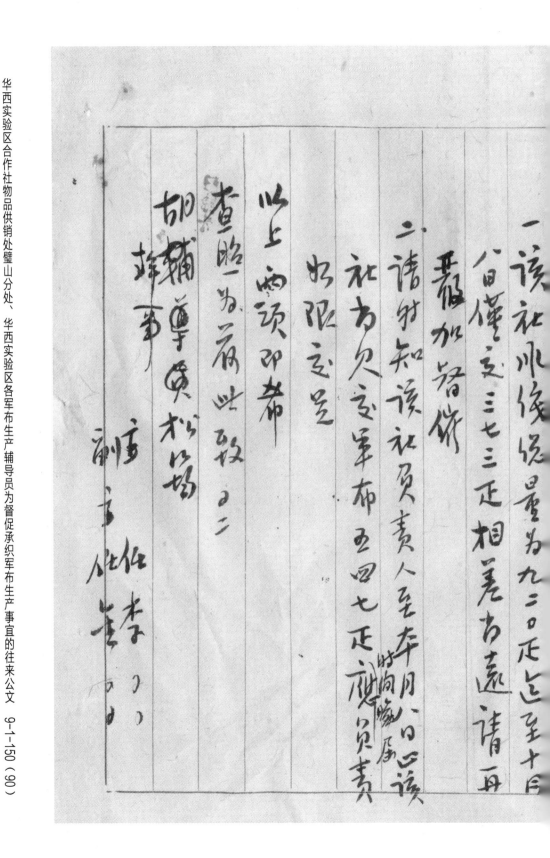

华西实验区合作社物品供销处璧山分处、华西实验区各军布生产辅导员为督促承织军布生产事宜的往来公文 9-1-150（91）

58

据城南乡基实地社负责辅导员胡洪鉴（签）
县本年十月十日起奉县令红旗织军布进行情形
第二周调查表及行，亦拟呈覆如次：
1. 该社承织总量为九二〇疋，迄至十月八日止，仅交三七三
疋，相差尚远，请严加督催，（并）
2. 请转知该社负责人，该社尚欠交布四五七疋，应（已本月八日止）（罗字）
负责如期交足。
以上各点，至恳。请
鉴

十月十二日

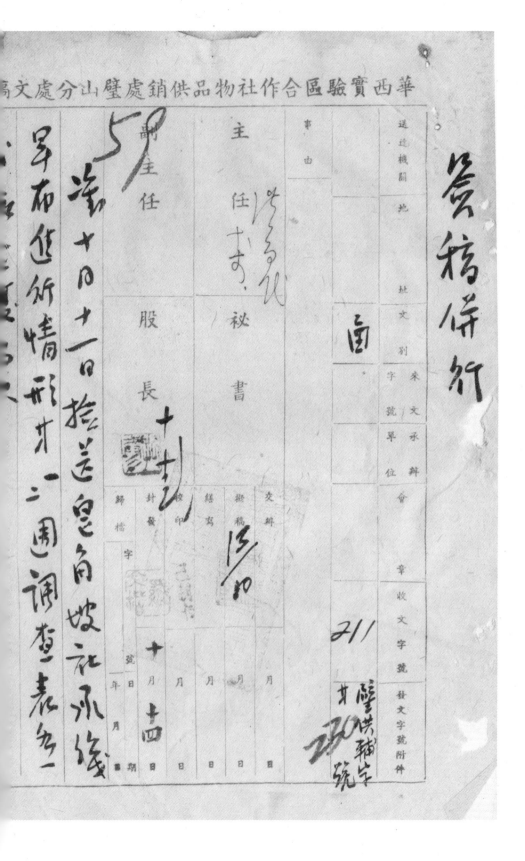

华西实验区合作社物品供销处璧山分处、华西实验区各军布生产辅导员为督促承织军布生产事宜的往来公文 9-1-150（92）

華西實驗區合作社物品供銷處璧山分處文稿

簽稿併行

送達機關	函
地址	
文別	
來文字號	
承辦單位	
會章	
收文字號	211
發文字號	璧供輔字第230號
附件	

事由：

主任：

秘書：

副主任：

股長：

交辦	擬稿	繕寫	校印	封發	歸檔
月　日	月　日	月　日	月　日	十月十四日	字　號　年　月　日期

謹十月十一日據送息白坡社承織軍布進行情形共一二周調查表各一

华西实验区合作社物品供销处璧山分处、华西实验区各军布生产辅导员为督促承织军布生产事宜的往来公文 9-1-150（93）

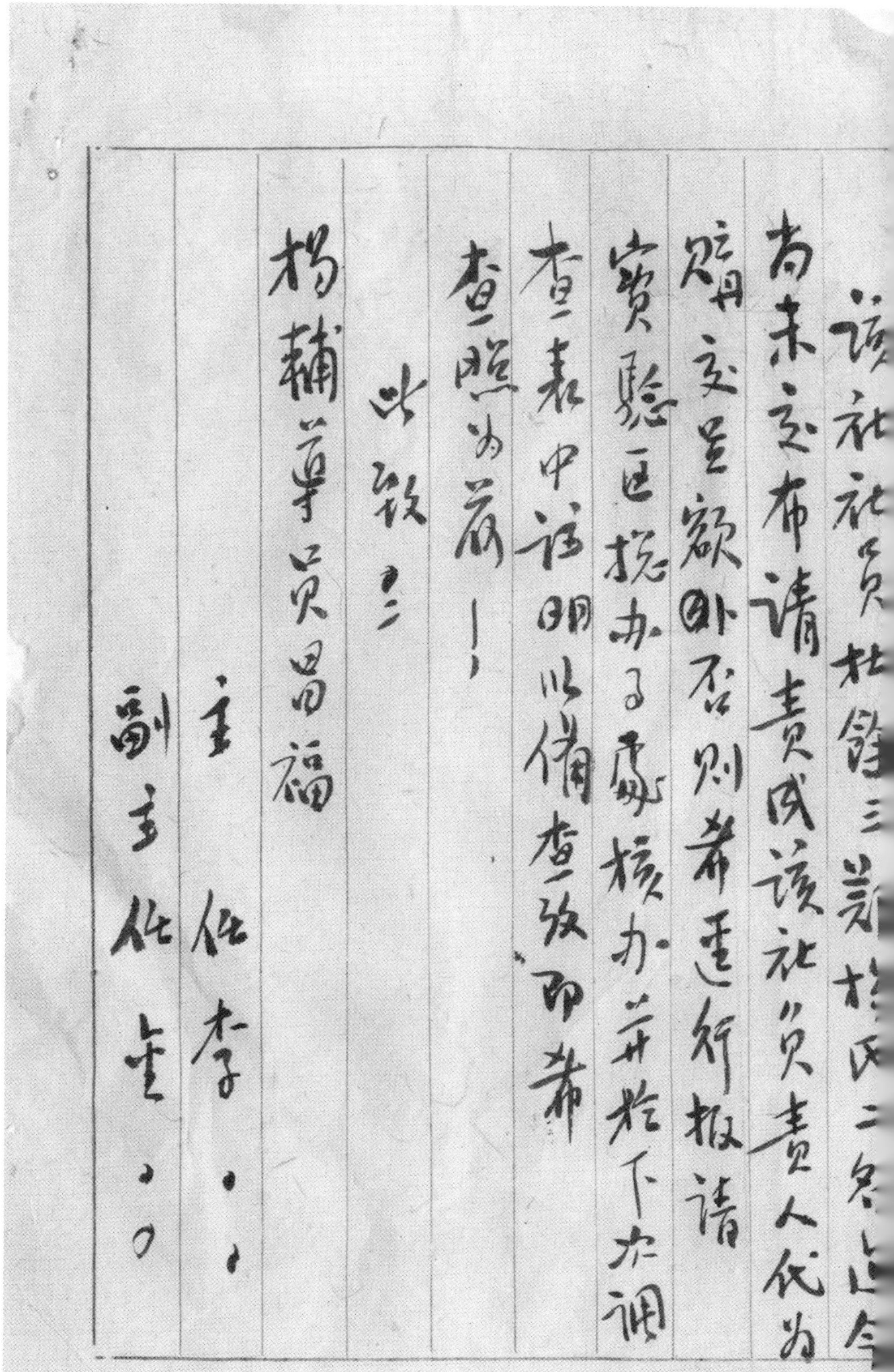

該社社員杜館三、蔣楷臣二名迄今
尚未交布，請責成該社負責人代為
賠交足額，否則希逕行報請
實驗區據辦予處核辦，并於下次調
查表中註明，以備查考，即希
查照為荷！
此致
楊輔導員昌福
主任 李：
副主任 金○○

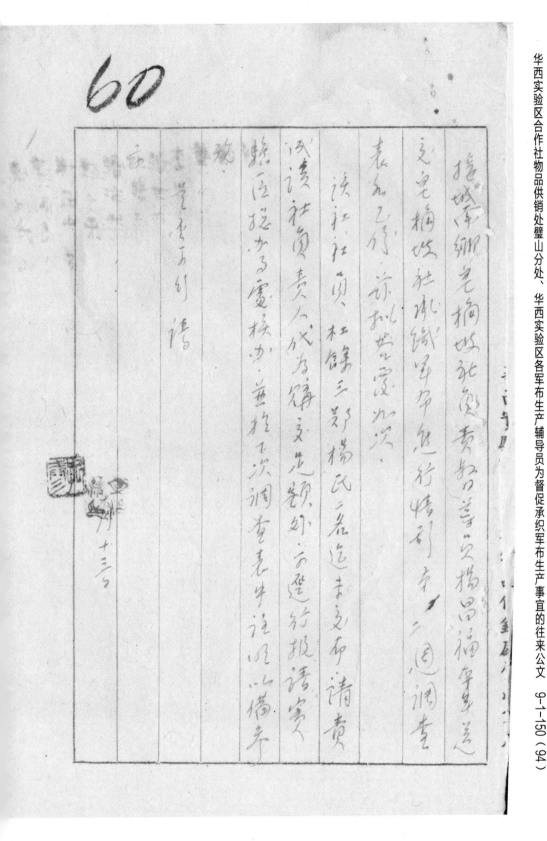

华西实验区合作社物品供销处璧山分处、华西实验区各军布生产辅导员为督促承织军布生产事宜的往来公文 9-1-150（94）

60

據城南鄉白楊坡社負責報告，社員楊昌福李□送
交白楊坡社承織軍布經過情形，本二週調查
表各已收，茲擬發處以次，
該社社員杜餘三、鄭楊氏二名退還交布，請責
成該社負責人代為轉交退還紗，予進行撥請寬
據匯報加為處核辦，並於下次調查表中註明以備參
攷。
呈處長 □ 謹

十二月

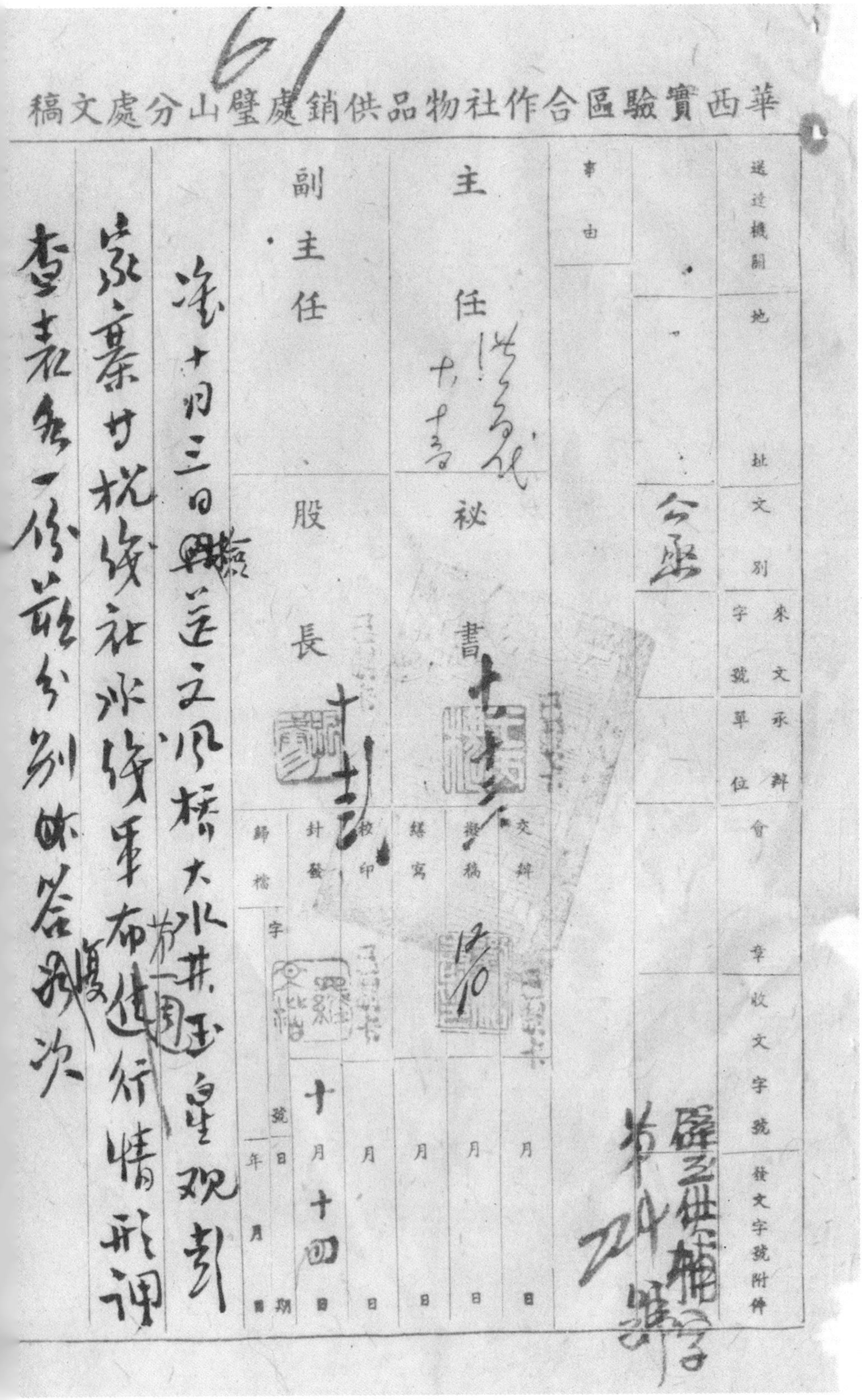

華西實驗區合作社物品供銷處璧山分處文稿

送達機關地址	
文別	公函
來文字號單位	
收文字號	
發文字號附件	璧三供輔第24號
事由	
主任	洪[illegible]代 十、十三
秘書	十、十三
副主任	
股長	十、十三
擬稿	10/12
封發	十月十四日

逕啟者：十月三日[illegible]送文風橋、大水井、玉皇觀、彭家寨廿梲綫社承織軍布進行情形調[illegible]

查表各一份，茲分別函答[illegible]次

华西实验区合作社物品供销处璧山分处、华西实验区各军布生产辅导员为督促承织军布生产事宜的往来公文　9-1-150（95）

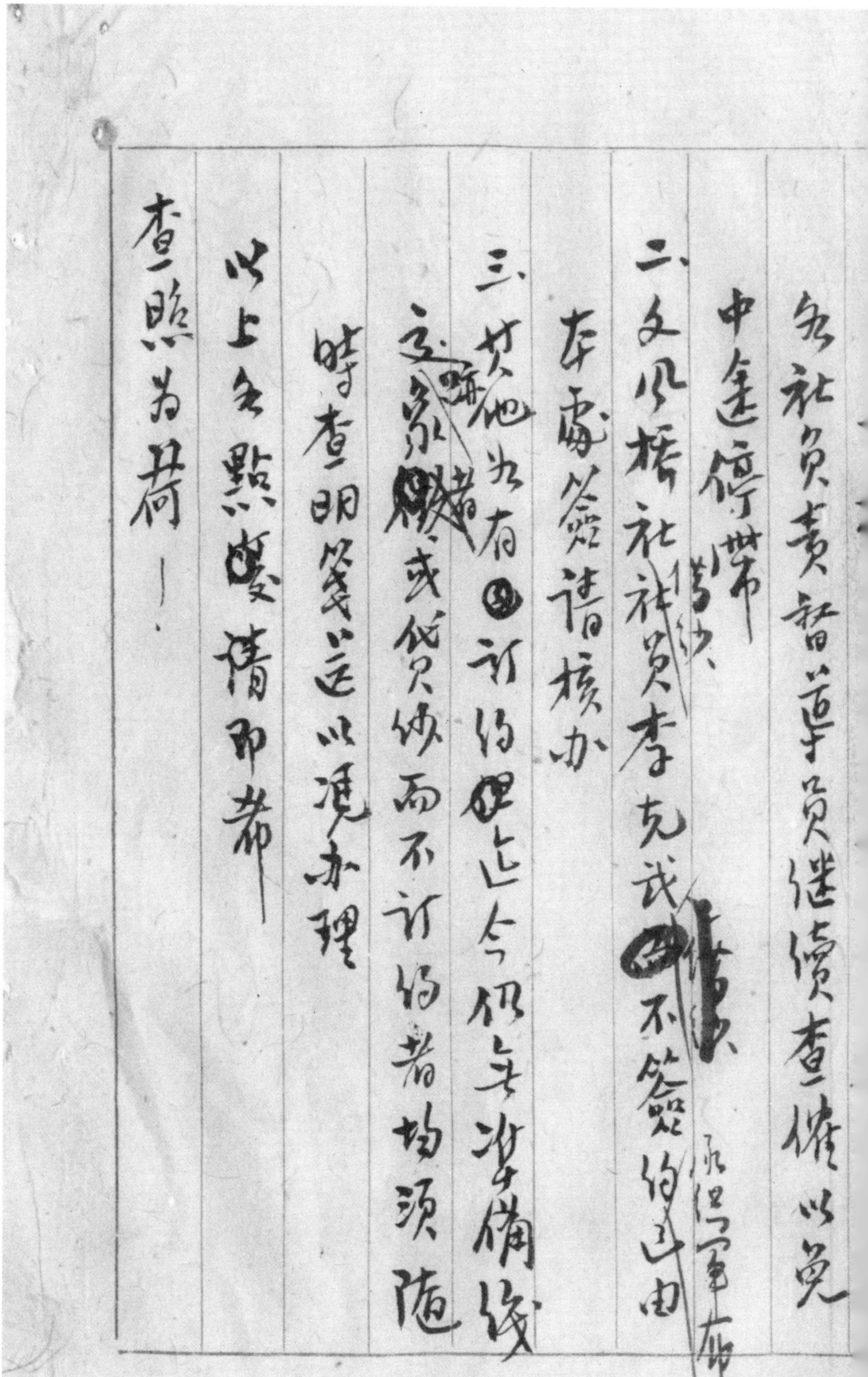

各社负责督导员继续查催以免
中途停滞
二、又凡据社社员李克武不签约送由
本处签请核办
三、其他如有订约理由今仍无准备线
之家或贷款而不订约者均须随
时查明签送以凭办理
以上各点请即希
查照为荷

华西实验区合作社物品供销处璧山分处、华西实验区各军布生产辅导员为督促承织军布生产事宜的往来公文　9-1-150（96）

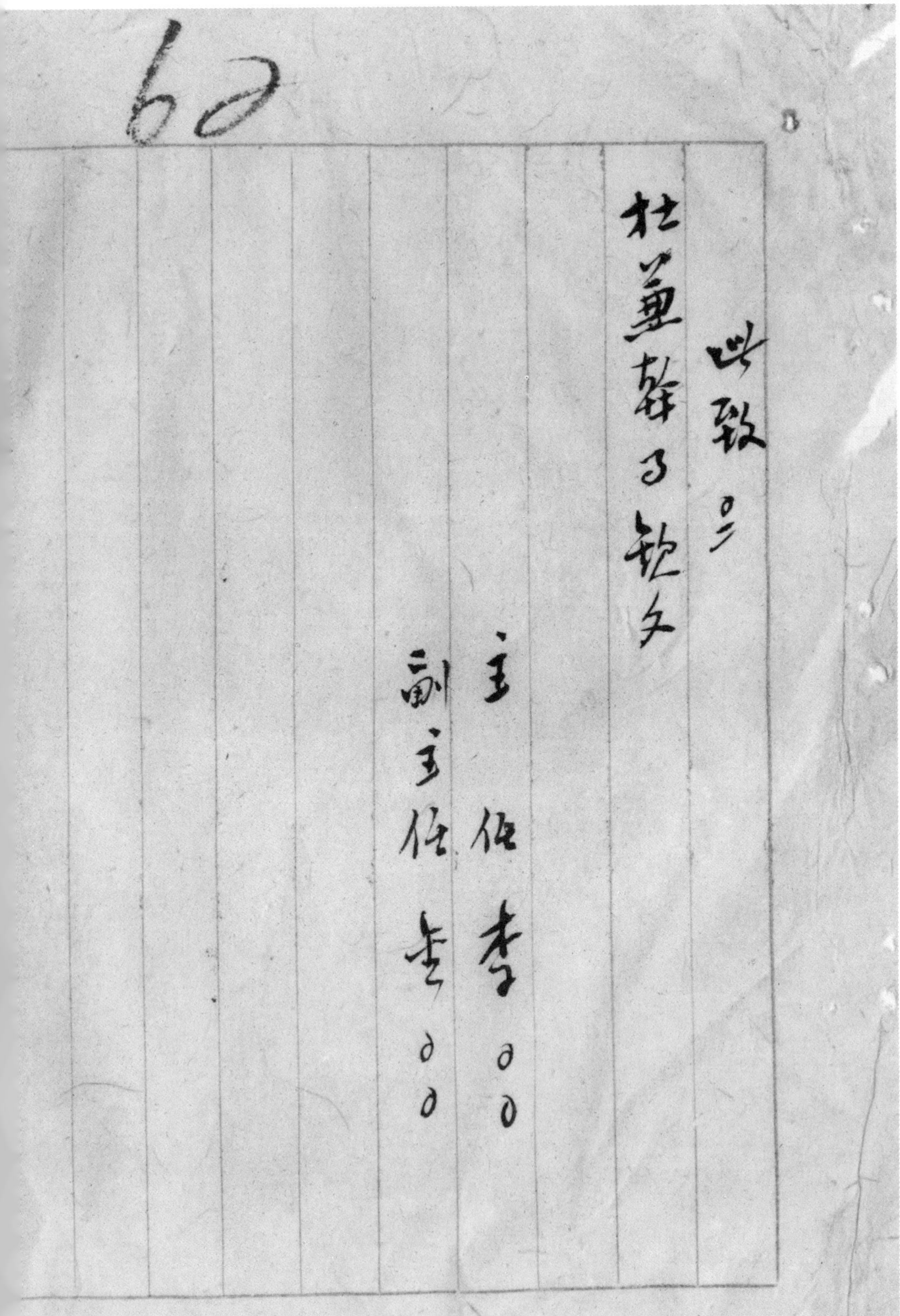

60

此致

杜蕙馨、孙钧文

主任 李〇〇

副主任 金〇〇

华西实验区合作社物品供销处璧山分处、华西实验区各军布生产辅导员为督促承织军布生产事宜的往来公文 9-1-150（97）

华西实验区合作社物品供销处璧山分处、华西实验区各军布生产辅导员为督促承织军布生产事宜的往来公文　9-1-150（100）

63

38 10 4
璧供辅 190

辅

擬送此 股與合作股核簽後再行轉呈

本人此次赴福禄鄉文風橋玉皇观大水井城西鄉彭家寨各机織社調查承織軍布情形於九月二十三日出發十月二日返城於先後到達各社召開理監事聯席會議宣布軍布需要迫切鼓勵積極增產並商討工作進行之步驟各社理監事均盼能挨户普調查以提醒各社員之警覺茲將調查所得及督導經過分述於後

一、一般延遲交布原因

（一）織布為農村副業於訂立承織軍布契約之際正為農忙之時各社員及技工均忙於收穫未暇以全副精神致力織布生產

修一時不易裝配完備致碍織布工作之進行

（三）前軍政部軍布停織之後所有技工及鉄木工非轉業即他往一時不能催到以致修理机台及開工均受影响

（四）前貸放每社員之三并棉纱不敷事業所缺之纱必需另外設法借貸當此需纱之時又非易事且有合夥織布俟纱寬裕再為分机者

（五）現在机上之花布或二四布均須編妥後方能改織二八布時間最長者约需十日左右

（六）机台每改一次所有綜扣更換費用约需棉纱一并倘如時間不久耗費頗不合算多有二人合織之情事雖经勸解仍多

华西实验区合作社物品供销处璧山分处、华西实验区各军布生产辅导员为督促承织军布生产事宜的往来公文 9-1-150（102）

64

踴躍不後者

二、各社之共同請求

（一）週轉紗及生活用品配借紗早日發下以補各社員缺紗之虞

（二）各社希望購買驗布鏡一個以便初驗

（三）希能提早驗布時間以免遠道夜行之風險

（四）函請設法規定織布工人之最低工資以利增產

三、調查結果（如附表）

以上各項相應送請

貴處核辦為荷

此致

华西实验区合作社物品供销处璧山分处、华西实验区各军布生产辅导员为督促承织军布生产事宜的往来公文　9-1-150（103）

華西實驗區合作社物品供銷處璧山分處

兼幹事杜欽文

十月三日

华西实验区合作社物品供销处璧山分处、华西实验区各军布生产辅导员为督促承织军布生产事宜的往来公文 9-1-150（104）

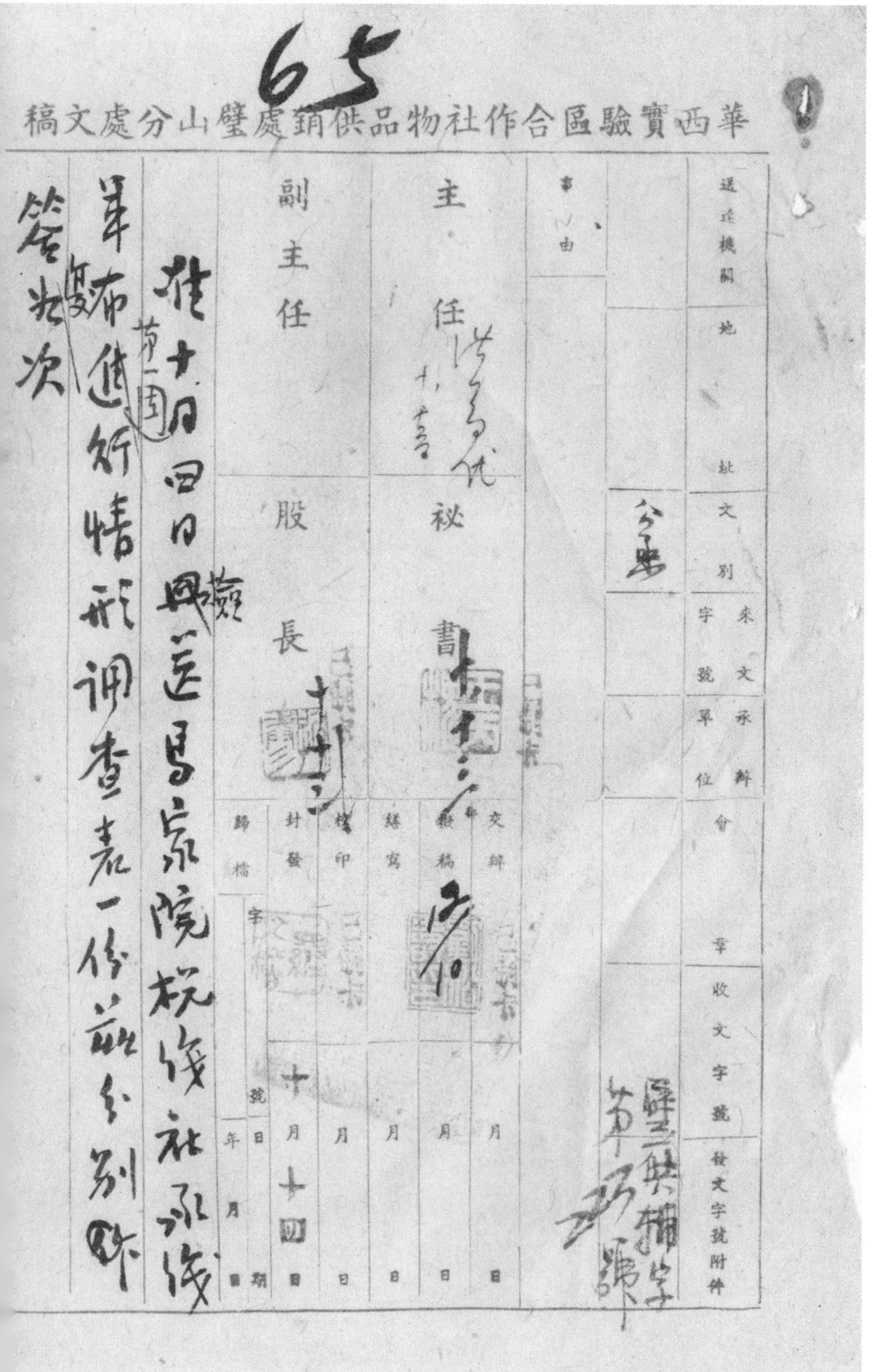

華西實驗區合作社物品供銷處璧山分處文稿

送達機關	
地址	
文別	公函
來文字號	
承辦單位	
本處收文字號	
發文字號附件	璧供輔字第 號
事由	
主任	洪□代 十、十三
秘書	十、十三
副主任	
股長	十、十三
交辦	月 日
擬稿	十 月 日
繕寫	月 日
校印	月 日
封發	十月十四日
歸檔	年 月 日

擬十月四日函送昌宗院校後社承織軍布進行情形調查表一份請分別簽收

督促生產以免中途停滯

二、如有已訂約但迄今尚未準備綫

交紗或有已借綫而未簽約者

均須隨時查明送本處以憑

轉請核办

以上各點敬請即希

查照為荷！

此致

之蕪辦事處

主任 仙李

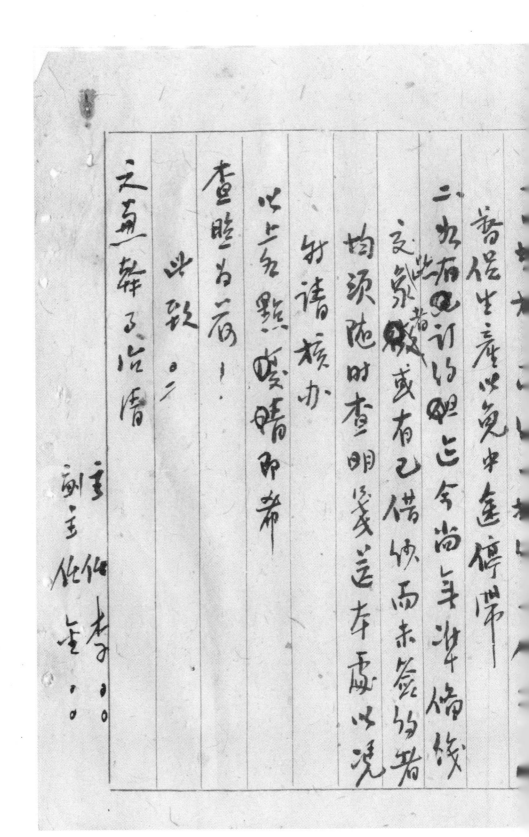

副主任 徐金

华西实验区合作社物品供销处璧山分处、华西实验区各军布生产辅导员为督促承织军布生产事宜的往来公文　9-1-150（106）

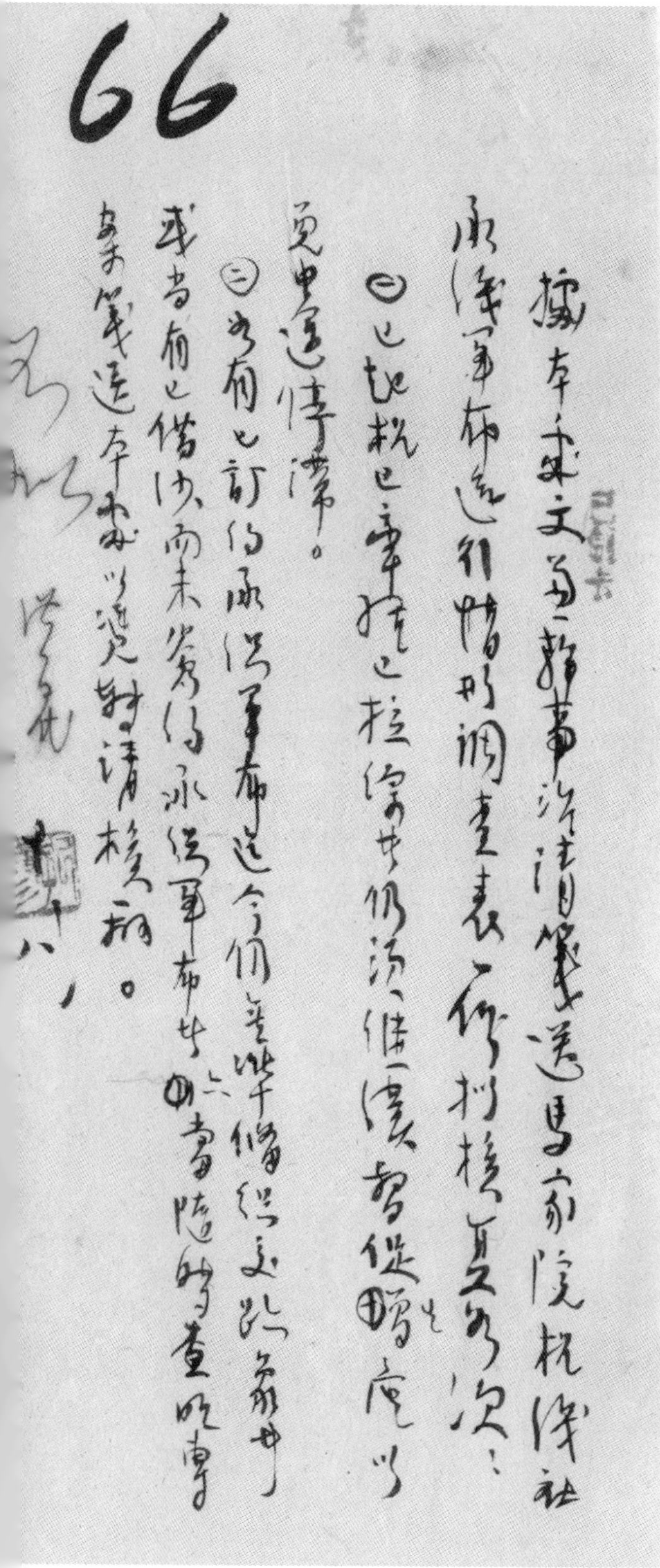

华西实验区合作社物品供销处璧山分处、华西实验区各军布生产辅导员为督促承织军布生产事宜的往来公文　9-1-150（107）

十月四日
於本處

查馬家院機織生產合作社承織軍布

擬送業務會計兩股核

簽後再行彙案一報

職

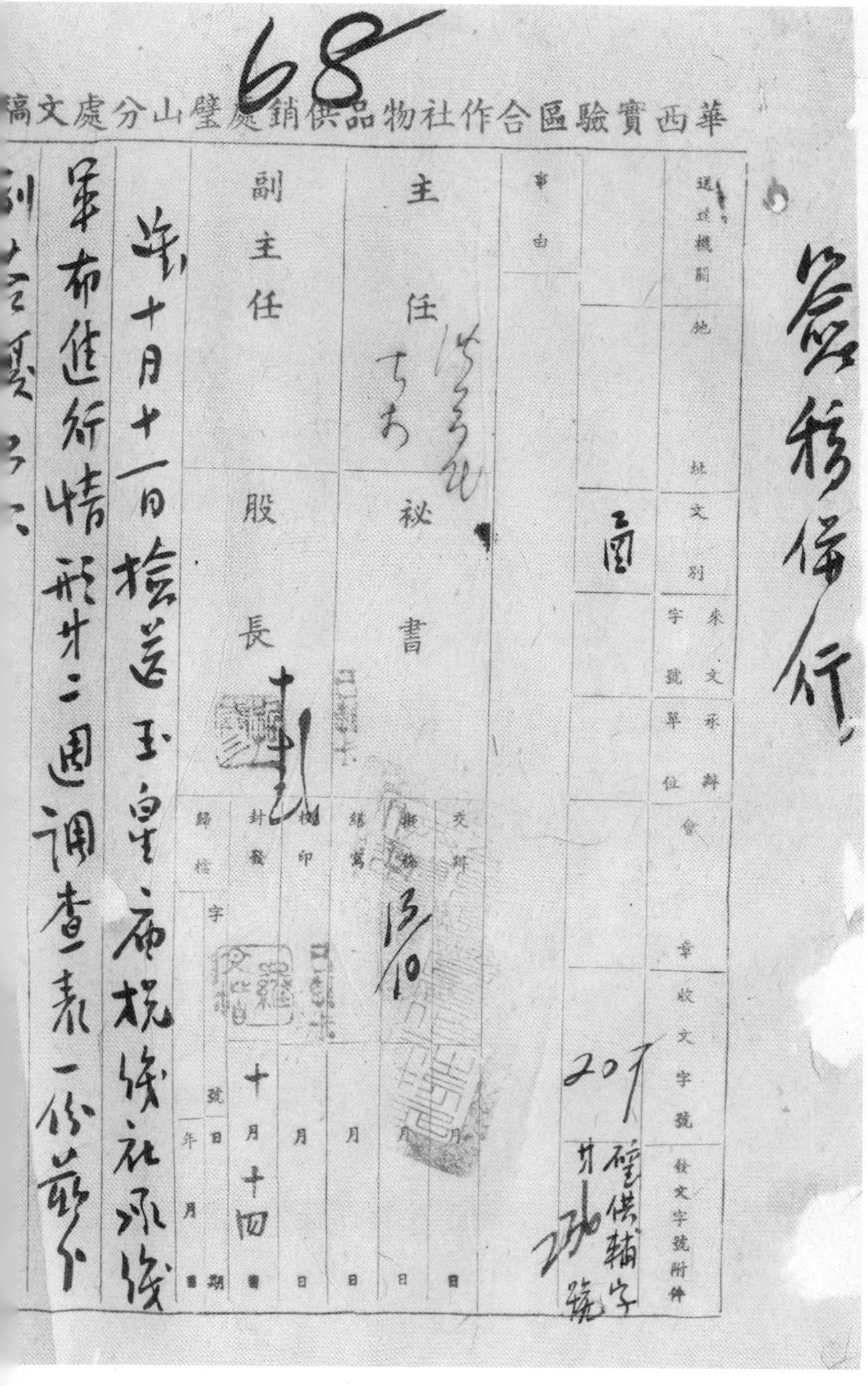

華西實驗區合作社物品供銷處璧山分處文稿
68
送達機關
地址
文別
來文字號
承辦單位
會
收文字號
發文字號附件
事由
主任
副主任
秘書
股長
交辦
擬稿
繕寫
校印
封發
歸檔
字號
日期
年月日

华西实验区合作社物品供销处璧山分处、华西实验区各军布生产辅导员为督促承织军布生产事宜的往来公文 9-1-150（109）

一、已交布社员中其已交布数量与原承织数量相差甚远者请仍加紧督催

二、已超织社员三名请再严促限期交布

三、订约而未交布之社员如经再催仍无交织成绩者即予进行报请璧县区[illegible]依办予处核办

四、社员黄森林刘立成刘集中彭吉康罗全安廿五人如恐难交足承织责量希责成该社负责人及保

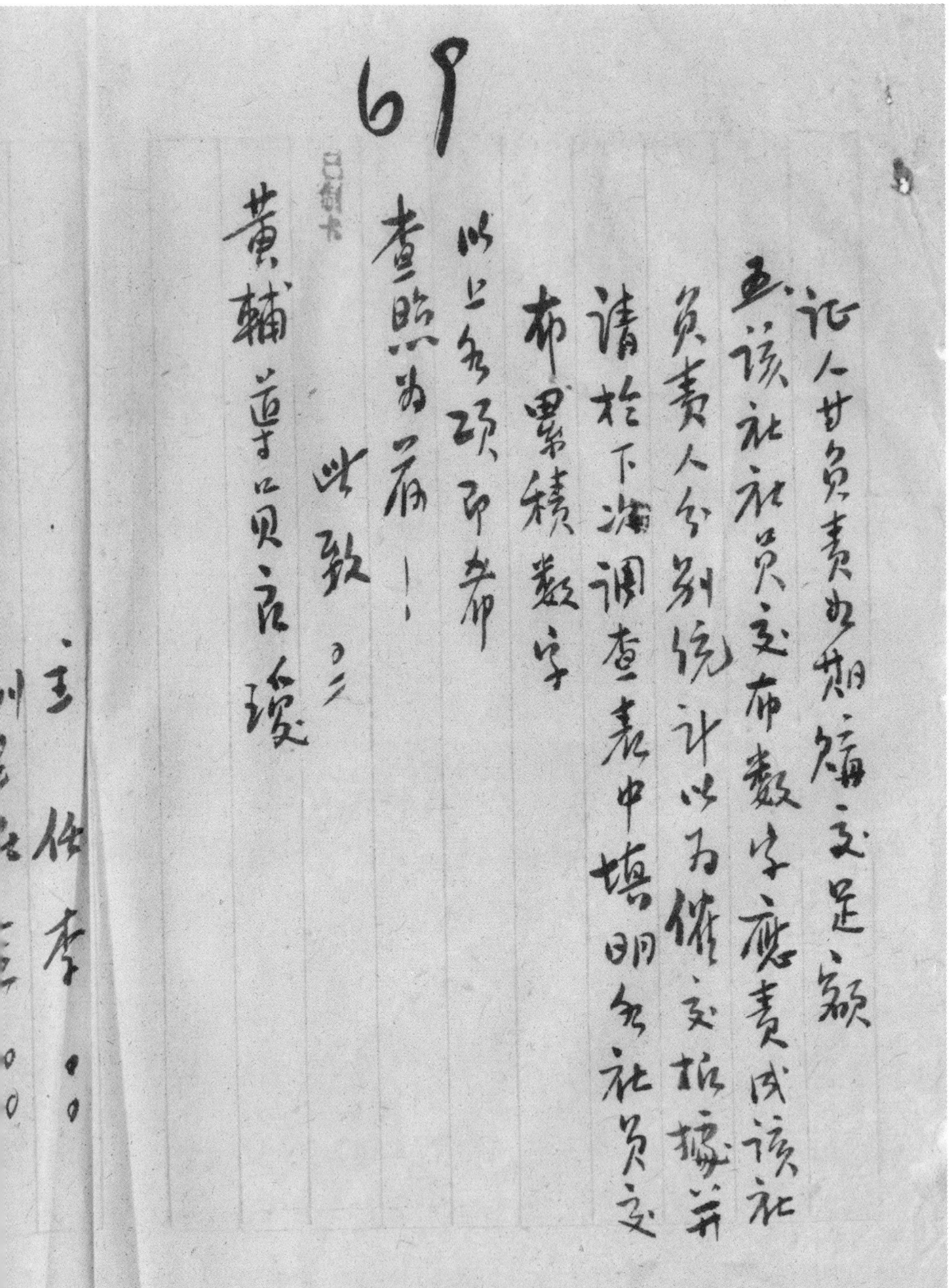
69

已制卡

证人廿员责如期缴交足额

五、该社社员交布数字应责成该社负责人分别统计，以为催交根据，并请于下次调查表中填明各社员交布累积数字

以上各项，即希

查照为荷！

此致

黄辅导员良璞

主任 李〇〇

华西实验区合作社物品供销处璧山分处、华西实验区各军布生产辅导员为督促承织军布生产事宜的往来公文 9-1-150（111）（112）

70

梅城南鄉玉堂庄社負責人蕭贊黃道遠來
呈，為承織軍布經過情形詞，查該社所承織軍布數
1.已交布社員中，其交布者量與所承織者量，尚
相差太遠者，請仍加督催。
2.已起機社員名三名，請再嚴加催促，限期交布。
3.訂領而未交布之社員，如催再催，仍無織交跡象
者，請從嚴議請簽聽候提出處理，並加以懲處。
查森中准照此便查核。
5.社員黃森林、劉家成、劉其中、劉世淳、羅全安等五人
如遲延交承織軍布，由負責人及保

各該社社員交布數字，應責成該社負責人分別統計，以存備交根據，並請於下次補查表中分別查明各社員交布累積數字填入。

以上各點，至希查照。請

二、

十二月十三日

华西实验区合作社物品供销处璧山分处、华西实验区各军布生产辅导员为督促承织军布生产事宜的往来公文 9-1-150（115）

准本月七日
贵股核送康秉辅等员开文秉辅等员洽请杜秉锌本款文
康秉锌本鹏昌等所调查各社报告及调查表并请核签并由苏就
有关业务分别核签于次：
一、蒲元乡两社未送布原因有请辅导员或派专员查催之必要
二、据二八布销路不畅既付行印应按契约履行同时整顿取缔
遵照以后何次收换二八布

华西实验区合作社物品供销处璧山分处、华西实验区各军布生产辅导员为督促承织军布生产事宜的往来公文　9-1-150（116）

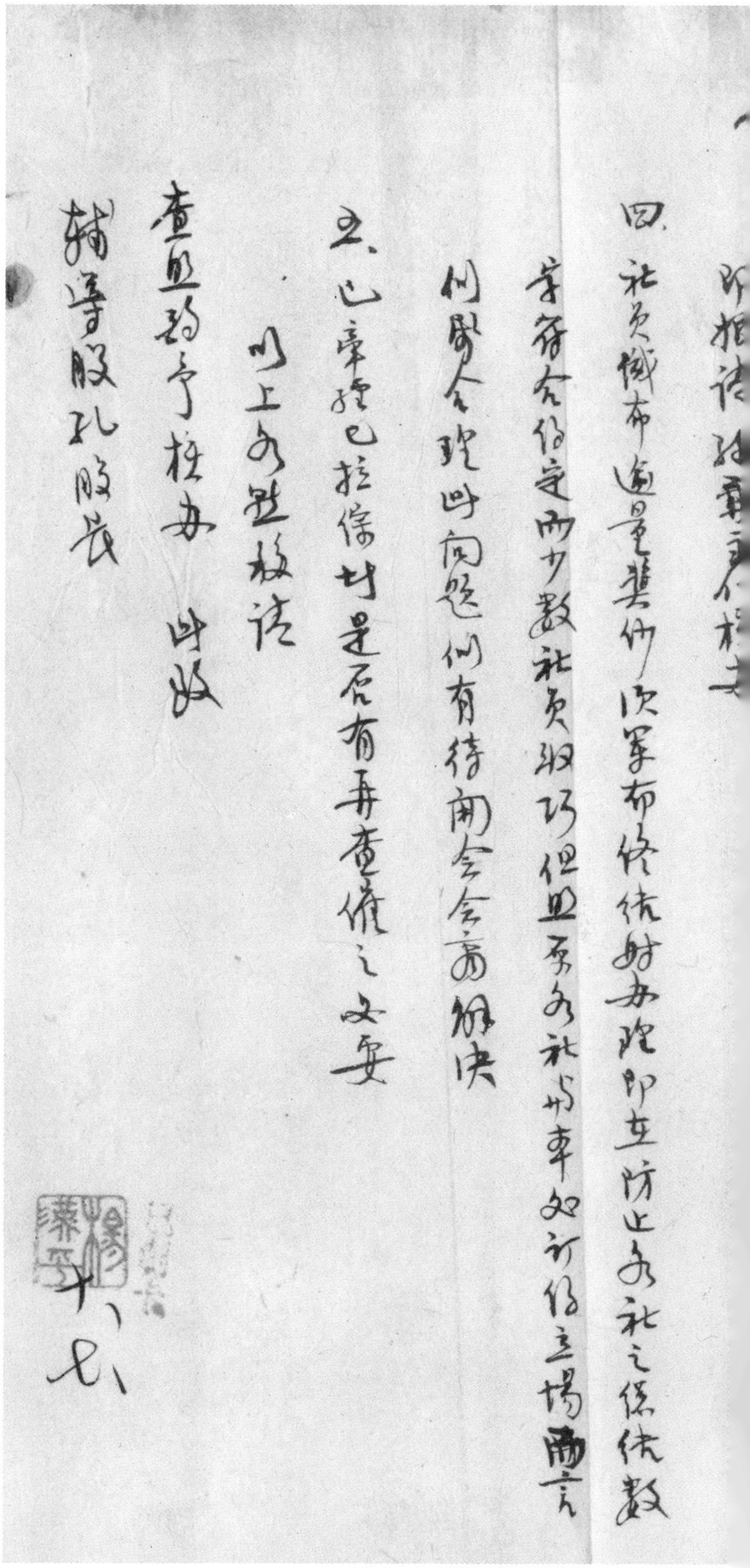
所指请[illegible]核示

四、社员织布适量甚微，此次军布统统难安排，即在防止各社之系统数字须交给定所少数社员办理，但照原各社领率如许给立场而言似欠合理，此问题似有待开会会商解决。

五、已拿据已经领付是否有再查借之必要。

以上各点敬请

查照转予核示　此致

辅导股孔股长

十八、七、

华西实验区合作社物品供销处璧山分处、华西实验区各军布生产辅导员为督促承织军布生产事宜的往来公文 9-1-150（118）

其次值得报告的几点写在下面：

一、此间交布日渐增多，本日逢场忙忙碌碌已收下了八十疋，创历来最高纪录，因逢来改织者纷纷，恐合作社收布量不致衰退。各社负交布统计迄昨日（九月九日）止来交者固然甚多，但超出每一社每月定之量不能没有，因此我想到如果奖励不在收货实时发给，此恐合作社所订的数总来那么缴布者之奖励也不积极了！但也不能不顾以后奖惩要稍同议。不过目前超缴布不足

73

華西實驗區合作社物品供銷處璧山分處用箋

华西实验区合作社物品供销处璧山分处、华西实验区各军布生产辅导员为督促承织军布生产事宜的往来公文　9-1-150（119）

二、目前孫主任来河邊[illegible]左鄉中，訪談一切獎勵方法，如長
度經濟做起，教獎做，來自區式方法要義總費了不
曾夫解釋些該有理由的理由，甚致還有争執的
人家總說「孫主任講的話都不實現還了得」，并說「既然
是不加做最好，請布經不必把好了」……共共總的
有道理。像今天在紗布收了很多布經也把它減少。
二、擬傳福祿鄉文風橋社某負責人說「我這個社不
備上布了，不覺嘅大家都不覺嘅好了！」又傳
西有人說「以我為鄉民正棉供理是要

华西实验区合作社物品供销处璧山分处、华西实验区各军布生产辅导员为督促承织军布生产事宜的往来公文 9-1-150（117）

三、旬日尚未决定；

自奉悉钧函一切自当遵示，所有念：

节自派赴河边来十天，各社调查已告结束，并已将

调查情形列表报处，想已与先生见面也。

现在想做与各社督导军布增产负责人联系

并与各社理监事会商讨如何分层负责，要紧督

军布增产工作。尤其是全体联社已于本日（逢

月力九场期）在联合办事处召开社务会议，讨论

如何加紧改组二八布诸问题，并责成他们理监事

每周出席……

72

了，不要了！这要不知是不是真的。不过

此货底纱被拉用的纱也不少，譬如我们查

金鼓的社毛坊师毛方八人，胡大经等都是没有

，现在连吃饭也成问题，底纱被还了账，并用来买

马鞍山社，纺织厂也是没有机头，我查时要他

，文生底纱根本就找不到要。

四、此地如果天天布多拿来，收布恐怕要添人，像今天就

忙得连午晚饭一齐吃，天天如此，他们的精力够了吗？

安！

75匹，此即颂

石润

乡卿　九月卅日於河边

華西實驗區合作社物品供銷處璧山分處用箋

76

華西實驗區合作社物品供銷處璧山分處文稿

送達機關地址	各輔導員辦事處 本處
文別	函
來文字號單	
承辦	
蓋章	黃群鎔 九七
收文字號	
發文字號附件	璧字輔字第 號
事由	為[illegible]加強軍布輔導工作，請[illegible]各社切實督促進行，並將調查情形列表送本處由
主任	國棟 九、六
秘書	九七
副主任	
股長	
交辦	月 日
擬稿	九月十日
繕寫	月 日
校印	月 日
封發	九月九日
歸檔	字 號 年 月 日

查本處發動各機織生產合作社承織軍布，訂約手續業已先後辦理完竣，茲為促進各社生產起見，對於期限及紗綫、技術、品質……

织生产合作社〇〇加派军布生产辅导员一人
该队除分函外相应检同送上项方案及有关资料表两种连同
调查表式并饬各一併函请
〇〇〇督饬各社切实督促速织〇〇布并调查情形列　并限九月廿五日以前
表送下以凭备查为荷此致
〇辅导事〇〇〇
附送加派军布辅导方案及各社订约一览表交布情　送各社情调查表　计表式壹份
主任　朱〇〇
副主任　刘〇〇

华西实验区合作社物品供销处璧山分处、华西实验区各军布生产辅导员为督促承织军布生产事宜的往来公文　9-1-150（123）

77

華西實驗區合作社物品供銷處璧山分處文稿

急

簽稿併行

送達機關地址：
文別：函
來文字號：
承辦單位會章：
收文字號：223
發文字號附件：璧供輔字第209號

事由：如文

主任：劉穆　十七
副主任：
秘書：十七
股長：十一

交辦：11/10
擬稿：11/10
繕寫：
校印：
封發：十月十七日
歸檔：

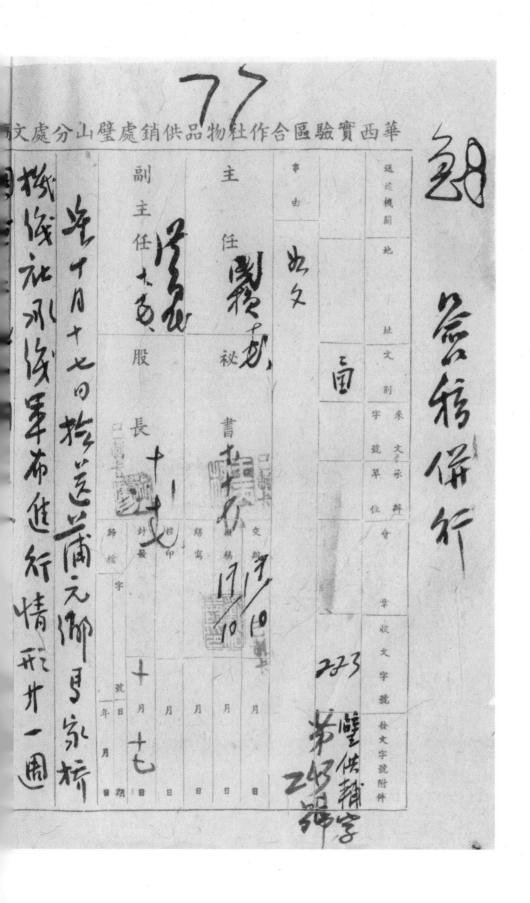

查十月十七日據送呈蒲元鄉馬家橋機織社承織軍布進行情形卅一週

华西实验区合作社物品供销处璧山分处、华西实验区各军布生产辅导员为督促承织军布生产事宜的往来公文　9-1-150（124）

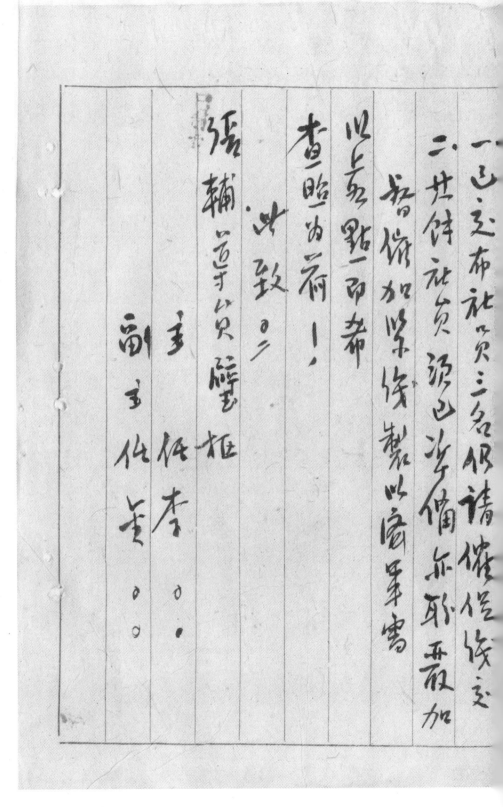

一、已定布社社员三名报请借贷定
二、其余社员须已准备亦形开敢加督促加紧织制以应军需
以上各点即希
查照为荷！
此致
张辅导员璧框
主任李○○
副主任金○○

华西实验区合作社物品供销处璧山分处、华西实验区各军布生产辅导员为督促承织军布生产事宜的往来公文 9-1-150（125）

78

華西實驗區合作社物品供銷處

本年十月十七日接蒲元鄉示範校長[illegible]孫主任[illegible]
送來蒲元鄉惠家橋機織社承織軍布經紀
情形表一份調查表，茲擬答復如次：
1. 已交布社員三名，仍請催促織交，
2. 其餘社員，雖已準備，尚請嚴加督催，加緊
織製，並限期交布，
以上各節，[illegible]
言

已銷卡

主任 [illegible]

月十七日

华西实验区合作社物品供销处璧山分处、华西实验区各军布生产辅导员为督促承织军布生产事宜的往来公文 9-1-150（127）

78

華西實驗區合作社物品供銷處璧山分處文

簽稿併行

送達機關地址	
文別	函
來文承辦單位	輔導
收文字號	二二〇
發文字號附件	輔24
事由	函文
主任	十八
主任秘書	
股長	十八
交辦	月 日
擬稿	18/10 月 日
繕寫	月 日
校印	月 日
封發	十月廿日
歸檔	字號 年 月 日期

兹十月十五日據送响水雎社承織軍

布進行情形并二三週調查表寄山

华西实验区合作社物品供销处璧山分处、华西实验区各军布生产辅导员为督促承织军布生产事宜的往来公文　9-1-150（128）

一、交布社员中其交布数量与承纱份量相差者，速着仍请加紧催缴。

二、未交布社员经查仍未缴交之户，准备着该即查明款额，以凭转请核办。

三、该社已借生活用品，仰即查核是否已全数缴还，或有无留难把持情事。

四、河边乡其他三社调查情形，除已分别答复各社员责成负责人员办理外，仍希转饬各辅导员协同

80

办理

以上各项即希

查照为荷！

此致

○○

廣[illegible]輔事[illegible]

主任 李○○

副主任 金○○

华西实验区合作社物品供销处璧山分处、华西实验区各军布生产辅导员为督促承织军布生产事宜的往来公文　9-1-150（129）

华西实验区合作社物品供销处璧山分处、华西实验区各军布生产辅导员为督促承织军布生产事宜的往来公文　9-1-150（130）

81

本年十月十五日接本处唐兼辅导员[illegible]呈送来河
边乡四九联社及织军布进行情形第二、三次调
查表九份，亦据转交各次
1.交布社员中，其交布发交与承织机户尚远
者，请加紧催织
2.未交布社员，经查仍在织交之准备者，即予
催查明报请处以迟误，请核办。
3.该社已借去原[illegible]用品供销，请即予查核是否合
发给，或由该社照批发等情
4.河边乡其他三社，由该团查[illegible]第[illegible]

贵督导员会同办理

华西实验区合作社物品供销处璧山分处、华西实验区各军布生产辅导员为督促承织军布生产事宜的往来公文　9-1-150（131）

华西实验区合作社物品供销处璧山分处、华西实验区各军布生产辅导员为督促承织军布生产事宜的往来公文 9-1-150（132）

业辅

报告 卅八年十月十五日
於河边乡

一、截至十月十四日止河边乡各机织社交布情形列於后：

1、响水滩社六百廿一疋
2、马鞍山社三百五十五疋
3、新店子社贰百七十三疋
4、金鼓滩社壹百零六疋

二、连同响水滩机织社第三周督导军布增产情形调查表一份报请

鉴核！

股長孔

主任李 仝

（附陳炯水雌社調查表全份）

兼輔導員 唐澍 呈

璧山四寶閣文具印刷紙張印製

华西实验区合作社物品供销处璧山分处、华西实验区各军布生产辅导员为督促承织军布生产事宜的往来公文 9-1-150（134）

83

華西實驗區合作社物品供銷處璧山分處文稿

送達機關：輔
地址：
文別：呈
來文字號：
承辦單位：
會章：
收文字號：
發文字號：璧供輔字第296號
附件：

事由：為文

主任：十二、十四
副主任：十二、十四
秘書：
股長：

擬稿：十二月十〇日
封發：十二月十五日

查本處前與各機織合作社訂立承織軍布合約，業已期滿結束，至增產之獎，增產軍布之貸款均已按照規定加給

华西实验区合作社物品供销处璧山分处、华西实验区各军布生产辅导员为督促承织军布生产事宜的往来公文　9-1-150（135）

陽廿三日の十二人正訂約而未上布實屬有
背信約貽誤軍需除由本處第九次處
務會議決議截至上月廿五日止尚未交
布者照其機台論處即行請核辦并
請紀錄在卷外理合續具正訂約未上
布社員姓名一覽表報請
鑒核應予如何處理伏乞
示遵謹呈
華西實驗區璧山分處
輔導員　袁

华西实验区合作社物品供销处璧山分处、华西实验区各军布生产辅导员为督促承织军布生产事宜的往来公文　9-1-150（136）（137）

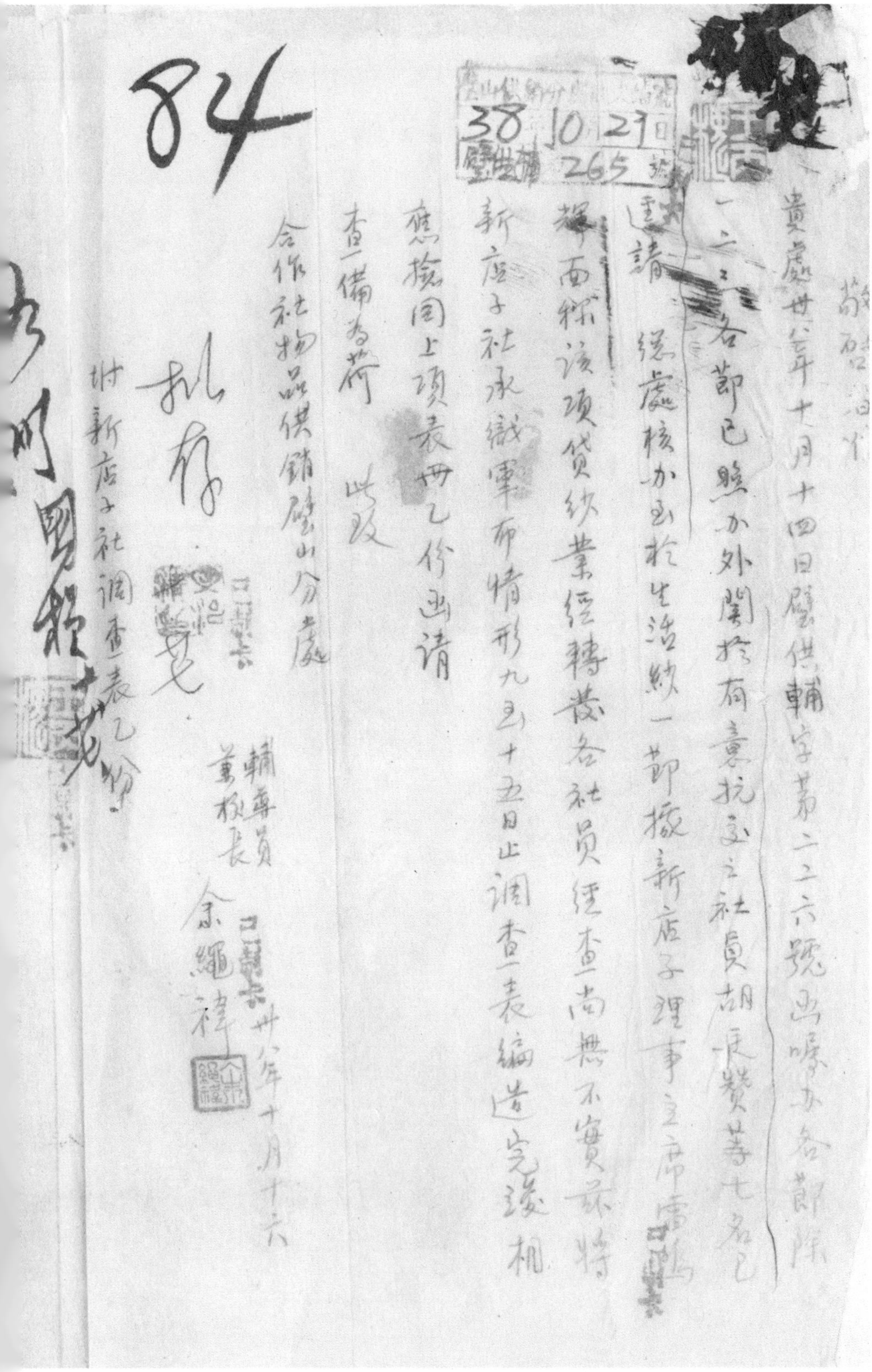

84

38　10　21日
265號

敬啓者：

貴處卅八年十月十四日璧供輔字第二二六號函嘱办各節除一、二、三各節已照办外，關於有意抗交之社員胡庭贊等七名已逕請總處核办，至於生活紗一節，據新店子理事主席雷稱，面稱該項貸紗業經轉發各社員，經查尚無不實，蘇特將新店子社承織軍布情形九月十五日止調查表編造完竣，相應檢同上項表冊乙份函請查備為荷。

此致

合作社物品供銷璧山分處

輔導員　董校長　余繩祥

卅八年十月十六

附新店子社調查表乙份

璧山县三个滩机织生产合作社为本社已贷纱未订约或已订约未开工承织之社员如何处理致华西实验区合作社物品供销处的公函
9-1-164（17）

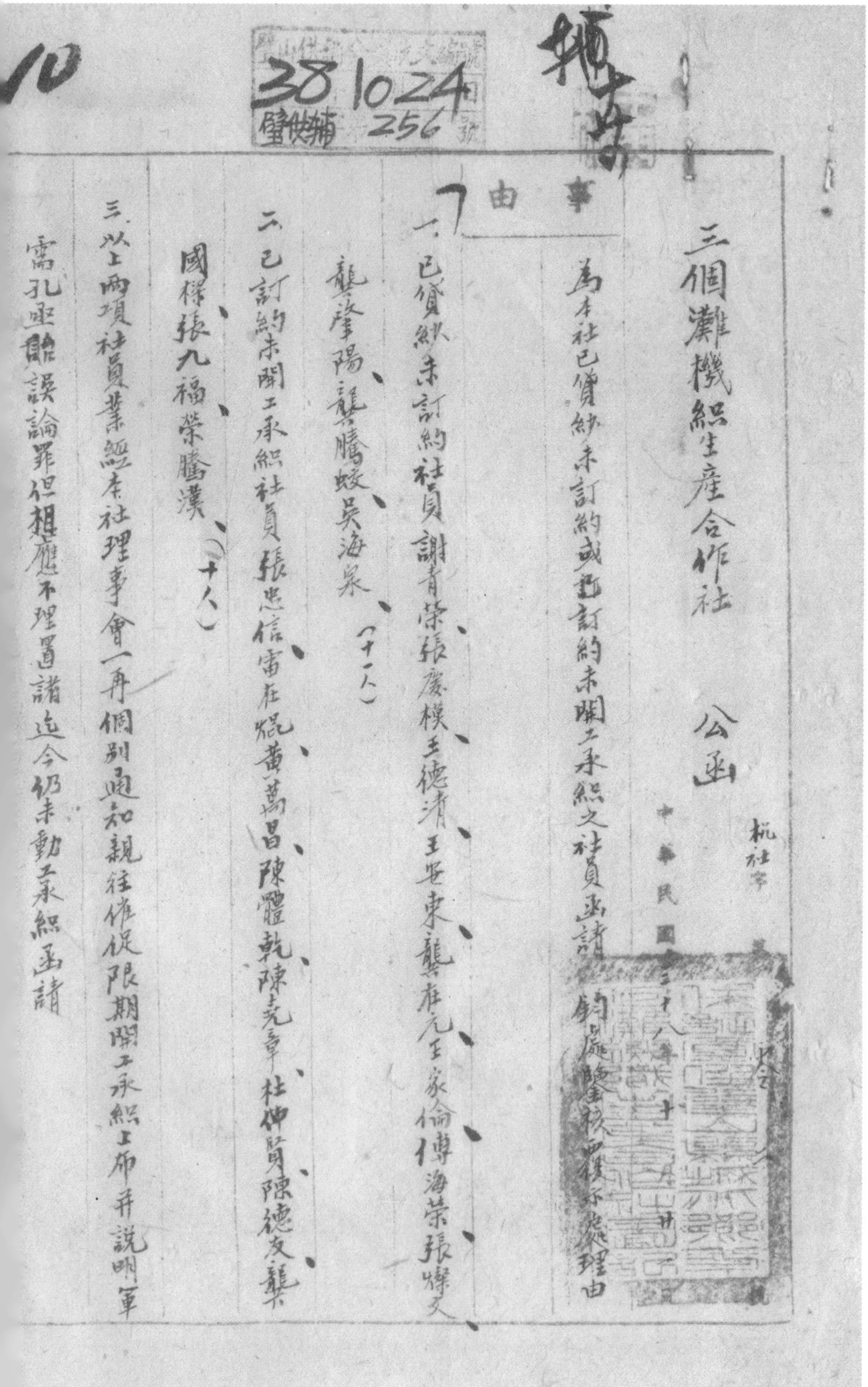

三個灘機織生產合作社 公函 機社字 號

中華民國三十八年十一月廿 日

事由：為本社已貸紗未訂約或已訂約未開工承織之社員函請鈞處鑒核示復處理由

一、已貸紗未訂約社員謝青榮、張慶樸、王德清、王安東、龔再元、王家倫、傅海榮、張燦文、龔澤陽、龔騰蛟、吳海泉、（十一人）

二、已訂約未開工承織社員張忠信、雷在娓、黃萬昌、陳體乾、陳克章、杜仲賢、陳德友、龔國樑、張九福、榮騰漢、（十人）

三、以上兩項社員業經本社理事會一再個別通知親往催促限期開工承織土布并說明軍需孔亟貽誤論罪但想應不理置諸迄今仍未動工承織函請

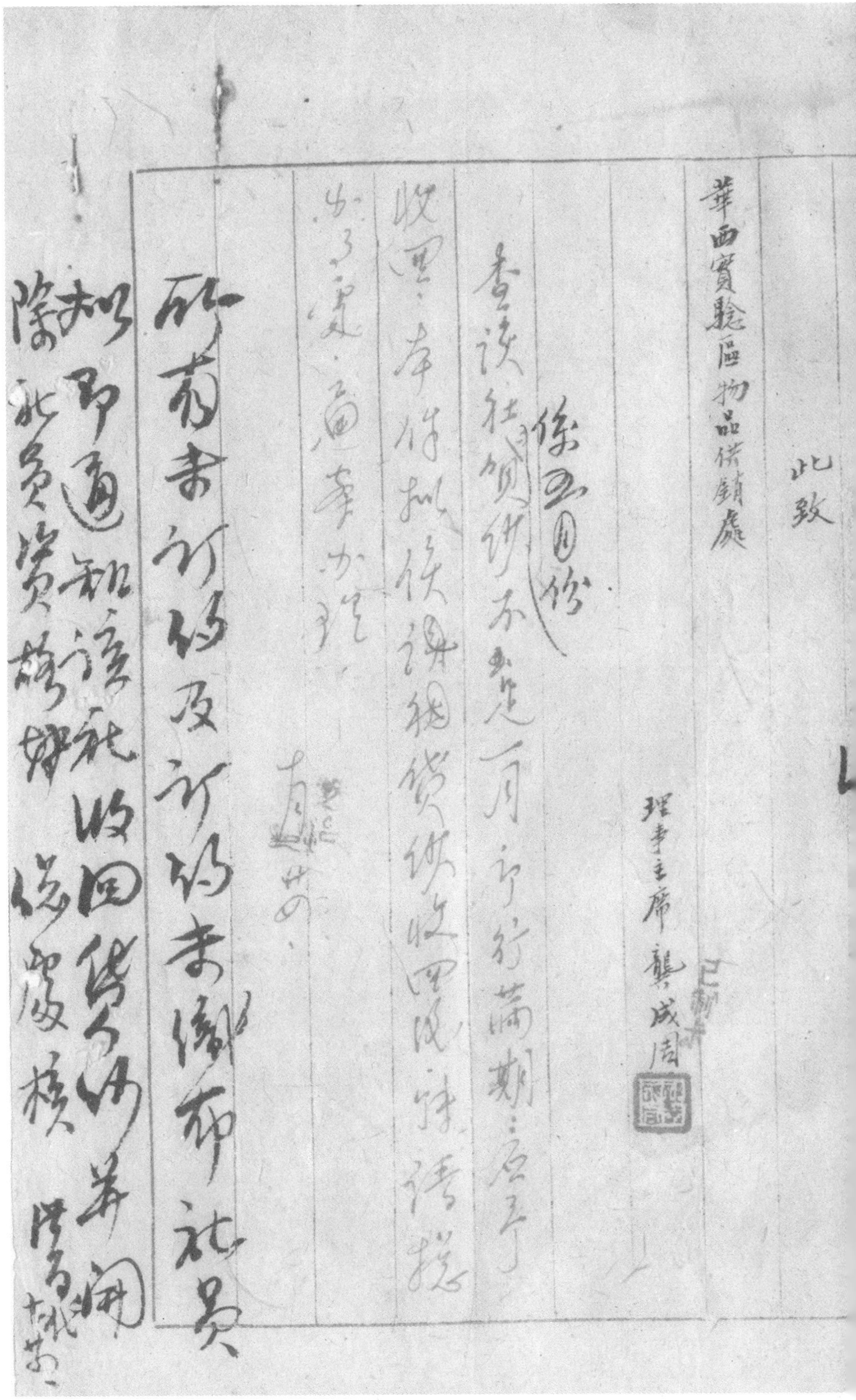
此致
華西實驗區物品供銷處
理事主席 龔成周

璧山县三个滩机织生产合作社为本社已贷纱未订约或已订约未开工承织之社员如何处理致华西实验区合作社物品供销处的公函
9-1-164（18）

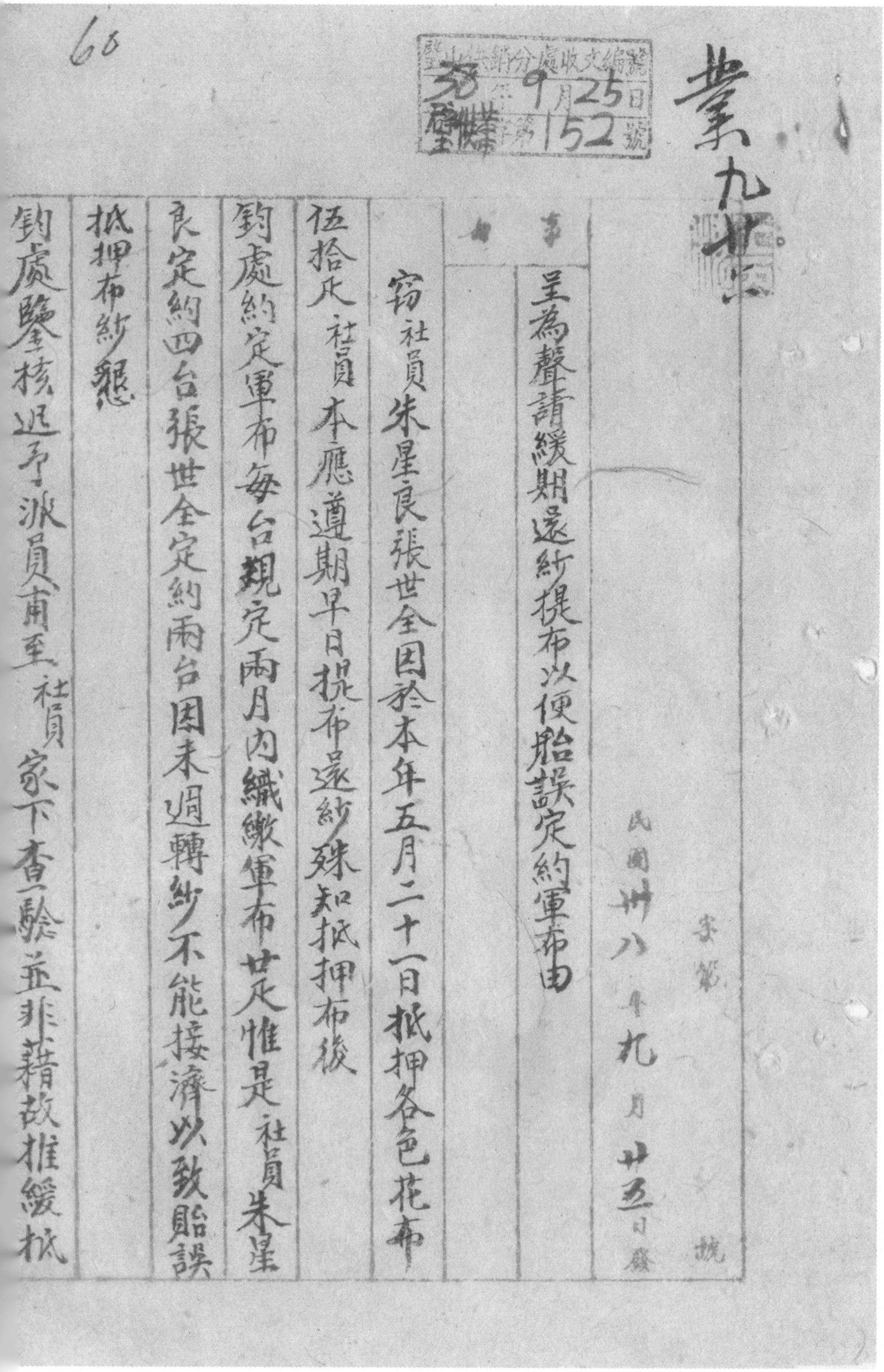

60

業九

璧山供銷分處收文編號
9月25日
第152號

事由：呈為聲請緩期還紗提布以便貽誤定約軍布由

民國卅八年九月廿五日發　案第　號

竊社員朱星良、張世全因於本年五月二十一日抵押各色花布伍拾疋，社員本應遵期早日提布還紗，殊知抵押布後鈞處約定軍布每台規定兩月內織繳軍布廿疋，惟是社員朱星良定約四台，張世全定約兩台，因未週轉，紗不能接濟，以致貽誤抵押布紗，懇鈞處鑒核，迅予派員甫至社員家下查驗，並非藉故推緩抵

璧山县城南乡养鱼池机织生产合作社为本社社员申请缓期还纱提布以免贻误定约军布与华西实验区合作社物品供销处璧山分处的往来公文　9-1-187（60）

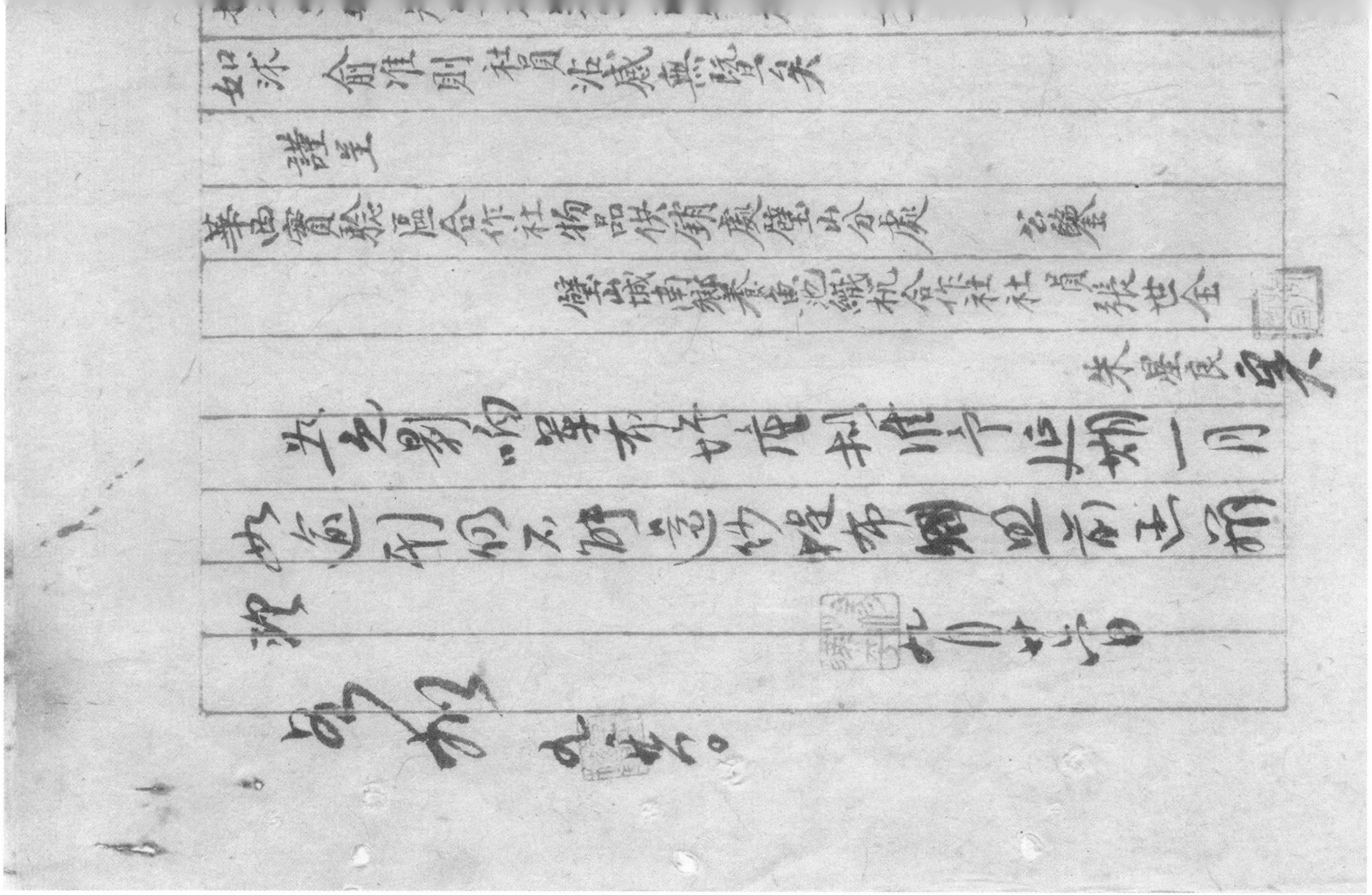

如沭俞准則社員沾感無旣矣

謹呈

華西實驗區合作社物品供銷處璧山分處 公鑒

璧山城南鄉養魚池織机合作社社員張世全

朱星良 具

呈悉，影响军布生产，批准予延期一月，此后到期仍不能还纱提布则照前退办理。

九月廿一日

乡稍 九、廿二。

璧山县城南乡养鱼池机织生产合作社为本社社员申请缓期还纱提布以免贻误定约军布与华西实验区合作社物品供销处璧山分处的往来公文　9-1-187（60）

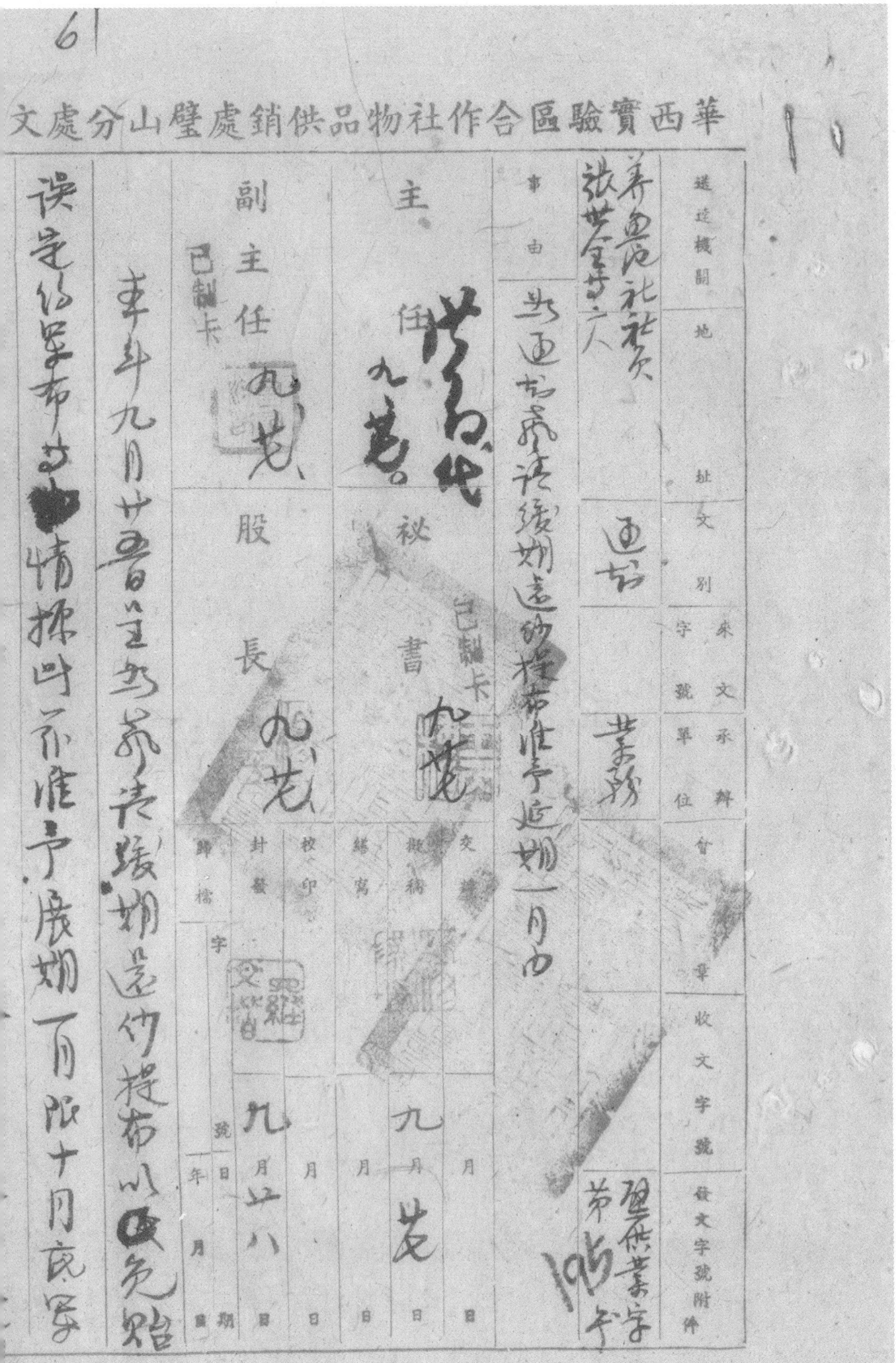
華西實驗區合作社物品供銷處璧山分處文

送達機關地址：养鱼池社社员张贵全等六人
文別：通知
來文承辦單位：業務
發文字號附件：望供業字第1985号
事由：为通知所请缓期还纱提布准予延期一月由
主任：
秘書：九.廿
副主任：九.廿
股長：九.廿
擬稿：九月廿日
封發：九月廿八日

本年九月廿四日呈为所请缓期还纱提布以免贻误定约军布等情，据此，准予展期一月，限十月底定

璧山县城南乡养鱼池机织生产合作社为本社社员申请缓期还纱提布以免贻误定约军布与华西实验区合作社物品供销处璧山分处的往来公文　9-1-187（61）

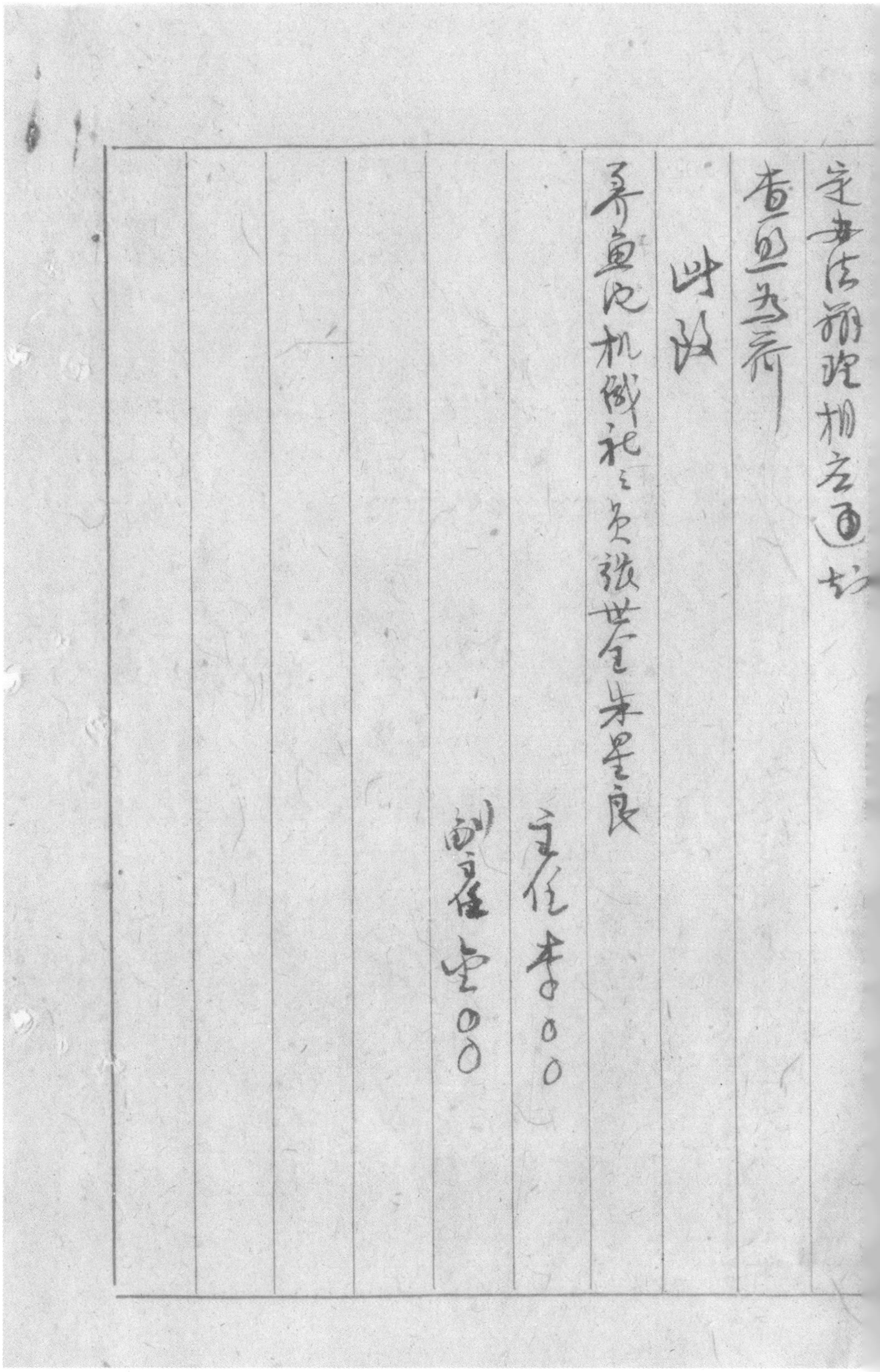

定并请前途相应通知
查照为荷
此致
养鱼池机织社社员张世全朱星良
主任李〇〇
副主任雷〇〇

璧山县城南乡养鱼池机织生产合作社为本社社员申请缓期还纱提布以免贻误定约军布与华西实验区合作社物品供销处璧山分处的往来公文　9-1-187（61）

63

輔導

事由為聲請變更本社為鉄機寬布區域并祈增貸各社員底紗由

竊查本社原劃為窄布區域惟既耗人力而產量又少茲因各社員鉄機較多均紛紛前來請求劃為鉄機寬布區域并經呈請 鈞會第一區辦事處羅輔導員及供銷處文輔導員前來查明本社鉄機實有八十餘台惟現已與供銷處訂約正式織二八布者有六十餘台其餘尚未訂約茲以本社鉄機最多特為具文呈請

鈞處將本社窄布區完全更為鉄機寬布區域并祈迅予增貸各社員底紗俾更適即期工增加產量如蒙俯准實

璧山县狮子乡蜘蛛蚊机织生产合作社为变更该社为铁机宽布区域并增贷底纱与华西实验区合作社物品供销处璧山分处的往来公文
9-1-187（63）

璧山县狮子乡蜘蛛蚊机织生产合作社为变更该社为铁机宽布区域并增贷底纱与华西实验区合作社物品供销处璧山分处的往来公文

9-1-187（63）

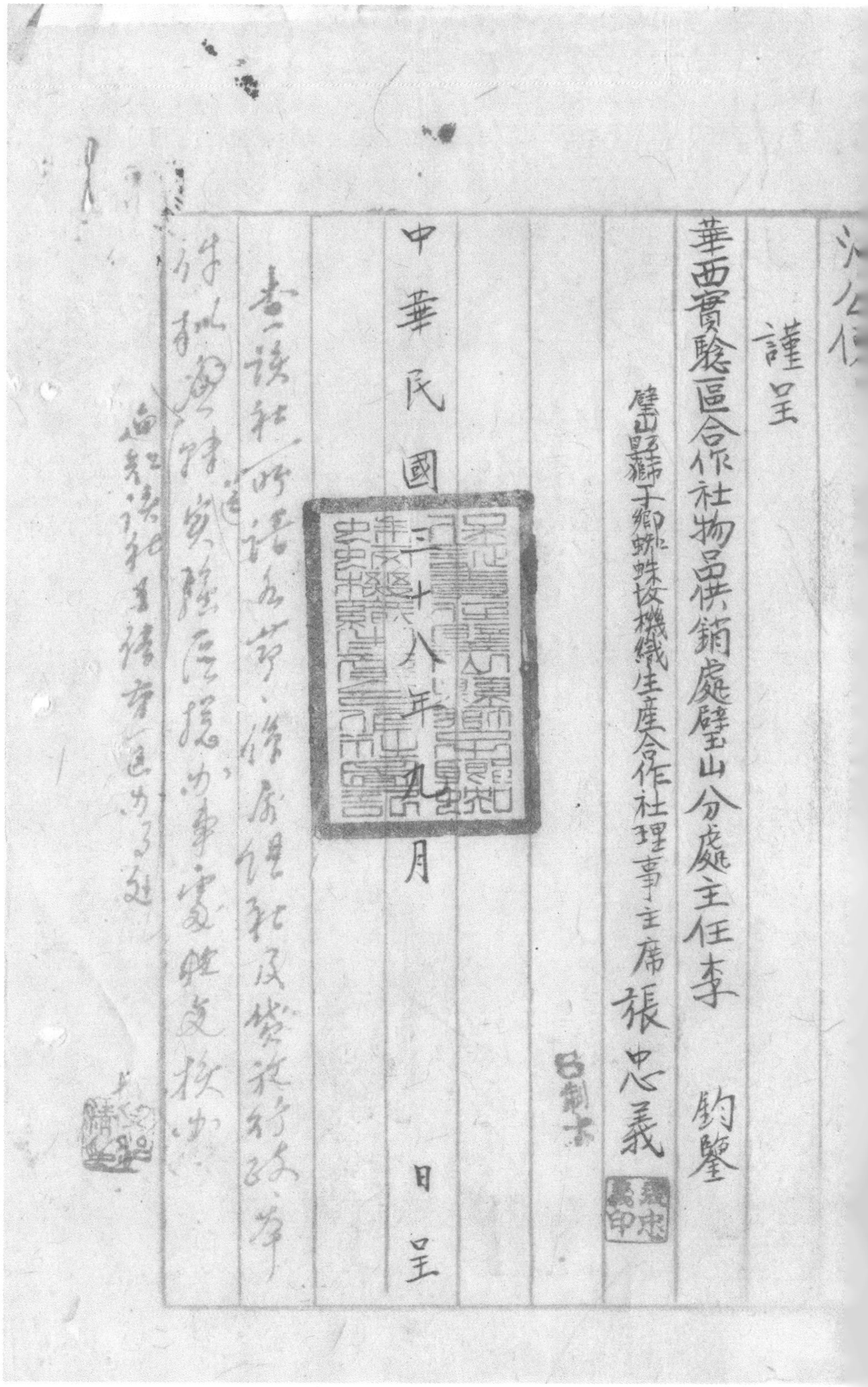
謹呈

華西實驗區合作社物品供銷處璧山分處主任李　鈞鑒

璧山縣獅子鄉蜘蛛坟機織生產合作社理事主席張忠義

中華民國三十八年九月　日呈

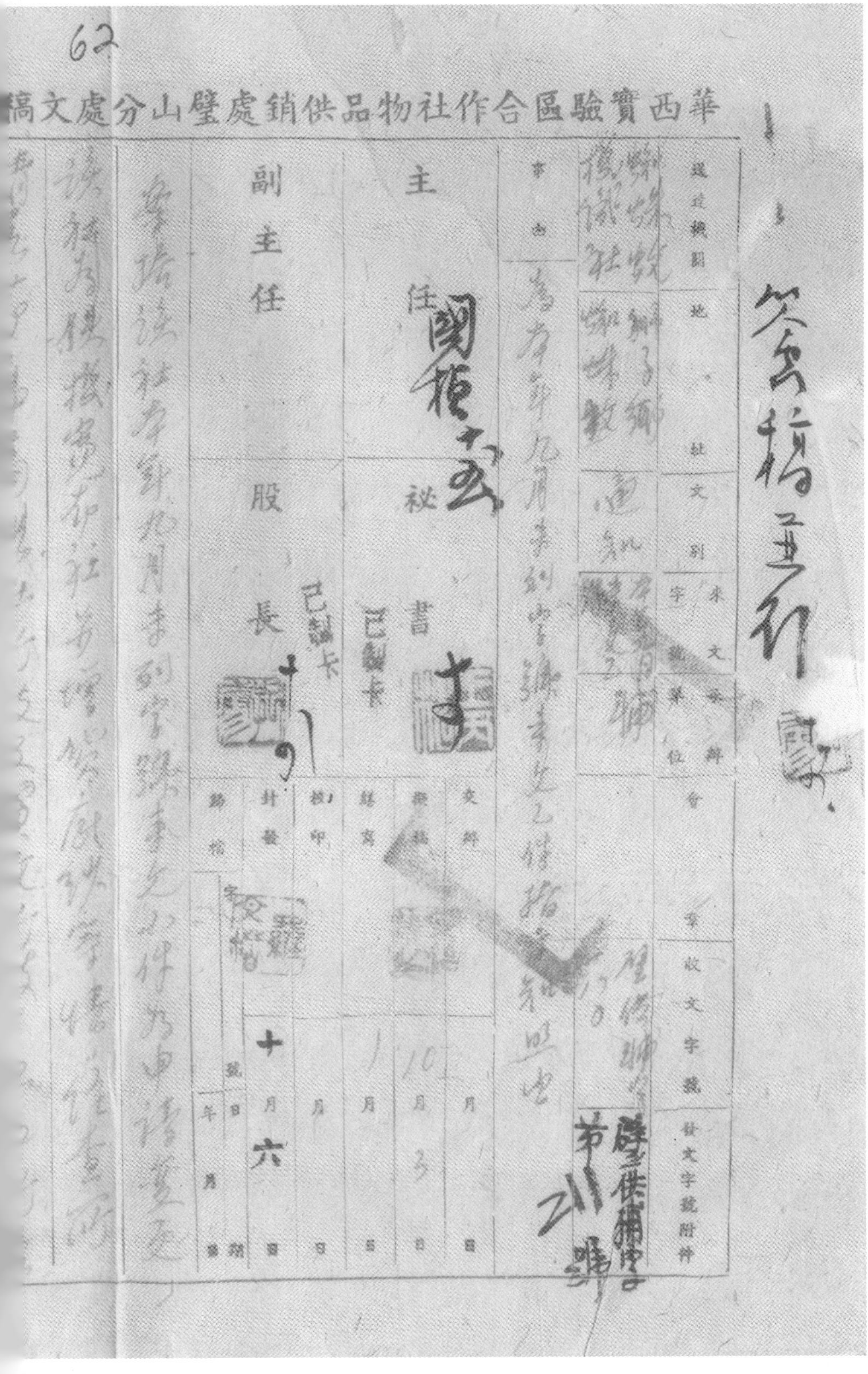

璧山县狮子乡蜘蛛蚊机织生产合作社为变更该社为铁机宽布区域并增贷底纱与华西实验区合作社物品供销处璧山分处的往来公文

9-1-187（62）

请璧山[illegible]

核办为荷此致

蜘蛛蚊机织社

主任 李[illegible]

副主任 [illegible]

璧山县狮子乡蜘蛛蚊机织生产合作社为变更该社为铁机宽布区域并增贷底纱与华西实验区合作社物品供销处璧山分处的往来公文
9-1-187（62）

璧山县城南乡白鹤林机织生产合作社为该社申请减少交布数量并另订换布合约与华西实验区合作社物品供销处璧山分处的往来公文（附合约两份） 9-1-187（67）

67

璧山供销分处收文 38年9月28日 第167号

辅導

逕啟者：本社前與
貴處約訂承織罕布七二○疋，自（九月廿四日）
應如限交楚，惟本社因紗價飛漲遲
延，且本社社員業均織二四布，茲布
現該織二八布，抄編換布需
移，當此日歸，請減低應交布數，
業求查照，延交布限期（十月卅日）
謹商一月，並照原約訂數殊難交

璧山县城南乡白鹤林机织生产合作社为该社申请减少交布数量并另订换布合约与华西实验区合作社物品供销处璧山分处的往来公文（附合约两份） 9-1-187（68）

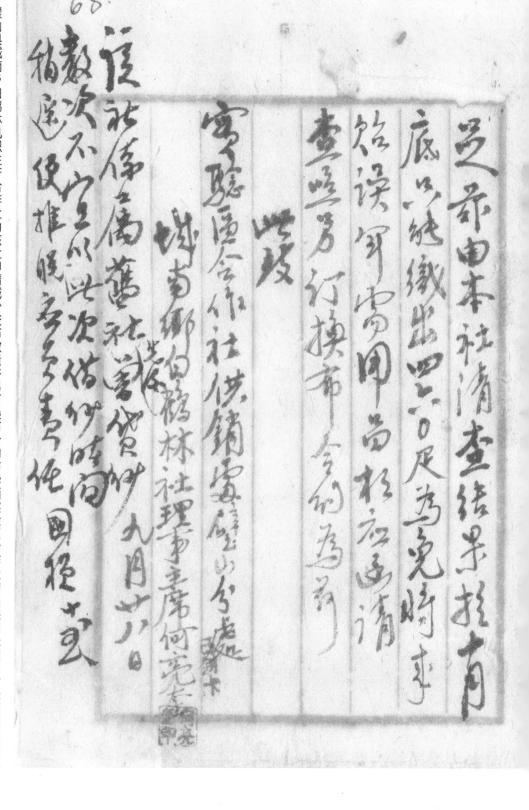

68

是否由本社清查结果据十月
底以纯织出四六〇尺为免将来
贻误军需用品起见特此请
查照另订换布合约为荷
此致
实验区合作社供销处璧山分处
城南乡白鹤林社理事主席何亮光（印）
九月廿八日

注：该社系属旧社，[illegible]数次不交，此次借故[illegible]，稍缓使催交布[illegible]

璧山县城南乡白鹤林机织生产合作社为该社申请减少交布数量并另订换布合约与华西实验区合作社物品供销处璧山分处的往来公文（附合约两份） 9-1-187（69）

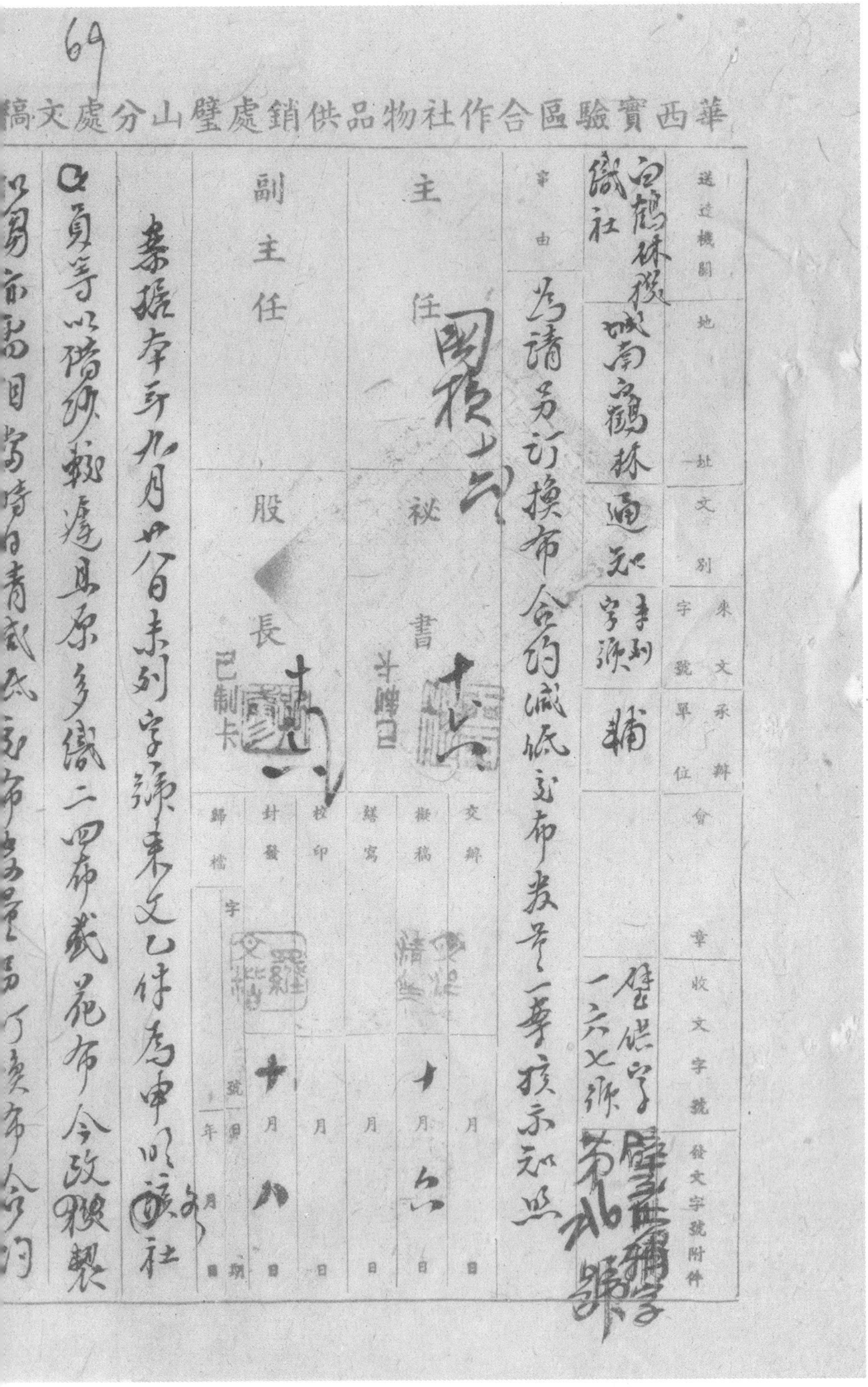

璧山县城南乡白鹤林机织生产合作社为该社申请减少交布数量并另订换布合约与华西实验区合作社物品供销处璧山分处的往来公文（附合约两份）　9-1-187（69）

等情前来，查该社係属……

来後扶助该社生产，查该社社员均能经常开工

织制四市布、花布，间有棉质基础，此次订约承织

二八年布，适值需通切之际，该社尤当发扬认识，

发挥高度生产能力，……以为新旧

社之表率，不……错词推脱，仍希

转知该社社员等按照约定数量，如期交足，以应军需

而维信誉为荷。此致

城南乡白鹤林机织社

主任 李□□

副主任 金□□

璧山县城南乡白鹤林机织生产合作社为该社申请减少交布数量并另订换布合约与华西实验区合作社物品供销处璧山分处的往来公文（附合约两份） 9-1-187（65）

65

华西实验区合作社物品供销处璧山分处
璧山县城南乡白鹤林机织生产合作社　换布合约

华西实验区合作社物品供销处璧山分处（以下简称甲方）
因根据璧山县机织生产合作社（以下简称乙方）之产品销路需要
经联勤总部第四补给区分合部订立承制运布合约交由乙方织
制，双方特订立本合约，并愿遵守条件如左：
（一）乙方以现有织机肆拾陆部，每部月产布拾疋，以
壹个月计，共产肆佰陆拾疋，并愿承制肆佰陆拾疋。
（二）乙方所织布疋由甲方以六十支纱收换，其织出之布
须以联勤总部所换之纱布标准，如纱需照点交发
织线纱数及对料等，概限甲方用任何一种换布，乙方不
得挑选或拒绝。
（三）换布规格以长四十码宽三十六英寸经纱六十支
六十二根、纬纱每英寸六十根、重十二磅以二十支纱织
制者为合格，不得有稀边跳纱潮湿等情事。乙方所织布
疋经甲方会同联勤总部验收不合格者，概予退

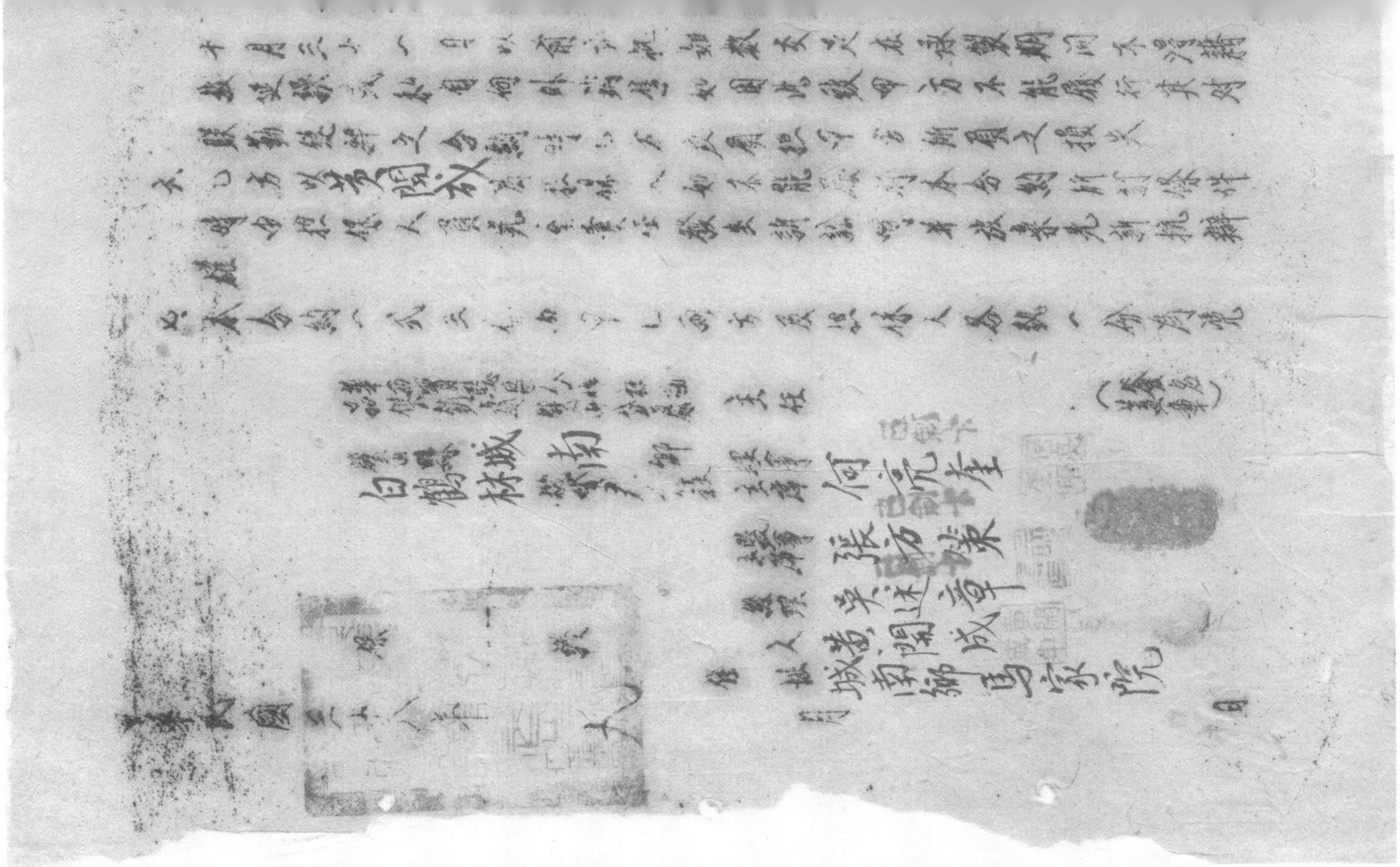

十月三十一日以前……機織數交足……製期间不得藉
故延誤或私自個外……如因此致甲方不能履行其對
聯勤總部之合約時乙方應負担甲方所負之損失
丙、乙方以黄闊成……為担保人如不能履行本合約所訂條件
時由担保人負完全責任……并放棄先訴抗辯
權
以本合約一式三份由甲乙兩方及担保人各執一份為憑

華西實驗區合作社物品供銷處璧山分處 主任 （簽名蓋章）

璧山縣城南鄉白鶴林機織生產合作社 理事主席 何亮奎

經理 張方榮

吳述章

担保人 黄闊成

住址 城南鄉馬家院

中華民國三十八年 月 日

璧山县城南乡白鹤林机织生产合作社为该社申请减少交布数量并另订换布合约与华西实验区合作社物品供销处璧山分处的往来公文（附合约两份） 9-1-187（65）

璧山县城南乡白鹤林机织生产合作社为该社申请减少交布数量并另订换布合约与华西实验区合作社物品供销处璧山分处的往来公文（附合约两份）　9-1-187（66）

66

一

華西實驗區合作社物品供銷處璧山分處
璧山縣城南鄉白鶴林機織生產合作社

換布合約

華西實驗區合作社物品供銷處璧山分處（以下簡稱甲方）為推廣璧山縣機織業生產合作社（以下簡稱乙方）之產品特與聯勤總部第四補給區第八分部訂立交製軍布合約交由乙方織製雙方特訂立本合約共願遵守條件如左：

一、乙方以現有織機肆拾陸部每月產布拾疋以壹個月計共產肆佰陸拾疋足為願承織肆佰陸拾疋

二、乙方所織製布疋由甲方以二十支棉紗收換其織布對牌換以聯勤總部所撥之紗為標準如紗量與織數出入太鉅紗線成色及對此等有誤甲方有權隨時轉撥乙方不得挑選或拒絕

三、換布規格以長四十碼寬三十六英寸經密每英寸六十二根緯密每英寸六十根重十二磅以二十支棉紗織製者為合格不得有疏邊跳紗潮濕等情事乙方所織布匹經甲方會同聯勤總部派員檢驗不合格者得予拒收

四、甲方換布每疋發紗[illegible]

璧山县城南乡白鹤林机织生产合作社为该社申请减少交布数量并另订换布合约与华西实验区合作社物品供销处璧山分处的往来公文（附合约两份） 9-1-187（66）

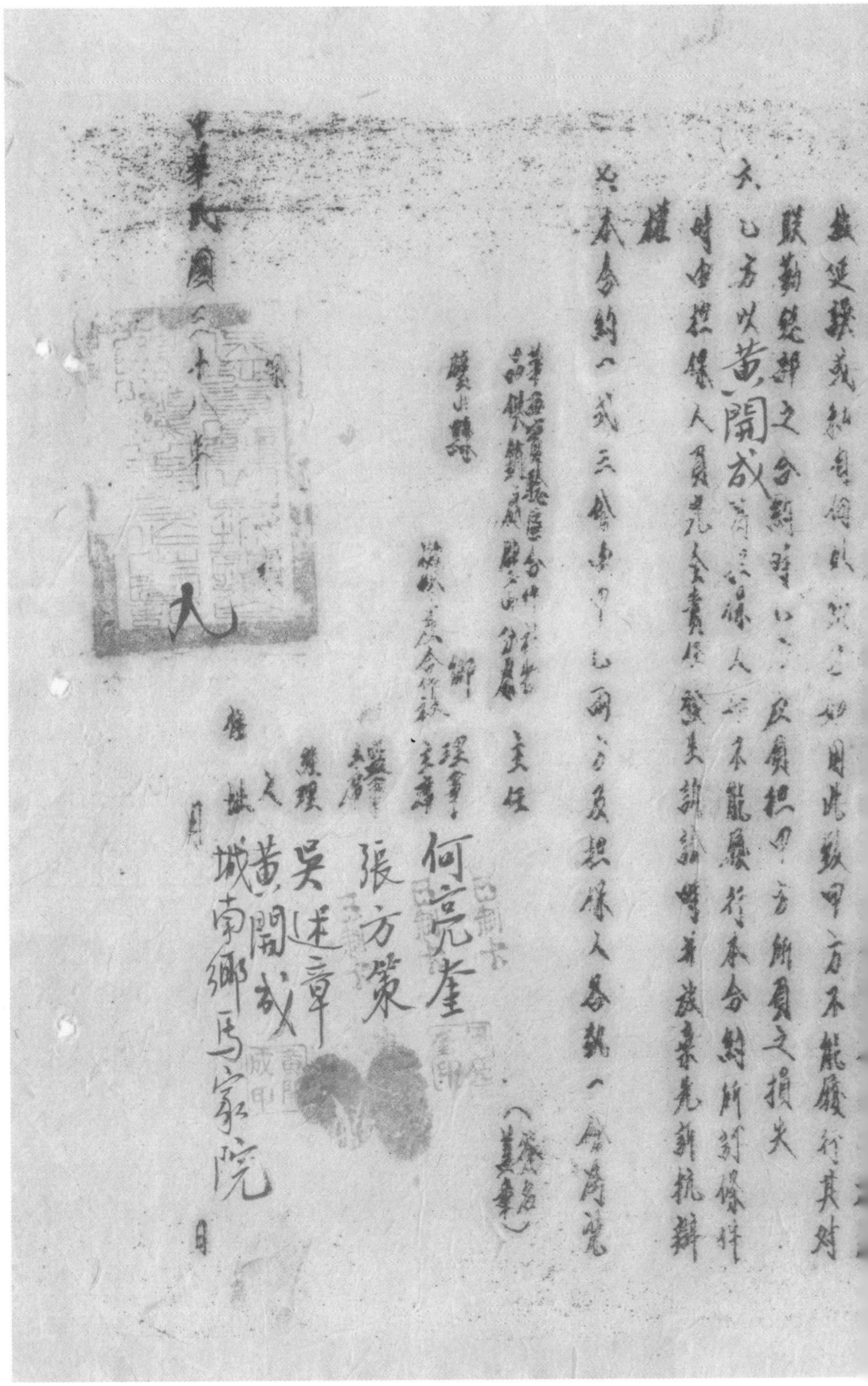

並延誤或私自[illegible]以[illegible]如因此致甲方不能履行其對
聯勤總部之合約時[illegible]賠償甲方所負之損失
六、乙方以黃開成為保證人，如乙方不能履行本合約所訂條件
時由保證人負完全責任，並負責清償，並放棄先訴抗辯
權
七、本合約一式三份，由甲乙兩方及保證人各執一份為憑

華西實驗區合作社物品供銷處璧山分處 主任 （簽名蓋章）
璧山縣城南鄉白鶴林機織生產合作社 理事主席 何亮奎
監事主席 張方策
經理 吳述章
保證人 黃開成
住址 城南鄉馬家院
中華民國三十八年 月 日

71

輔業会办

38 9 17 135

璧山縣城南鄉皂桷坡機織生產合作社　公函　民國三十八年九月十七日
皂措字第七號

查本社前次承織軍服布合同內註明機台為陸拾部，布額為壹仟貳佰捌拾肆疋，在案。旋因社員補請登記前來，機台增加玖部，布額增加玖拾陸疋，合計機台為陸拾玖部，布額為壹仟叁佰捌拾疋，相應檢同承織軍布社員清冊一份隨函送請

貴處查照為荷

此致

華西實驗區合作物品供銷處璧山分處

附承織軍布社員清冊一份

璧山县城南乡皂桷坡机织生产合作社为补请登记机台及增织布匹数量等事宜与华西实验区合作社物品供销处璧山分处的往来公函
9-1-187（71）

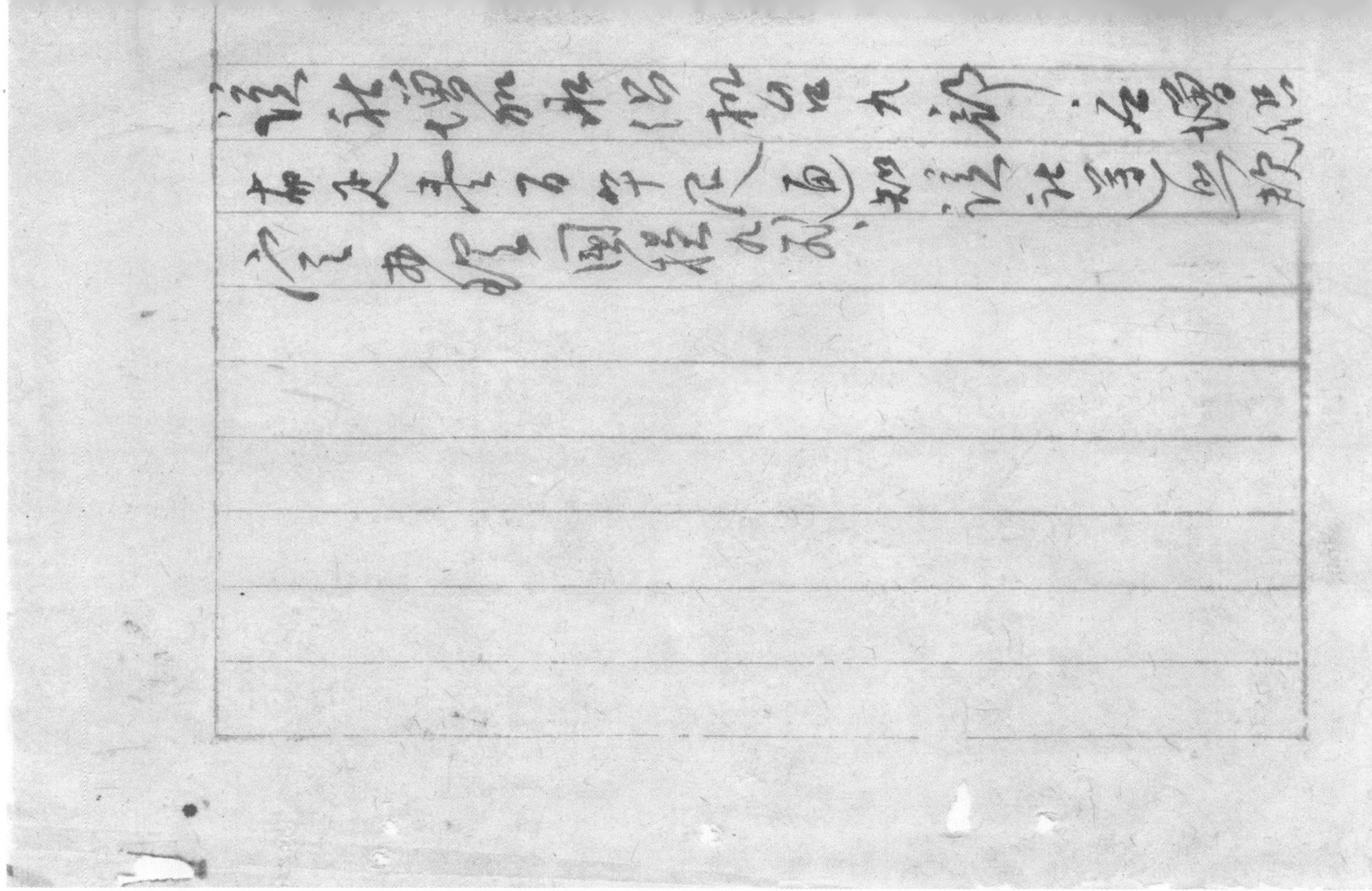

該社增加織機台九部，應增織
布匹壹百廿匹，函知該社遵照辦
[illegible]

璧山县城南乡皂桷坡机织生产合作社为补请登记机台及增织布匹数量等事宜与华西实验区合作社物品供销处璧山分处的往来公函
9-1-187（71）

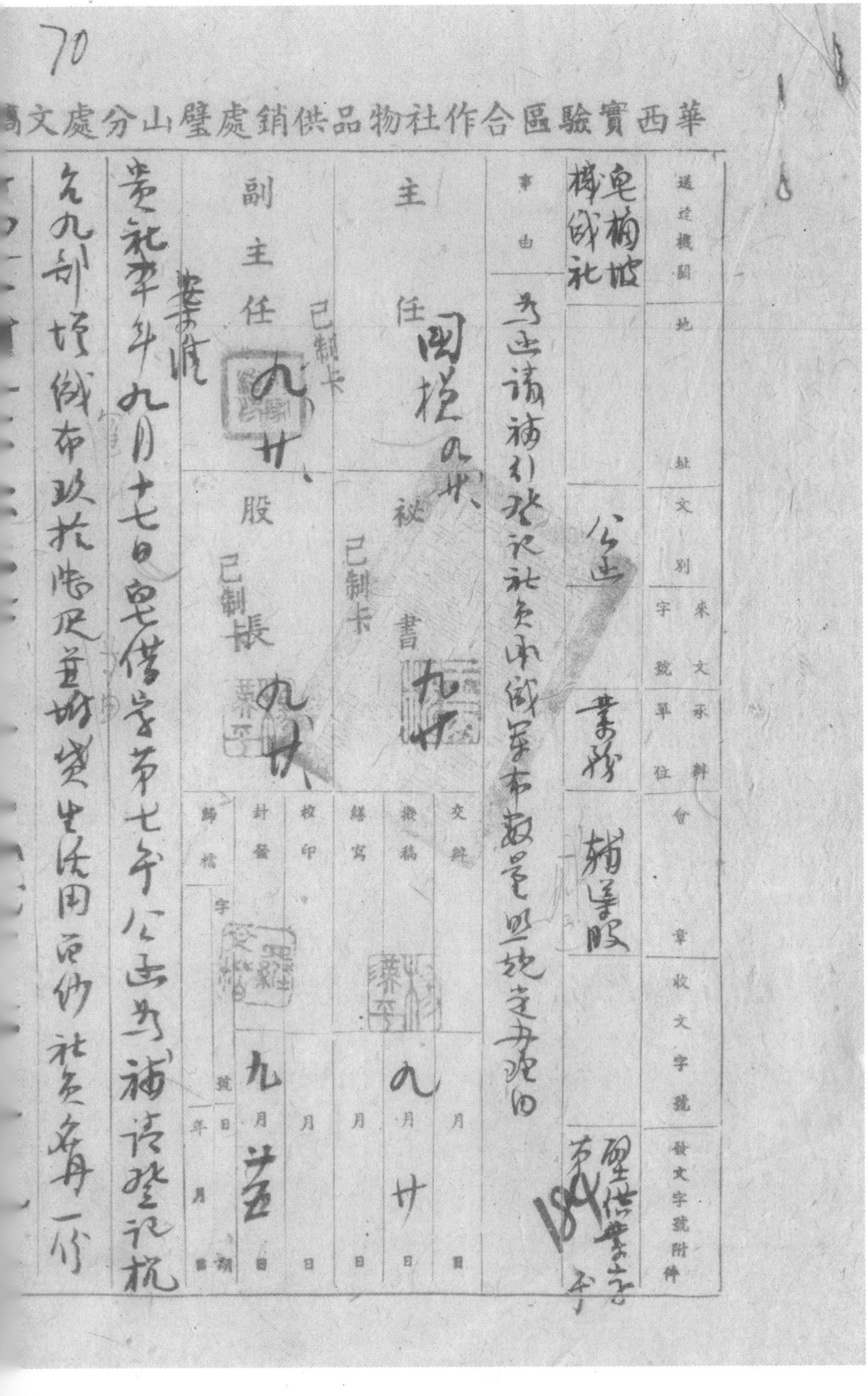
70

華西實驗區合作社物品供銷處璧山分處文稿

送達機關地址	文別	來文承辦	發文字號
皂桷坡機織社	公函	業務 輔導股	璧供業字第184號

事由：為函請補行登記社員所織呢布數量照旋定弁說由

主任：國楨 九廿

副主任：九廿 已制卡

股長：九廿 已制卡

秘書：九廿

交對	撰稿	繕寫	校印	封發	歸檔
月 日	九月廿日	月 日	月 日	九月廿五日	年 月 日

貴社本年九月十七日皂借字第七號公函為補請登記機台九部增織布疋數於陰歷八月並將貨出售周而復始社員每一份

璧山县城南乡皂桷坡机织生产合作社为补请登记机台及增织布匹数量等事宜与华西实验区合作社物品供销处璧山分处的往来公函
9-1-187（70）

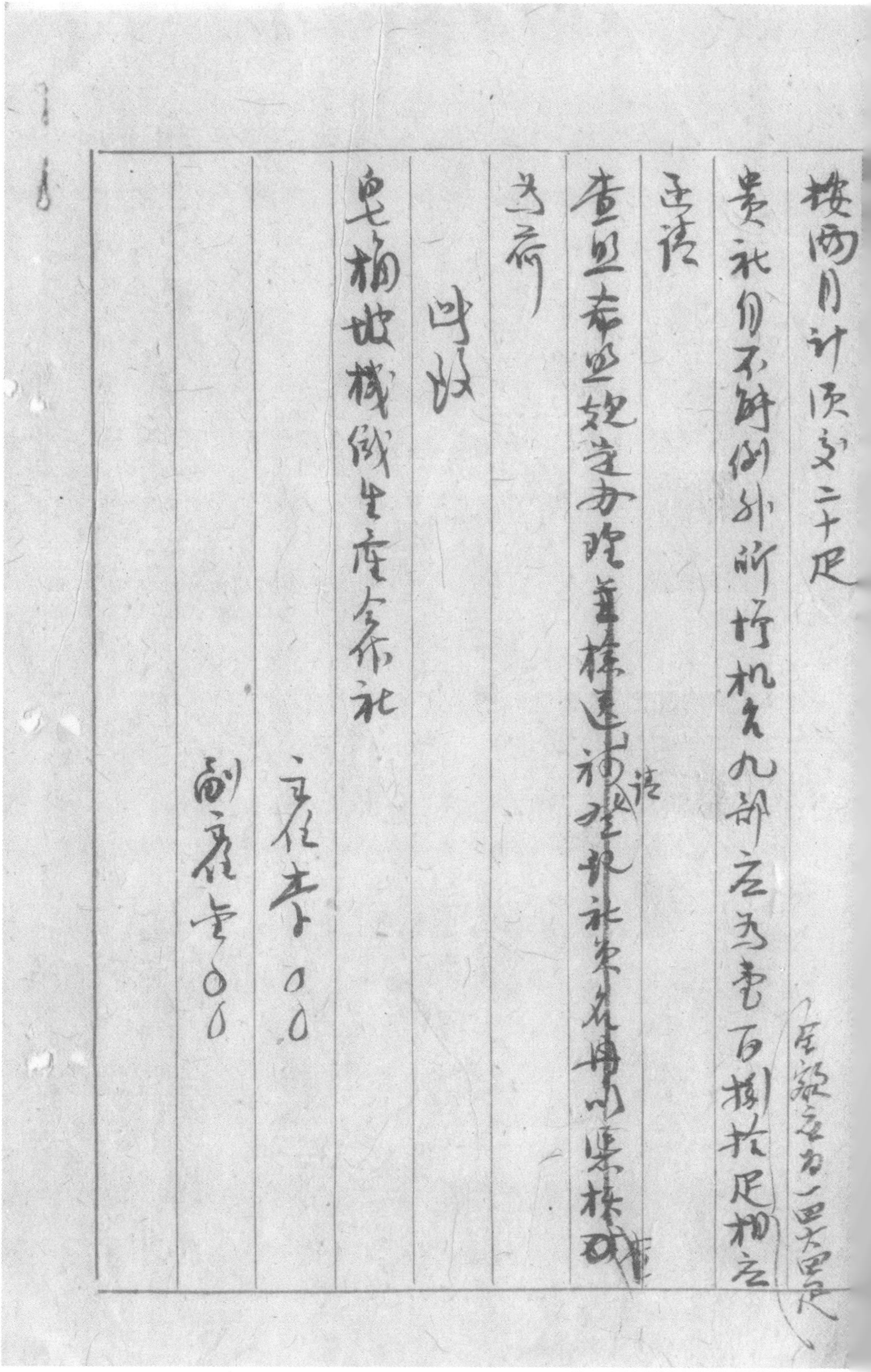

按两月计须交二十疋
贵社目下除例外所存机九部应为壹百捌拾疋相应（全额应为一四六四疋）
函请
查照希照规定办理并核送补请登记社员名册以凭核对
为荷
此致
皂桷坡机织生产合作社
主任 李〇〇
副主任 金〇〇

璧山县城南乡皂桷坡机织生产合作社为补请登记机台及增织布匹数量等事宜与华西实验区合作社物品供销处璧山分处的往来公函
9-1-187（70）

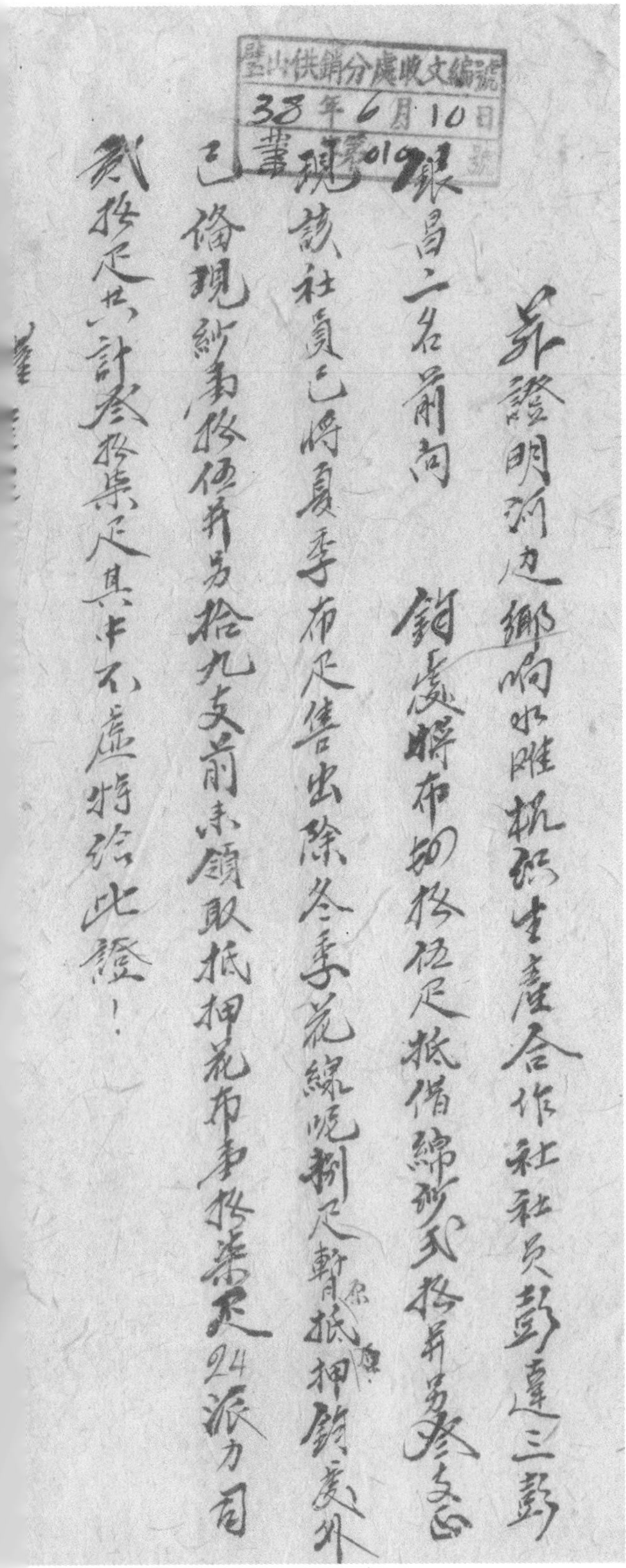
璧山供銷分處收文編號
38年6月10日
業字第0101號

茲證明河边鄉响水滩機織生產合作社社员彭達三彭銀昌二名前向
銷處將布匹拾伍疋抵借綿紗貳拾并另叄支正
現該社員已將夏季布疋售出除冬季花綫呢剩疋暫留抵押銷處外
已備現紗壹拾伍并另拾九支前來領取抵押花布壹拾柒疋24派力司
貳拾疋共計叄拾柒疋其中不虛特給此證！

璧山县河边乡响水滩机织生产合作社为社员彭达三、彭银昌前往华西实验区合作社物品供销处璧山分处领取抵押花布及派力司开具的证明　9-1-187（72）

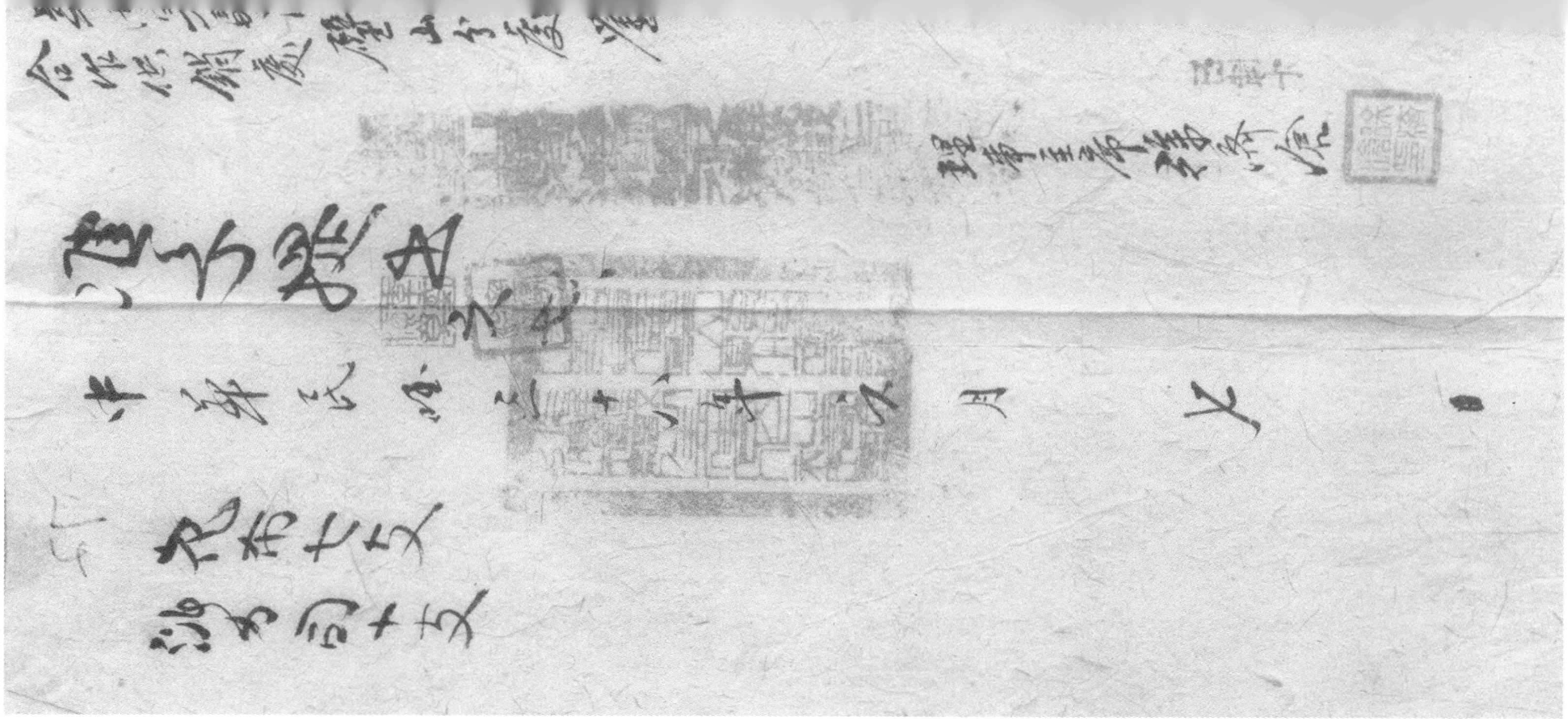

璧山县河边乡响水滩机织生产合作社为社员彭达三、彭银昌前往华西实验区合作社物品供销处璧山分处领取抵押花布及派力司开具的证明　9-1-187（72）

璧山县城南乡马家院机织生产合作社为申请发还本社抵押之布取出应市以便生产呈华西实验区合作社物品供销处璧山分处的公函
9-1-187（80）

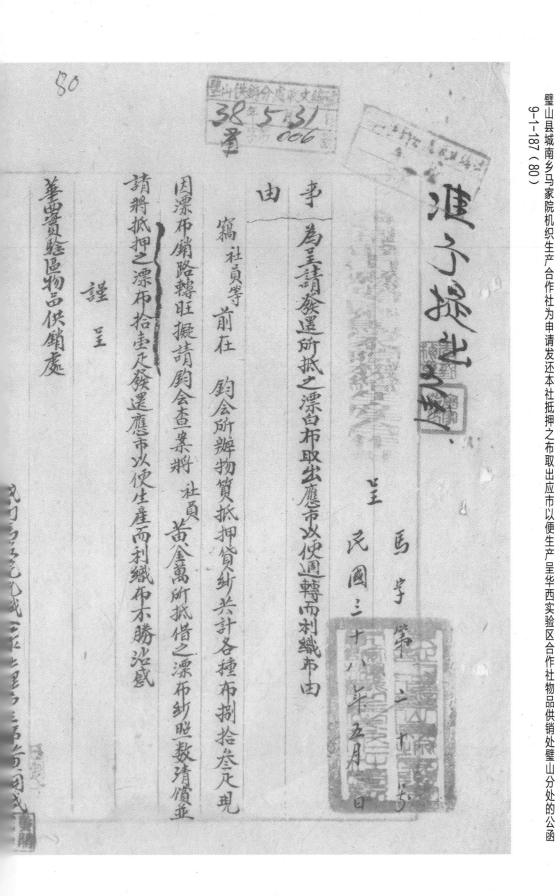

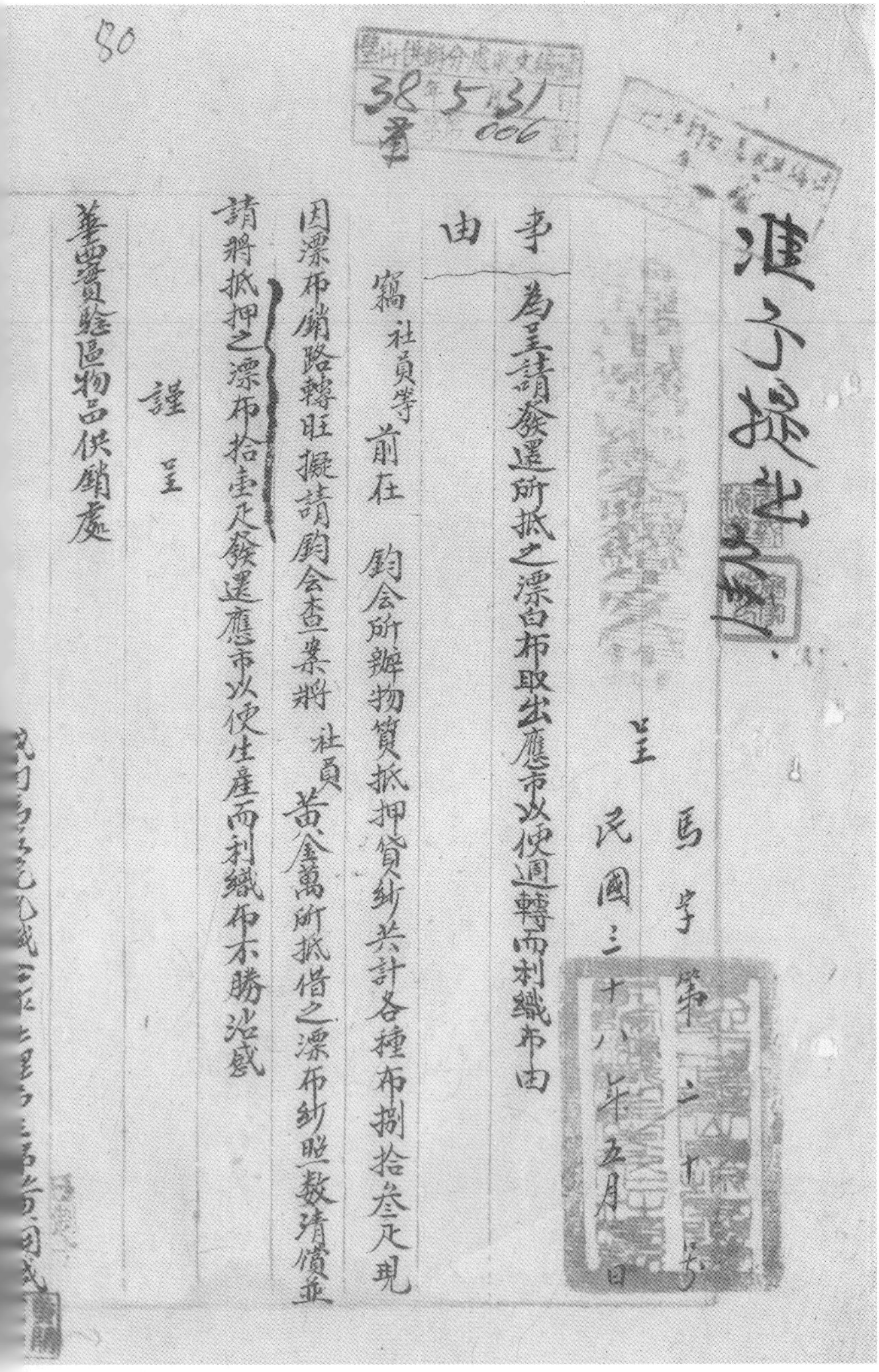

80

璧山供銷分處收文 38年5月31日 字第006號

准予提出

呈 馬字第二十五号

民國三十八年五月 日

事由 為呈請發還所抵之漂白布取出應市以便週轉而利織布由

竊 社員等 前在 鈞会所辦物質抵押貸紗共計各種布捌拾叁疋現因漂布銷路轉旺擬請 鈞会查案將 社員 黄金萬所抵借之漂布紗照數清償並請將抵押之漂布拾壹疋發還應市以便生産而利織布不勝沾感

謹呈

華西實驗區物品供銷處

保證責任璧山縣城南鄉馬家院機織生產合作社 函

馬字第　　號

事由：為函請發還抵押之布取出應市以便生產由

查本社社員等前在鈞會所辦物質抵押貸紗計各種布捌拾叁疋，於五月廿一日黃金萬取出漂白布拾壹疋外，計存抵各種布柒拾弍疋。現因行情轉好，擬請鈞會查案將社員黃金萬、孫眼山所抵借之紗照數清償，並請將抵押之布計弍拾陸疋發還應市，以便週轉而利生產，不勝沾感。

此致

華西實驗區合作物品供銷處

民國三十八年六月　日

璧山县城南乡马家院机织生产合作社为申请发还本社抵押之布取出应市以便生产呈华西实验区合作社物品供销处璧山分处的公函

9-1-187（73）

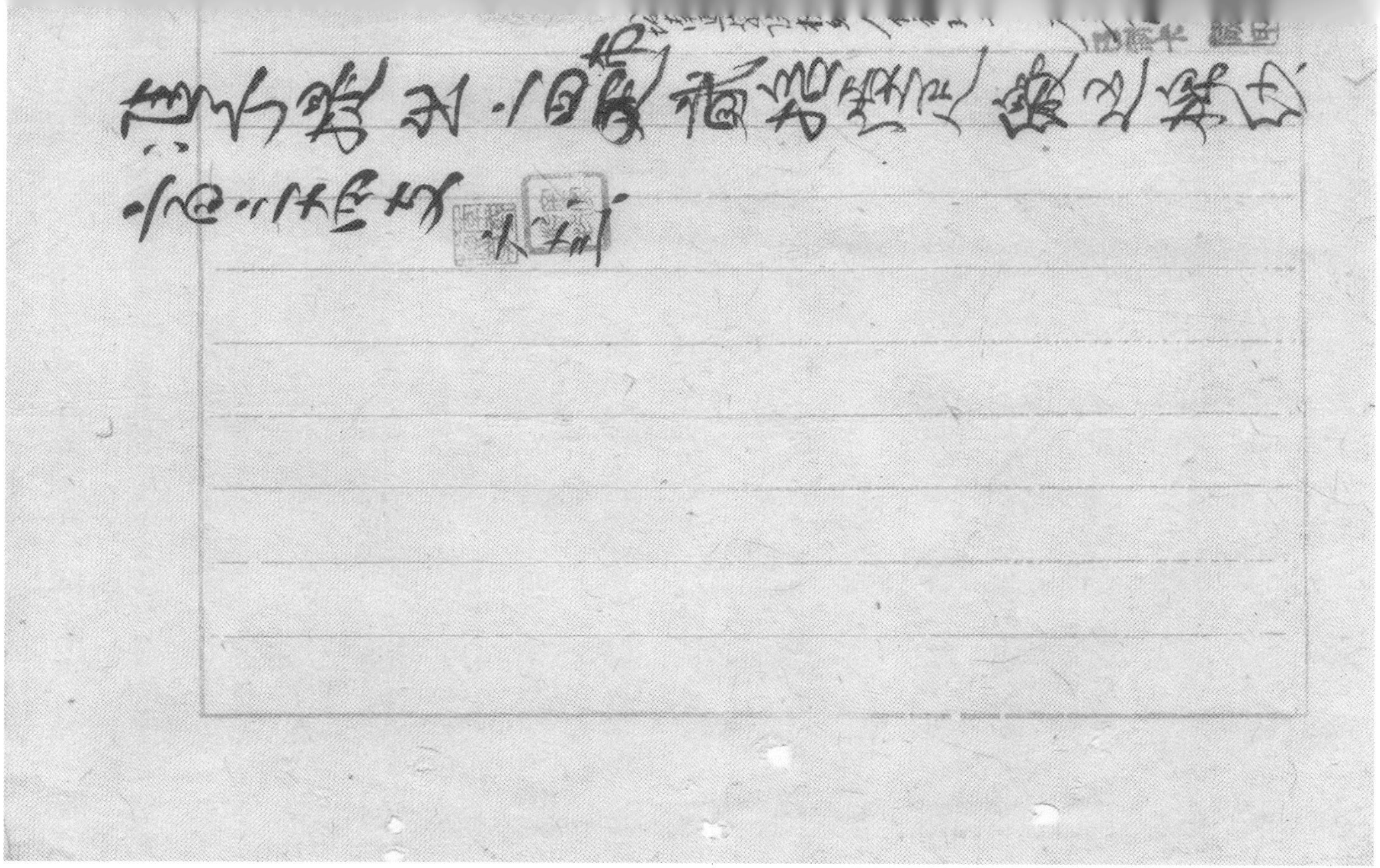

璧山县城南乡马家院机织生产合作社为申请发还本社抵押之布取出应市以便生产呈华西实验区合作社物品供销处璧山分处的公函
9-1-187（73）

璧山县城南乡刘家沟机织生产合作社为申请发还本社抵押之布以维持生产呈华西实验区合作社物品供销处璧山分处的公函

9-1-187（74）

74

璧山供銷分處收文編號
38年5月30日
字第005號

保證責任璧山縣城南鄉劉家溝機織生產合作社

呈 家織字第三號

三十八年五月卅日發

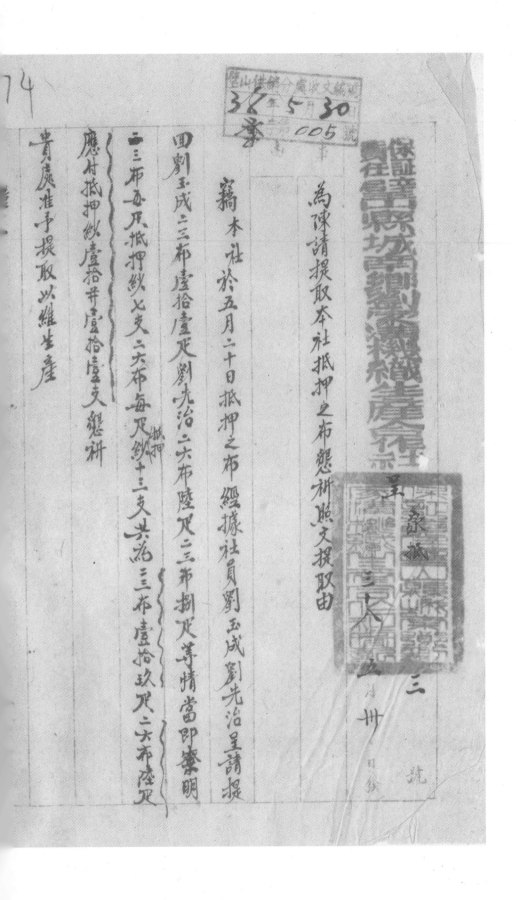

為陳請提取本社抵押之布懇祈照文提取由

竊本社於五月二十日抵押之布經據社員劉玉成劉先治呈請提回劉玉成二三布壹拾壹疋劉先治二六布陸疋二三布捌疋等情當即簽明二三布每疋抵押紗七支二六布每疋抵押紗十三支共為三三布壹拾玖疋二六布陸疋應付抵押紗壹拾并壹拾壹支懇祈

貴處准予提取以維生產

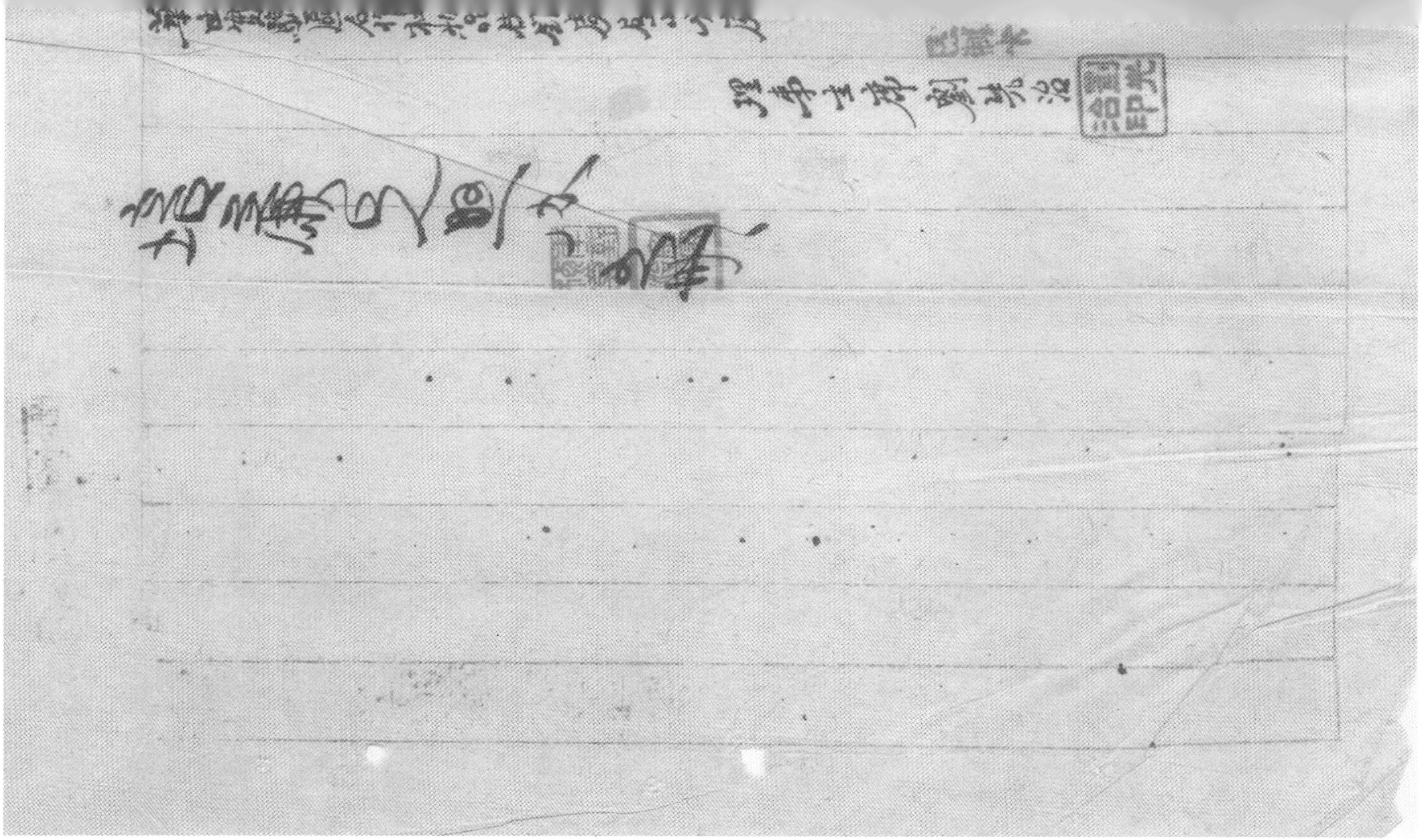

璧山县城南乡刘家沟机织生产合作社为申请发还本社抵押之布以维持生产呈华西实验区合作社物品供销处璧山分处的公函
9-1-187（74）

璧山县河边乡新店子机织生产合作社为生产二八布请求预贷原料纱等事宜呈璧山县联合社运销处的函　9-1-187（75）

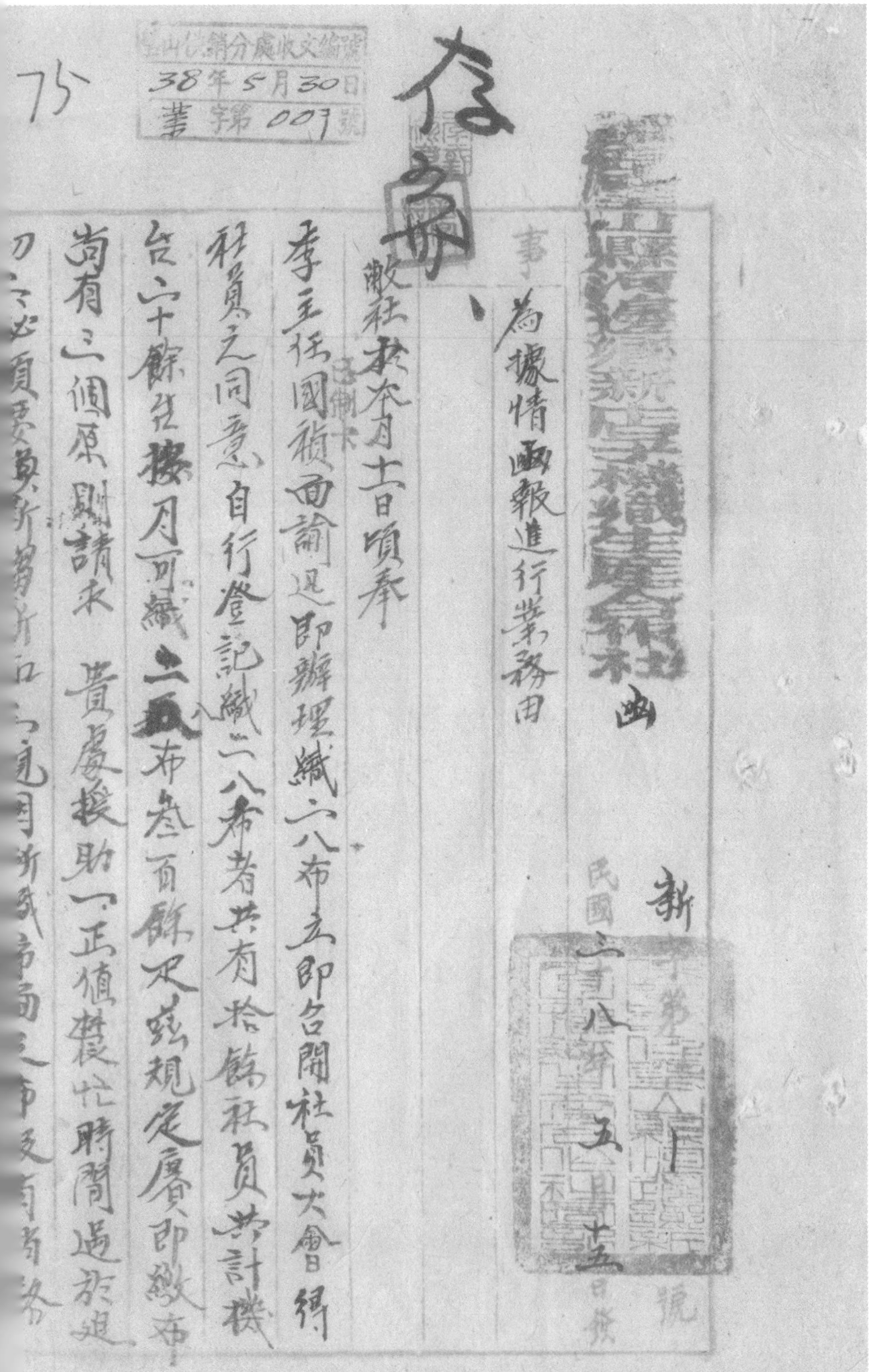

璧山县河边乡新店子机织生产合作社为生产二八布请求预贷原料纱等事宜呈璧山县联合社运销处的函　9-1-187（75）

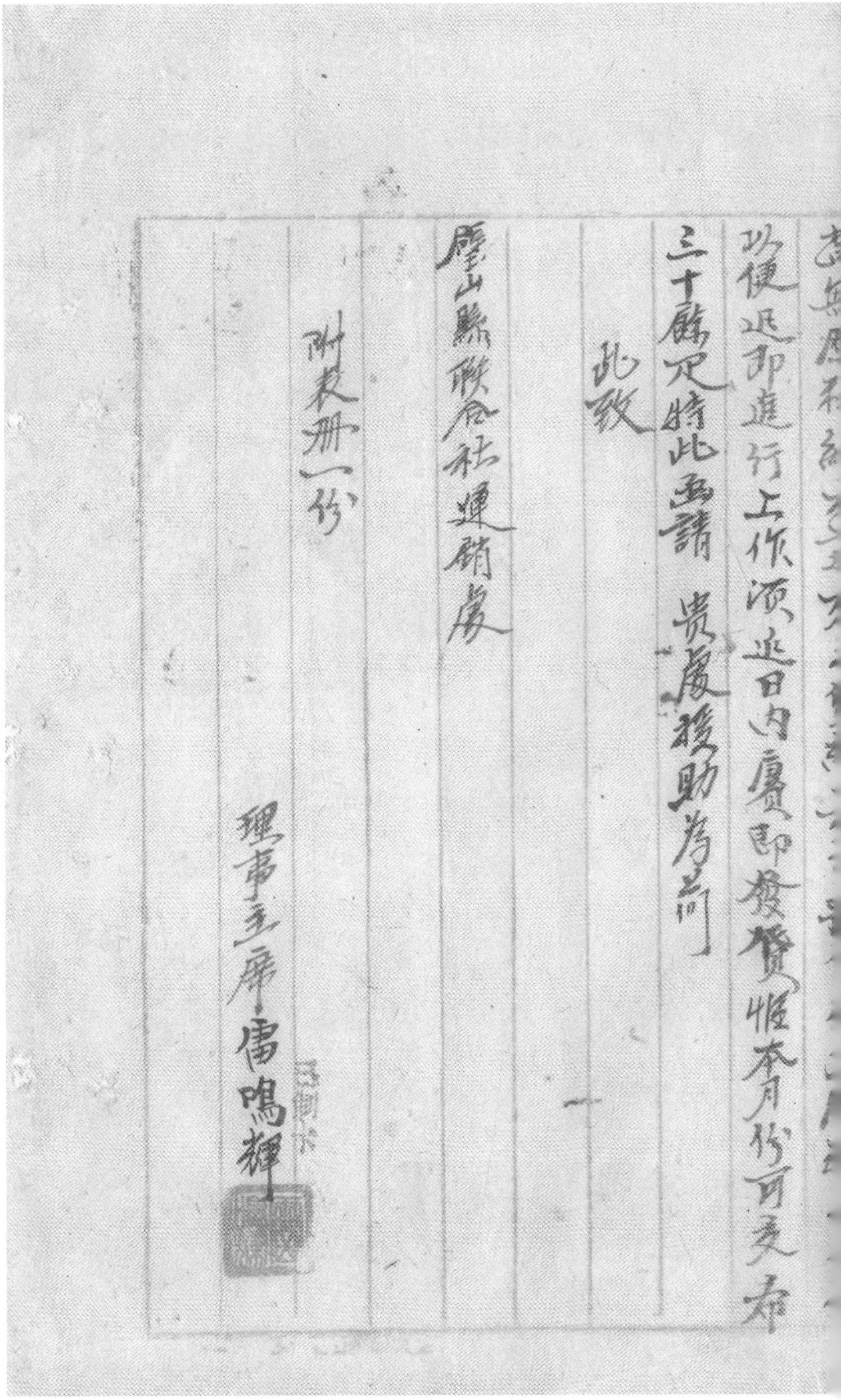
[illegible]
以便迅即進行工作須近日內賡即發貸惟本月份可交布
三十疋特此函請　貴處援助為荷
此致
璧山縣聯合社運銷處
附表冊一份
理事主席雷鳴輝

璧山县河边乡金鼓滩机织生产合作社为本社五、六月份布匹产量致华西实验区合作社物品供销处璧山分处的函 9-1-187（76）

山供銷分處收文編號
38年5月14日
業字第003號

查本社昨經召開社員大會各社員認
織單脈布計五月份產量僅擬足自六月
份起月產壹千尺茲上各情相應函達

璧山县河边乡金鼓滩机织生产合作社为本社五、六月份布匹产量致华西实验区合作社物品供销处璧山分处的函　9-1-187（76）

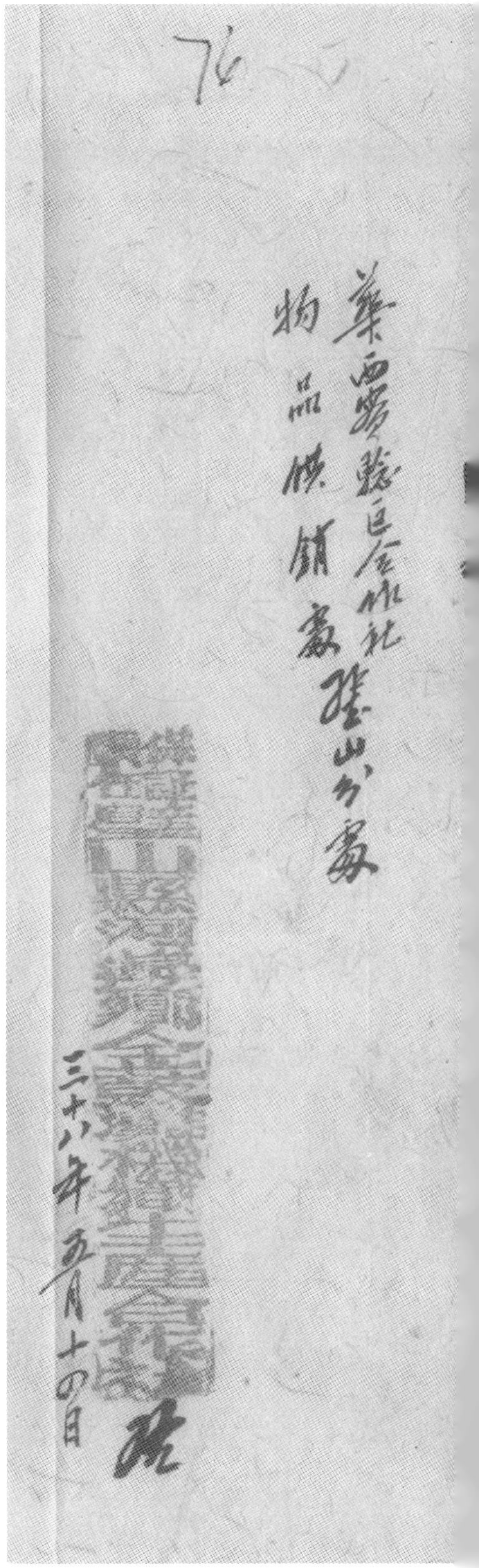
76

華西實驗區合作社
物品供銷處璧山分處

保證責任璧山縣河邊鄉金鼓灘機織生產合作社

三十八年五月十四日　緘

璧山县河边乡马鞍山机织生产合作社为函送认织社员名册并申请暂贷原料纱接续开工致华西实验区合作社物品供销处璧山分处的公函　9-1-187（77）

77

38年5月14日
業字第002號

璧山縣河邊鄉馬鞍山機織生產合作社公函　業字第　號
中華民國三十八年五月十四日

事由：為函送認識社員名冊並請暫貸原料接継開工由。

逕啟者本社曾於本月十一日參加
貴供銷處會議關於聯勤部訂定二八布承織辦法及研討開工事項分別決議在案旋於十三日本社召開社員大會商討認織事項決議遵規認織自由登記並經各社員紛紛請求
貴供銷處暫貸二十支棉紗拾件（即四佰斤）以維開工之急需因

璧山县河边乡马鞍山机织生产合作社为函送认织社员名册并申请暂贷原料纱接续开工致华西实验区合作社物品供销处璧山分处的公函　9-1-187（77）

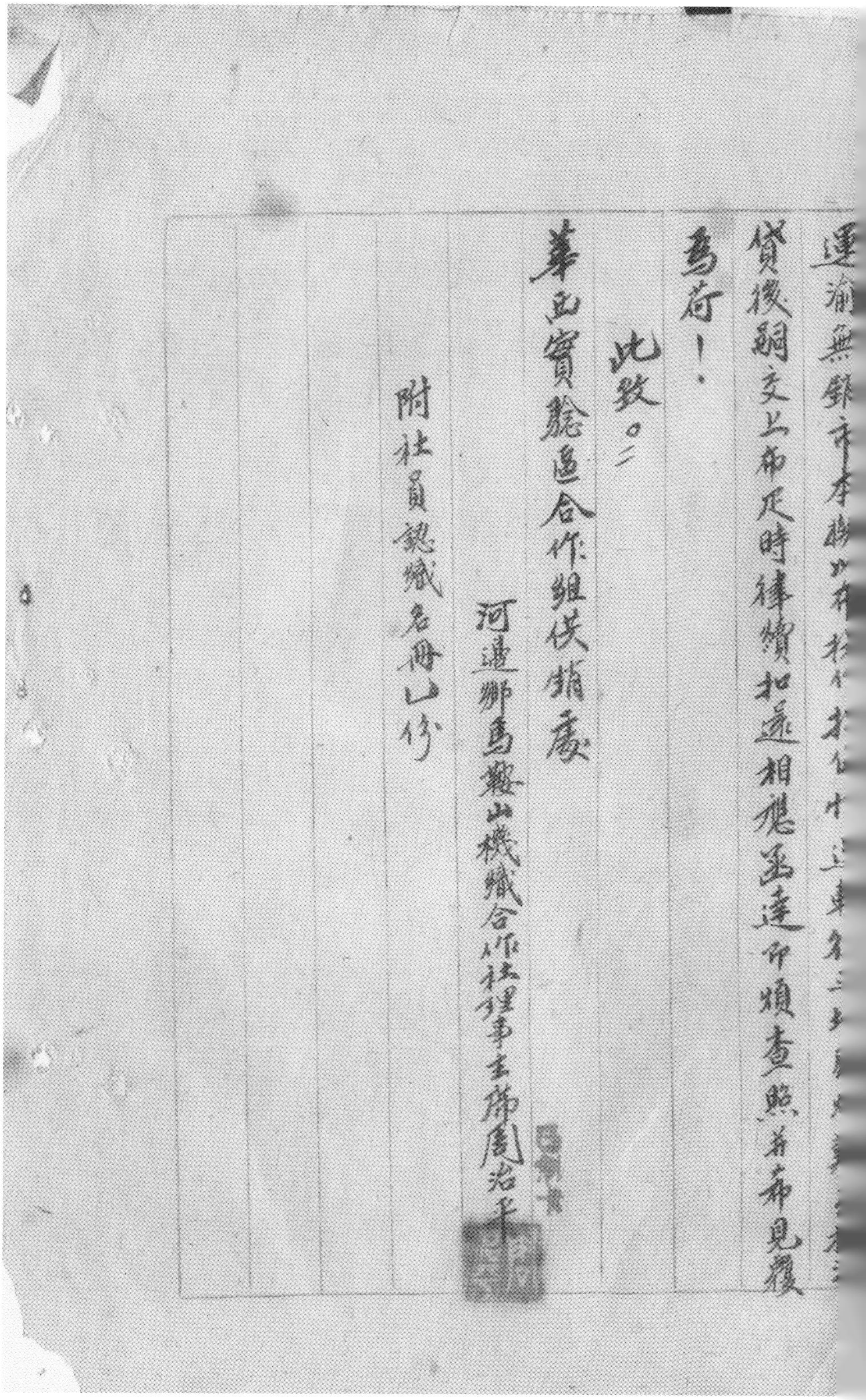

運渝無錫……

貸後嗣交出布匹時陸續扣還相應函達即煩查照并希見覆

為荷！

此致。

華西實驗區合作組供銷處

河邊鄉馬鞍山機織合作社理事主席周治平

附社員認織名冊乙份

璧山县城南乡马家院机织生产合作社为申请以布抵押暂贷现纱继续织布呈华西实验区合作社物品供销处璧山分处的公函 9-1-187(78)

78

璧山供銷分處收文編號
38年5月17日
業字第004號

璧山縣城南鄉馬家院機織生產合作社

呈

馬字第　　號

民國三十八年五月　　日

事由　為呈請押布由

竊本社各社員所織之布疋現因銷場不旺致未能售出積存甚多資金有限不敷週轉昨接物品供銷處璧山分處通知交貨在即紛請向會以布抵押現紗繼續織布不受停頓之損等情前來茲特造具抵押布細數表隨文賫請

鑒核、仰懇准予抵押依照規定辦理手續以資週轉而維布業實感公便

謹呈

華西實驗區合作社物品供銷處璧山分處

壁山县城南乡马家院机织生产合作社为申请以布抵押暂贷现纱继续织布呈华西实验区合作社物品供销处壁山分处的公函　9-1-187（78）

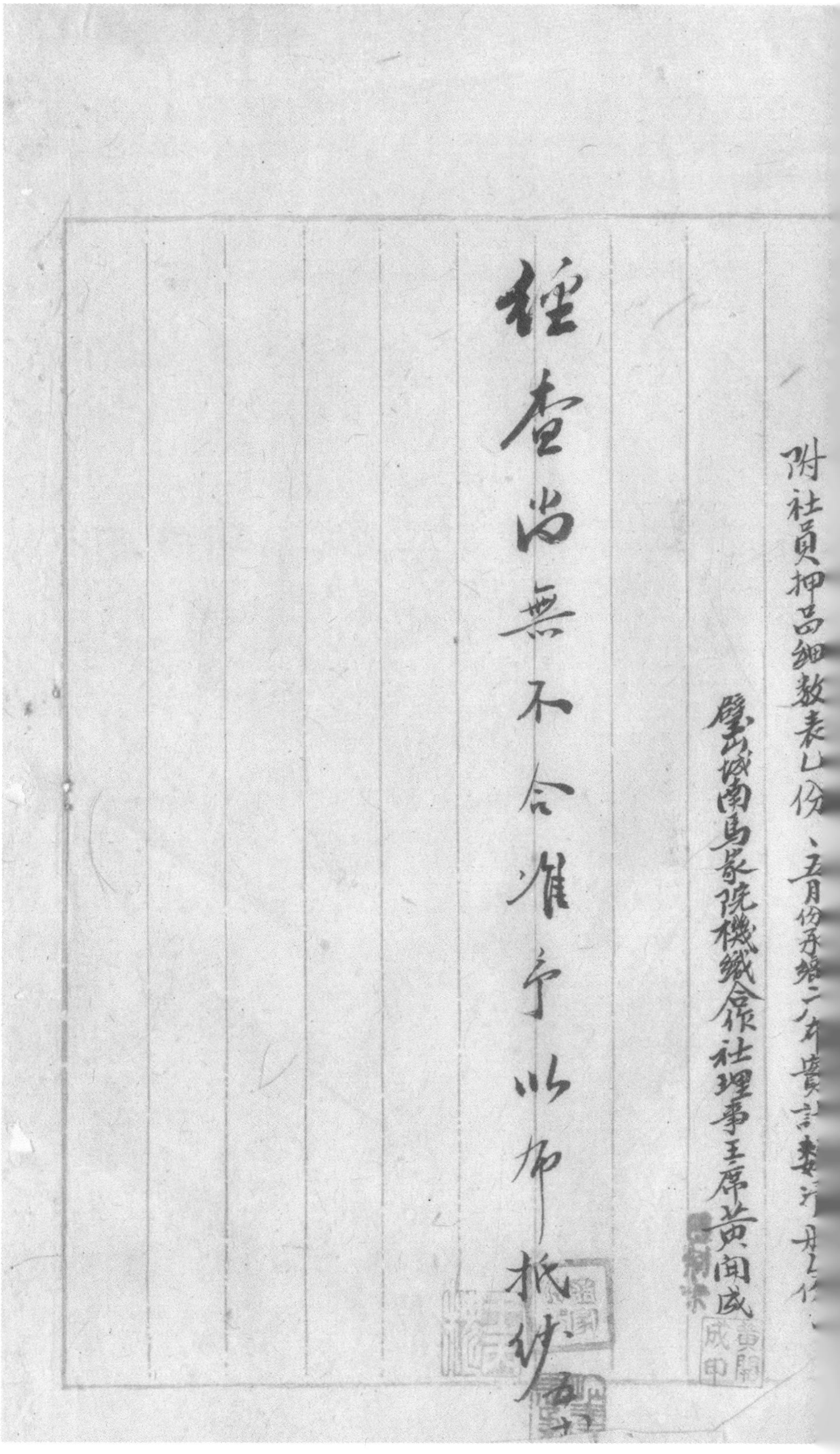

附社員押品細數表乙份、五月份承織二八布貨計數清冊乙份

壁山城南馬家院機織合作社理事主席黄開成

經查尚無不合准予以布抵紗

璧山县河边乡响水滩机织生产合作社为申请暂贷原料接继开工致华西实验区合作社物品供销处的公函 9-1-187（79）

79

璧山縣河邊鄉響水灘機織生產合作社公函

響字第零零壹號

中華民國三十八年五月　日發

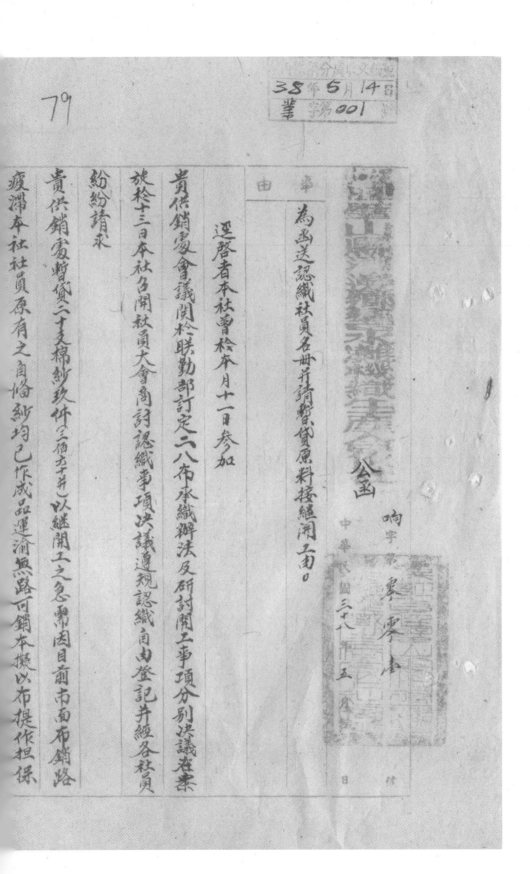

事由：為函送認織社員名冊并請暫貸原料接繼開工由。

逕啓者本社曾於本月十一日參加
貴供銷處會議関於聯勤部訂定二八布承織辦法及研討開工事項分別決議在案旋於十三日本社召開社員大會商討認織事項決議遵規認織自由登記并經各社員紛紛請求
貴供銷處暫貸二十支棉紗玖件（二佰六十并）以繼開工之急需因目前市面布銷路疲滯本社社員原有之自備紗均已作成品運渝無路可銷本擬以布提作担保

璧山县河边乡响水滩机织生产合作社为申请暂贷原料接继开工致华西实验区合作社物品供销处的公函　9-1-187（79）

[illegible]

照并希見覆為荷！

此致

華西實驗區合作組供銷處

河邊鄉響水灘機織生產合作社理事主席徐濟滄

附社員認識名册乙份

华西实验区合作社物品供销处璧山分处为处理交布换纱时多开棉纱事宜致璧山县河边乡响水滩机织生产合作社的通知

9-1-187（81）

87

華西實驗區合作社物品供銷處璧山分處文稿

送達機關地址	响水滩機織社
文別	通知
來文字號 承辦單位	業務股
會章	
收文字號	
發文字號附件	第 壁供業字 301 號
事由	請退還棉紗壹捆并由

主任 已制卡

秘書

副主任

股長

交辦	擬稿	繕寫	校印	封發	歸檔
月 日	十一月廿 日	月 日	月 日	十二月 一 日	字 號 日期 年 月 日

查本年十一月十一日

貴社交布柒拾壹疋應換棉紗貳件壹捆此次開貳件弍捆

機聯社填單時誤錄紗數為貳件肆捆致多開棉紗壹捆

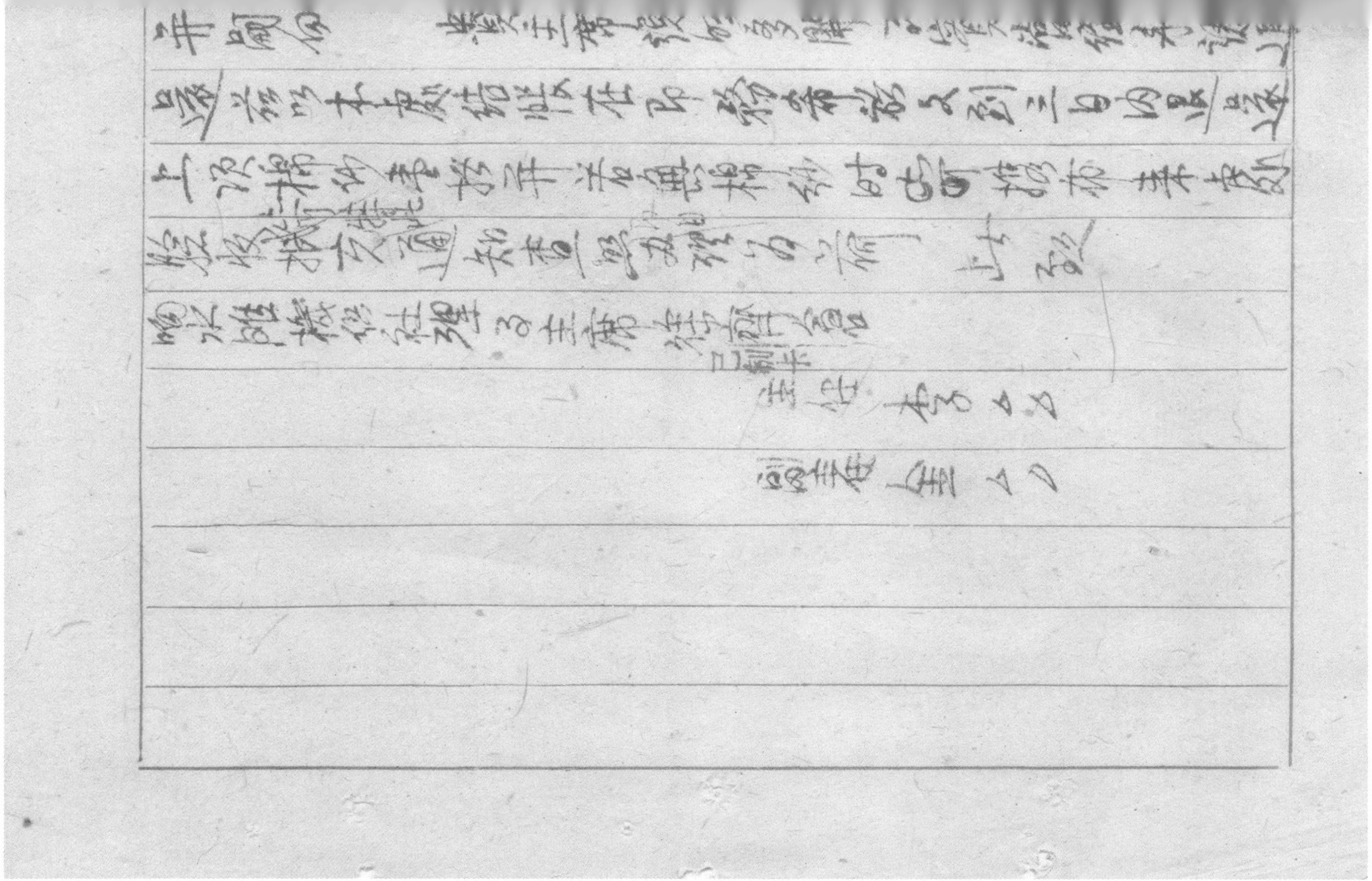
并開列　貴主席……
還並將本處結帳存即務希於文到三日内退還
上項棉紗事於并若無棉紗時亦可換布来處
繳收拟交通知查照办理为荷　此致
响水滩機織社理事主席徐齊名
已制卡
主任　李△△
副主任　金△△

华西实验区合作社物品供销处璧山分处为处理交布换纱时多开棉纱事宜致璧山县河边乡响水滩机织生产合作社的通知
9-1-187（81）

华西实验区合作社物品供销处璧山分处关于召开会议商讨收布问题致机织社理事主席的通知　9-1-187（82）

82

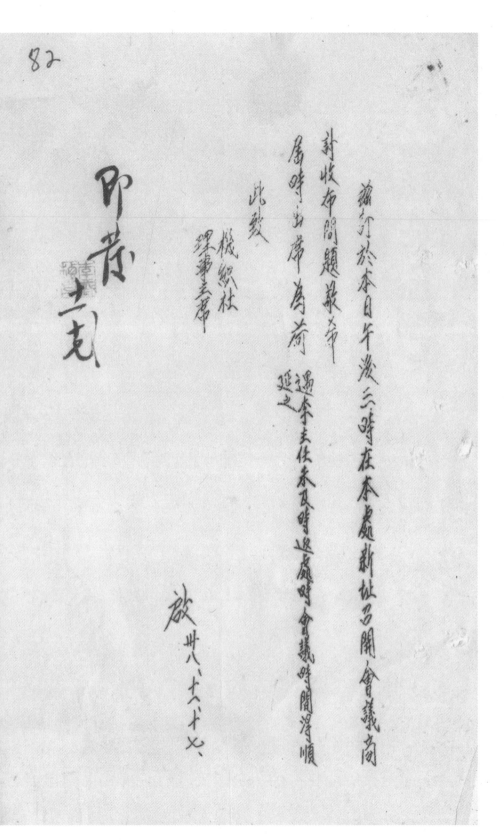

兹订於本日午后三时在本处新址召開會議商
討收布問題敬希
屆時出席為荷 遇本主任未及時返處時會議時間得順延之
此致
機織社
理事主席
啟 卅八、十八、十七、

即發
士克

83

華西實驗區合作社物品供銷處璧山分處文稿

送達機關	養魚池等七社
事由	
地址	
文別	函
來文字號	
承辦單位	會計股
收文字號	
發文字號附件	璧供業字第291號
主任	十一、十五
副主任	十一、十五
秘書	
股長	十一十五
交辦	月 日
擬稿	十一月十五日
繕寫	月 日
校對	月 日
封發	十一月十五日
歸檔	字 號 年 月 日期

查本处前於
贵社业务週转困难，以布疋抵押借纱（计 件 年 月 支）原定期一月
清偿迄今为期已久尚未提布还纱殊有碍本处业务

华西实验区合作社物品供销处璧山分处为处理未能按期提布还纱事宜致养鱼池等七社的函（附：抵押放款明细表） 9-1-187（83）

华西实验区合作社物品供销处璧山分处为处理未能按期提布还纱事宜致养鱼池等七社的函（附：抵押放款明细表）　9-1-187（83）

迳行前再函达

查照限文到一週内将所押布尺提取清偿逾期如再不清偿除照原抵押之日起按贷纱每生计算利息外并会同县政府拍卖偿还借纱有不足者即函请县府押追希勿贻误为荷

此致

养鱼池　马鞍山　玉皇庙　兰家湾

响水滩　皂角坝　七拔眺等七社

主任李○○

副主任会○○

84

華西實驗區合作社物品供銷處

抵押放款明細表

民國 38 年 11 月 11 日　　第 全 頁

社名	件	并	支	綁	件	并	支	綁	件	并	支	綁
養魚池	0	33	4	0								
飛鞋山	1	4	7	0								
玉皇廟	0	33	18	0								
王家灣	0	14	8	0								
响水灘	0	6	10	0								
皂桷坡	0	18	2	0								
金鼓灘	0	8	0	0								
合計	3	38	11	0								

主任　副主任　會計　覆核　製表

华西实验区合作社物品供销处璧山分处为处理未能按期提布还纱事宜致养鱼池等七社的函（附：抵押放款明细表）　9-1-187（84）

华西实验区合作社物品供销处璧山分处关于军布业务结束后继续收换二八布致各机织社等单位的公告 9-1-187（85）

85

華西實驗區合作社物品供銷處璧山分處文稿

送達機關：縣布協 各机織社

文別：公告

發文字號：璧供業字第[illegible]號

事由：為軍布業務結束後依規定繼續換布分區辦法三項記 查照由

主任：閻穆 十一、廿九

副主任：十一、廿九　已制卡

秘書：十一、廿九　已制卡

股長：十一、廿九　已制卡

撰稿：十月廿九日

封發：十月廿八、廿九日

查本處軍布業務結束後仍繼續收換二八布，經於本月廿七日發出供業字第二七一號公告在案。茲為顧及各社員已在家綜起机以及在机未了布疋完成生產過程不致蒙受損失起見，自十一月

华西实验区合作社物品供销处璧山分处关于军布业务结束后继续收换二八布致各机织社等单位的公告　9-1-187（85）

一日起……共十行

质既同今期紧缩办法三项如后：

第一期 十一月一日至十一月廿五日 纬纱超过五十六根，密至四吋，短至廿四吋以上者不收，通长准加重二扣（纱）

第二期 十一月廿六日至十二月廿日 纬纱超过五十七根，密至三吋，短至十五吋以上者不收，通长准加重二扣（纱）

第三期 十二月廿一日起 纬纱超过五十八根，密至二吋，短至十吋以上者不收，通长不加纱

上项办法除分函各特约公先（函）知，此先公告外，相应函达，即希查照并转知各社员为荷

为荷　此致

各机织社

北碚联社第五区……

主任 [illegible]

副主任 [illegible]

华西实验区合作社物品供销处璧山分处为奉孙则让主任之命派员驻社督促军布生产致璧山各承织军布机织生产合作社的通知

9-1-187（86）

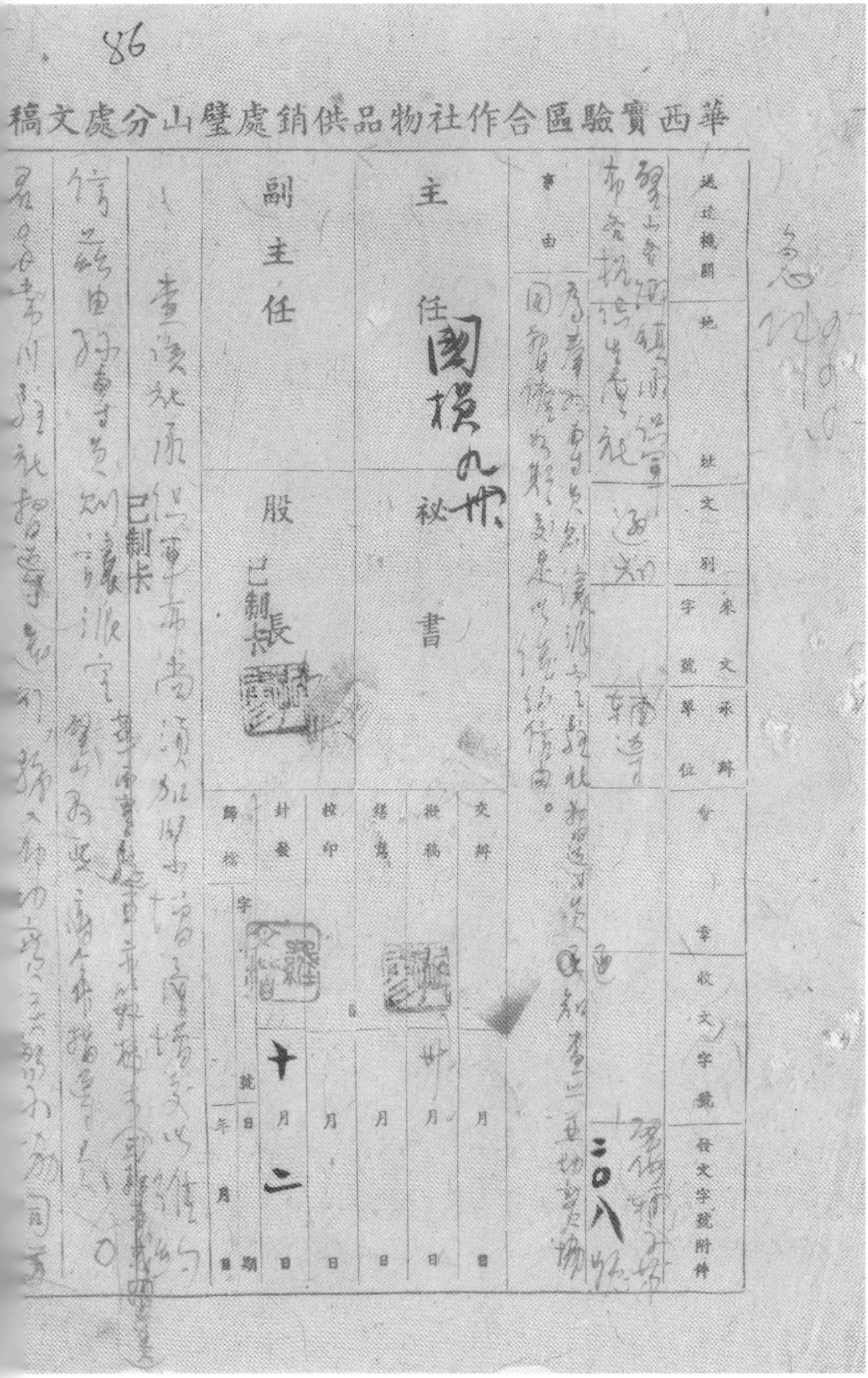
86

華西實驗區合作社物品供銷處璧山分處文稿

送達機關地址：璧山各承織軍布機織生產合作社

文別：通知

來文字號

承辦單位：業務

會章

收文字號

發文字號附件：二〇八號

事由：為奉孫主任則讓之命派員駐社督導軍布生產由

主任：閱 模 九卅

副主任

股長：已制長

秘書

交辦　擬稿　繕寫　校印　封發　歸檔

字　號　日期

十月二日

[illegible]

[illegible]

○○○[illegible]理事主席○○○

主任[illegible]○○

副主任[illegible]

华西实验区合作社物品供销处璧山分处为奉孙则让主任之命派员驻社督促军布生产致璧山各承织军布机织生产合作社的通知

9-1-187（86）

华西实验区合作社物品供销处璧山分处为二八军布两端须织头线一道以资鉴别致各机织社等单位的公告 9-1-187（87）

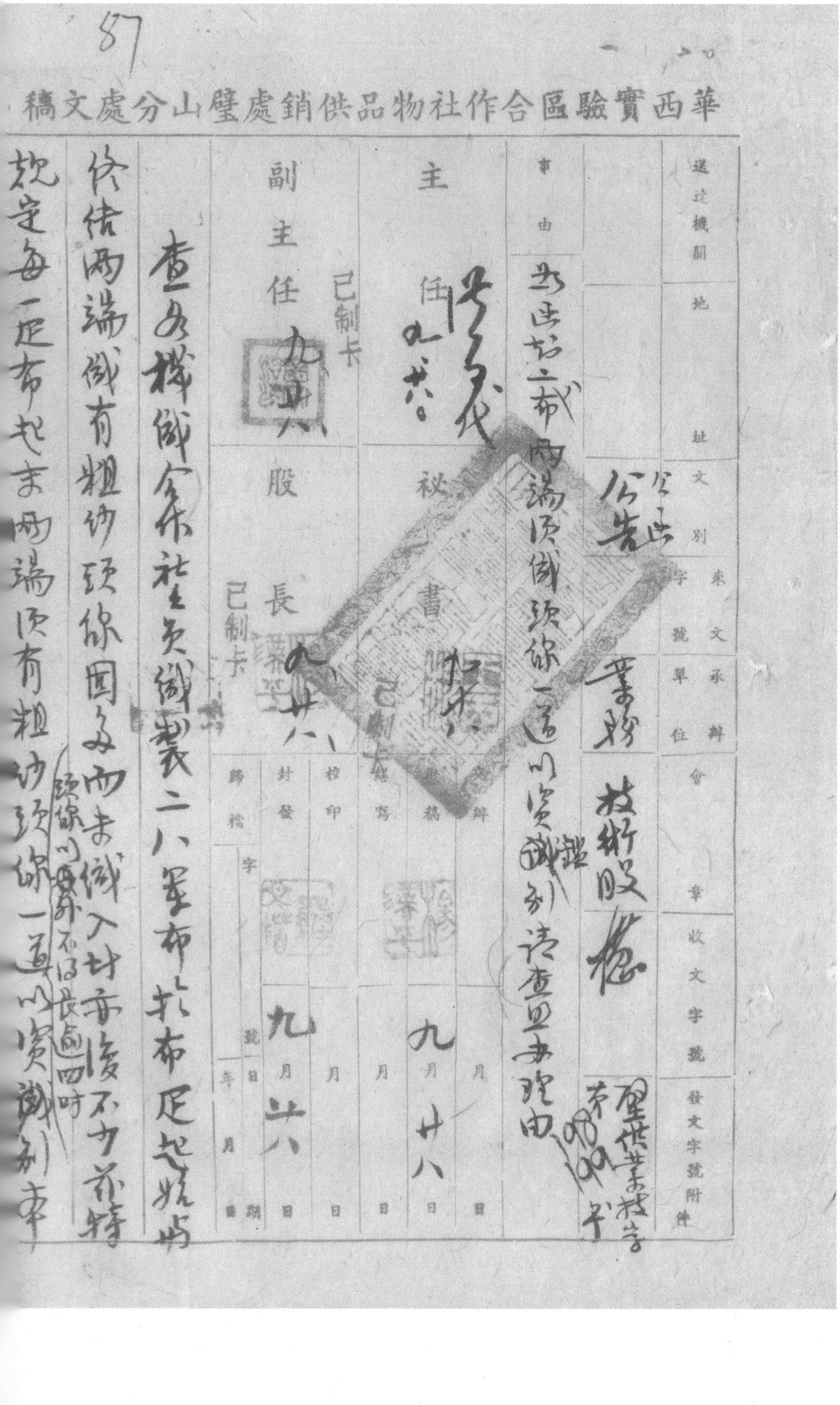
87

華西實驗區合作社物品供銷處璧山分處文稿

送達機關地址	公告
文別	公告
來文字號 承辦單位	業務
會	技術股
事由	為二八布兩端須織頭線一道以資鑑別請查照由
主任	九、廿八
秘書	九、廿八
副主任	九、廿八
股長	九、廿六
擬稿	九月廿六日
繕寫	九月廿八日
發文字號附件	璧供業技字第［illegible］號

查各機織合作社交織製二八軍布於布疋起號處均佈兩端織有粗紗頭線，因多而未織入，計此後不分前特規定每一疋布起末兩端須有粗紗頭線一道以資鑑別，事

頭線以資界不得長過四吋

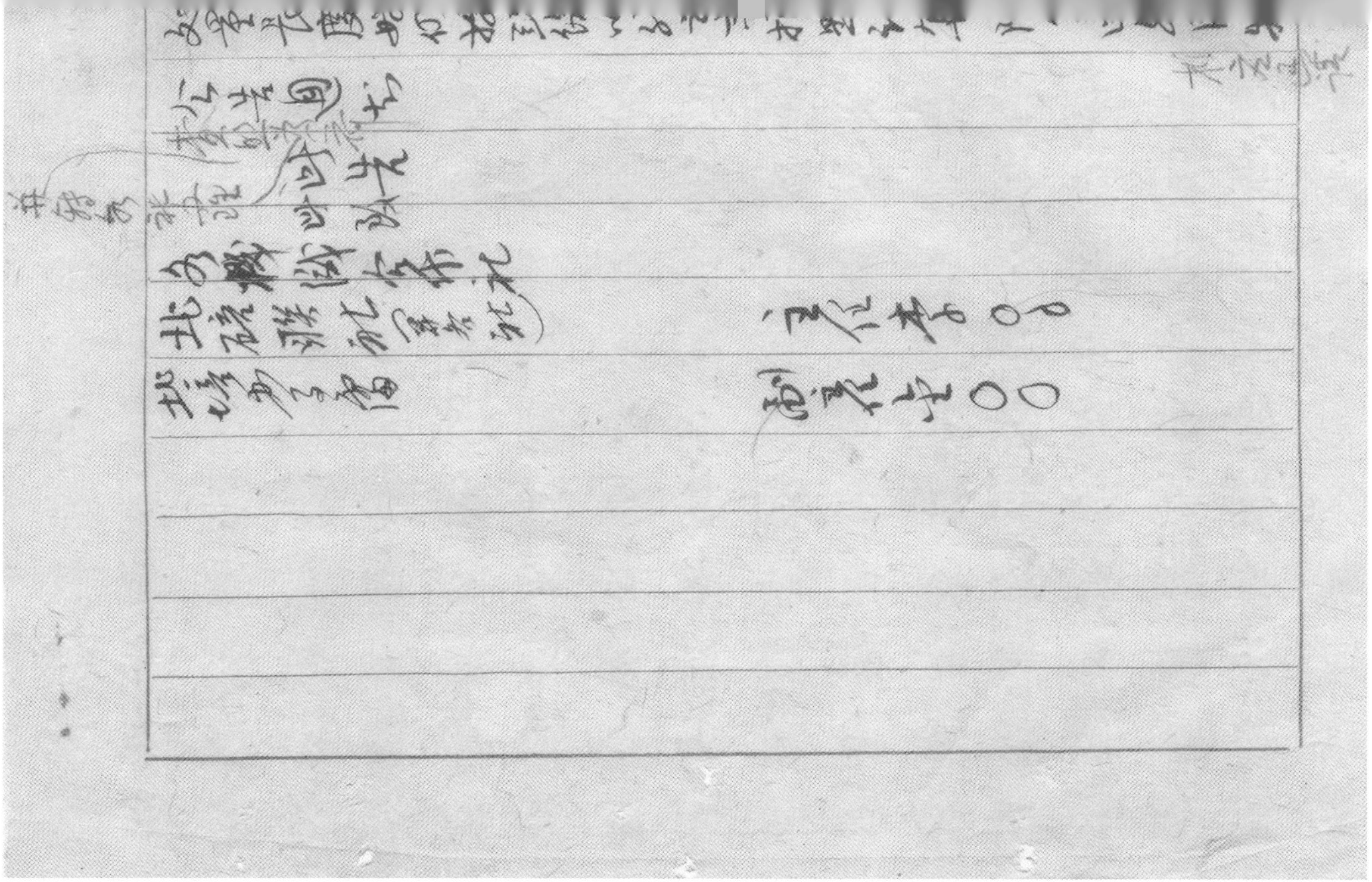

……[illegible]……

公告周知

此告

此致

各机织合作社

北碚联社（并各社）

北碚办事处

主任 李〇〇

副主任 〇〇

华西实验区合作社物品供销处璧山分处为二八军布两端须织头线一道以资鉴别致各机织社等单位的公告　9-1-187（87）

华西实验区合作社物品供销处璧山分处为二八军布两端须织头线一道以资鉴别致各机织社等单位的公告　9-1-187（88）

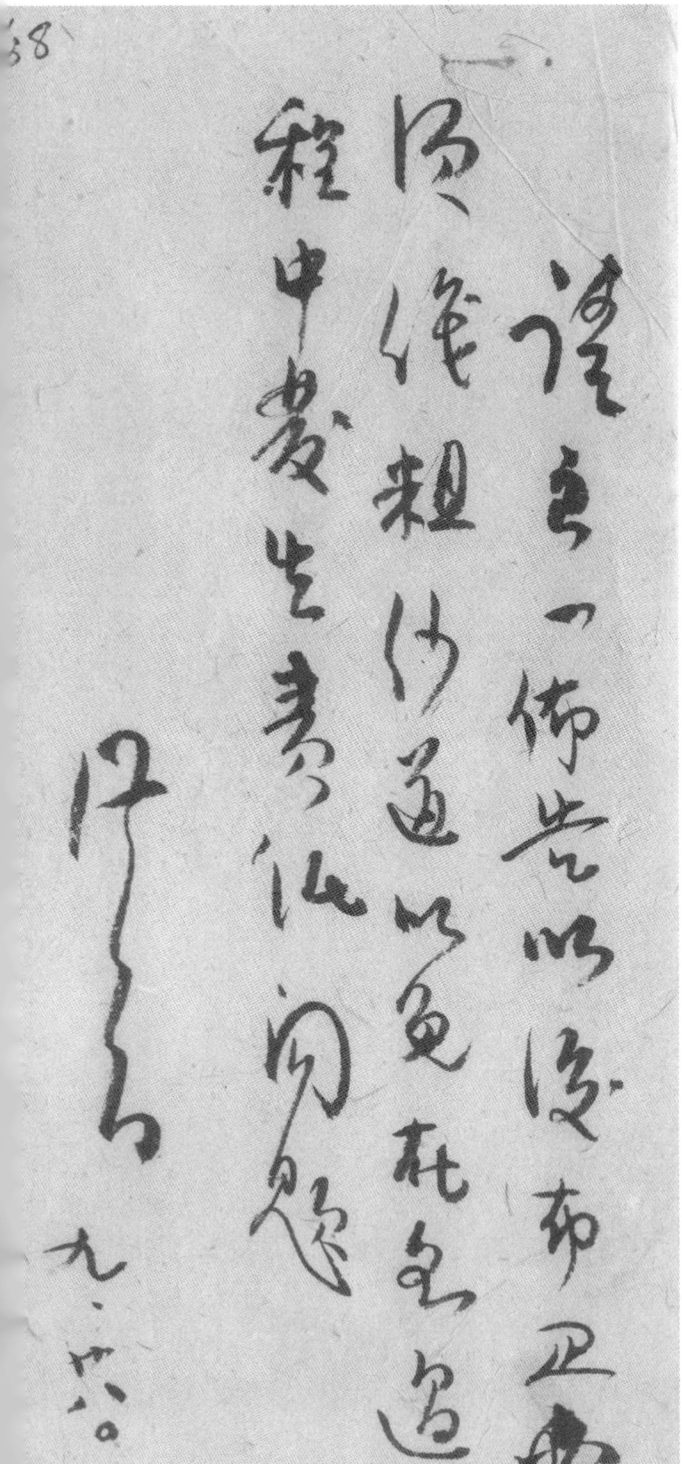

华西实验区合作社物品供销处璧山分处为抄发未按期交送军布社员姓名表并责成加速生产致璧山各承织军布机织社的通知

9-1-187（89）

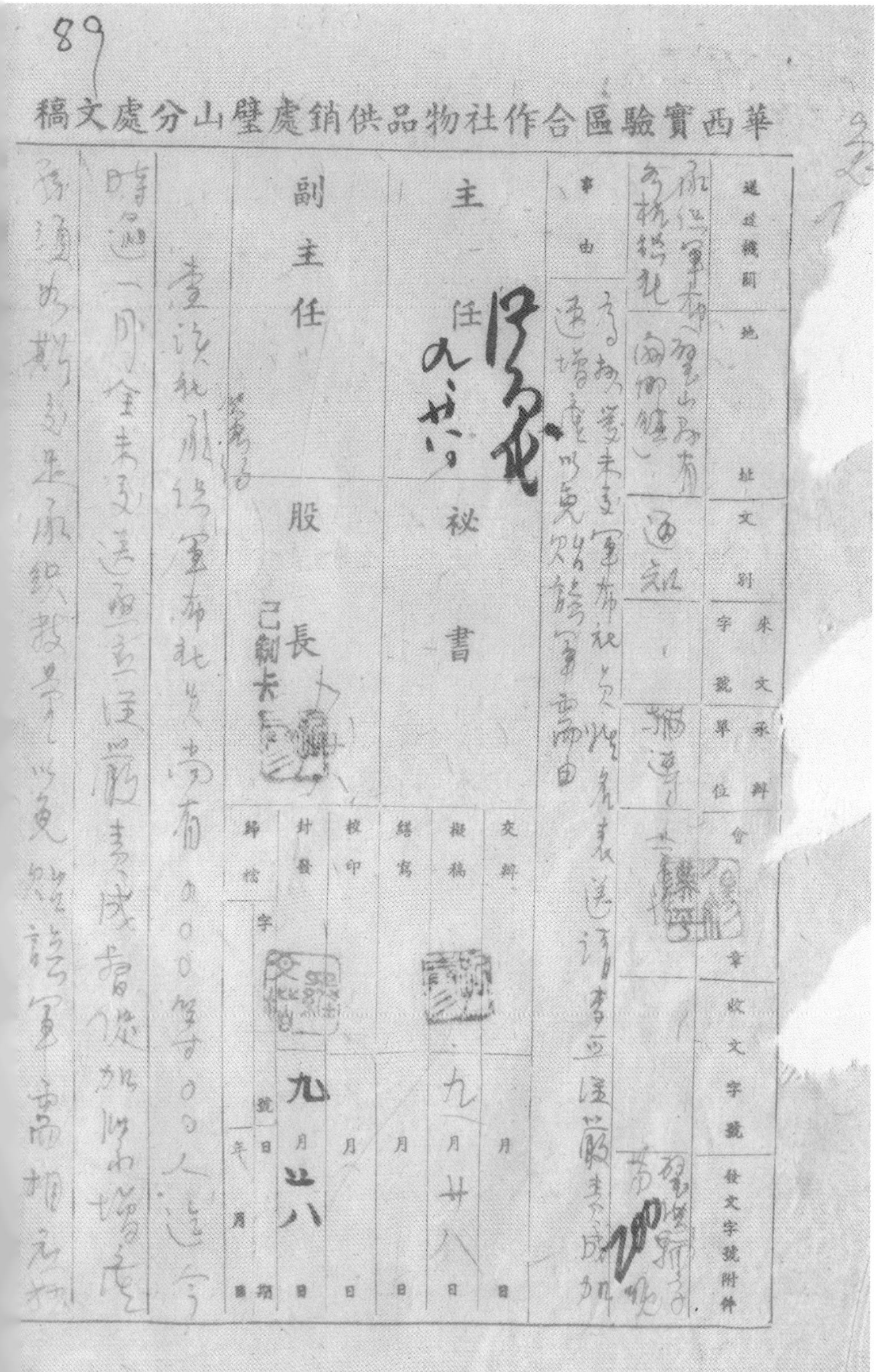

89

華西實驗區合作社物品供銷處璧山分處文稿

送達機關地址：承織軍布（璧山各有關機織社）

文別：通知

事由：為抄發未交軍布社員姓名表送請查照從嚴責成加速增產以免貽誤軍需由

主任：[illegible] 九廿六

副主任：

秘書：

股長：

交辦：

擬稿：九月廿八日

繕寫：

校印：

封發：九月廿八日

歸檔：

查該社承織軍布社員尚有○○等○○人迄今時逾一月全未交送，函應從嚴責成督促加緊增產，務須如期交足承織數量，以免貽誤軍需爲[illegible]

查照为荷 此致

○○○机织社理事主席

附送未交军布社员姓名表一份

主任 李○○

副主任 ○○○

华西实验区合作社物品供销处璧山分处为抄发未按期交送军布社员姓名表并责成加速生产致璧山各承织军布机织社的通知

9-1-187（89）

华西实验区合作社物品供销处璧山分处为抄发未按期交送军布社员姓名表并责成加速生产致璧山各承织军布机织社的通知
9-1-187（90）

90

〇〇〇〇机织社未交送军布社员姓名表　三十八年九月廿九日

姓名	承织机号	姓名	承织机号	姓名	承织机号

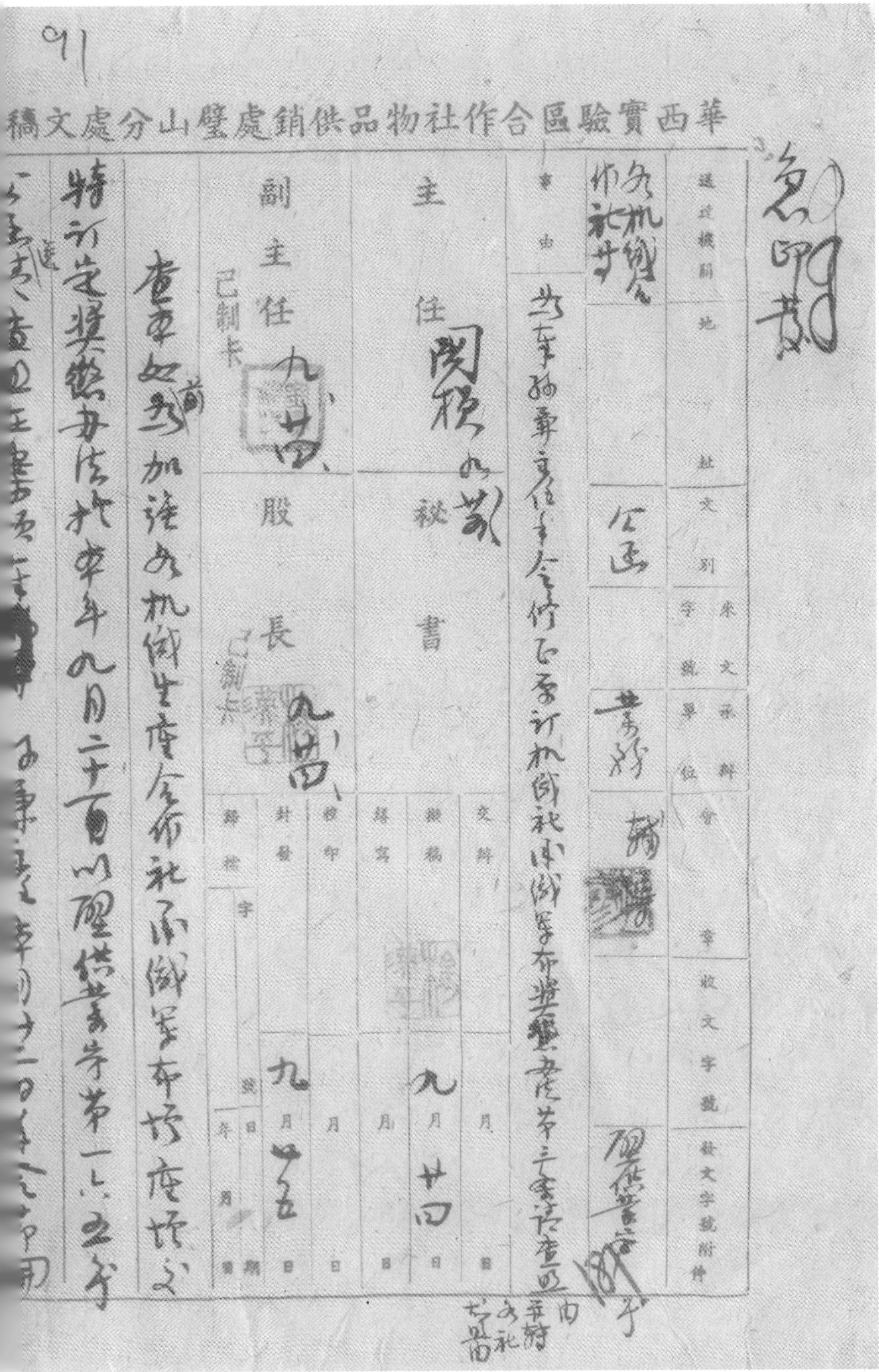
華西實驗區合作社物品供銷處璧山分處文稿

主任
副主任
秘書
股長
事由：為奉孫主任手令修正原訂機織社承織軍布獎懲辦法請查照由
送達機關：各機織合作社
發文字號：璧供業字
交辦 擬稿 繕寫 校印 封發 歸檔

查本處前為加強各機織生產合作社承織軍布增產起見，特訂定獎懲辦法於本年九月二十日以璧供業字第一八五號

华西实验区合作社物品供销处璧山分处为奉孙则让主任手令修正原订机织社承织军布奖惩办法致各机织合作社等的公函

9-1-187（91）

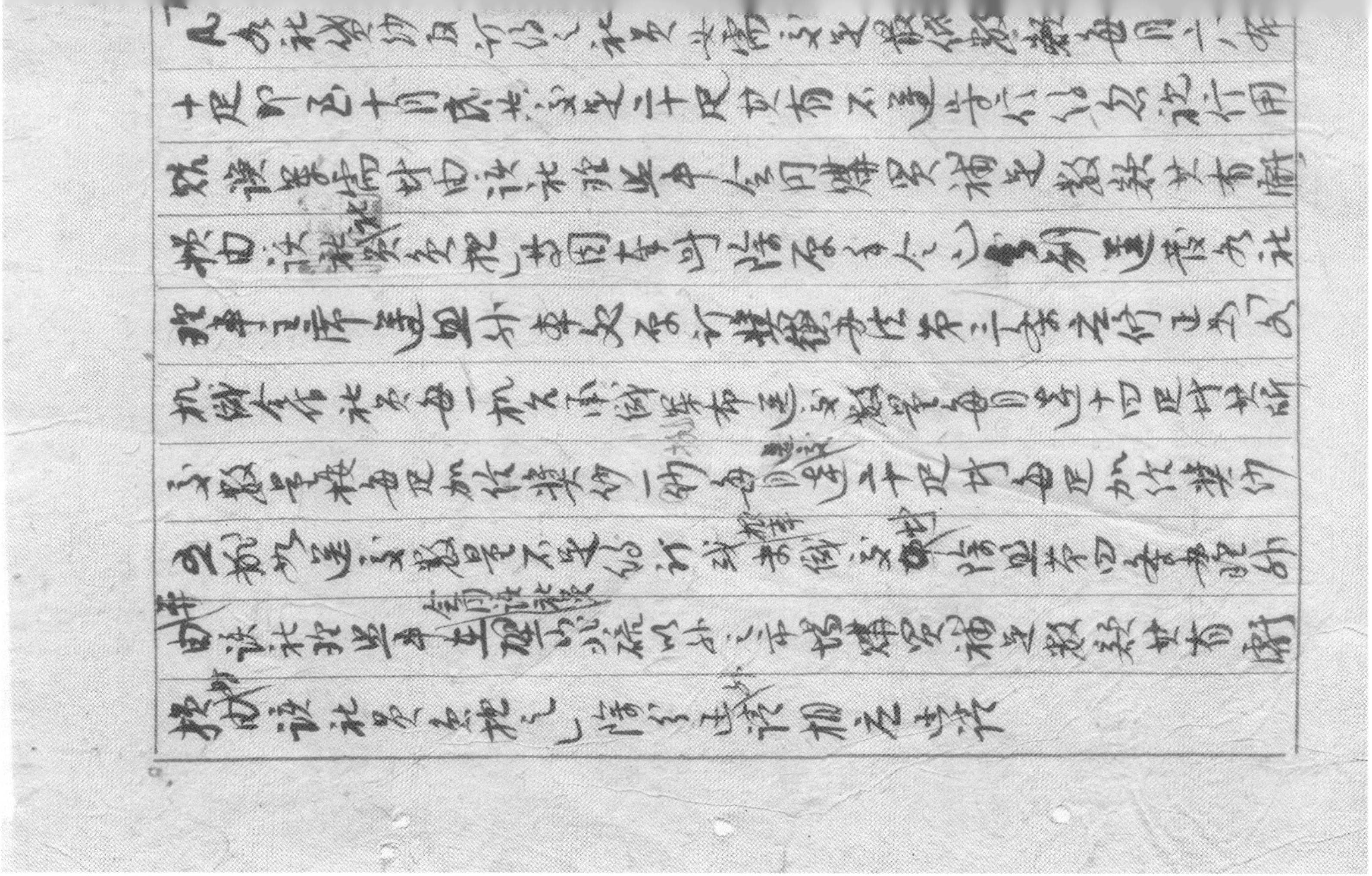
「凡各社领纱及订织之社员其需交足最低数额每月六[illegible]
十疋即至十月底共交足二十疋其有不足者仍给各社作用
纱该社需其由该社理事会同购买补足数额其有斛
换由该社社员负担并同奉此除原手令已分别送发各社
理事主席遵照外奉如原订奖惩办法第三条应修正为「各
机织合作社社员每一机允承织军布送交数量每月达十四疋其无所
交数量按每疋加给奖纱一纱每月送达二十疋其每疋加给奖纱
五机织送交数量不足额订机织交纱除照第四条办理外
由该社理事会主理以外之市场购买补足数额其有斛
换由该社社员负担之」除分送请相应函请

华西实验区合作社物品供销处璧山分处为奉孙则让主任手令修正原订机织社承织军布奖惩办法致各机织合作社等的公函
9-1-187（91）

华西实验区合作社物品供销处璧山分处为奉孙则让主任手令修正原订机织社承织军布奖惩办法各致机织合作社等的公函

9-1-187（92）

92

切实执行

查照並转知所属机织社遵照为荷

切实督导执行

切实督导执行

此致

郎　机织合作社

第一二三辅导区办事处

四辅导区办事处〇〇

主任李〇〇

副主任余〇〇

华西实验区合作社物品供销处璧山分处为皂桷坡等五社逾期尚未提布还纱责令限期予以处理否则即行拍卖偿还致涉事五社的函

9-1-187（93-1）

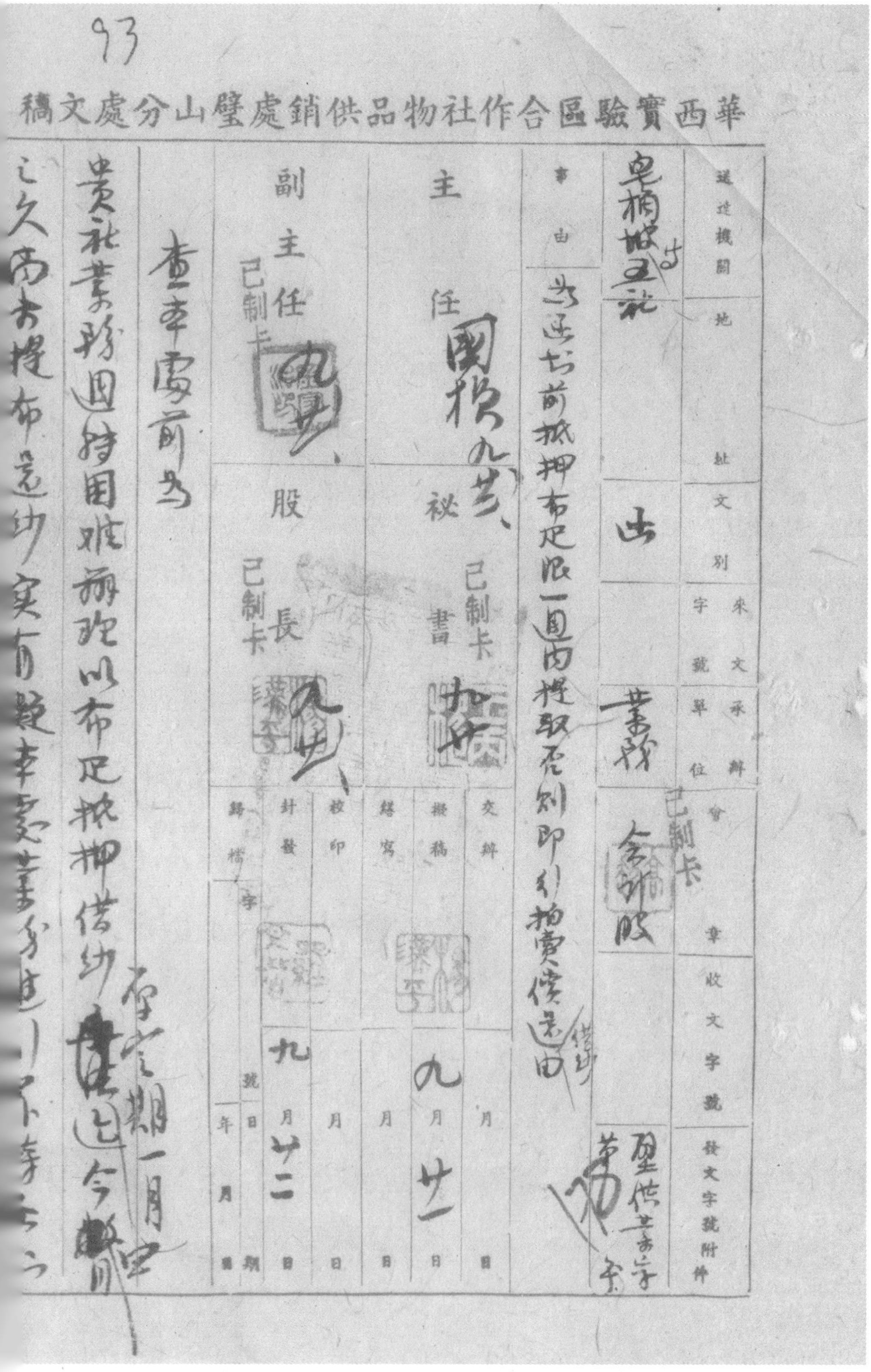

93

華西實驗區合作社物品供銷處璧山分處文稿

送達機關：皂桷坡等五社

事由：為逐步前抵押布疋限一週內提取否則即行拍賣償還由

文別：函

承辦單位：業務股

主任

副主任

秘書

股長

九月廿二

查本處前為貴社業務週轉困難辦理以布疋抵押借紗……之久尚未提布還紗實有礙本處業務進行……

华西实验区合作社物品供销处璧山分处为皂桷坡等五社逾期尚未提布还纱责令限期予以处理否则即行拍卖偿还致涉事五社的函

9-1-187（93-1）

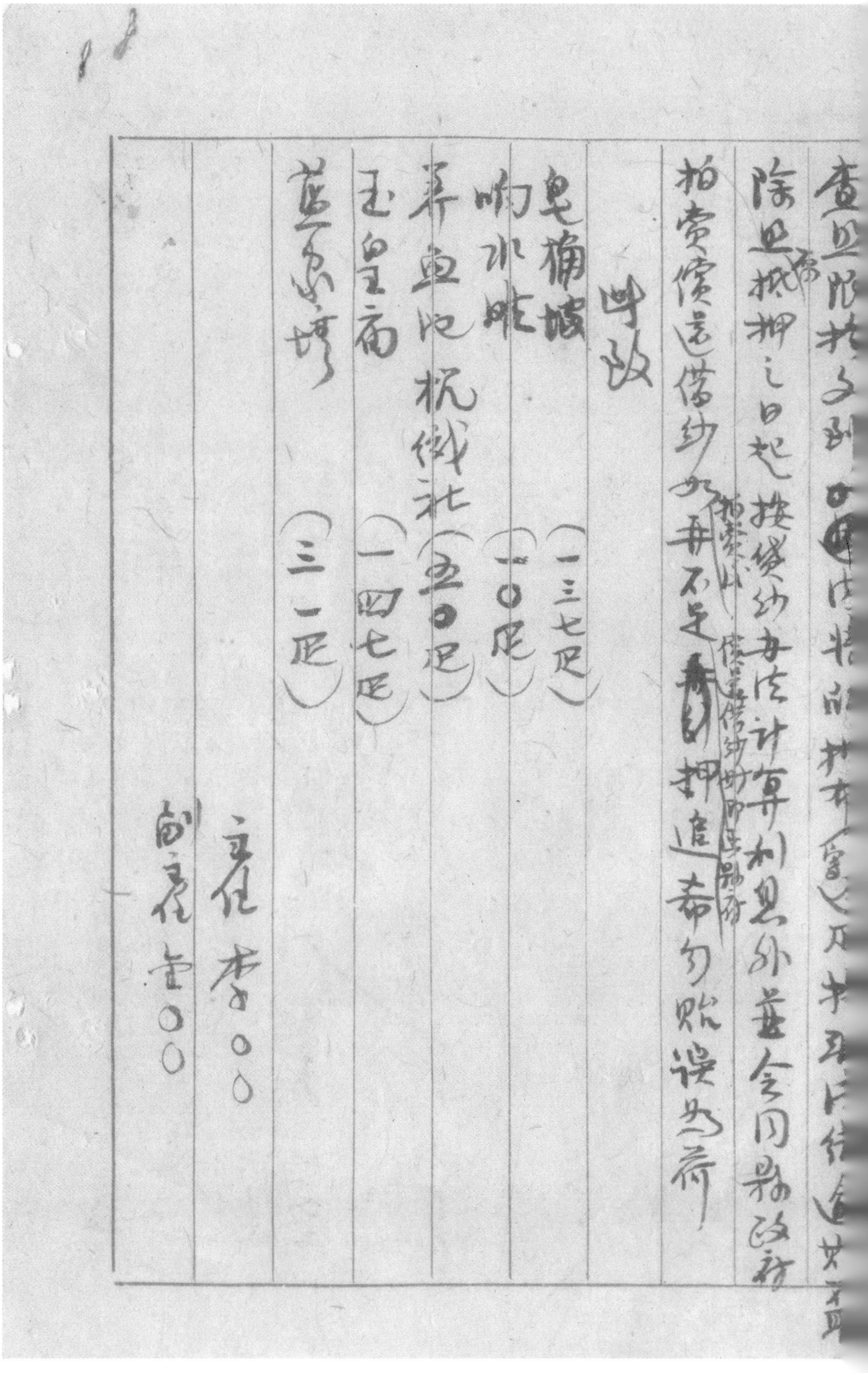

查照收文到〇〇日内将所织布（纱）及手工费送来

除照抵押之日起按贷纱每法计算利息外并会同县政府

拍卖偿还借纱如再不足再行押追希勿贻误为荷

此致

皂桷坡（一三七疋）

响水滩（一〇疋）

蒋家池机织社（五〇疋）

玉皇庙（一四七疋）

[illegible]（三一疋）

主任 李〇〇

副主任 金〇〇

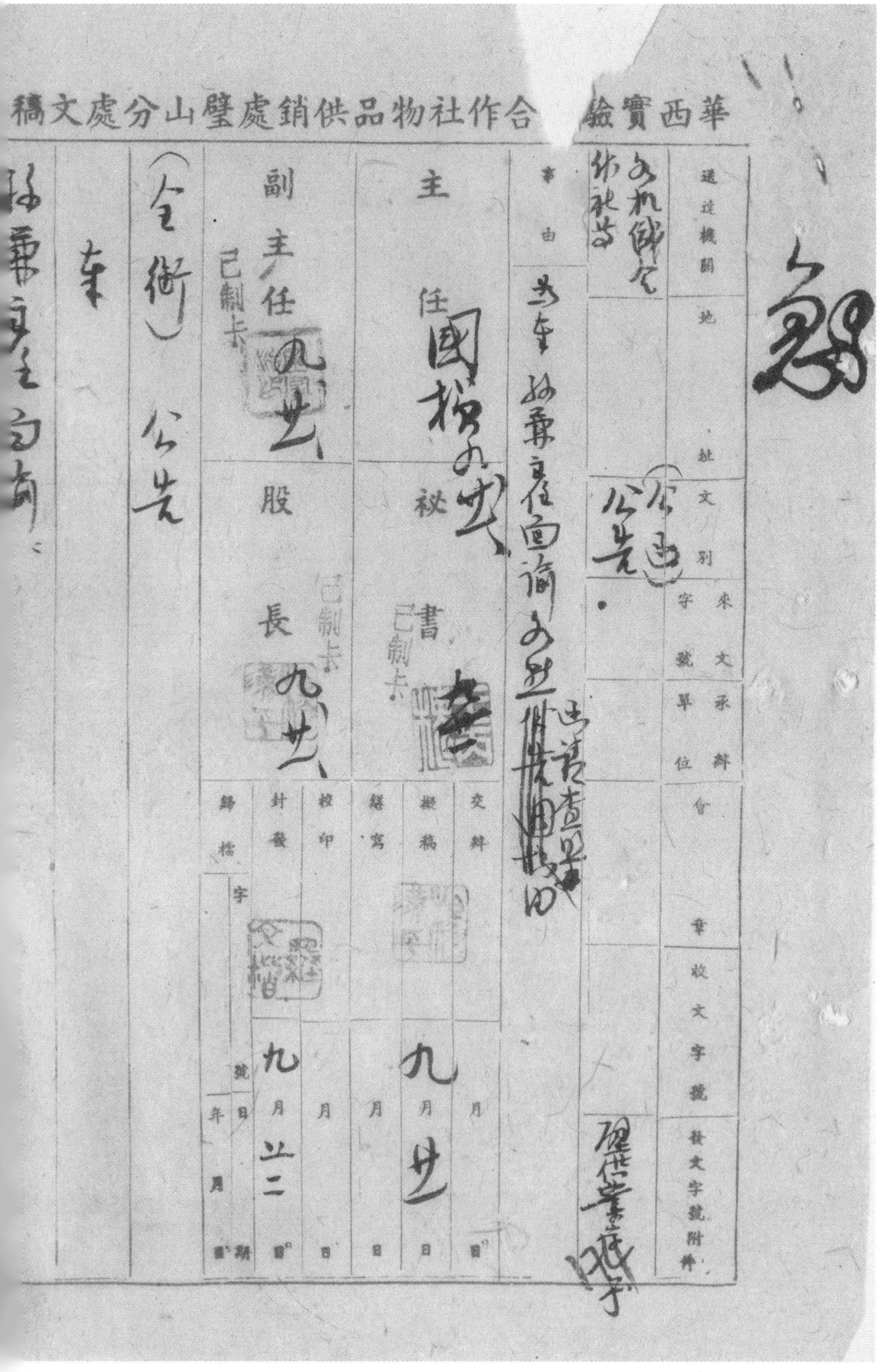
華西實驗區合作社物品供銷處璧山分處文稿

送達機關地址：各機織合作社等
文別：公告
來文字號單位
承辦會章
收文字號
發文字號附件：璧供業字
事由：為奉孫主任面諭……
主任
副主任
秘書
股長
交辦 月 日
擬稿 九月廿 日
繕寫 月 日
校印 月 日
封發 九月廿二日
歸檔 字號 年 月 日

（全銜）公告
奉

华西实验区合作社物品供销处璧山分处奉孙则让主任关于军布生产办法面谕致各机织合作社等的公告　9-1-187（93-2）

华西实验区合作社物品供销处璧山分处奉孙则让主任关于军布生产办法面谕致各机织合作社等的公告　9-1-187（93-2）

一、〃〃〃〃　照错误文

2.〃〃〃〃

奉因，奉此，除分别通知外，用特公告周知　L

相应函请　查照为荷（公函用）

此告

此致
机织合作社

主任　李○○

副主任　金○○

第十二区指导员　女士
山稽查　女士
金副主任

94

1、所有机织合作社之机户一律须承织军布已贷纱并订约织布之社员如不织布送交其所贷纱误军需论罚由供销处查明呈请兼主任核办（原已借纱而不能织得承织者）

2、机织合作社社员及非机织社社员现仍织二四布者供销处仍照收至九月底截止在九月底前设法设织二八军布十月起即全收二八布

3、机织合作社社员织花布或其他布匹者均须停止改织军布如需周转可由实验区贷款（向供销处借纱）

4、用兼主任名义通知社员改织二八承织军布期间不能要求增加工资社员亦不得停待

由贾负凡社员在未组织生产小组前由璧山县
政府委托供销处照所定规格实以照收换
6.社员请领纱如再增加机者暂不贷生活用白纱如贷
周转纱以每一机台贷一斤为限
7、凡社员每一机台每月交布达二十疋以上者所
将所交之布一律按每疋二十八支计算（将有办法）
8.通知各区辅导员转知各合作社社员并由供销
处将全部办法公布

华西实验区合作社物品供销处璧山分处为孙则让主任莅临总办事处召开紧急会议致各承织军布机织社的通知　9-1-187（95）

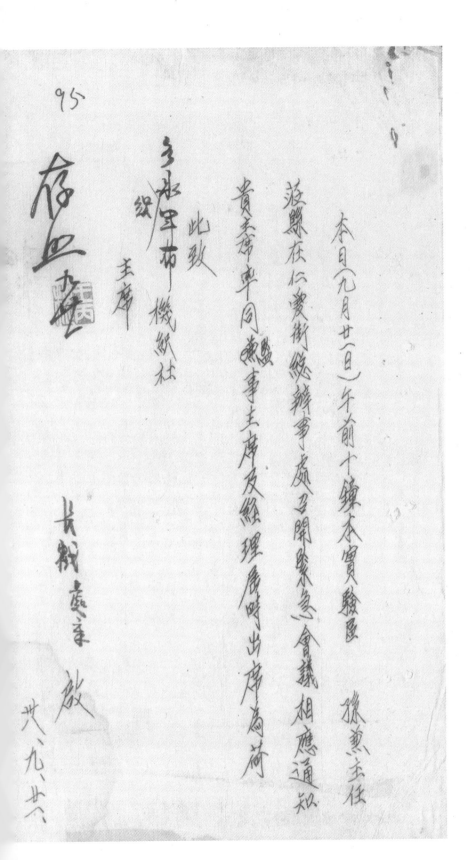

本日（九月廿八日）午前十鐘本實驗區孫兼主任
莅縣在仁愛街總辦事處召開緊急會議相應通知
貴主席率同監事主席及經理屆時出席為荷

此致

各承織軍布機織社

主席

長戴虞章　啟

卅八、九、廿八

存查

95

华西实验区合作社物品供销处璧山分处为函送机织生产合作社承织军布奖惩办法致各机织合作社的公函（附：华西实验区机织生产合作社承织军布奖惩办法） 9-1-187（96）

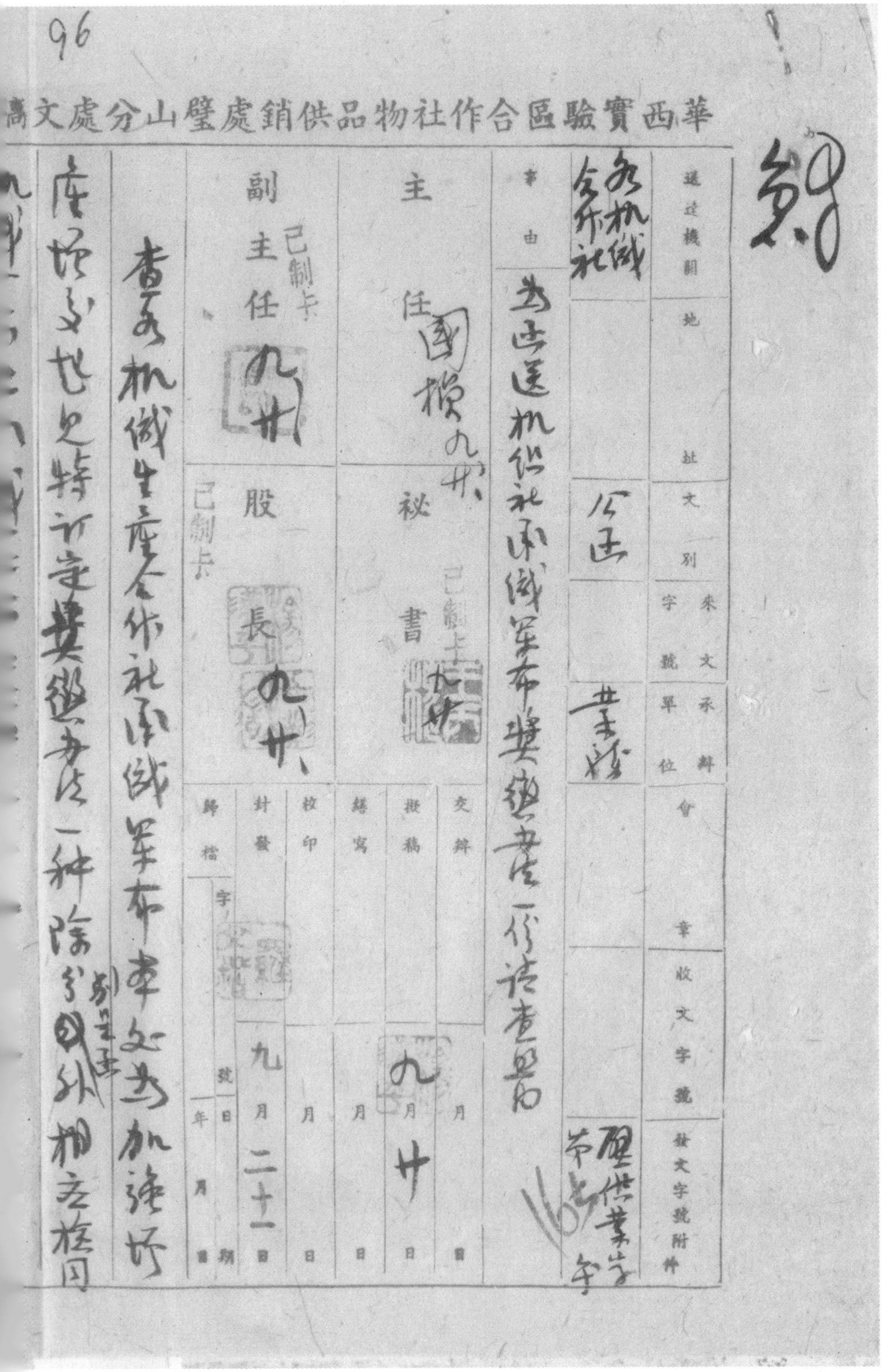

96

華西實驗區合作社物品供銷處璧山分處文稿

送達機關：各機織社
地址
文別：公函
來文字號
承辦單位：業務
會章
收文字號
發文字號附件：璧供業字第　號
事由：為函送機織社承織軍布獎懲辦法一份請查照由
主任：國楨 九卅
副主任：九卅（已制卡）
秘書：九卅（已制卡）
股長：九卅（已制卡）
交辦　月　日
擬稿：九月廿日
繕寫　月　日
校印　月　日
封發：九月二十一日
歸檔：字　號　年　月　日

查各機織生產合作社承織軍布業經本處為加強……
管理起見特訂定獎懲辦法一種除分別呈[illegible]外相應檢同……

查照为荷
此致
机织生产合作社
附机织社承织军布奖惩办法一份

主任 李○○
副主任 金○○

华西实验区合作社物品供销处璧山分处为函送机织生产合作社承织军布奖惩办法致各机织合作社的公函
（附：华西实验区机织生产合作社承织军布奖惩办法） 9-1-187（96）

华西实验区合作社物品供销处璧山分处为函送机织生产合作社承织军布奖惩办法致各机织合作社的公函
（附：华西实验区机织生产合作社承织军布奖惩办法） 9-1-187（97）

97

油印六份 周模

華西實驗區機織生產合作社承織軍布獎懲辦法

一、華西實驗區合作社物品供銷處璧山分處為獎勵各機織合作社承織軍布增產增交起見特訂定本辦法

二、各機織合作社送交布疋按約訂期限繳納如不足承織數量按約訂辦理有超過承織數量時按所送多寡分列次第予以獎勵其獎勵辦法另訂之

三、各機織合作社社員每一機每月承織軍布送交數量每月達十四疋者其所交數量按每疋加給獎紗一把如送交數量不足約訂時每短交一疋即扣紗二把獎懲紗量均於契約終止時結算後

华西实验区合作社物品供销处璧山分处为函送机织生产合作社承织军布奖惩办法致各机织合作社的公函
（附：华西实验区机织生产合作社承织军布奖惩办法） 9-1-187（97）

四、各機織合作社及社員已向華西实驗區貸紗而不訂約承織軍布或訂約不能履約者一經查出即截留其應借週轉紗及生活用品配貸紗並收回貸紗開除社籍移送縣府按貽誤軍需罪懲辦

五、本辦法經處務會議通過後公佈實施並呈報華西实驗區總辦事處轉請有關縣府備案

华西实验区合作社物品供销处璧山分处为函送修正收换不合规格布匹扣纱办法致各机织合作社等的公函　9-1-187（109）

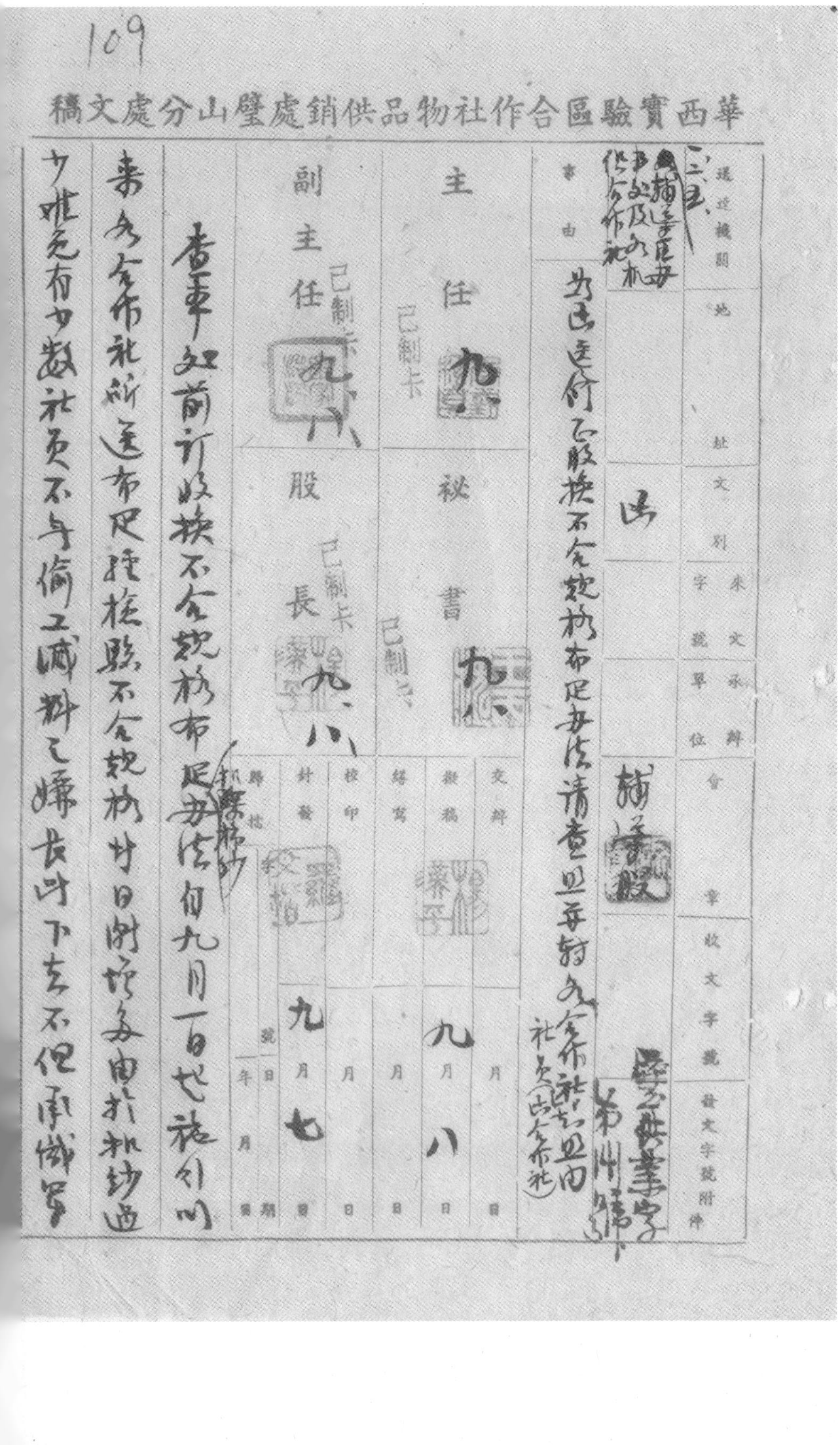
109

華西實驗區合作社物品供銷處璧山分處文稿

送達機關：各辅导区主任辅导员及各机织合作社

事由：为函送修正收换不合规格布疋办法请查照并转知各合作社由

地址

文別：函

來文字號

承辦單位：辅导股

會章

收文字號

發文字號附件：第　号

主任：九、九（已制卡）

副主任：九、八（已制卡）

秘書：九、八（已制卡）

股長：九、八（已制卡）

交辦　月　日

擬稿：九月八日

繕寫　月　日

校印　月　日

封發：九月七日

歸檔　年　月　日　號

查本处前订收换不合规格布疋办法自九月一日起实行以来各合作社所送布疋经检验不合规格者日渐增多由于机纱过少难免有少数社员不守偷工减料之弊长此下去不但承織等

[illegible]
第七次处务会议决议修正，并自本月十一日起施行。兹为实现产品标准化起见，本月二十日后即不再收换不合规格布匹，相应检同本处第七次处务会议决议案节录一份，函请
查照并转饬各机织合作社知照为荷。
此致
第一二三辅导区办事处
机织生产合作社
乡
附本处第七次处务会议决议案节录一份
主任 李○○
副主任 朱○○

华西实验区合作社物品供销处璧山分处为函送修正收换不合规格布匹扣纱办法致各机织合作社等的公函　9-1-187（109）

华西实验区合作社物品供销处璧山分处为函送修正收换不合规格布匹扣纱办法致各机织合作社等的公函　9-1-187（98）

98

華西實驗區合作社物品供銷處璧山分處文稿

送達機關地址	各機織合作社
文別	公函
來文承辦字號單位	業務
會章	輔導處
收文字號	
發文字號	
事由	為函送修正收換不合規格布疋扣紗辦法請查照並轉知社員由
主任	九、十二
秘書	九、十二
副主任	九、十二
股長	九、十二
擬稿	九月十二日
封發	九月十二日

查各機織合作社承織軍布以備織人員技術未臻熟練致送繳布疋經檢驗合格者固多不合格者亦復不少前訂收換不合規格布疋扣紗辦法[illegible]

华西实验区合作社物品供销处璧山分处为函送修正收换不合规格布匹扣纱办法致各机织合作社等的公函　9-1-187（98）

停滞。现查近日收换情形，如不放宽收换尺度，恐多社员行将受

济。选用之联勤总部重庆被服厂派员驻璧山检验小组监督逐

批大量收布之要求，经会同商定将原收换办法予以修正，自本月十二

日起实行，除分令各乡辅导员知照外，相应检同办法一份，函请

查照并转知各社员为荷。

此致

乡　机织合作社

一二五

北碚辅导区

附修正收换不合规格布匹扣纱办法一份

主任　李○○

副主任　卢○○

华西实验区合作社物品供销处璧山分处为函送修正收换不合规格布匹扣纱办法致各机织合作社等的公函 9-1-187（99）

99

换不合规格布匹扣纱办法如次

1.长度 短一吋至三吋 扣纱半排

三吋至六吋 扣纱一排

六吋至十二吋 扣纱二排

十二吋至十八吋 扣纱三排

十八吋至二十四吋 扣纱四排

二十四吋至三十吋 扣纱五排

三十吋至三十六吋 扣纱六排

短三十六吋（一码）以上者不收

2.宽度 窄一至二英分 扣纱一排

华西实验区合作社物品供销处璧山分处为函送修正收换不合规格布匹扣纱办法致各机织合作社等的公函　9-1-187（99）

3.經密　短八根者扣六排　短六根者扣四排
三根者扣五排　四根者扣七排
五根者扣九排　六根者扣十排
七根者扣十三排　八根者扣十五排
九根者扣十七排　十根者扣十九排
短十根以上者不收
緯密：
4.照經密標準扣紗辦法同
本辦法自十二月起實行

璧山四實閣文具印刷紙號印製

华西实验区合作社物品供销处璧山分处奉重庆供销处通知代收二四白布运渝供应致机织社的公告（附：规格表） 9-1-187（100）

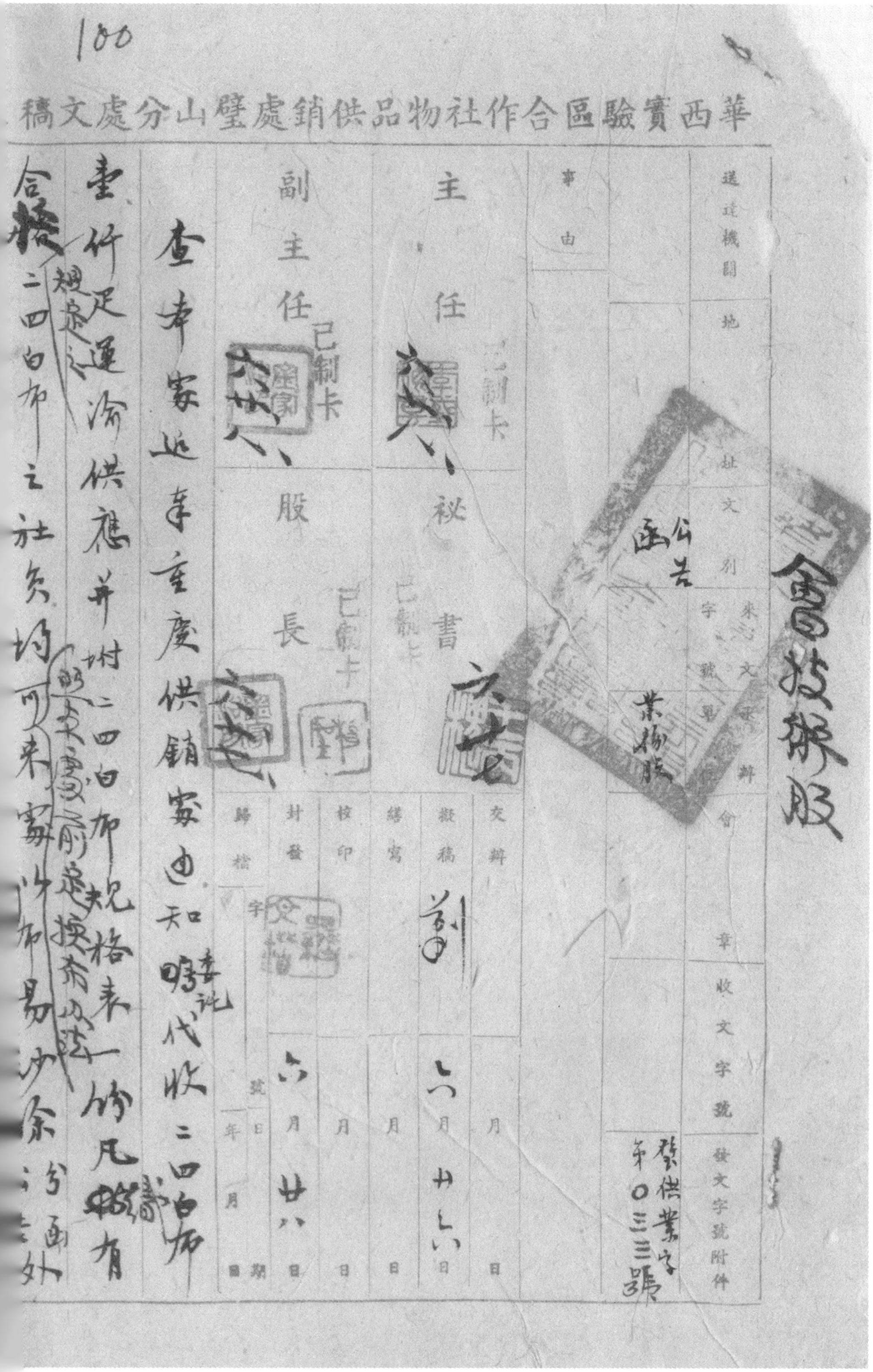
100

華西實驗區合作社物品供銷處璧山分處文稿

送達機關地址
文別 公告
字號 業務股
事由
收文字號
發文字號附件 發供業字第〇三三號
主任
副主任
秘書
股長
交辦 月 日
擬稿 劉 六月廿六日
繕寫 月 日
校印 月 日
封發 六月廿六日
歸檔 年 月 日

會技術股

查奉重慶供銷處通知代收二四白布壹仟疋運渝供應並附二四白布規格表一份凡有[illegible]合格二四白布之社員均可來處[illegible]

相应将二四白布规格表一份函达查照为荷
此致
机织社
附规格表一份
主任 李○○
副主任 全○○

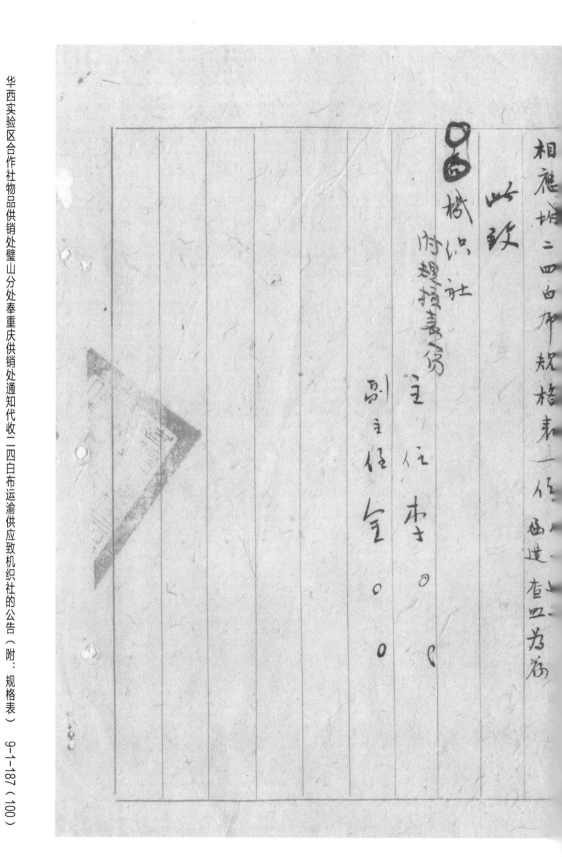

华西实验区合作社物品供销处璧山分处奉重庆供销处通知代收二四白布运渝供应致机织社的公告（附：规格表） 9-1-187（100）

华西实验区合作社物品供销处璧山分处奉重庆供销处通知代收二四白布运渝供应致机织社的公告（附：规格表） 9-1-187（101）

101

规格表

布名	长度	宽度	经密	纬密	每疋换纱量	备考
二四原白布	二十二码	三十一吋五	六十四根	六十二根	廿支棉纱壹捆叁支	

华西实验区合作社物品供销处璧山分处关于聘员担任辅导工作并检送辅导方案致各承织军布机织社等的通知
（附：辅导机织生产合作社加强军布生产方案） 9-1-187（102）

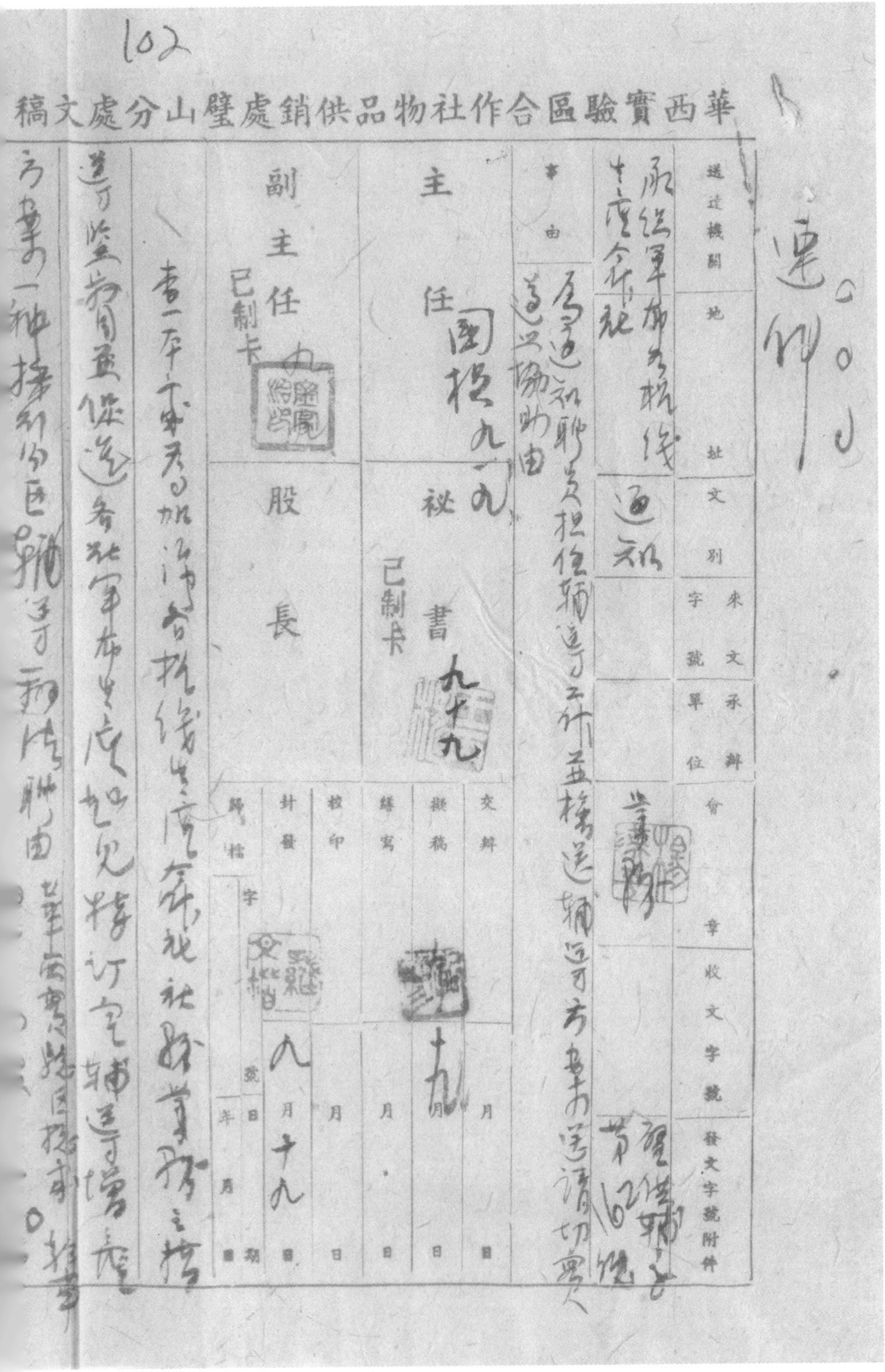
102
華西實驗區合作社物品供銷處璧山分處文稿
送達機關地址：承织军布各机织生产合作社
文別：通知
來文字號單位
承辦會章
收文字號
發文字號附件
事由：为送社聘员担任辅导工作并检送辅导方案请切实遵照协助由
主任
副主任 已制卡
秘書 已制卡 九、十九
股長
交辦 擬稿 繕寫 校印 封發 歸檔
九月十九日

华西实验区合作社物品供销处璧山分处关于聘员担任辅导工作并检送辅导方案致各承织军布机织社等的通知

（附：辅导机织生产合作社加强军布生产方案） 9-1-187（102）

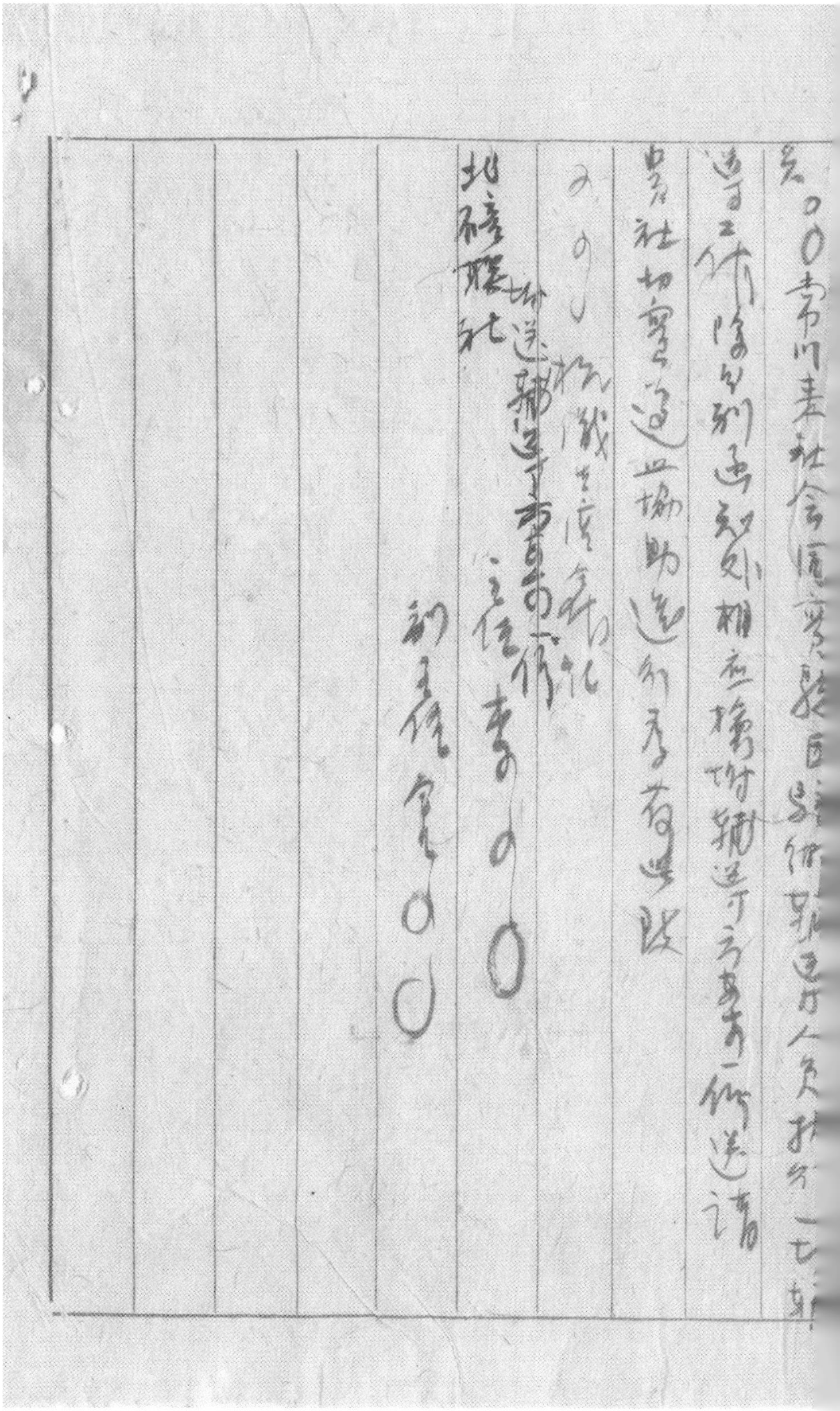
兹○○常门来社合经济股区分派辅导人员担任一七乡
辅导工作，除分别函知外，相应检附辅导方案一份送请
贵社切实遵照协助进行为荷此致
○○机织生产合作社
北碚联社
附送辅导方案一份
主任 李○○
副主任 ○○○

华西实验区合作社物品供销处璧山分处关于聘员担任辅导工作并检送辅导方案致各承织军布机织社等的通知（附：辅导机织生产合作社加强军布生产方案） 9-1-187（103）

103

辅导机织生产合作社加强军布生产方案

（甲）目标

一、促进各社军布生产如期完成承织数量

（乙）工作要点

一、监督各社依照规定运用周转纱务使确能发挥周转效益不得有挪用情事

二、督促各社社员如期如数交足承织数量并鼓励增产增交必要时得按户抽查机具及织造工作进行情形

三、切实稽核各社日用品配借纱转发情形严防负责人运用机会侵占社员权益

四、稽查各社社务业务之得失随时予以矫正如有舞弊情事时应以书面提请核办

五、指导各社设立会计制度务使均有完备之帐册记载同时选定示范社及表证社员薪资观摩

（丙）实施办法

一、[illegible]

华西实验区合作社物品供销处璧山分处关于聘员担任辅导工作并检送辅导方案致各承织军布机织社等的通知
（附：辅导机织生产合作社加强军布生产方案） 9-1-187（103）

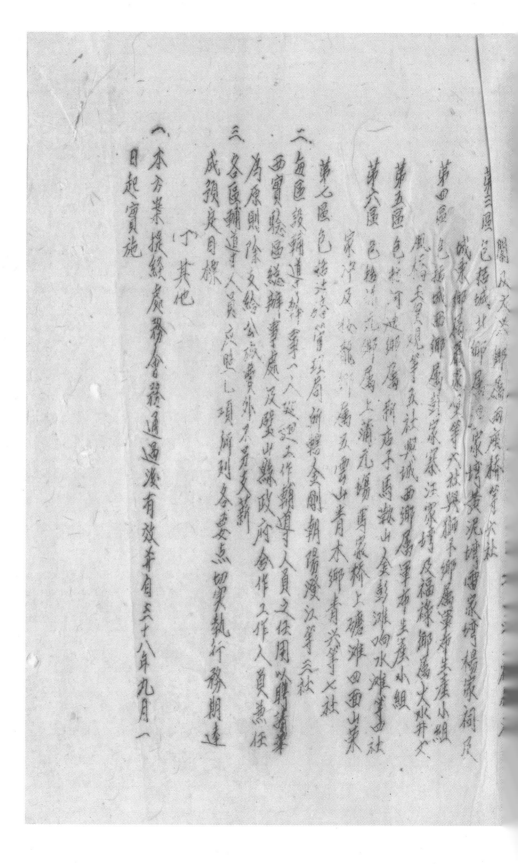

關及大興鄉屬高廟橋等六社
第三區包括城北鄉屬回龍寨、張家塆、黃泥塆、雷家塆、楊家祠及
城東鄉屬張家塆等六社與獅子鄉屬軍布生產小組
第四區包括城西鄉屬彭家寨、汪家塆及福祿鄉屬大水井、文
風橋、長興、觀音等五社與城西鄉屬軍布生產小組
第五區包括河邊鄉屬新店子、馬鞍山、金彭灘、响水灘等四社
第六區包括八塘鄉屬上蒲元場、高家橋、上磨灘、四面山、荣
家沖及松林鄉屬五雲山、青木鄉青興等七社
第七區包括大路鄉崇玉局所轄金剛、朝陽、澄江等三社
二、每區設輔導專辦事人一人，從事工作輔導人員之任用以聘請華
西實驗區總辦事處及璧山縣政府合作工作人員兼任
為原則，除支給公費外不另支薪
三、各區輔導人員應照乙項所列各要点切實執行務期達
成預定目標
（丁）其他
一、本方案提經處務會議通過後有效并自三十八年九月一
日起實施

华西实验区合作社物品供销处璧山分处为抵押布匹期满希派员提取致各机织合作社的公函　9-1-187（104）

104

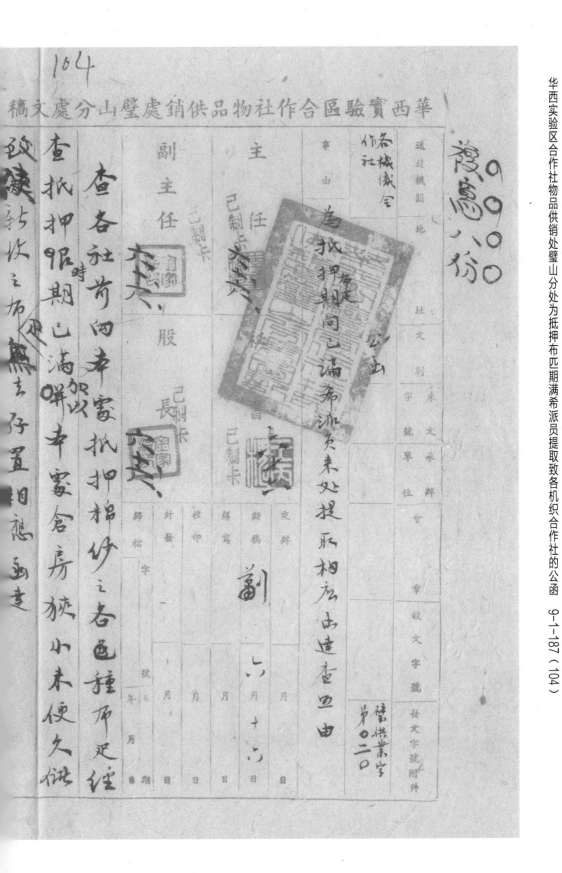

華西實驗區合作社物品供銷處璧山分處文稿

送達機關地址文別	各機織合作社　公函
來文承辦字號單位	
事由	為抵押布疋期間已滿希派員來處提取相應函達查照由
主任	
副主任	
股長	
收文字號	
發文字號附件	璧供業字第〇二〇
擬稿	副　六月十六日

復寫　〇九〇〇　八份〇

查各社前向本處抵押棉紗之各色種布疋，經查抵押限時期已滿，加以本處倉房狹小，未便久儲，致壞，特收之布無去存置，相應函達

华西实验区合作社物品供销处璧山分处为抵押布匹期满希派员提取致各机织合作社的公函　9-1-187（104）

贵社布日内派员来处提取用清手续為荷

此致

〇四·機織合作社

主任　李〇〇

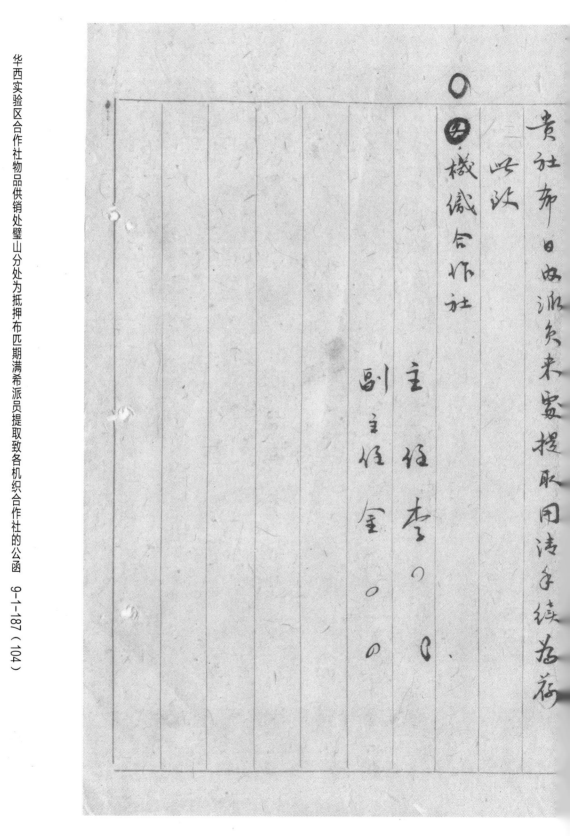

副主任　金〇〇

璧山县城北乡三个滩机织生产合作社为请延期扣还周转纱与华西实验区合作社物品供销处璧山分处的往来公函 9-1-187（105）

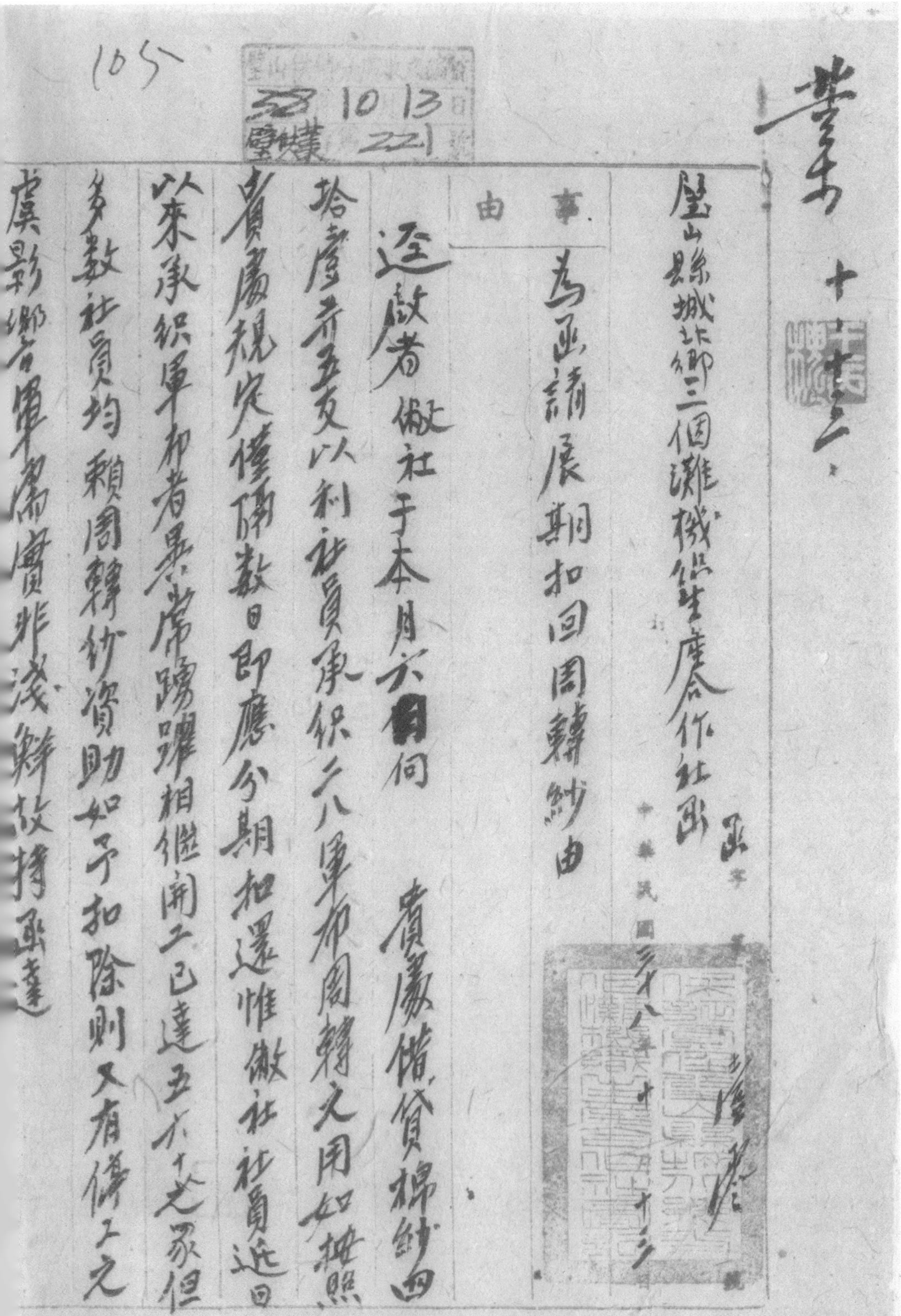

105

38 10 13
璧 221

業 十七六

璧山縣城北鄉三個灘機織生產合作社函 函字第 號

中華民國三十八年十月十二日

事由：為函請展期扣回周轉紗由

逕啟者 敝社于本月六日向 貴處借貸棉紗拾參件五支以利社員承織六八單布周轉之用如按照 貴處規定僅隔數日即應分期扣還惟敝社社員近日以來承織單布者異常踴躍相繼開工已達五六十家之眾但多數社員均賴周轉紗資助如予扣除則又有停工之虞影響合作業實非淺鮮故特函達

璧山县城北乡三个滩机织生产合作社为请延期扣还周转纱与华西实验区合作社物品供销处璧山分处的往来公函　9-1-187（105）

貴處請予准俟其滿時一次扣還是荷！

此致

華西實驗區物品供銷處

理事主席　龔成周

批准予一次扣還，惟不得逾本月底

由該社自行書面具明扣還日期

再由負四組

[illegible]　十、十五

璧山县城北乡三个滩机织生产合作社为请延期扣还周转纱与华西实验区合作社物品供销处璧山分处的往来公函　9-1-187（106）

106

華西實驗區合作社物品供銷處璧山分處文稿

送達機關地址：三个滩机织社

文別：公函

來文字號：

承辦單位：業務股

會

收文字號：

發文字號附件：[redacted]

事由：为准函请展期扣回周转纱请查照即由县逕行办理由

主任：十九、

秘書：十九、（已制卡）

副主任：十九、（已制卡）

股長：十九（已制卡）

交辦：月　日

擬稿：十月十九日

繕寫：月　日

校印：月　日

封發：月　日

歸檔：字號　年月日期

安字號

贵社本年十月十三日函字第壹零叁号函为请展期扣还周转纱以利工作等由，准此。查贵社转纱交布分一次扣还准予照办

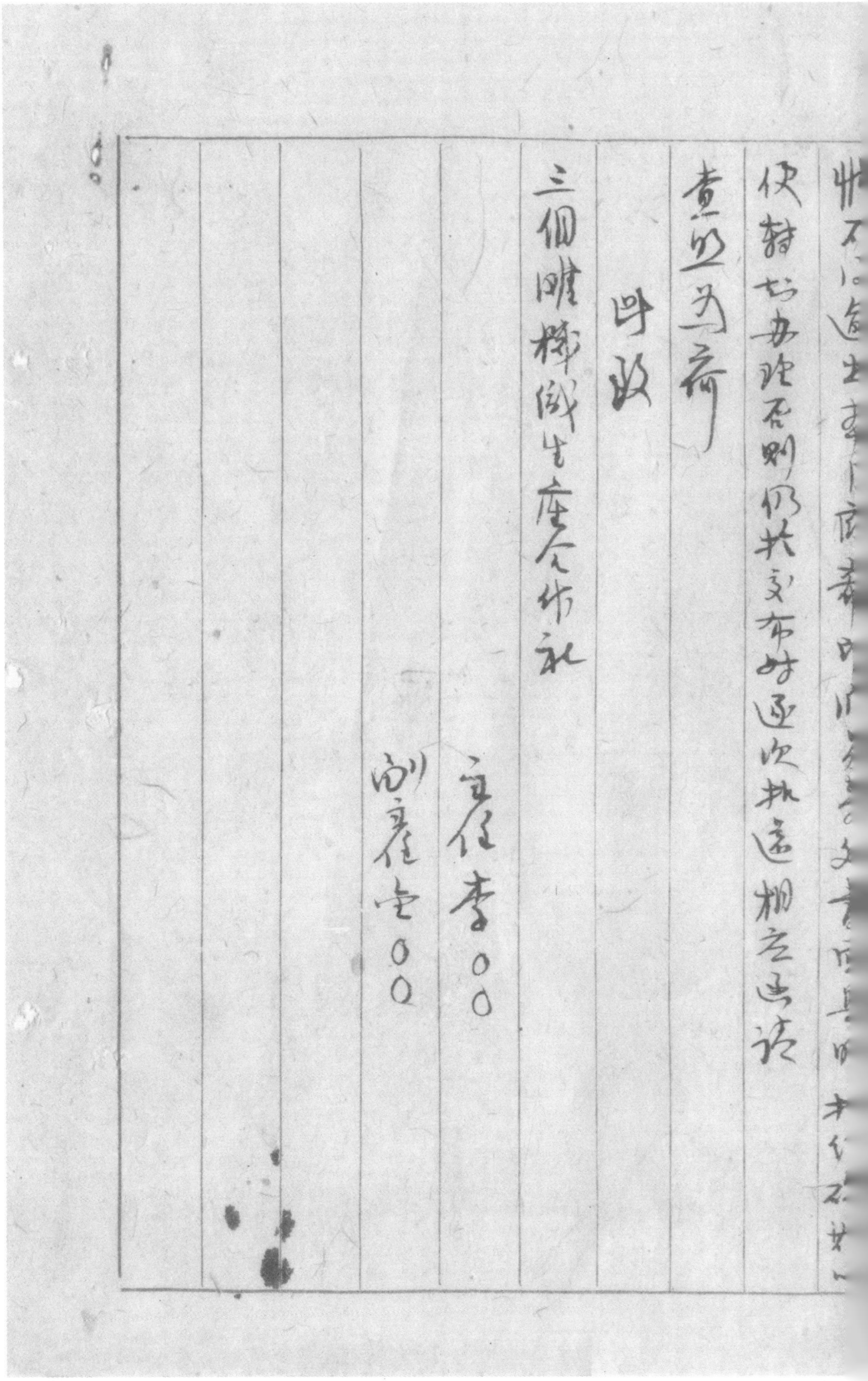
使對於安班否則仍共交布時逐次扣還相應函請
查照為荷
此致
三個灘機織生產合作社
主任 李〇〇
副主任 〇〇

璧山县城北乡三个滩机织生产合作社为请延期扣还周转纱与华西实验区合作社物品供销处璧山分处的往来公函 9-1-187（106）

华西实验区总办事处关于召开紧急会议商讨与被服厂订约织布致各机织社的通知　9-1-187（107）

107

急即四件、

逕啓者

茲定於八月十三日（即古曆七月十九日）午后三時在城南鄉本處召開緊急會議商討與被服廠訂約織布　請貴社理事主席暨監事主席經理三人務必出席為荷

此致

鄉　　機織社

啟　卅八年八月十二日

中華平民教育促進會華西實驗區總辦事處用箋

华西实验区合作社物品供销处璧山分处为派员辅导各机织合作社承织军布订约事宜致各机织社的通知　9-1-187（108）

108

華西實驗區合作社物品供銷處璧山分處文稿

送達機關	各機織社
地址	
文別	通知
來文字號	
承辦單位	
會章	
收文字號	
發文字號附件	未列
事由	
主任	周稷（簽）
秘書	已制卡（印）
副主任	逢啟耆（簽）
股長	

交辦	擬稿	繕寫	校印	封發	歸檔
月　日	月　日	月　日	月　日	八月廿日	年　月　日

查本處為輔導各機織合作社承織軍布訂約事宜，派○○同志於○月○日（上午十時）赴○○社召開社員大會，希貴社屆時將本集會時間通知各社員準時出席為荷。

华西实验区合作社物品供销处璧山分处为派员辅导各机织合作社承织军布订约事宜致各机织社的通知　9-1-187（108）

四[illegible]

○○○機織合作社

卅八年　月　日

华西实验区合作社物品供销处璧山分处为各社到分处交布换纱时务须加盖合作社核验图戳致各机织社的函 9-1-187（110）

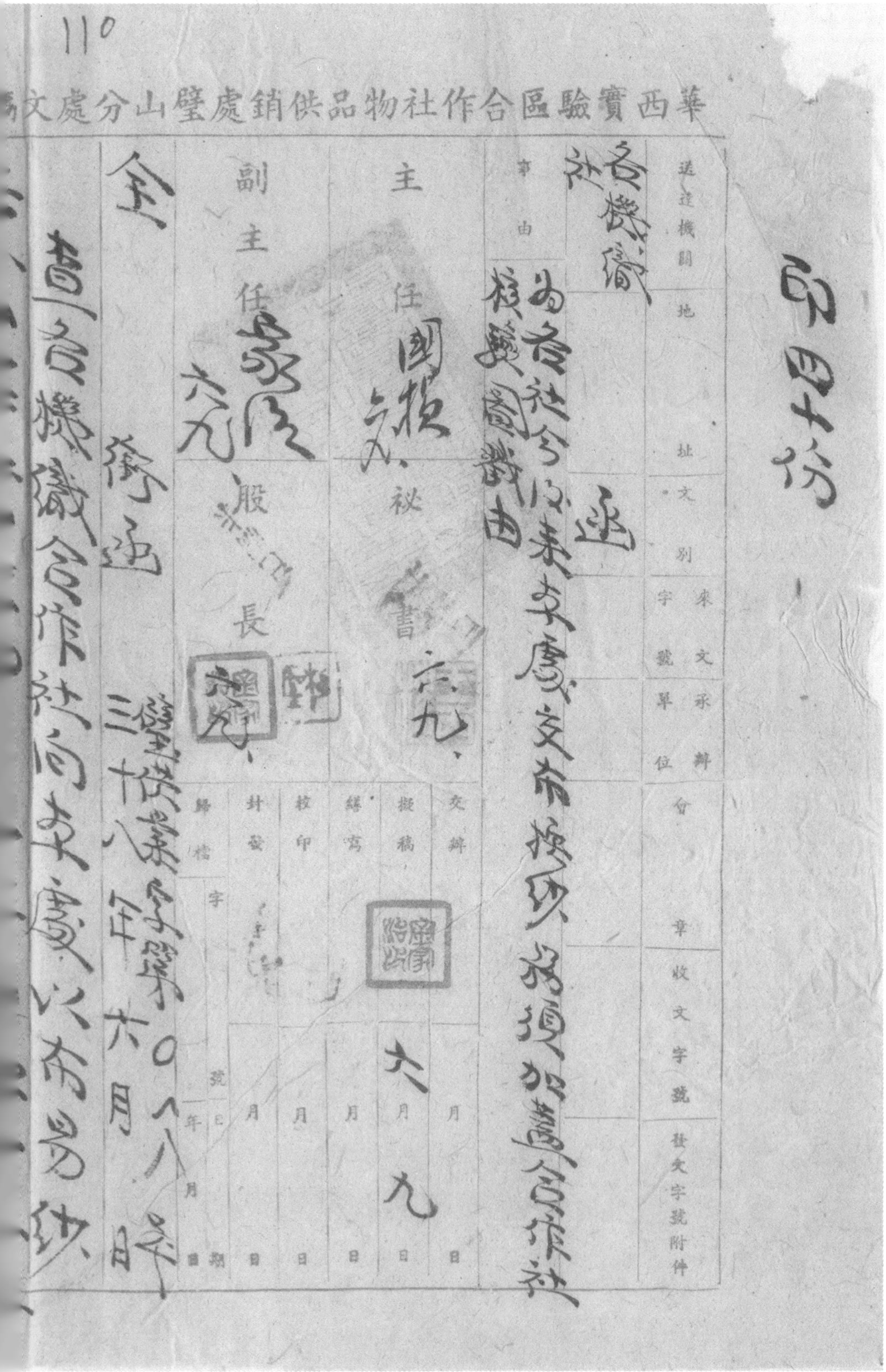

110

華西實驗區合作社物品供銷處璧山分處文稿

印四十份

送達機關地址	各機織社
文別	函
事由	為各社今後來本處交布換紗務須加蓋合作社核驗圖戳由
主任	國楨 六、九
副主任	象賢 六、九
秘書	六、九
股長	
擬稿	六月九日

全銜函

璧供業字第〇八八號 三十八年六月 日

逕啟各機織合作社向本處以布易紗、

华西实验区合作社物品供销处璧山分处为各社到分处交布换纱时务须加盖合作社核验图戳致各机织社的函　9-1-187（110）

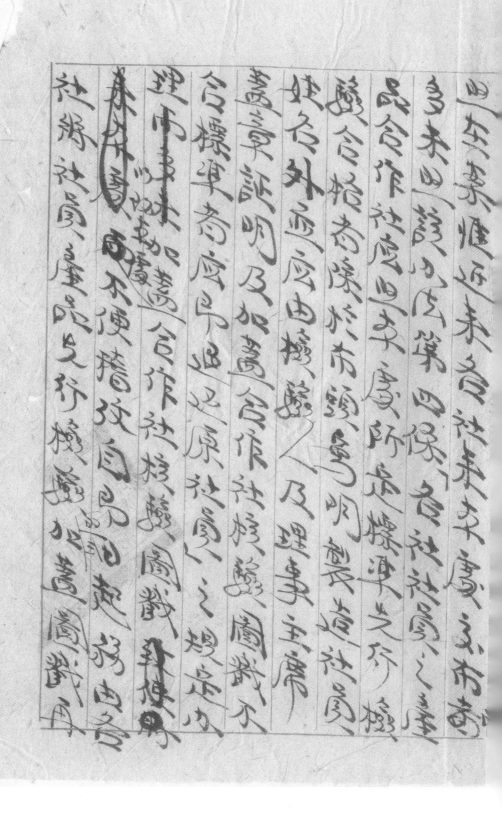

四次来雖近来各社来本處交布者
多未照該以前幾四條各社社員之產
品合作社應照本處所定標準之行核
驗合格者係於布頭另明製造社員
姓名外並應由核驗人及理事主席
蓋章證明及加蓋合作社核驗圖戳不
合標準者應即退還原社員之規定办
理中以後未加蓋合作社核驗圖戳
者甚屬不便稽攷自即日起務由各
社將社員產品交行核驗加蓋圖戳再

111

径由本处验收以便者，将来被服厂复验时，认为标准不合，方可根据图戳退还原社，而负影响他社信誉之责。本处业务系分运纱，相应函请
贵社查照办理为荷
此致
机织社
主任李○○
副主任金○○

华西实验区合作社物品供销处璧山分处为各社到分处交布换纱时务须加盖合作社核验图戳致各机织社的函 9-1-187（111）

华西实验区合作社物品供销处璧山分处为拟订督导军布增产人员注意事项事致各社督导员的函
（附：督导军布增产注意事项、切结格式） 9-1-200（5）

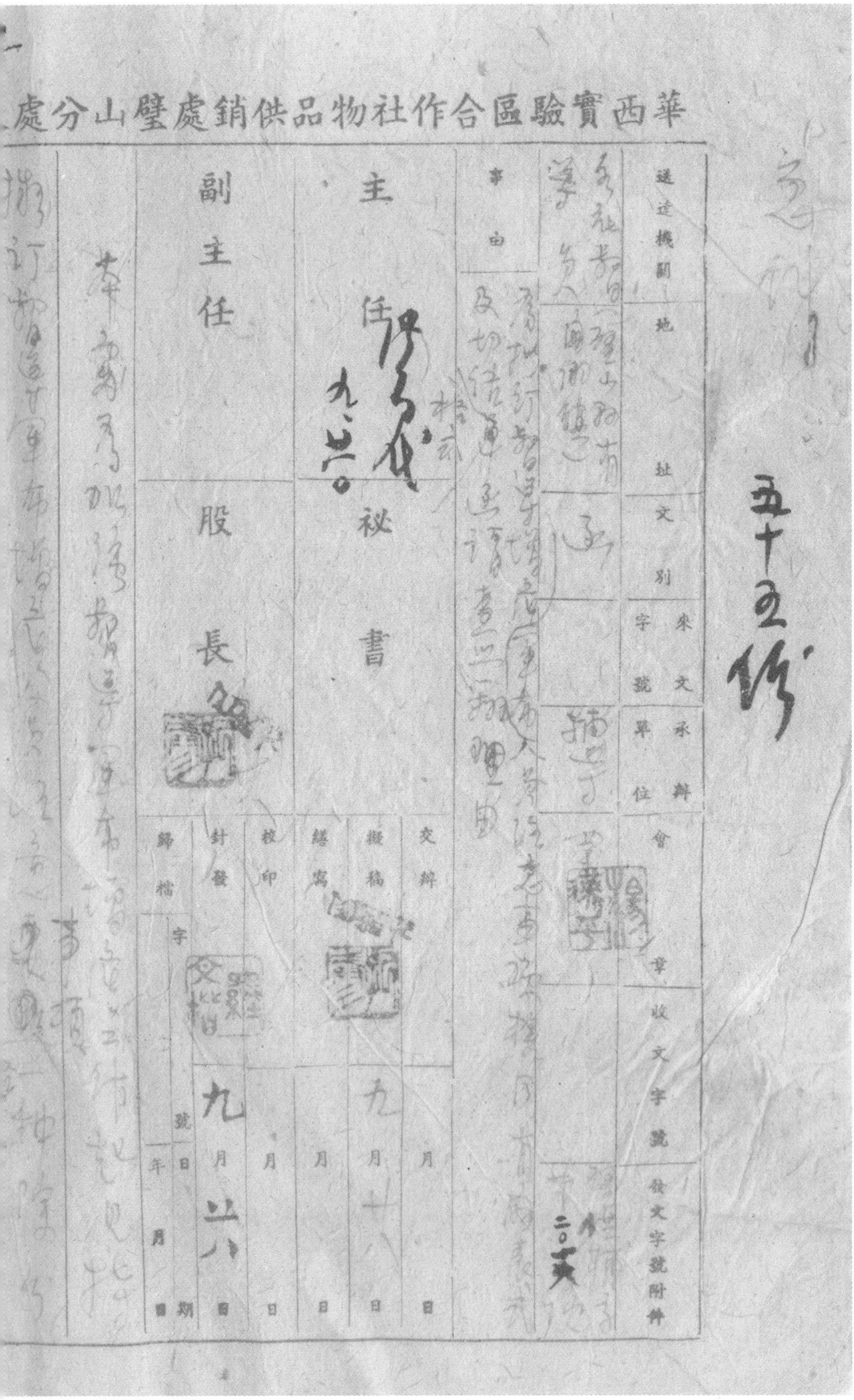
華西實驗區合作社物品供銷處璧山分處

送達機關
地址
文別
來文字號
承辦單位
會章
收文字號
發文字號附件 二〇一
事由
主任
秘書
副主任
股長
交辦 月 日
擬稿 月 日
繕寫 月 日
校印 月 日
封發 九月廿六日
歸檔 字 號 年 月 日期

五十五號

兹送督导军布增产人员注意事项一份

主任 李〇

华西实验区合作社物品供销处璧山分处为拟订督导军布增产人员注意事项事致各社督导员的函

（附：督导军布增产注意事项、切结格式）　9-1-200（5）

华西实验区合作社物品供销处璧山分处为拟订督导军布增产人员注意事项事致各社督导员的函
（附：督导军布增产注意事项、切结格式） 9-1-200（6）

5

璧山分处 供销

第五份

督导军布增产人员注意事项

一、切实依照辅导增产军布办法所订工作要点及有关规定执行。

二、务须将督导增产情形调查结果按周造送璧山供销处核办。

三、所有调查表款按周造送，造送时需规定如次：

第一周 十月一日

第二周 十月八日

第三周 十月十五日

第四周 十月廿二日

第五周 十月廿九日

试

四、除按周填造调查表款外，如有重要

华西实验区合作社物品供销处璧山分处为拟订督导军布增产人员注意事项事致各社督导员的函
（附：督导军布增产注意事项、切结格式） 9-1-200（6）

事項並隨時提[illegible]璧山供銷處[illegible]
五、調查各社員交布數量應根據各社員送布清單或可靠簿據記載。
六、為於調查員成社員於送收布或領紗時，[illegible]集體供報並須由各社負責具結（格式另附）
乙、兩種切結格式
七、本注意事項由璧山供銷處核定實施並呈華西實驗區總辦事處備案。

华西实验区合作社物品供销处璧山分处为拟订督导军布增产人员注意事项事致各社督导员的函
（附：督导军布增产注意事项、切结格式）　9-1-200（7）

切结（甲种）

本人现织　布织机　台，决於　月　日前改织二八
军布，并於　月　日前按期交布若干匹，以应急需，否则愿受
贻误军需最严惩罚不悔

○○机织社社

○○○具

卅八年○月○日

切结（乙种）

本人织机　台决於　月　日前由农民加工织造
织二八军布於　月　日前按期交布若干
卅八年之规定，否则愿受贻误军需最严惩罚不悔

西南区冬服筹制委员会、华西实验区合作社物品供销处璧山分处换布合约（复写件） 9-1-54（50）

附件一

西南區冬服籌製委員會（以下簡稱甲方）換布合約
華西實驗區合作社物品供銷處璧山分處（以下簡稱乙方）

一、甲方需用土布以廿支棉紗向乙方掉換特定立本合約

二、甲方向乙方所換布疋約為八萬六千疋但得依照甲方實有棉紗數量為標準

三、甲方換布所用棉紗以渝市紗廠所生產之廿支棉紗（如金城飛艇紅忠孝緑雙鵝荊州等牌號）為限其重量與長度須合於市場一般標準

四、甲方換布規格每疋應有長度四十碼寬三十六吋經密六十二根緯密六十根重十二磅為合格經乙方按上項規格檢驗合格後入倉負責保管再由每日甲方派員抽驗（百分之十）合格後出據提運

五、甲方以每件二十支紗掉換乙方白布二十八疋半一切成本工繳管理等費

西南区冬服筹制委员会、华西实验区合作社物品供销处璧山分处换布合约（复写件） 9-1-54（51）

六、双方交换纱布地点在璧山所有棉纱及布疋输璧运费均由甲方负責
惟棉纱在璧山卸車及布疋上車装車費由乙方負責

七、本合約自簽訂之日起有效於三十八年十一月三十日前分批交清應換
布疋

八、本合約一式七份除由甲乙双方各執一份外另備呈轉

訂約人 甲方西南區冬服籌製委員會（私章） 已制卡
乙方華西實驗區合作社物品供銷處璧山分處代表人李國楨
合作社理事 張亦深 鄭樹堯 趙金銘 毛炳祥

保証人 孫則讓

中華民國三十八年 月 日 立

西南区冬服筹制委员会、华西实验区合作社物品供销处璧山分处换布合约（油印件） 9-1-131（181）

08

西南区冬服筹制委员会（以下简称甲方）
华西实验区合作社物品供销处璧山分处（以下简称乙方）换布合约

一、甲方需用布匹以廿支棉纱向乙方掉换，特定立本合约。

二、甲方向乙方所换布匹约为八万六千匹，但得视甲方所有棉纱数量为标准。

三、甲方换布所用棉纱以渝市纱厂所产之二十支棉纱（以裕华、豫丰、申新、泰安、双鸡、荆州等牌纱）为限，其重量与长度须合于一般标准。

四、甲方换布规格每匹须有长度四十码，宽二十六吋，经纱六十二根，纬纱六十根，实个二务为合格，经乙方按上项规格检验合格后入仓，负责保管与由送日甲方派员抽验（百分之十）合格后出据提运。

五、甲方以每件二十支纱换乙方白布二十八匹半，一切成本及织管理等费统由乙方负责。

六、双方交换纱布地点在璧山，所有棉纱及布匹之渝璧运输计

六、本合約自簽訂之日起有效於卅八年[illegible]

[illegible]交清交換布足

八、本合約一式二份，除由甲乙雙方各執一份外，[illegible]

訂約人

甲方：西南區冬服籌製委員會 [和平]

乙方：華西實驗區合作社物品供銷處璧山分處代表人 李[illegible]

全體社員理事 張[illegible] 郭[illegible]

趙[illegible] 馬[illegible]

已制卡 已制卡 已制卡 已制卡

保證人 張則謙

中華民國三十八年 月 日

附記

承織社員成本約及[illegible]

[illegible]

西南区冬服筹制委员会、华西实验区合作社物品供销处璧山分处换布合约（油印件） 9-1-131（182）

承织军布契约　9-1-100（3）

2

承織軍布契約

承織軍布社員　　自願承織璧山縣　　鄉　　機織生產合作社訂約之軍布並願遵守左列各項條件

一　本人有織機　　部毋部月產布　　疋三月共產布　　疋並願訂承織數量為　　疋

二　布疋規格為長四十碼寬三十六英寸經密六十二根緯密六十根重十二磅用二十支棉紗織製不得有隙道跳紗潮濕等情事如經聯勤總部與供銷分處核驗不合者願另行織製

承織之布於三十八年十月廿八日以前如數交足不得自行向外銷售如因此致社方受損失時本人願負担社方所負之損失

四　承織之布由供銷分處照聯勤總部規定每疋換二十支棉紗壹鈃另柒支五排以二十三支紗為成本紗四支五排為工繳紗[illegible]

承织军布契约　9-1-100（4）

五　本人以　　為保證人如不能履行上列各項條件時由保證人負完全責任並共同願由供銷分處依照聯勤總部所定懲罰辦法處理

承織軍布人社員

保證人

住址

中華民國三十八年　　月　　日訂

军布生产小组承织契约　9-1-100（47）

-28

軍布生產小組承織契約

縣　鄉　軍布生產小組茲願承製華西實驗區合作物品供銷處暨分處訂約之軍布並願遵守左列各項條件

一、本組有機台　部每部月產布　疋兩月共產布　疋茲願訂承製數量為　疋正

二、布疋規格為長四十碼寬二十八英吋經密六十八根緯密六十根重十二磅用二十根棉紗製不得有漏道跳紗潮濕等情如經聯勤總部與供銷分處核驗不合者願另行紡製

三、承製之布於三十八年十月二十八日以前照供銷分處所發之和樣寬縮分批如數交足不得有私行向外銷售

军布生产小组承织契约　9-1-100（48）

四、承製之布由供銷分處照聯勤總部所規定之尺度標準交

棉紗交予承製者依樣不再存任何需求所換之

棉紗亦按聯勤總部所發之原標棉紗為限如有不合

標準情事不得挑選或拒收

五、本組以　　為保證人如不能履行上列各項條件

時保證人負完全責任並共同願由供銷分處照

聯勤總部所定懲處辦法處理

縣　　鄉　　軍布生產小組組長

副組長

保證人

住址

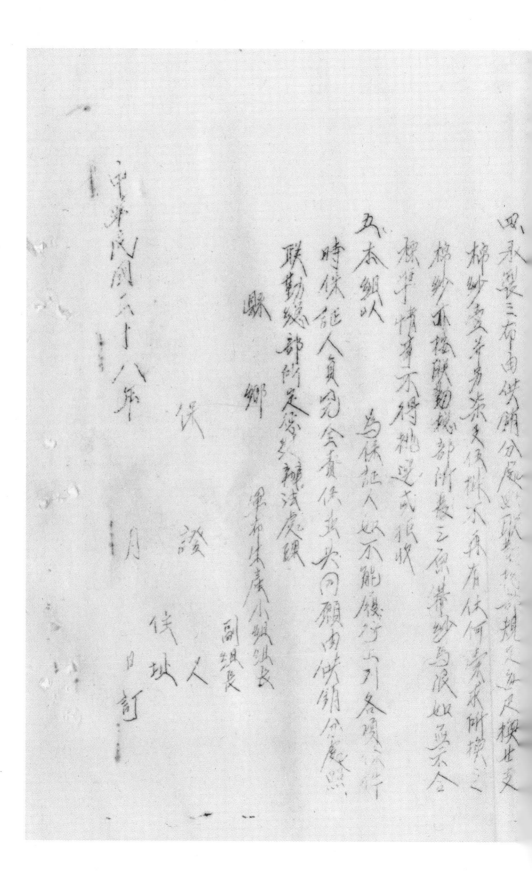

中華民國三十八年　　月　　日　訂

华西实验区总办事处军布增产座谈会记录（一九四九年九月十七日） 9-1-131（160）

华西實驗區總辦事處軍布增產座談會紀錄

時間 卅八年九月十七日午后四時
地址 總處會議室
出席人 郭準堂 傅志純 陶一琴 周洪昌
李國楨 孔飛[illegible]
主席 郭準堂 紀錄 李國楨
報告事項 （從略）
討論事項
一、如何增產案
決議
⑴已訂約八社由輔導區及供銷處派員監督每六日必須繳布一疋貸紗而未繳紗軍布社員一律收回貸紗
⑵軍布小組（可貸底紗）雖須應有即期開工可能且能有可靠保証者
⑶每一機每月交布超过十三疋以上者可加以獎勵辦法由供銷處擬訂
⑷各區負責督導織布之輔導員由供銷處酌給津貼每月按原支旅費加一倍（縣鄉輔導員三元四角示範校長一元七角）
⑸用燕主任名義手令通知各區輔導員及幹事切實負責並每旬呈報輔導區內各社交布數量以[illegible]

華西實驗區機織生產合作社承織軍布獎懲辦法

一、華西實驗區合作社物品供銷處璧山分處為獎勵各機織合作社承織軍布增產情緒起見特訂定本辦法

二、各機織合作社送交布匹於總處繳紗時如不足承織數量者約訂辦理有超過承織數量者按所送多寡分列次第予以獎勵其獎勵辦法另訂之

三、各機織合作社社員每人暫定承織軍布送交數量每月達十匹者其所交數量按每疋加給獎紗一排如交送數量不足約訂時每短少一疋即扣紗二排獎懲紗量均於契約終止時結算後分別扣發之

四、各機織合作社及社員已向華西實驗區貸紗而不訂約承織軍布或訂約不能履行者一經查出即截留其應借週轉紗及生活用品配貸紗並收回貸紗關係社員移交縣政府按照誤軍布罪懲辦

五、本辦法經處務會議通過後公佈實施並呈報華西實驗區總辦事處轉請有關縣局政府備案

璧供分處承織軍布業務重要議案摘錄

——摘錄卅八年八月廿六日第五次處務會議紀錄——

一、案由：關於機織社社員承織軍布合約如何簽訂案

決議：(一)各機織社社員應向各業務社簽訂承織軍布契約，各業務社應根據所屬合作社社員承織能量向本處簽訂合約，各業務社社員每人最低限度應以機子一部承織六八軍布，各社承織機子數不得少於申請貸底紗社員數。

(二)各社簽約工作應分別由保聯社員大會辦理，應由本處職員出發，參加並請實驗區辦事處及璧山縣府有關人員同志分別擔任，負責人員分配如後：

(1)城中城東兩鄉之社由陳惠[illegible]擔任

璧山供销分处承织军布业务重要议案摘录（摘录一九四九年八月二十六日第五次处务会议记录） 9-1-131（193）

④ 梅林……

⑤ 蒲元、接龙两乡六社由萧委员惠仁接收　已办妥

⑥ 河边乡四社由孔兼股长（三）接收

⑦ 城西乡六六社由……辅导员兆民接收

⑧ 此项……

（三）各社发给工作证及分发辅导员……以便各

辅导员执事凭及各级乡辅导人员……

（四）各社召开社员大会由辅导员负责人员

督促赶发通知，务以便速赶早通知

（五）各社订购布匹，限于本月底（八月）一律完成

（六）各社负责人赴各社开会，会议由本

处督导……

（七）有关……对照由本处辅导股召开座谈

会……由各社通知负责人参加

卅八年八月廿九日摘录

壁山供销分处承织军布业务重要议案摘录（摘录一九四九年八月二十六日第五次处务会议记录）　9-1-131（194）

合作社贷纱会议记录（一九四九年五月二十日） 9-1-152（29）

合作组贷纱会议纪录：

时间：卅八年五月二十日

地点：合作组办公室

出席人：李鸿伯（林代） 文泽霈 郑北三 李国桢 金慕琦 刘家犯

主席 李国桢

纪录 金慕琦

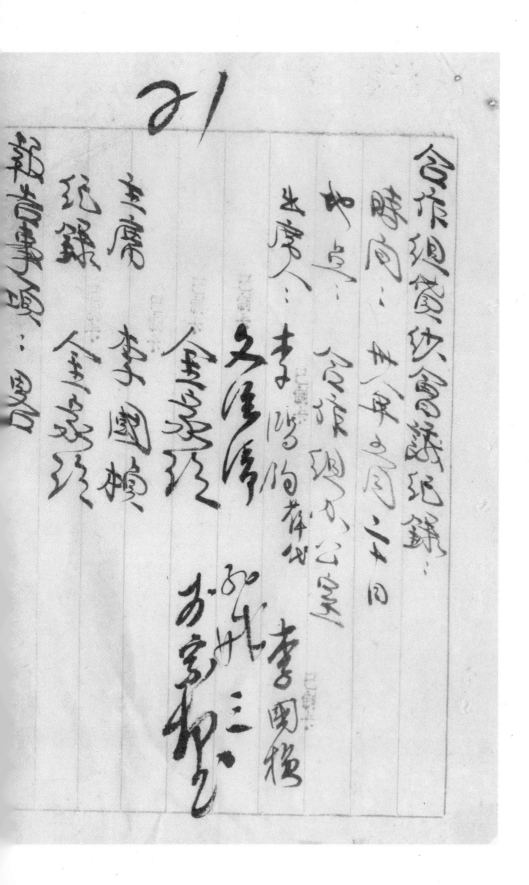

报告事项：略

合作社贷纱会议记录（一九四九年五月二十日） 9-1-152（30）

讨论事项：

一、机织社贷纱应如何进行案

决议：

1、分五组进行（一）城南乡由李象超文负责（二）福禄乡由高庆廉、介负责、（三）城乡由孔中戍三负责（四）城东乡由文治清负责（五）城兴大兴乡由唐渊负责

2、交贷员分布社登记，回来发放登记后，再送分发

3、贷纱申请书表由合作社自填，送由

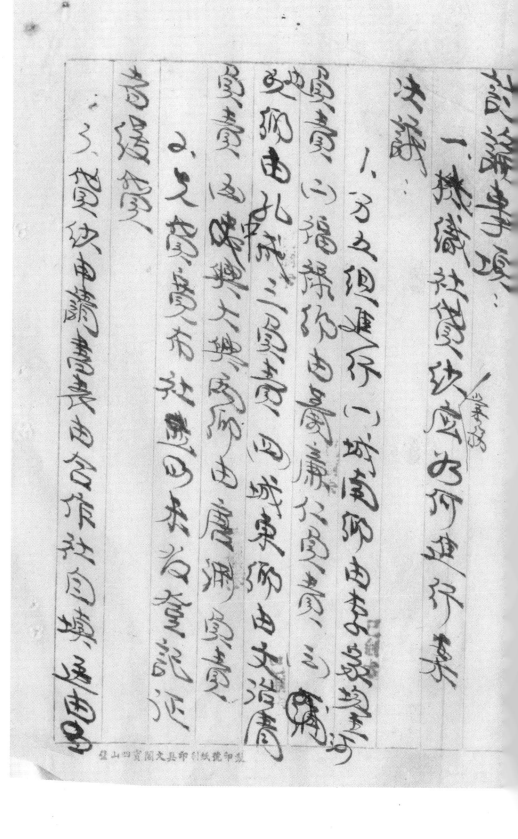

璧山四宝阁文具印刷纸号印制

合作社贷纱会议记录（一九四九年五月二十日） 9-1-152（31）

22

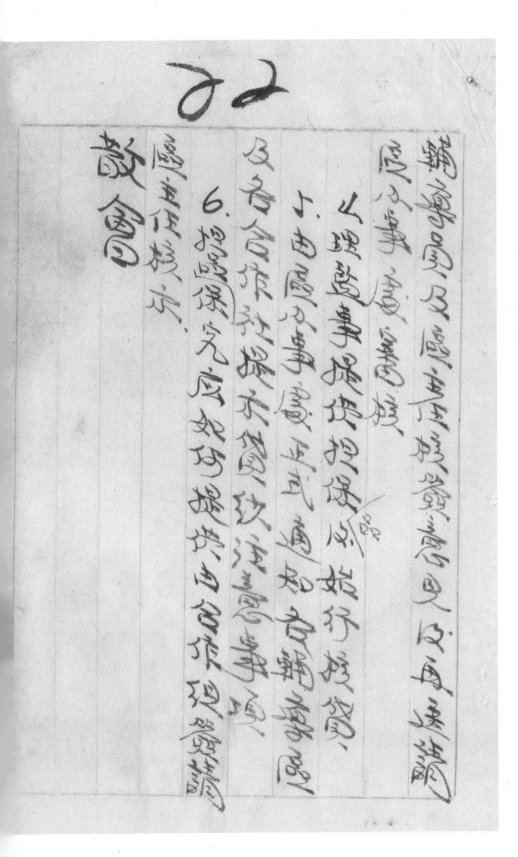

辅导员及区主任核发意见后再送请
区办事处审核
4.理监事提供担保品后始行核贷
5.由区办事处并函通知各辅导员
及各合作社提示贷款注意事项
6.担保究应如何提供由合作社理监请
区主任核示
散会

合作社贷纱会议记录（一九四九年五月二十日） 9-1-152（31）

璧山四寶閣文具印刷紙號印製

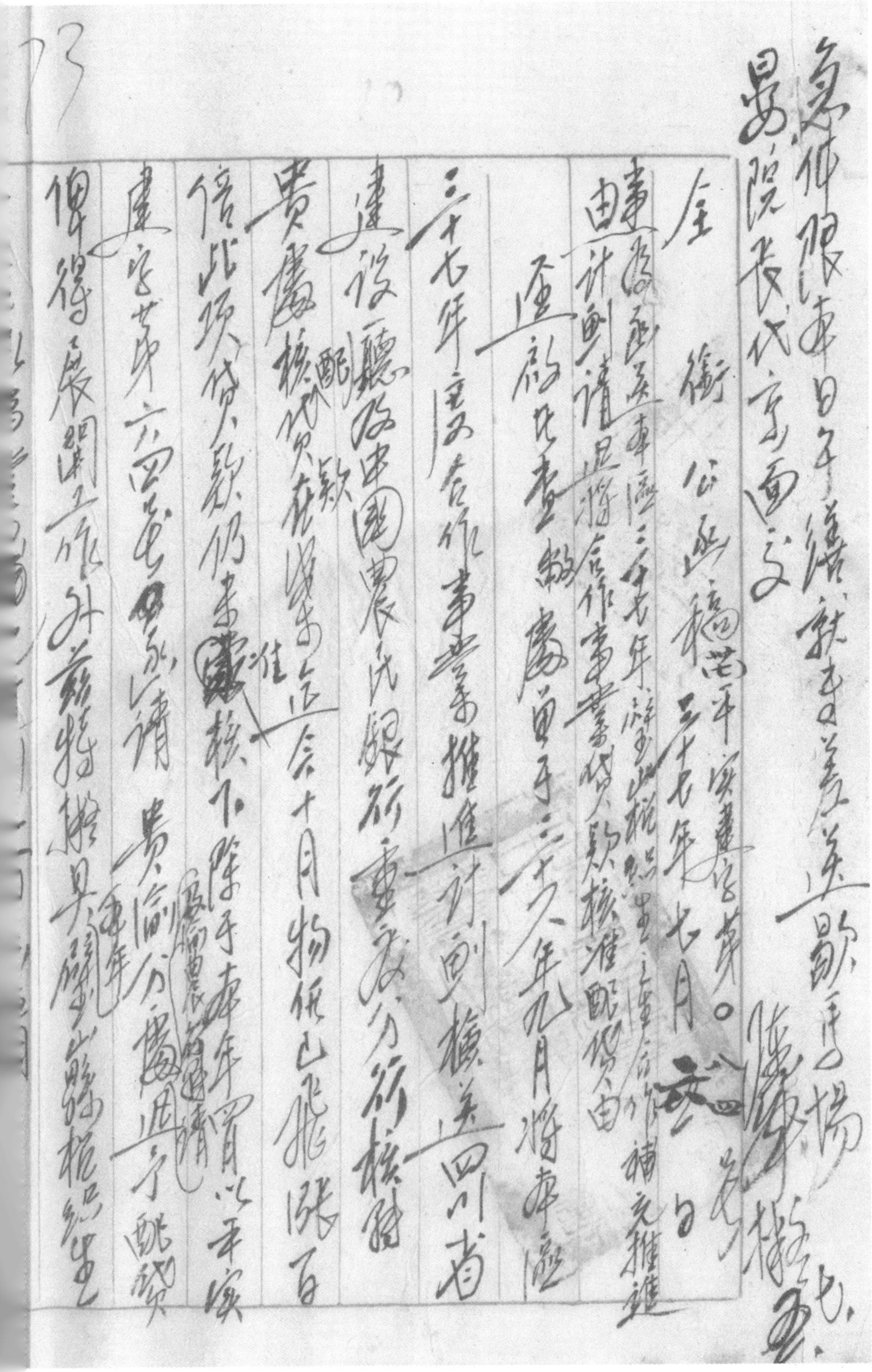

华西实验区总办事处为检送一九四八年度璧山机织生产合作补充推进计划并批准贷款致中央、中国、农民、交通四银行联合办事总处的公函　9-1-71（136）

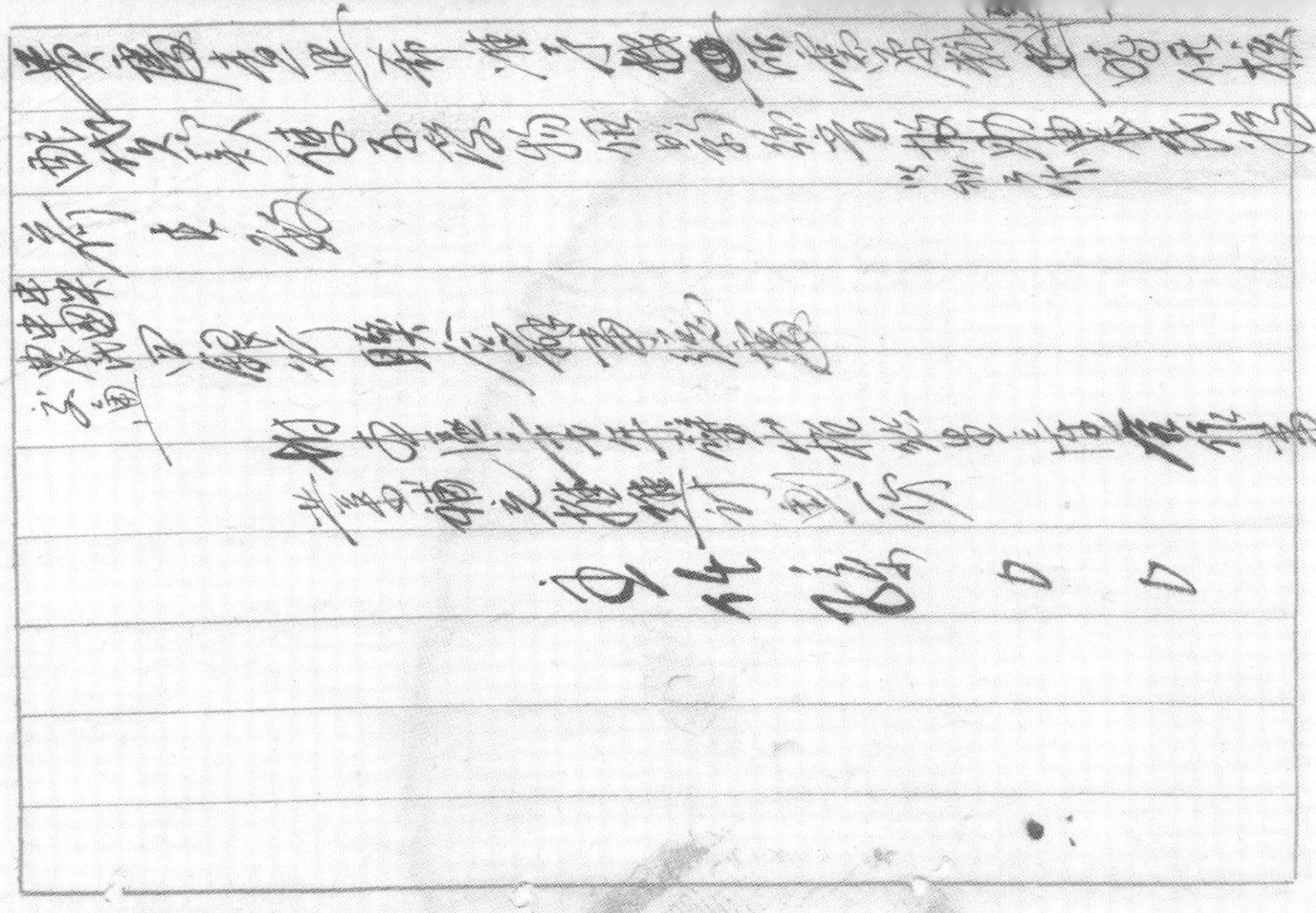

贵处查照，希准予[illegible]所需原料[illegible]核
配贷款，俾[illegible]以利工作
为荷！此致
中央、中国、农民、交通四银行联合办事总处
附本区三十七年度璧山机织生产合作事业补充推进计划一份
主任 孙○○

华西实验区总办事处为检送一九四八年度璧山机织生产合作补充推进计划并批准贷款致中央、中国、农民、交通四银行联合办事总处的公函　9-1-71（137）

华西实验区总办事处为检送一九四八年度璧山机织生产合作补充推进计划致中国农民银行璧山分理处的公函　9-1-71（134）

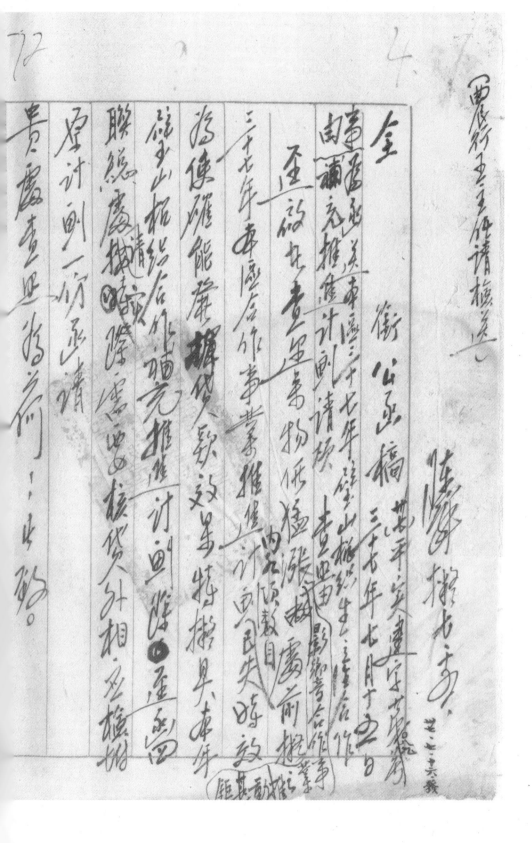

農行王主任請核送

陳 撰 七、十六

卅七、七、十六、發

全銜公函稿　華平實建字第　號（附件）　三十七年七月十六日

關於補充推進計劃請核

查本區三十七年璧山機織生產合作事業

查本處前送貴處三十七年本區合作事業推進計劃，由於物價猛漲，影響合作事業前進，原計劃內各項數目已失時效，距其遠，

為使確能發揮貸款效果，特擬具本年璧山機織合作補充推進計劃，隨函送請聯總處查照，並請核貸外，相應檢同原計劃一份，函請

貴處查照轉為荷。

此致

华西实验区总办事处为检送一九四八年度璧山机织生产合作补充推进计划致中国农民银行璧山分理处的公函　9-1-71（135）

附本處三十七年度璧山機織合作補充推進計劃一份

主任　張□□

繕發
七、十五
保管

华西实验区总办事处为检送华西实验区一九四九年推进璧山县机织合作事业报告书致中国农民银行璧山分理处的公函 9-1-71（80）

中華平教會華西實驗區辦事處公函稿

事由：為函送本區三十八年推進璧山機織合作事業報告書一份請查照由

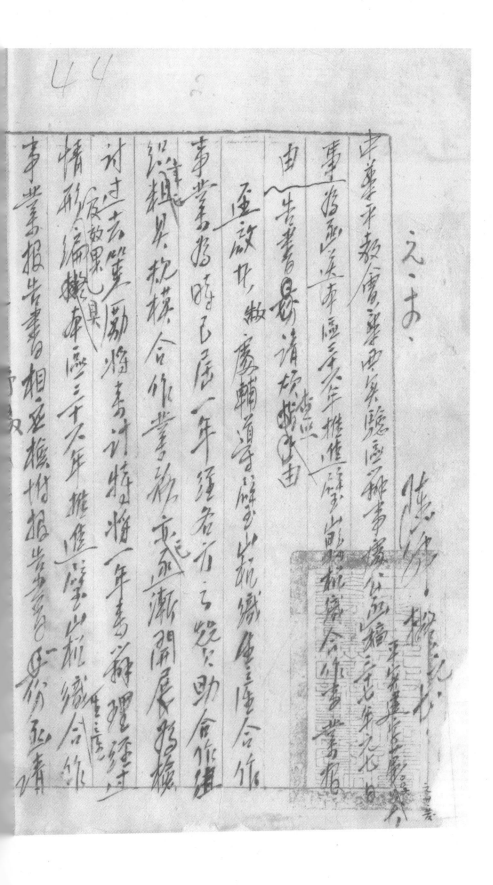

逕啟者，敝處輔導璧山機織生產合作事業，為時已屆一年，經各方之贊助合作組織機具，協助機織合作業務，亦已逐漸開展，為檢討過去業績，將一年來辦理經過情形（及效果）編製本區三十八年推進璧山機織合作事業報告書，相應檢附報告書一份，函請

华西实验区总办事处为检送华西实验区一九四九年推进璧山县机织合作事业报告书致中国农民银行璧山分理处的公函　9-1-71（81）

中華平民教育促進會

中國農民銀行璧山分理處

檢送三十八年推進璧山縣機織生產合作

事業報告一份

查收[illegible]

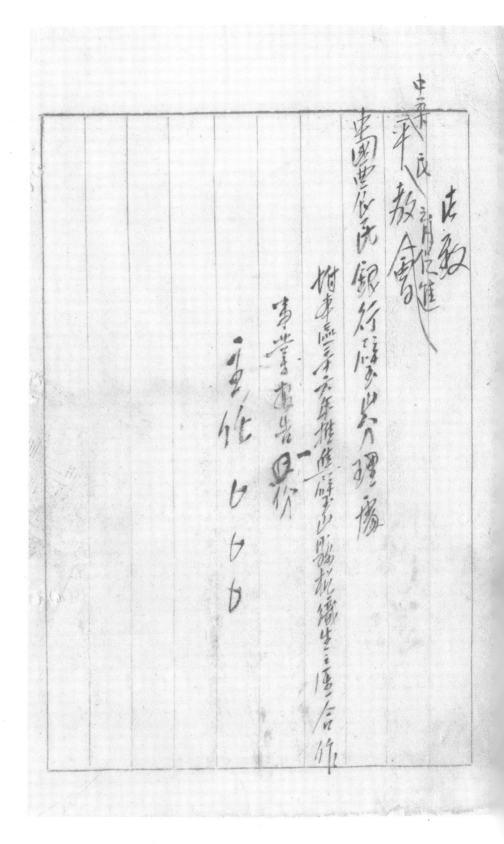

中华平民教育促进会实验部巴璧实验区办事处为检送城南乡蓝家湾机织生产合作社申请贷款的相关书表致中国农民银行璧山分理处的公函（附：借款申请书、合作社社员借款用途及细数表、蓝家湾机织生产合作社社员名册、蓝家湾机织生产合作社农会会员经济调查表、璧山分理处农村副业贷款报告表、农村副业贷款借款社团概况调查表、蓝家湾机织生产合作社补贷调查说明、蓝家湾机织生产合作社农会一九四七年度纺织业务计划书等） 9-1-83（51）

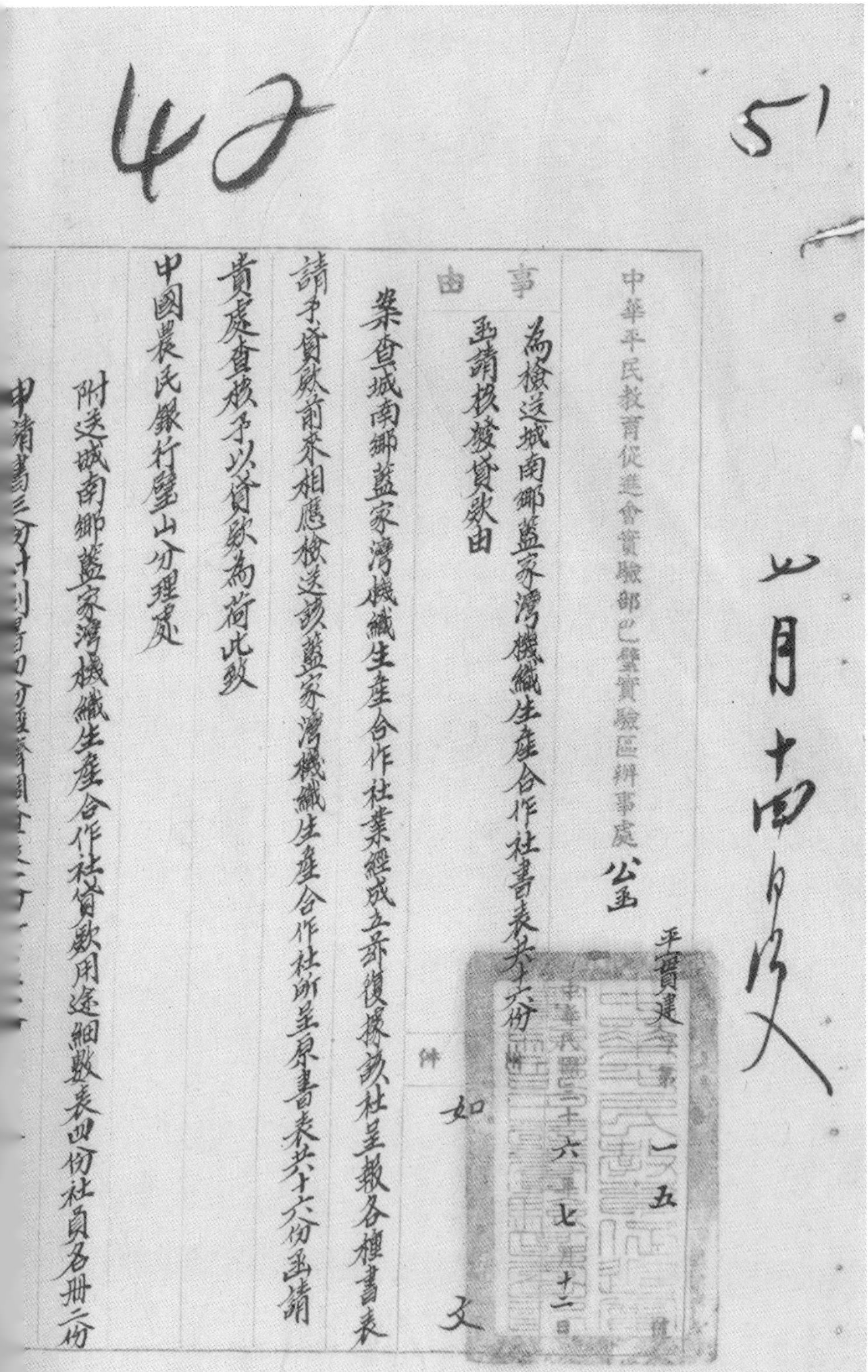

42 51

中華平民教育促進會實驗部巴璧實驗區辦事處 公函

平實建字第一五號

中華民國三十六年七月十二日

事由：為檢送城南鄉藍家灣機織生產合作社書表共十六份函請核發貸款由

附件：如文

七月十四日收

案查城南鄉藍家灣機織生產合作社業經成立并復據該社呈報各種書表請予貸款前來相應檢送該藍家灣機織生產合作社所呈原書表共十六份函請

貴處查核予以貸款為荷此致

中國農民銀行璧山分理處

附送城南鄉藍家灣機織生產合作社貸款用途細數表四份社員名冊二份

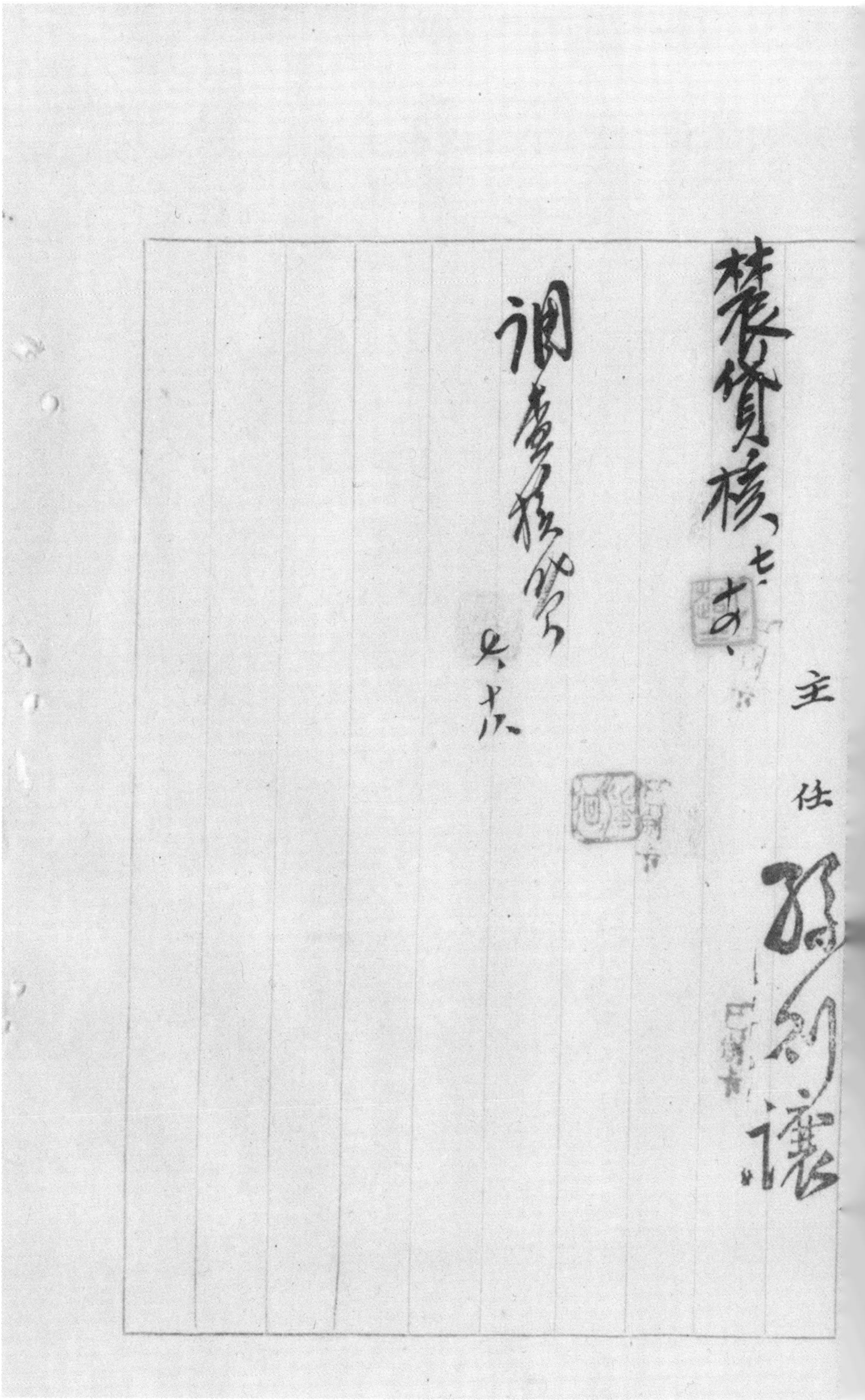
农贷核。七、十六
调查核贷 七、十六
主任 孙则让

中华平民教育促进会实验部巴璧实验区办事处为检送城南乡蓝家湾机织生产合作社申请贷款的相关书表致中国农民银行璧山分理处的公函（附：借款申请书、合作社社员借款用途及细数表、蓝家湾机织生产合作社社员名册、蓝家湾机织生产合作社农会会员经济调查表、璧山分理处农村副业贷款报告表、农村副业贷款借款社团概况调查表、蓝家湾机织生产合作社补贷调查说明、蓝家湾机织社农会一九四七年度纺织业务计划书等） 9-1-83（51）

中华平民教育促进会实验部巴璧实验区办事处为检送城南乡蓝家湾机织生产合作社申请贷款的相关书表致中国农民银行璧山分理处的公函（附：借款申请书、合作社社员借款用途及细数表、蓝家湾机织生产合作社社员名册、蓝家湾机织生产合作社农会会员经济调查表、璧山分理处农村副业贷款报告表、农村副业贷款借款社团概况调查表、蓝家湾机织生产合作社补贷调查说明、蓝家湾机织社农会一九四七年度纺织业务计划书等） 9-1-83（52）

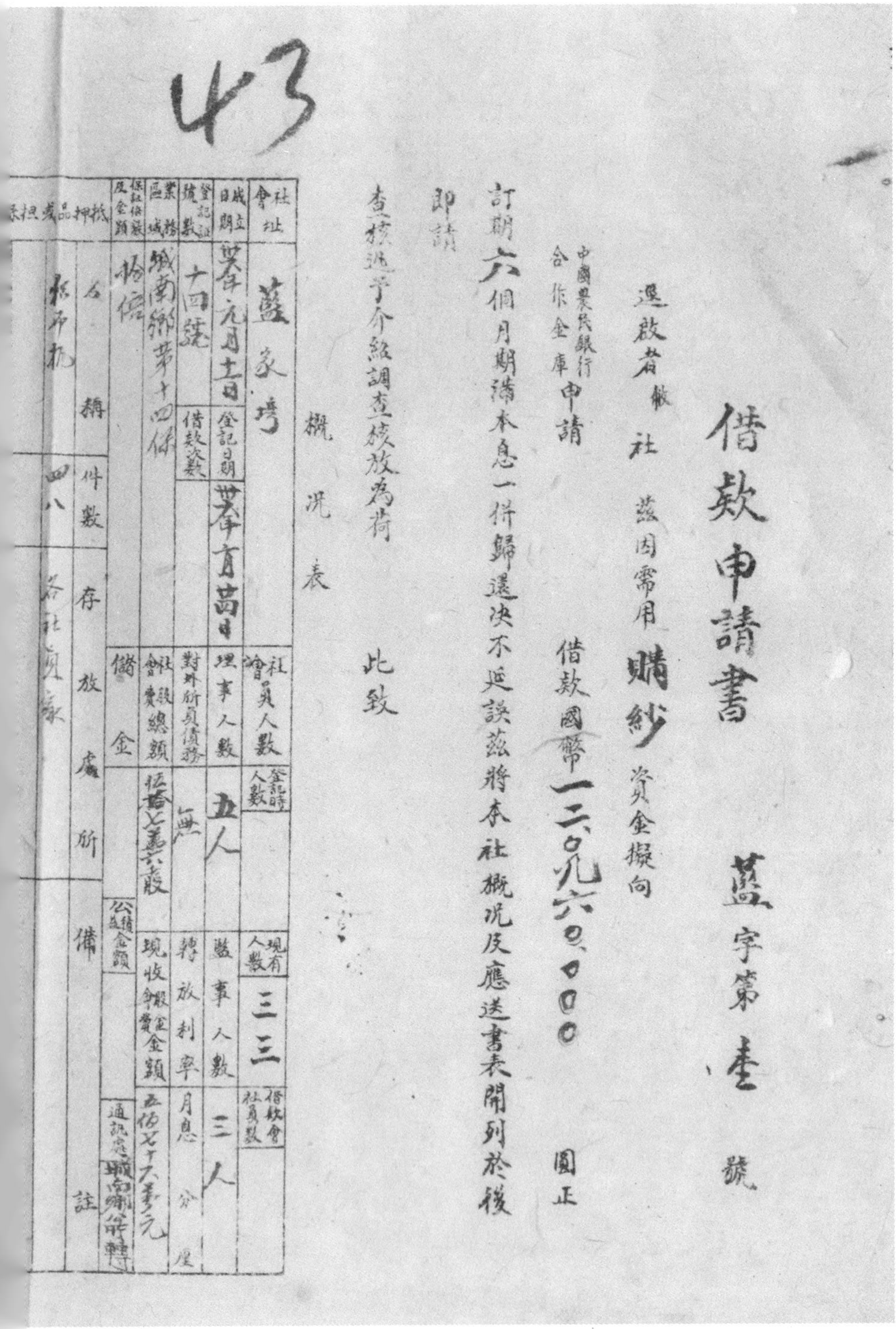

43

借款申請書 藍字第壹號

逕啟者 敝社 茲因需用 購紗 資金擬向
中國農民銀行合作金庫 申請
借款國幣 一二,〇九六,〇〇〇 圓正
訂期六個月期滿本息一併歸還決不延誤茲將本社概況及應送書表開列於後
即請
查核迅予分級調查核放為荷 此致

概況表

社址	藍家灣		
成立日期	卅五年元月十三日		
登記證號數	十四號	登記日期	卅五年六月廿日
借款次數			
業務區域	城南鄉第十四保		
保證責任及金額	拾倍		
社員人數	登記時人數	現有人數 三三	借款社員數 三人
理事人數	五人	監事人數	三人
對外所負債務	無	轉放利率	月息 分 厘
社股總額	伍萬七千六百	現收股金總額	五佰七十六萬元
儲金		公積金額	
通訊處	城南鄉能轉		

抵押品或擔保				
名稱	件數	存放處所	備註	
木布機	四八	各社員家		

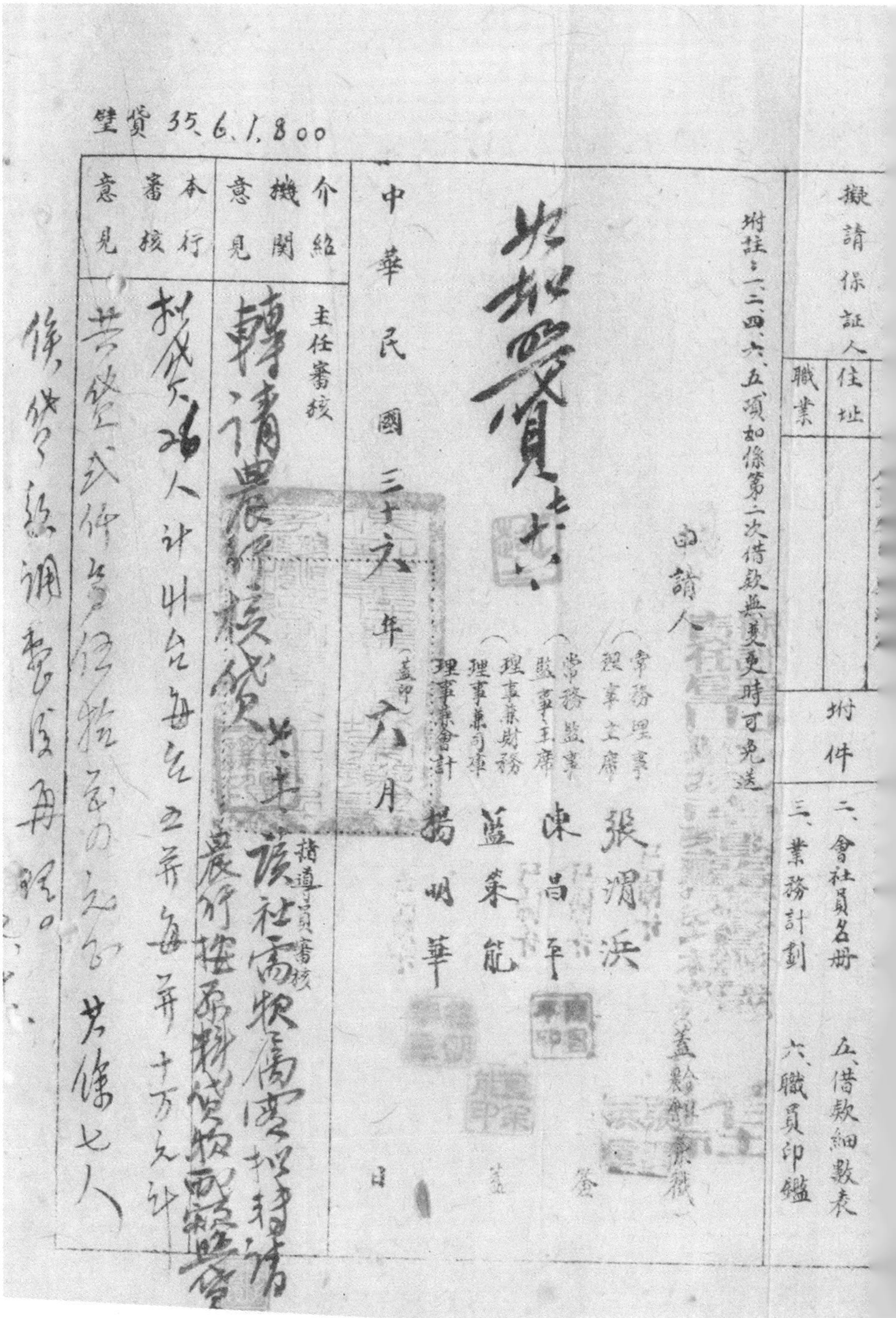
壁貸 35.6.1,800

擬請保証人 住址 職業

附件 二、會社員名冊 三、業務計劃 五、借款細數表 六、職員印鑑

附註：一、二、四、六、五項如係第二次借款與變更時可免送

申請人
常務理事 理事主席 張渭浜
常務監事 監事主席 陳昌平
理事兼財務 理事兼司庫 藍乘龍
理事兼會計 楊明華
蓋 簽

中華民國三十六年（蓋印）六月 日

介紹機關意見
主任審核
轉請農行核貸

指導員審核

本行審核意見

中华 平民教育促进会实验部巴璧实验区办事处为检送城南乡蓝家湾机织生产合作社申请贷款的相关书表致中国农民银行璧山分理处的公函（附：借款申请书、合作社社员借款用途及细数表、蓝家湾机织生产合作社社员名册、蓝家湾机织生产合作社农会会员经济调查表、璧山分理处农村副业贷款报告表、农村副业贷款借款社团概况调查表、蓝家湾机织生产合作社补贷调查说明、蓝家湾机织社农会一九四七年度纺织业务计划书等） 9-1-83（52）

中华平民教育促进会实验部巴璧实验区办事处为检送城南乡蓝家湾机织生产合作社申请贷款的相关书表致中国农民银行璧山分理处的公函（附：借款申请书、合作社社员借款用途及细数表、蓝家湾机织生产合作社社员名册、蓝家湾机织生产合作社农会会员经济调查表、璧山分理处农村副业贷款报告表、农村副业贷款借款社团概况调查表、蓝家湾机织生产合作社补贷调查说明、蓝家湾机织社农会一九四七年度纺织业务计划书等） 9-1-83（53）

縣　村　合作社社員借款用途及細數表

機台	編號	姓名	用途	理事會評定數額	借款期限	核定數額 初期	核定數額 最後
2	1	張增浜	織紗	壹佰肆拾萬元	六個月		
2	2	楊明華	〃	壹佰肆拾萬元			
2	3	陳昌年	〃	壹佰肆拾萬元			
2	4	封金奎	〃	壹佰肆拾萬元			
2	5	藍榮能	〃	壹佰肆拾萬元			
1	6	夏樹全	〃	柒拾萬元			
2	7	蔣爵顯	〃	壹佰肆拾萬元			
2	8	蔣喬貞	〃	壹佰肆拾萬元			
1	9	張漢臣	〃	壹佰肆拾萬元			
2	10	黃仲谷	〃	壹佰肆拾萬元			
2	11	藍澤鈴	〃	壹佰肆拾萬元			
2	12	藍克明	〃	壹佰肆拾萬元			
2	13	雷洪清	〃	壹佰肆拾萬元			
1	14	蔣樹昌	〃	柒拾萬元			

	編號	姓名	用途	理事會評定數額	借款期限	核定數額 初期	核定數額 最後
1	31	張傑高	織紗	壹佰肆拾萬元	六個月		
X	32	藍炳清	〃	壹佰肆拾萬元	〃	停貸	
X	33	藍秀林	〃	壹佰肆拾萬元	〃	停貸	

37
37/……
323,00,000

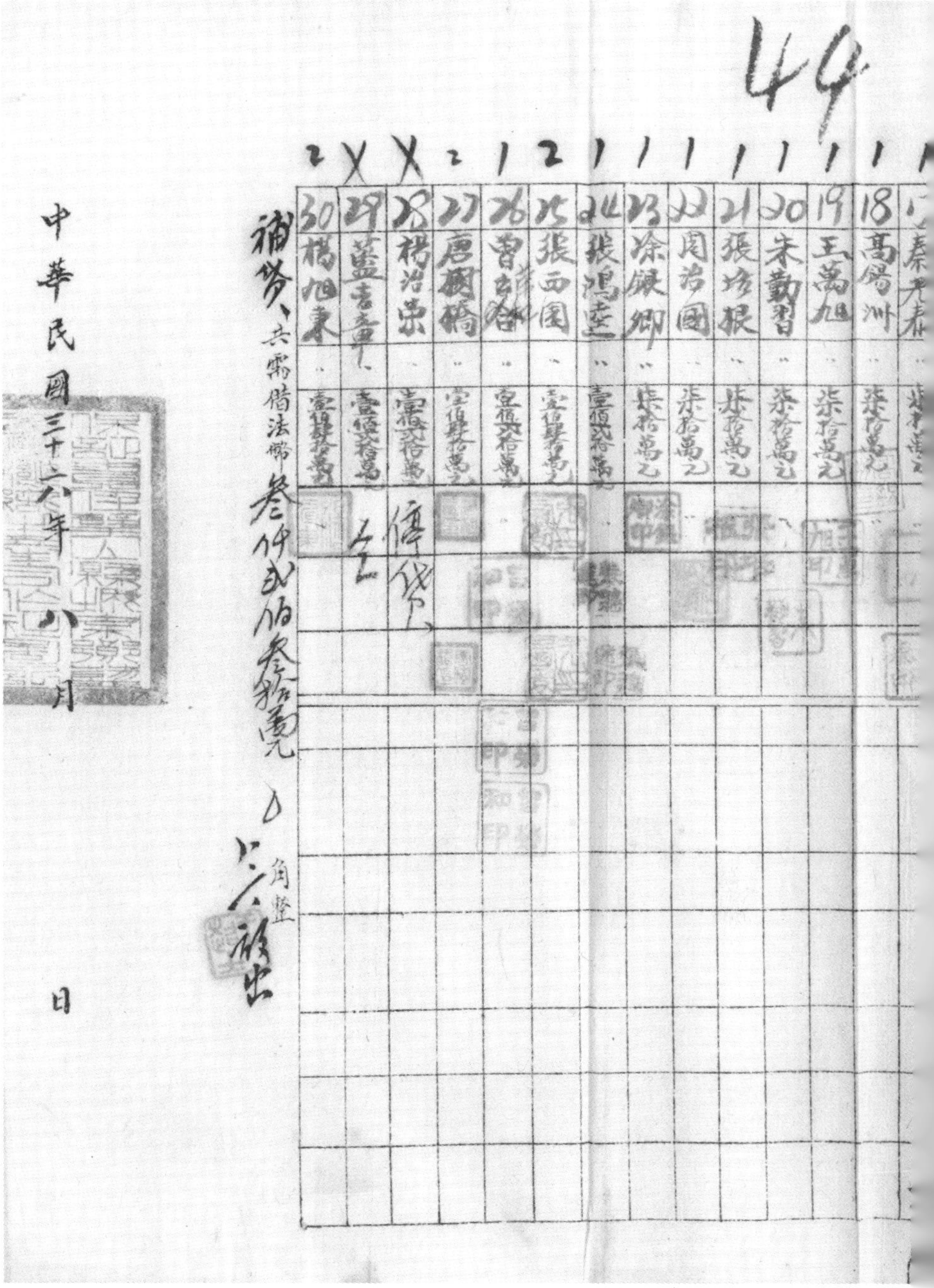

中华平民教育促进会实验部巴璧实验区办事处为检送城南乡蓝家湾机织生产合作社申请贷款的相关书表致中国农民银行璧山分理处的公函（附：借款申请书、合作社社员借款用途及细数表、蓝家湾机织生产合作社社员名册、蓝家湾机织生产合作社农会会员经济调查表、璧山分理处农村副业贷款报告表、农村副业贷款借款社团概况调查表、蓝家湾机织生产合作社补贷调查说明、蓝家湾机织社农会一九四七年度纺织业务计划书等） 9-1-83（53）

中华平民教育促进会实验部巴壁实验区办事处为检送城南乡蓝家湾机织生产合作社申请贷款的相关书表致中国农民银行璧山分理处的公函（附：借款申请书、合作社社员借款用途及细数表、蓝家湾机织生产合作社社员名册、蓝家湾机织生产合作社农会会员经济调查表、璧山分理处农村副业贷款报告表、农村副业贷款借款社团概况调查表、蓝家湾机织生产合作社补贷调查说明、蓝家湾机织社农会一九四七年度纺织业务计划书等）　9-1-83（54）

璧山縣城南鄉藍家灣機織生產合作社社員借款用途及細數表

編號	姓名	用途	理事會評定數額	借款期限	核定數額 初期	核定數額 最後
1	張渭濱	購紗	五四0000元	六個月	以	一百万
2	楊明華	〃	五四0000元	〃	以	一百万
3	陳昌平	〃	五四0000元	〃	以	一百万
4	封金奎	〃	五四0000元	〃	以	一百万
5	藍策能	〃	五四0000元	〃	以	一百万
6	夏樹全	〃	二五二0000元	〃	计	五十万
7	蔣利彬	〃	五四0000元	〃	以	一百万
8	蔣喬貞	〃	五四0000元	〃	以	一百万
9	張漢臣	〃	五四0000元	〃	以	一百万
10	黃仲容	〃	五四0000元	〃	以	一百万
11	藍澤林	〃	五四0000元	〃	以	一百万
12	藍克明	〃	五四0000元	〃	以	一百万
13	雷洪清	〃	五四0000元	〃	以	一百万
14	蔣樹臣	〃	二五二0000元	〃	计	五十万
15	卯錫臣	〃	二五二0000元	〃	计	五十万
16	王海洲	〃	二五二0000元	〃	计	五十万
17	張燮帝	購紗	二五二0000元	六個月	[illegible]	二
18	藍炳清	〃	二五二0000元	〃	俟借	
19	藍青林	〃	二五二0000元		同	

中华平民教育促进会实验部巴璧实验区办事处为检送城南乡蓝家湾机织生产合作社申请贷款的相关书表致中国农民银行璧山分理处的公函（附：借款申请书、合作社社员借款用途及细数表、蓝家湾机织生产合作社社员名册、蓝家湾机织生产合作社农会会员经济调查表、璧山分理处农村副业贷款报告表、农村副业贷款借款社团概况调查表、蓝家湾机织生产合作社补贷调查说明、蓝家湾机织生产合作社农会一九四七年度纺织业务计划书等） 9-1-83（54）

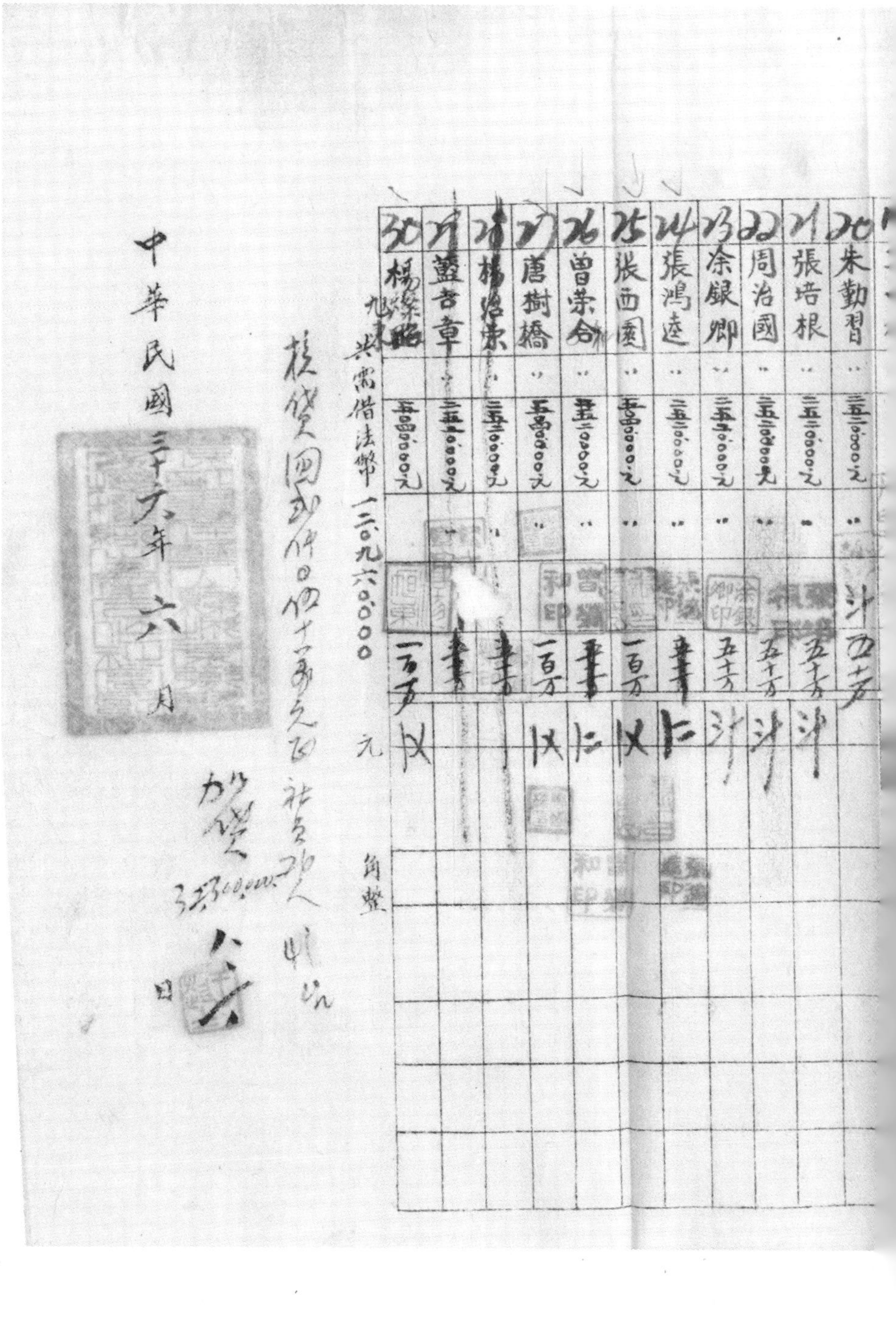

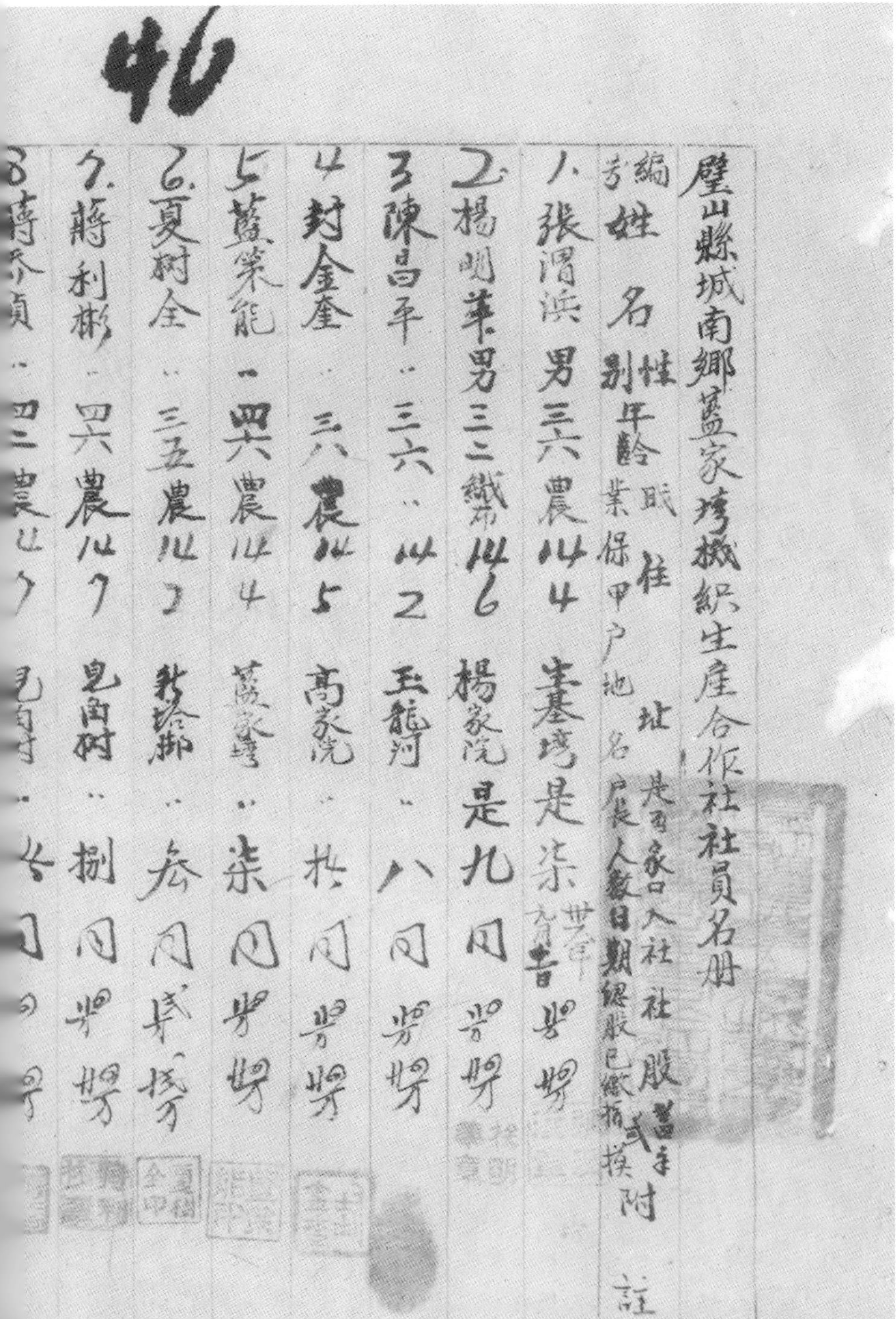

壁山縣城南鄉藍家塆機織生產合作社社員名冊

編號	姓名	性別	年齡	職業	住址 保甲戶	地名	是否戶長	家口人數	入社日期	社股 認股 已繳	指摸	附註
1	張渭浜	男	三六	農	〡〤 4	寨基塆	是	柒	卅六年壹月	[illegible]		
2	楊明華	男	三二	織布	〡〤 6	楊家院	是	九	同	[illegible]		
3	陳昌平	〃	三六	〃	〡〤 2	玉龍河	〃	八	同	[illegible]		
4	封金奎	〃	三八	農	〡〤 5	高家院	〃	拾	同	[illegible]		
5	藍榮能	〃	四六	農	〡〤 4	藍家塆	〃	柒	同	[illegible]		
6	夏樹全	〃	三五	農	〡〤 3	新橋鄉	〃	叁	同	[illegible]		
7	蔣利彬	〃	四六	農	〡〤 7	皂角樹	〃	捌	同	[illegible]		
8	蔣天貞	〃	四二	農	〡〤 7	皂角樹	〃	伍	同	[illegible]		

中华平民教育促进会实验部巴璧实验区办事处为检送城南乡蓝家湾机织生产合作社申请贷款的相关书表致中国农民银行璧山分理处的公函（附：借款申请书、合作社社员借款用途及细数表、蓝家湾机织生产合作社社员名册、蓝家湾机织生产合作社农会会员经济调查表、璧山分理处农村副业贷款报告表、农村副业贷款借款社团概况调查表、蓝家湾机织生产合作社补贷调查说明、蓝家湾机织社农会一九四七年度纺织业务计划书等） 9-1-83（55）

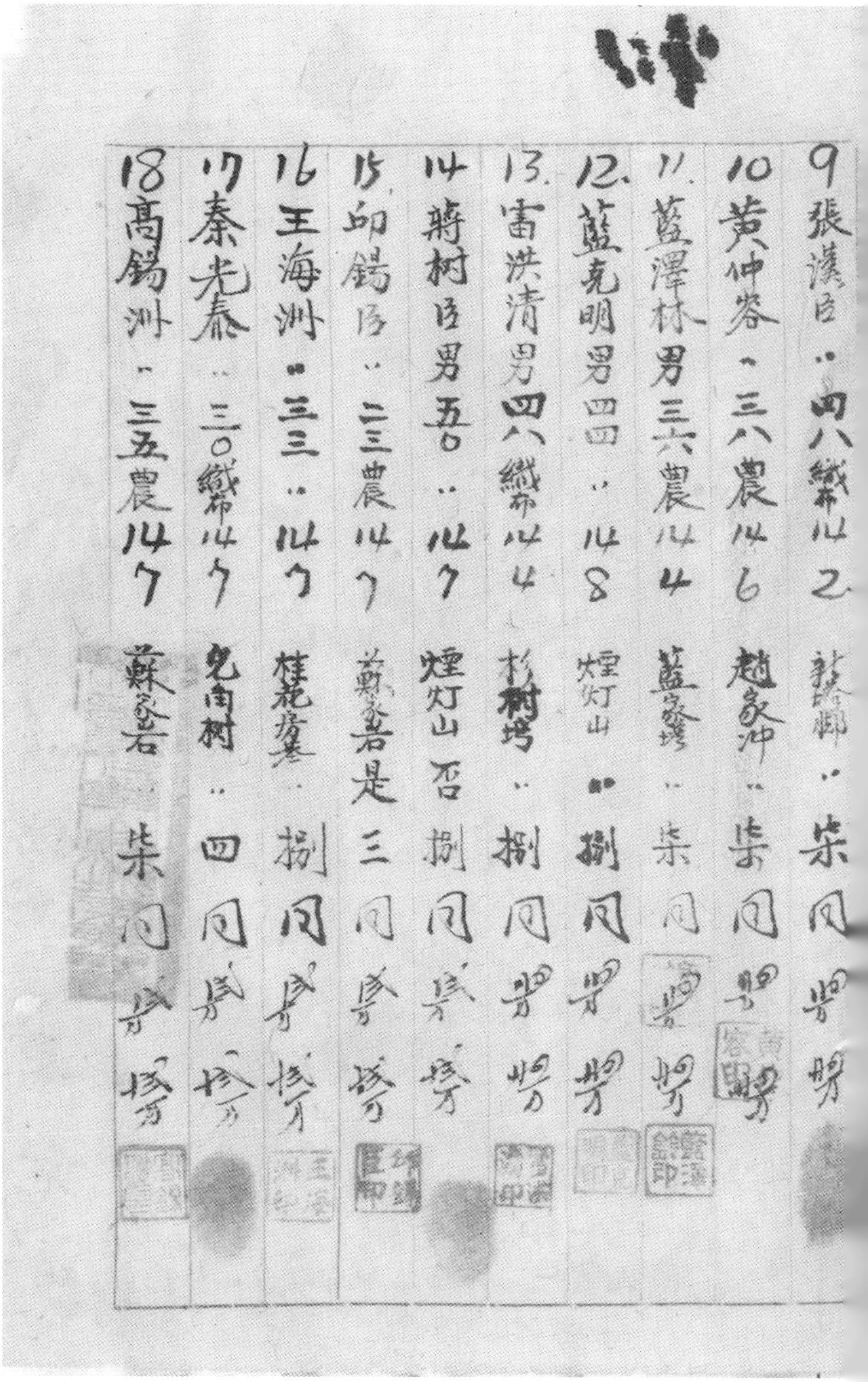

9	張漢臣	〃	四八	織布	14 2	新橋鄉	〃	柒	同	[illegible]
10	黃仲容	〃	三八	農	14 6	趙家冲	〃	柒	同	[illegible]
11	藍澤林	男	三六	農	14 4	藍家塆	〃	柒	同	[illegible]
12	藍克明	男	四四	〃	14 8	煙灯山	〃	捌	同	[illegible]
13	雷洪清	男	四八	織布	14 4	杉树塆	〃	捌	同	[illegible]
14	蔣树臣	男	五〇	〃	14 7	煙灯山	否	捌	同	[illegible]
15	邱錫臣	〃	二三	農	14 7	蘇家岩	是	三	同	[illegible]
16	王海洲	〃	三三	〃	14 7	桂花房基	〃	捌	同	[illegible]
17	秦光泰	〃	三〇	織布	14 7	皂角树	〃	四	同	[illegible]
18	高錫洲	〃	三五	農	14 7	蘇家岩	〃	柒	同	[illegible]

中华平民教育促进会实验部巴璧实验区办事处为检送城南乡蓝家湾机织生产合作社申请贷款的相关书表致中国农民银行璧山分理处的公函（附：借款申请书、合作社社员借款用途及细数表、蓝家湾机织生产合作社社员名册、蓝家湾机织生产合作社农会会员经济调查表、璧山分理处农村副业贷款报告表、农村副业贷款借款社团概况调查表、蓝家湾机织生产合作社补贷调查说明、蓝家湾机织生产合作社农会一九四七年度纺织业务计划书等） 9-1-83（55）

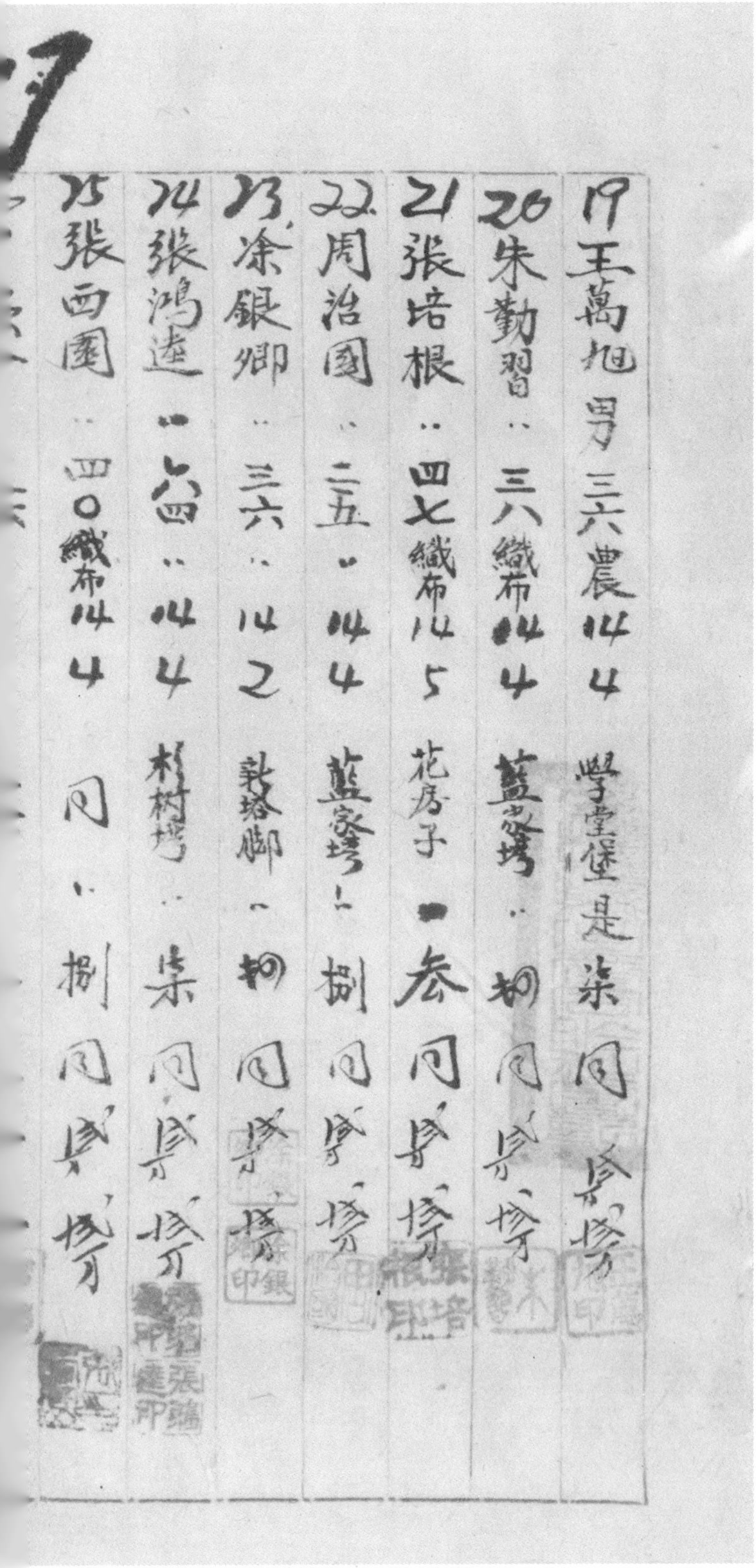

19	王萬旭	男	三六	農	14	4	學堂堡	是	柒	同	蘭塆
20	朱勤習	〃	三八	織布	14	4	藍家塆	〃	捌	同	蘭塆
21	張培根	〃	四七	織布	14	5	花房子	一	叁	同	蘭塆
22	周治國	〃	二五	〃	14	4	藍家塆	〃	捌	同	蘭塆
23	涂銀卿	〃	三六	〃	14	2	乾塔鄉	〃	捌	同	蘭塆
24	張鴻逵	〃	二四	〃	14	4	杉村塆	〃	柒	同	蘭塆
25	張西園	〃	四〇	織布	14	4	同	〃	捌	同	蘭塆

中华平民教育促进会实验部巴璧实验区办事处为检送城南乡蓝家湾机织生产合作社申请贷款的相关书表致中国农民银行璧山分理处的公函（附：借款申请书、合作社社员借款用途及细数表、蓝家湾机织生产合作社社员名册、蓝家湾机织生产合作社农会会员经济调查表、璧山分理处农村副业贷款报告表、农村副业贷款借款社团概况调查表、蓝家湾机织生产合作社补贷调查说明、蓝家湾机织生产合作社农会一九四七年度纺织业务计划书等） 9-1-83（56）

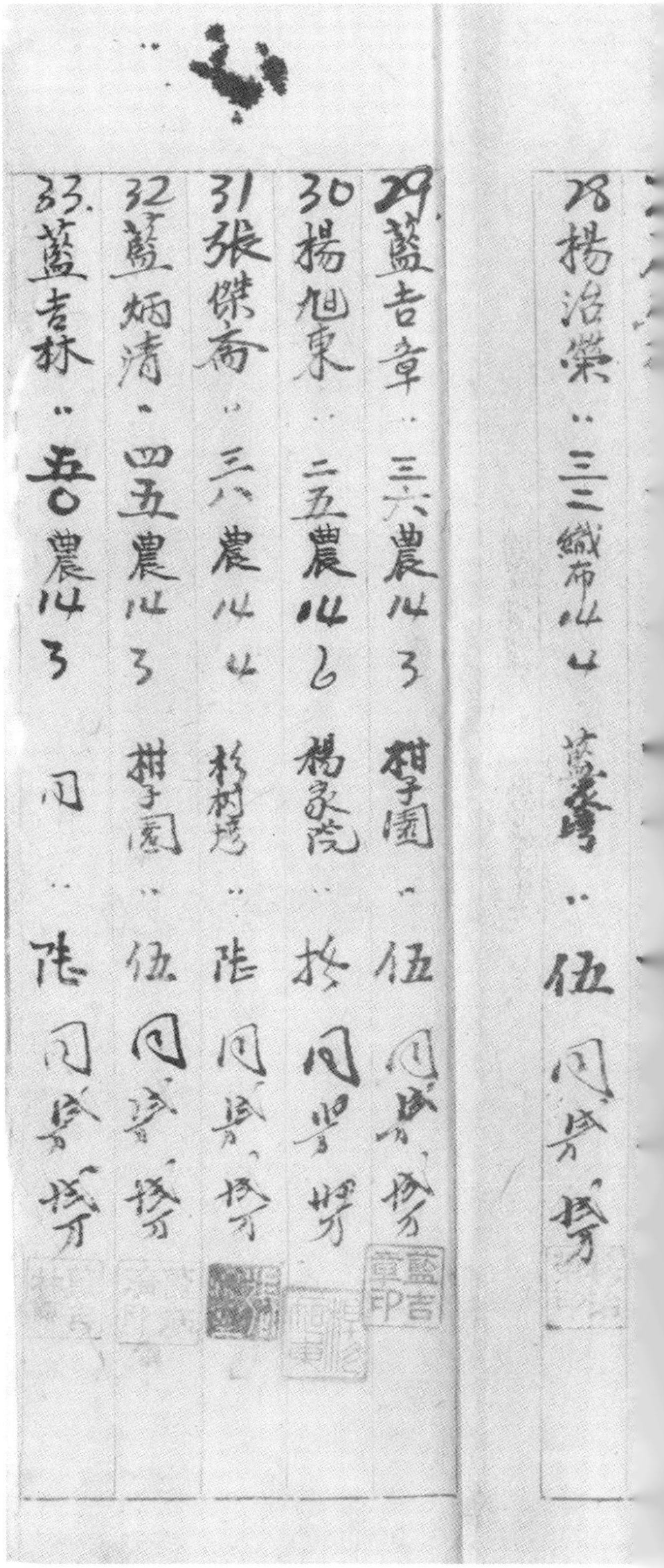

28	楊洽榮	〃	三三	織布	14	4	藍家灣	〃	伍	同胥携
29	藍吉章	〃	三六	農	14	3	柑子園	〃	伍	同胥携
30	楊旭東	〃	二五	農	14	6	楊家院	〃	於	同胥携
31	張傑齋	〃	三八	農	14	4	杉树塆	〃	陈	同胥携
32	藍炳清	〃	四五	農	14	3	柑子園	〃	伍	同胥携
33	藍吉林	〃	五〇	農	14	3	同	〃	陈	同胥携

中华平民教育促进会实验部巴璧实验区办事处为检送城南乡蓝家湾机织生产合作社申请贷款的相关书表致中国农民银行璧山分理处的公函（附：借款申请书、合作社社员借款用途及细数表、蓝家湾机织生产合作社社员名册、蓝家湾机织生产合作社农会会员经济调查表、璧山分理处农村副业贷款报告表、农村副业贷款借款社团概况调查表、蓝家湾机织生产合作社补贷调查说明、蓝家湾机织社农会一九四七年度纺织业务计划书等） 9-1-83（56）

中华平民教育促进会实验部巴璧实验区办事处为检送城南乡蓝家湾机织生产合作社申请贷款的相关书表致中国农民银行璧山分理处的公函（附：借款申请书、合作社社员借款用途及细数表、蓝家湾机织生产合作社社员名册、蓝家湾机织生产合作社农会会员经济调查表、璧山分理处农村副业贷款报告表、农村副业贷款借款社团概况调查表、蓝家湾机织生产合作社补贷调查说明、蓝家湾机织社农会一九四七年度纺织业务计划书等） 9-1-83（57）

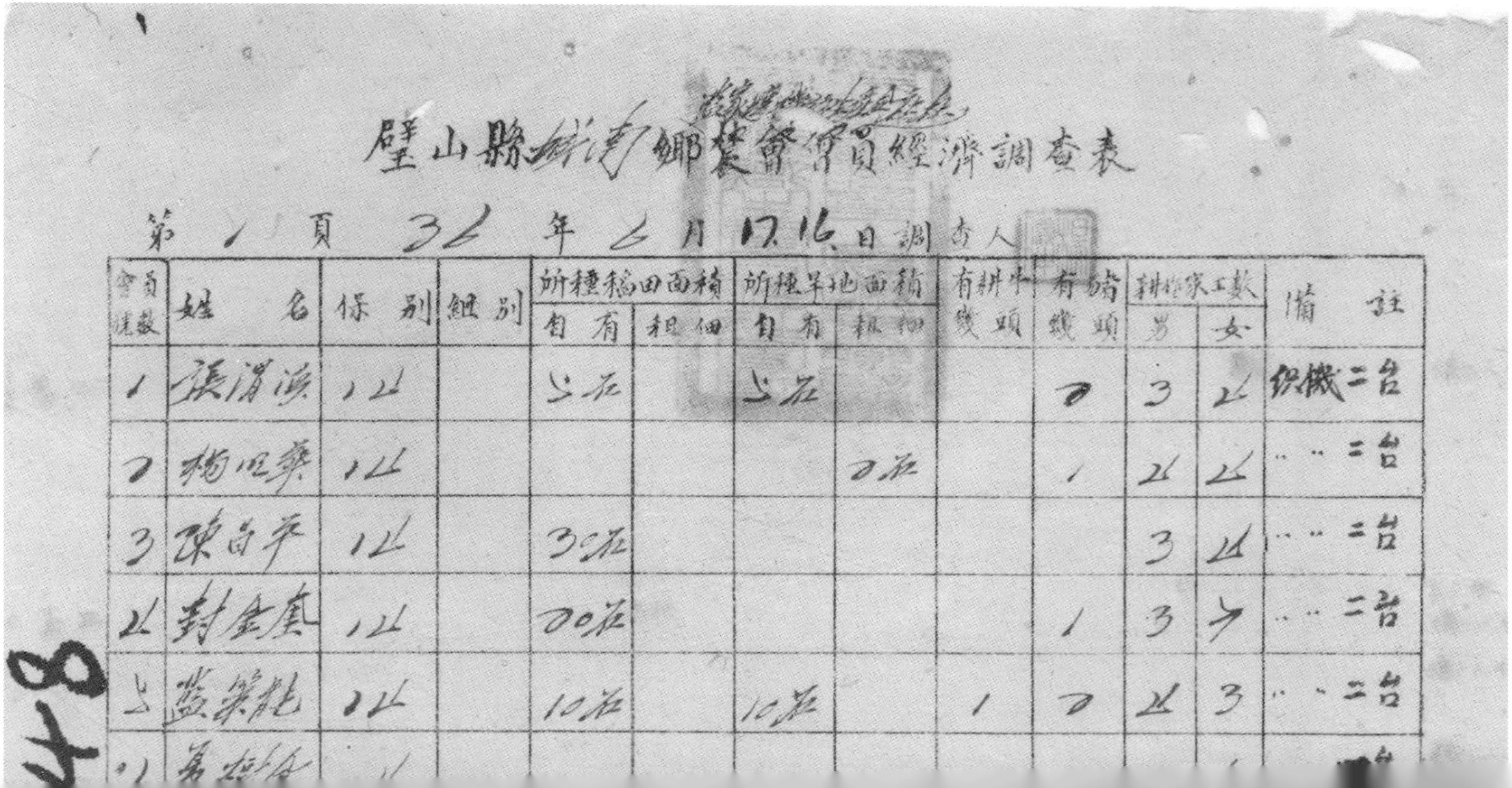

壁山縣城南鄉農會會員經濟調查表

第1頁 36年6月17.16日 調查人

會員號數	姓名	保別	組別	所種稻田面積 自有	所種稻田面積 租佃	所種旱地面積 自有	所種旱地面積 租佃	有耕牛幾頭	有豬幾頭	耕作家工數 男	耕作家工數 女	備註
1	張消演	14		5石		5石			2	3	4	织機二台
2	楊旧葵	14					2石		1	4	4	…… 二台
3	陳前平	14		30石						3	4	…… 二台
4	封金奥	14		20石					1	3	[illegible]	…… 二台
5	藍榮龍	14		10石		10石		1	2	4	3	…… 二台
[illegible]	[illegible]	[illegible]										

8	蒋齐真	〡〤		〢0石					〢	〥	〥	二台
9	张汉廷	〡〤					〡石		〡	〢	〥	二台
10	黄仲莹	〡〤		〧石	〢〤石			〡	〤	3	〤	二台
11	蓝泽龄	〡〤		〤石	〡0石			〡	〢	3	〤	二台
12	蓝光明	〡〤		〡0石					〥	〥	3	二台
13	雷洪清	〡〤								〢	〦	二台
14	蒋树廷	〡〤		〡0石				〡		3	〤	一台
15	邹锡廷	〡〤					〥斗			〡	〡	一台
合計												〢〤台

中华平民教育促进会实验部巴璧实验区办事处为检送城南乡蓝家湾机织生产合作社申请贷款的相关书表致中国农民银行璧山分理处的公函（附：借款申请书、合作社社员借款用途及细数表、蓝家湾机织生产合作社社员名册、蓝家湾机织生产合作社农会会员经济调查表、璧山分理处农村副业贷款报告表、农村副业贷款借款社团概况调查表、蓝家湾机织生产合作社补贷调查说明、蓝家湾机织社农会一九四七年度纺织业务计划书等）　9-1-83（57）

中华平民教育促进会实验部巴璧实验区办事处为检送城南乡蓝家湾机织生产合作社申请贷款的相关书表致中国农民银行璧山分理处的公函（附：借款申请书、合作社社员借款用途及细数表、蓝家湾机织生产合作社社员名册、蓝家湾机织生产合作社农会会员经济调查表、璧山分理处农村副业贷款报告表、农村副业贷款借款社团概况调查表、蓝家湾机织生产合作社补贷调查说明、蓝家湾机织社农会一九四七年度纺织业务计划书等） 9-1-83（58）

藍家灣機織生產合作社

璧山縣城南鄉農會會員經濟調查表

第2頁　36年6月17.16日　調查人

會員號數	姓名	保別	組別	所種稻田面積		所種旱地面積		有耕牛頭數	有豬頭數	耕作家工數		備註
				自有	租佃	自有	租佃			男	女	
16	王海洲	14					5斗		1	3	2	織機一台
17	秦光泰	14		5石						1	2	…　…一台
18	高錫洲	14			15石			1	2	3	2	…　…一台
19	王萬旭	14			15石				1	5	1	…　…一台
20	朱勤習	14					1石		2	2	2	…　…一台
21	張培根	14					1石		2	2	2	…　…一台

23	涂銀卿	14					5斗			2	2	……一台
24	張鴻逵	14		10石					1	3	3	……一台
25	張西園	14		10石						3	5	……二台
26	曾榮合	14					5斗			3	2	……一台
27	唐樹勳	14			18石			1	2	3	4	……二台
28	楊治榮	14					2斗			7	2	……一台
29	藍吉章	14		10石					1	2	3	……一台
30	楊旭東	14			8石					5	5	……二台
合計												

中华平民教育促进会实验部巴璧实验区办事处为检送城南乡蓝家湾机织生产合作社申请贷款的相关书表致中国农民银行璧山分理处的公函（附：借款申请书、合作社社员借款用途及细数表、蓝家湾机织生产合作社社员名册、蓝家湾机织生产合作社农会会员经济调查表、璧山分理处农村副业贷款报告表、农村副业贷款借款社团概况调查表、蓝家湾机织生产合作社补贷调查说明、蓝家湾机织社农会一九四七年度纺织业务计划书等）　9-1-83（58）

中华平民教育促进会实验部巴璧实验区办事处为检送城南乡蓝家湾机织生产合作社申请贷款的相关书表致中国农民银行璧山分理处的公函（附：借款申请书、合作社社员借款用途及细数表、蓝家湾机织生产合作社社员名册、蓝家湾机织生产合作社农会会员经济调查表、璧山分理处农村副业贷款报告表、农村副业贷款借款社团概况调查表、蓝家湾机织生产合作社补贷调查说明、蓝家湾机织社农会一九四七年度纺织业务计划书等） 9-1-83（59）

藍家灣機織生產合作社
璧山縣城南鄉農會會員經濟調查表

第 3 頁 36 年 6 月 17.16 日調查人

會員號數	姓名	保別	組別	所種稻田面積		所種旱地面積		有耕牛幾頭	有豬幾頭	耕作家工數		備註
				自有	租佃	自有	租佃			男	女	
31	張傑裔	14							1	4	1	織機一台
32	藍炳清	14			1石				1	2	3	……一台
33	藍吉林	14		5石					1	3	3	……一台

50

合計			176石	93石	15石	8.2石	6頭	36隻	98人	109人	織機四十台

中华 平民教育促进会实验部巴璧实验区办事处为检送城南乡蓝家湾机织生产合作社申请贷款的相关书表致中国农民银行璧山分理处的公函（附：借款申请书、合作社社员借款用途及细数表、蓝家湾机织生产合作社社员名册、蓝家湾机织生产合作社农会会员经济调查表、璧山分理处农村副业贷款报告表、农村副业贷款借款社团概况调查表、蓝家湾机织生产合作社补贷调查说明、蓝家湾机织社农会一九四七年度纺织业务计划书等） 9-1-83（59）

中华平民教育促进会实验部巴壁实验区办事处为检送城南乡蓝家湾机织生产合作社申请贷款的相关书表致中国农民银行璧山分理处的公函（附：借款申请书、合作社社员借款用途及细数表、蓝家湾机织生产合作社社员名册、蓝家湾机织生产合作社农会会员经济调查表、璧山分理处农村副业贷款报告表、农村副业贷款借款社团概况调查表、蓝家湾机织生产合作社补贷调查说明、蓝家湾机织社农会一九四七年度纺织业务计划书等）　9-1-83（60）

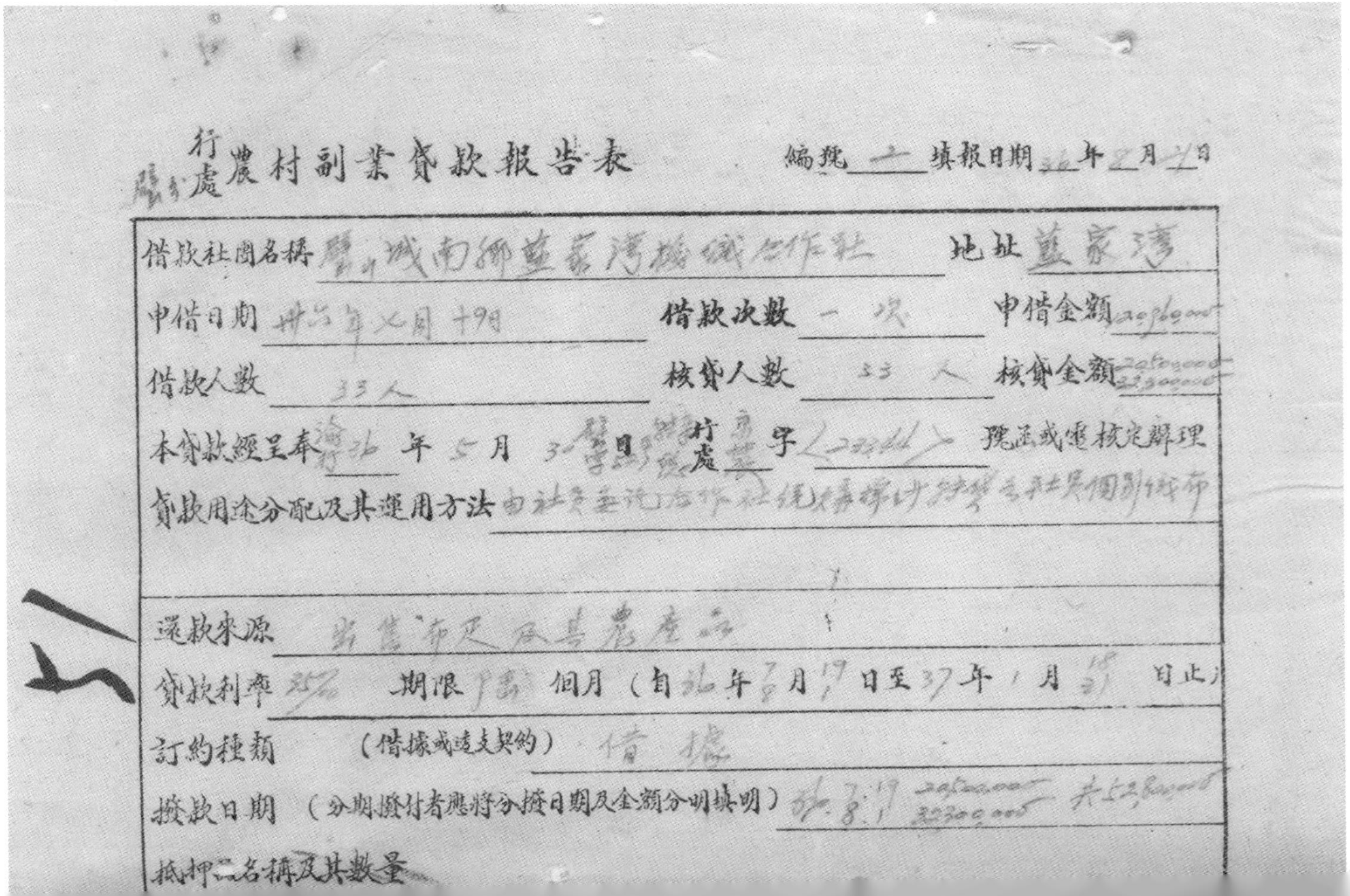

璧山行处农村副业贷款报告表　　编号 一　填报日期 36 年 8 月 [illegible] 日

借款社团名称 璧山城南乡蓝家湾机织合作社　地址 蓝家湾

申借日期 卅六年七月十九日　借款次数 一次　申借金额 [illegible]

借款人数 33人　核贷人数 33人　核贷金额 [illegible]

本贷款经呈奉渝行 36 年 5 月 30 日璧字[illegible]行处业字 [illegible] 号函或电核定办理

贷款用途分配及其运用方法 由社员委托合作社统筹办理[illegible]

还款来源 出售布匹及其农产品

贷款利率 [illegible]　期限 [illegible] 个月（自 36 年 7 月 19 日至 37 年 1 月 18 日止）

订约种类　（借据或透支契约）　借据

拨款日期　（分期拨付者应将分拨日期及金额分明填明）36.7.19 [illegible]　36.8.1 [illegible]　共[illegible]

抵押品名称及其数量

51

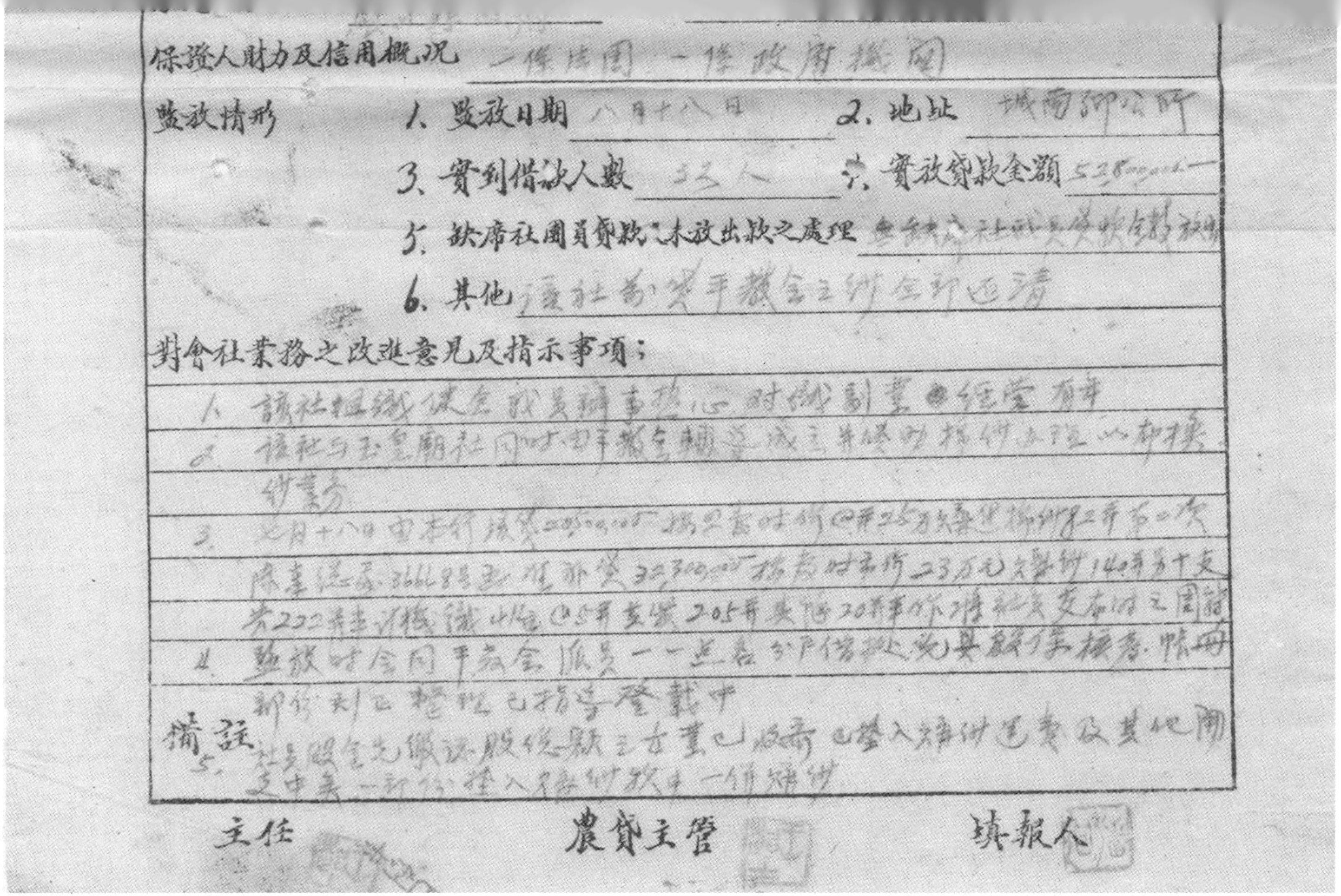

保證人財力及信用概況 一保法团 一保政府機関

監放情形

1、監放日期 八月十八日　2、地址 城南鄉公所

3、實到借款人數 33人　4、實放貸款金額 5280000

5、缺席社團員貸款未放出款之處理

6、其他

對會社業務之改進意見及指示事項：

1、

2、

3、

4、

5、

備註

主任　農貸主管　填報人

中华平民教育促进会实验部巴璧实验区办事处为检送城南乡蓝家湾机织生产合作社申请贷款的相关书表致中国农民银行璧山分理处的公函（附：借款申请书、合作社社员借款用途及细数表、蓝家湾机织生产合作社社员名册、蓝家湾机织生产合作社农会会员经济调查表、璧山分理处农村副业贷款报告表、农村副业贷款借款社团概况调查表、蓝家湾机织生产合作社补贷调查说明、蓝家湾机织社农会一九四七年度纺织业务计划书等）　9-1-83（61）

中华平民教育促进会实验部巴璧实验区办事处为检送城南乡蓝家湾机织生产合作社申请贷款的相关书表致中国农民银行璧山分理处的公函（附：借款申请书、合作社社员借款用途及细数表、蓝家湾机织生产合作社社员名册、蓝家湾机织生产合作社农会会员经济调查表、璧山分理处农村副业贷款报告表、农村副业贷款借款社团概况调查表、蓝家湾机织生产合作社补贷调查说明、蓝家湾机织社农会一九四七年度纺织业务计划书等）　9-1-83（63）

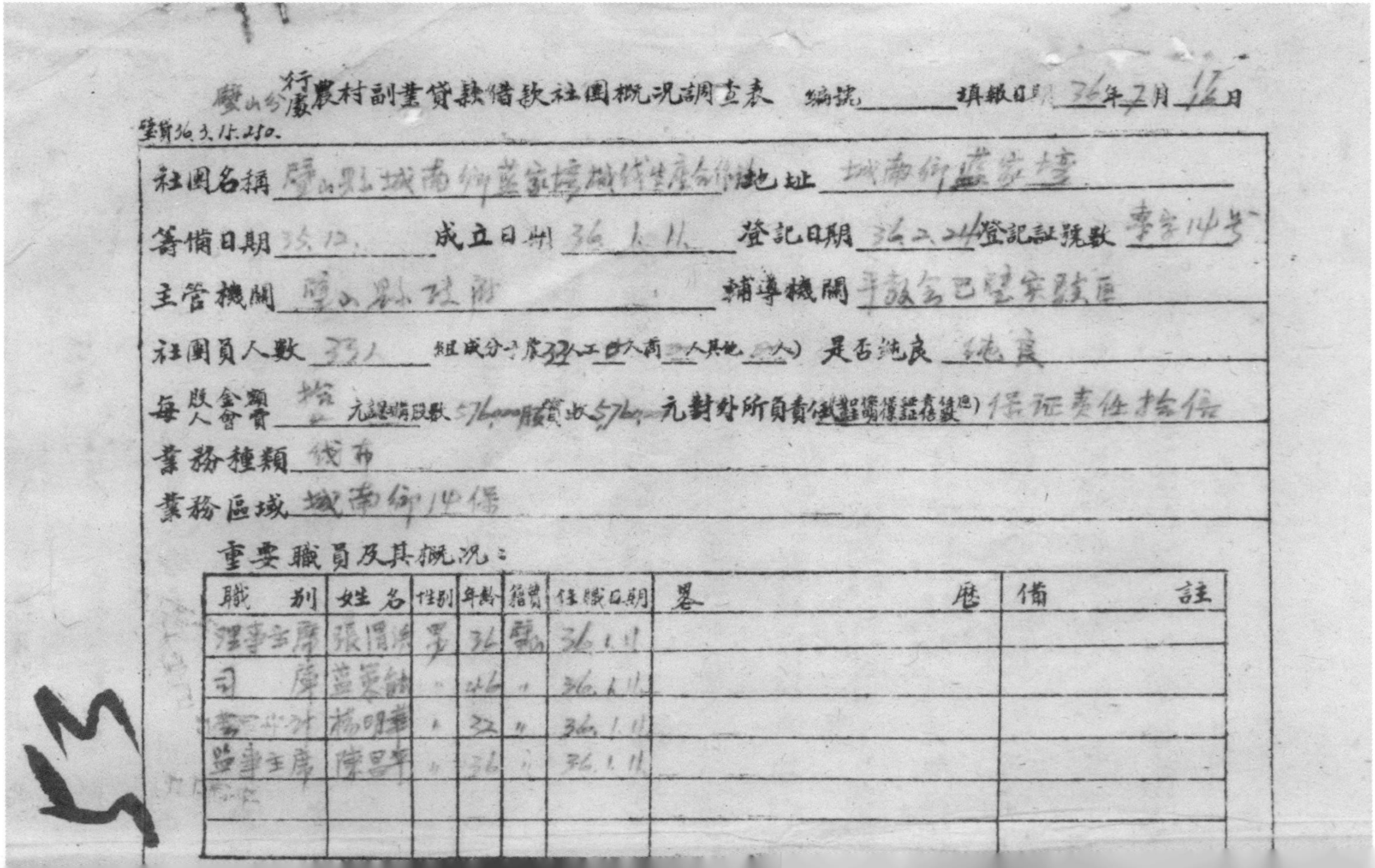

璧山分行农村副业贷款借款社团概况调查表　编号______　填报日期36年7月16日

璧贷36.7.15.250.

社团名称 璧山县城南乡蓝家湾机织生产合作社　地址 城南乡蓝家湾

筹备日期 35.12.　成立日期 36.1.11.　登记日期 36.2.24　登记证号数 璧字14号

主管机关 璧山县政府　辅导机关 平教会巴璧实验区

社团员人数 33人　组成分子（农33人 工　人 商　人 其他　人）是否纯良 纯良

每人会费 股金额 拾元　认购股数 576,000　股实收 5760元　对外所负责任（无限或保证或有限责任） 保证责任拾倍

业务种类 织布

业务区域 城南乡14保

重要职员及其概况：

职别	姓名	性别	年龄	籍贯	任职日期	略历	备注
理事主席	张渭川	男	36	璧	36.1.11		
司库	蓝银钊	〃	46	〃	36.1.11		
[illegible]	杨明华	〃	32	〃	36.1.11		
监事主席	陈昌华	〃	36	〃	36.1.11		

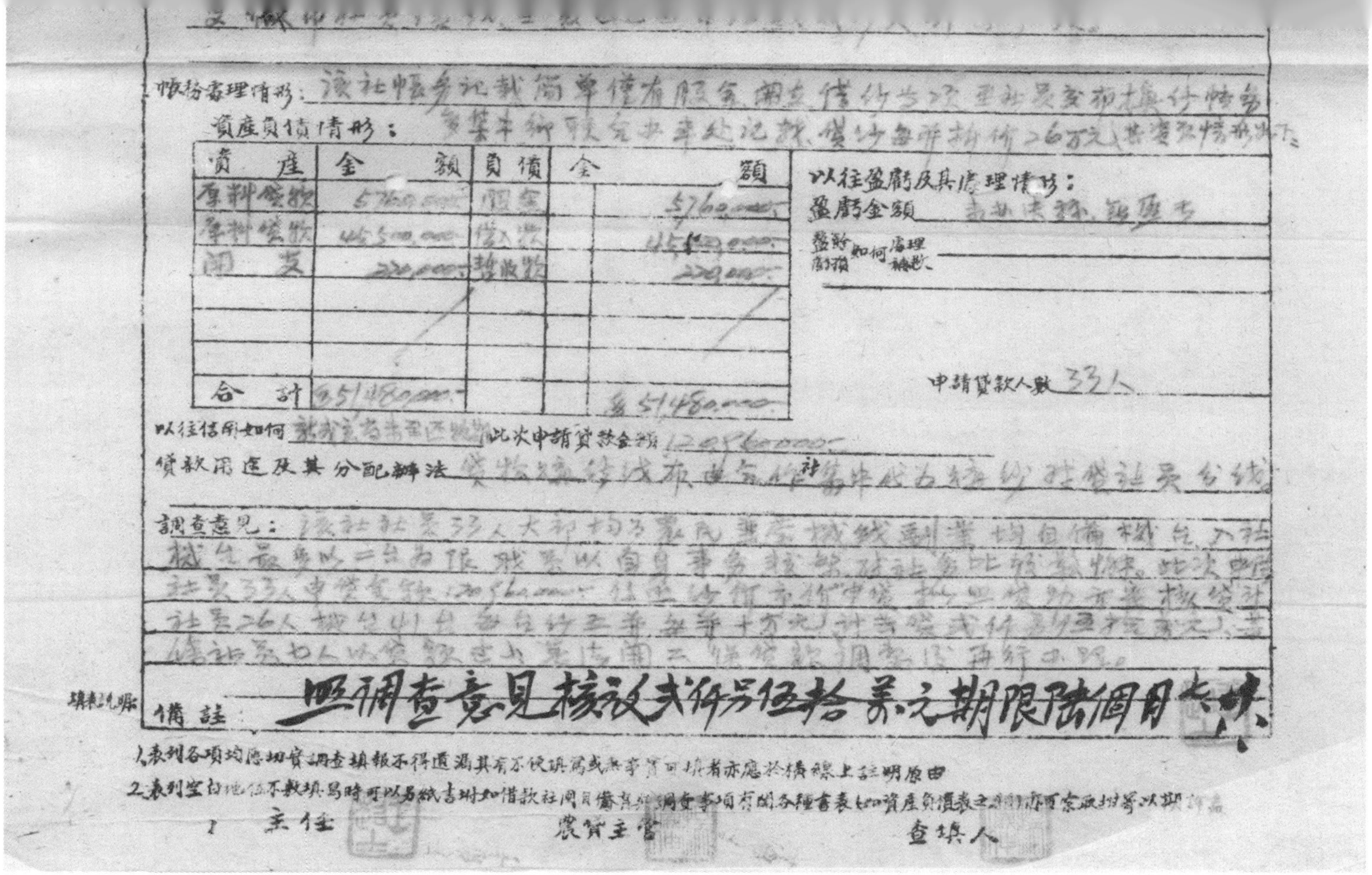

帳務處理情形：

資產負債情形：

資產	金額	負債	金額
原料貸款	5760000	股金	5760000
原料貸款	45500000	借貸	45500000
開支	220000	整股款	220000
合計	51480000		51480000

以往盈虧及其處理情形：

盈虧金額

盈餘虧損如何處理

申請貸款人數 33人

以往信用如何

此次申請貸款金額

貸款用途及其分配辦法

調查意見：

備註 照調查意見核放貳仟另伍拾萬元之期限陸個月

1.表列各項均應切實調查填報不得遺漏其有不能填寫或無事實可填者亦應於橫線上註明原由

2.表列空白地位不敷填寫時可以另紙書明如借款社團員備具有關調查事項有關各種書表如資產負債表之類亦可索取附寄以期詳盡

主任　　農貸主管　　查填人

中华平民教育促进会实验部巴壁实验区办事处为检送城南乡蓝家湾机织生产合作社申请贷款的相关书表致中国农民银行璧山分理处的公函（附：借款申请书、合作社社员借款用途及细数表、蓝家湾机织生产合作社社员名册、蓝家湾机织生产合作社农会会员经济调查表、璧山分理处农村副业贷款报告表、农村副业贷款借款社团概况调查表、蓝家湾机织生产合作社补贷调查说明、蓝家湾机织社农会一九四七年度纺织业务计划书等）　9-1-83（64）

中华平民教育促进会实验部巴壁实验区办事处为检送城南乡蓝家湾机织生产合作社申请贷款的相关书表致中国农民银行璧山分理处的公函（附：借款申请书、合作社社员借款用途及细数表、蓝家湾机织生产合作社社员名册、蓝家湾机织生产合作社农会会员经济调查表、璧山分理处农村副业贷款报告表、农村副业贷款借款社团概况调查表、蓝家湾机织生产合作社补贷调查说明、蓝家湾机织社农会一九四七年度纺织业务计划书等） 9-1-83（62）

城南乡蓝家湾机线社补贷调查说明 八月 雷 潘

（一）查城南乡蓝家湾机线社前经平教会辅导成立办理个别织布暨染等业务并由该会贷助纱支[illegible]十九件分贷为机线社同时该蓝家湾一社计社员24人机织24台开工。

（二）本年七月本处奉办机线社贷助业务，该社又参加新社员7人机织7台（第四平教会贷助） 共社员31人机织31台 按照本行贷助方案以每台机线核贷纱支五件每件以十万元为限 但以目前市价每台贷放五十万元 仅可购纱三件（经飞燕牌24支） 业务既定价与市价相差甚距 如本行贷出纱款后平教会并贷助该社之纱所行收回 如此办理则社员贷到本行纱款时不敷一次棉纱无

中华平民教育促进会实验部巴璧实验区办事处为检送城南乡蓝家湾机织生产合作社申请贷款的相关书表致中国农民银行璧山分理处的公函（附：借款申请书、合作社社员借款用途及细数表、蓝家湾机织生产合作社社员名册、蓝家湾机织生产合作社农会会员经济调查表、璧山分理处农村副业贷款报告表、农村副业贷款借款社团概况调查表、蓝家湾机织生产合作社补贷调查说明、蓝家湾机织生产合作社农会一九四七年度纺织业务计划书等）　9-1-83（62）

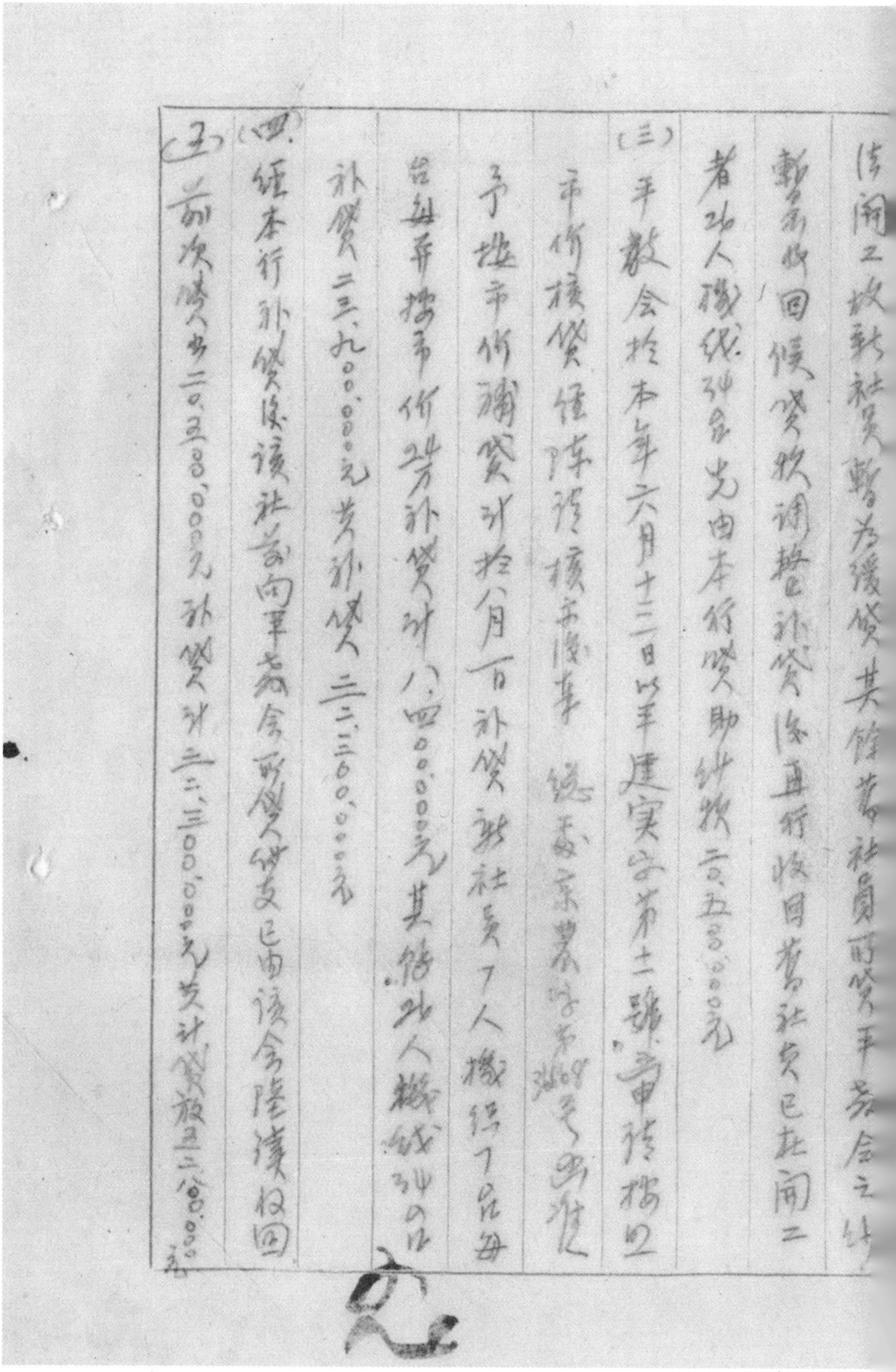
浩開工收新社貸暫為緩貸其餘舊社員所貸平教會之紗
款業收回僅貸收調整補貸係再行收回舊社員已在開二
者廿人機紗仍由本行貸助紗款二〇五〇〇.〇〇元

（三）平教會於本年六月十二日以平建字第十二號函請按照
市價核貸經陳請核示後奉 總處京農字第3408號函准
予按市價補貸計於八月一日補貸新社員七人機紗七臺每
臺每臺按市價二斤補貸計八四〇〇〇.〇〇元其餘二十人機紗仍照
補貸二三九〇〇〇.〇〇元共補貸二二三〇〇〇.〇〇元
（四）經本行補貸後該社前向平教會所貸紗支已由該會陸續收回
（五）前次貸出二〇五〇〇〇.〇〇元補貸計二二三〇〇〇.〇〇元共計貸放五三〇〇〇〇.〇〇元
完

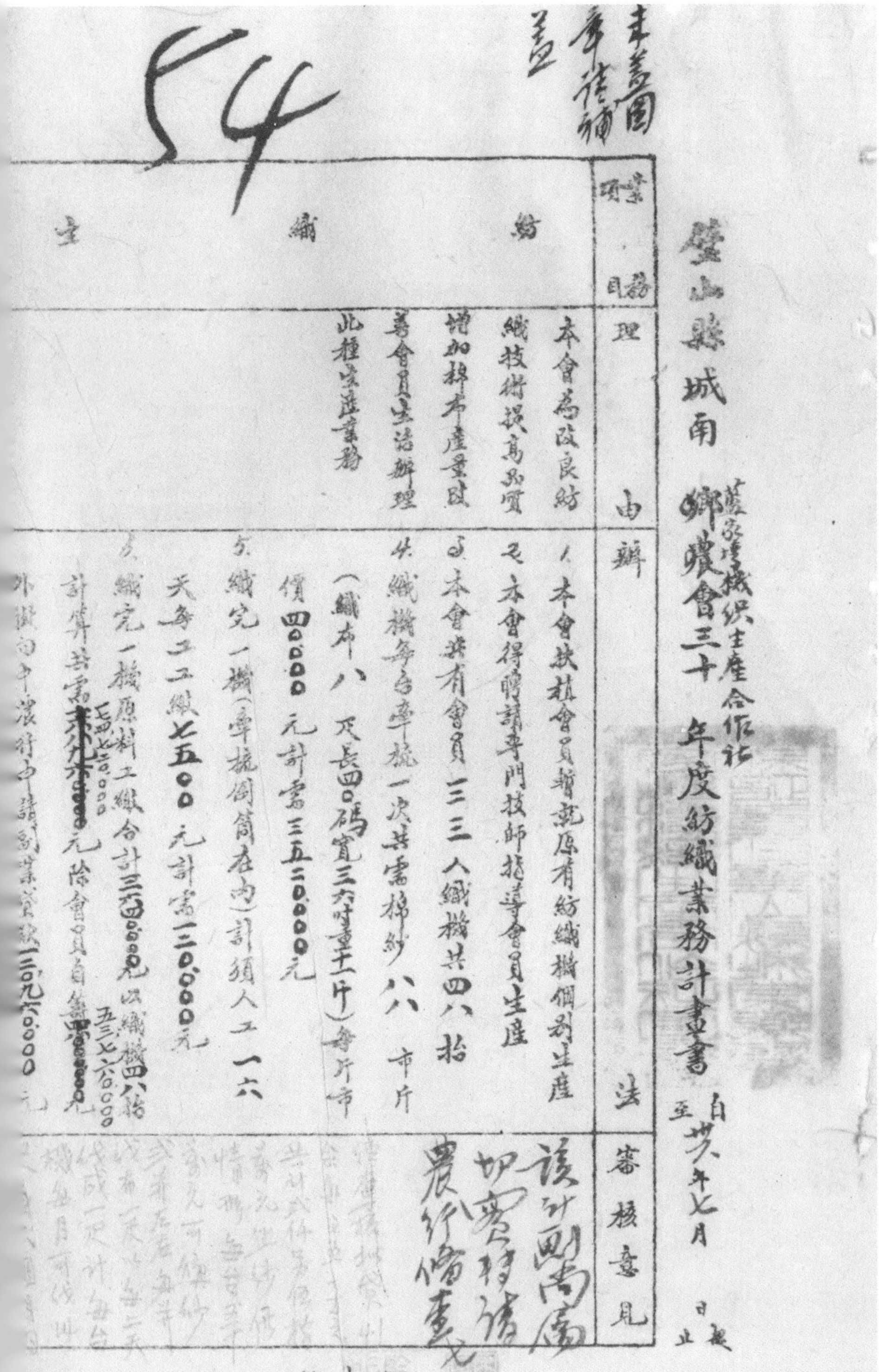

54

未蓋圖章請補蓋

璧山縣城南鄉藍家灣機織生產合作社農會三十六年度紡織業務計畫書

自卅六年七月 日起 至 日止

業務項目	理由	辦法	審核意見
紡織生產	本會為改良紡織技術提高品質增加棉布產量改善會員生活辦理此種生產業務	1. 本會扶植會員增就原有紡織機個別生產 2. 本會得聘請專門技師指導會員生產 3. 本會共有會員三三人織機共四八抬 4. 織機每台每年一次共需棉紗八八市斤(織布八尺長四〇碼寬三六吋重十一斤)每斤市價四〇〇〇〇元計需三五二〇〇〇〇元 5. 織完一機(牽梳倒筒在內)計須人工一六天每工工繳七五〇〇元計需一二〇〇〇〇元 6. 織完一機原料工繳合計三六四〇〇〇〇元以織機四八抬計算共需一七四七二〇〇〇〇元除會員自籌五三七六〇〇〇〇元外擬向中農行申請副業貸款一二〇九六〇〇〇〇元	該計劃尚屬切實務請農行借貸

編造人

中华平民教育促进会实验部巴壁实验区办事处为检送城南乡蓝家湾机织生产合作社申请贷款的相关书表致中国农民银行璧山分理处的公函（附：借款申请书、合作社社员借款用途及细数表、蓝家湾机织生产合作社社员名册、蓝家湾机织生产合作社农会会员经济调查表、璧山分理处农村副业贷款报告表、农村副业贷款借款社团概况调查表、蓝家湾机织生产合作社补贷调查说明、蓝家湾机织社农会一九四七年度纺织业务计划书等） 9-1-83（65）

中华平民教育促进会实验部巴璧实验区办事处为检送城南乡蓝家湾机织生产合作社申请贷款的相关书表致中国农民银行璧山分理处的公函（附：借款申请书、合作社社员借款用途及细数表、蓝家湾机织生产合作社社员名册、蓝家湾机织生产合作社农会会员经济调查表、璧山分理处农村副业贷款报告表、农村副业贷款借款社团概况调查表、蓝家湾机织生产合作社补贷调查说明、蓝家湾机织社农会一九四七年度纺织业务计划书等）　9-1-83（65）

產	採購原料及運銷
7.本業務年度約需棉紗 七三九二〇 市斤 8.本業務年度產品種類及其數量 六七二〇疋（四八様計）	本會為減低生產成本及免除中間人之剝削特辦理此項業務 1.本會會員所需棉紗得委託本會代購由請發記後並須預付全部貨款及百分之 手續費 2.本會會員所生產之產品如需聯合運銷時交由本會共同運銷之 3.本會收受會員產品須檢定品質重量及色澤等優劣分級登記於產品簿 4.會員交予本會之產品經檢定等級後出售後由本會消各級售價以辦示公告之 5.運銷產品一律加蓋本會標記以資識別

核對者

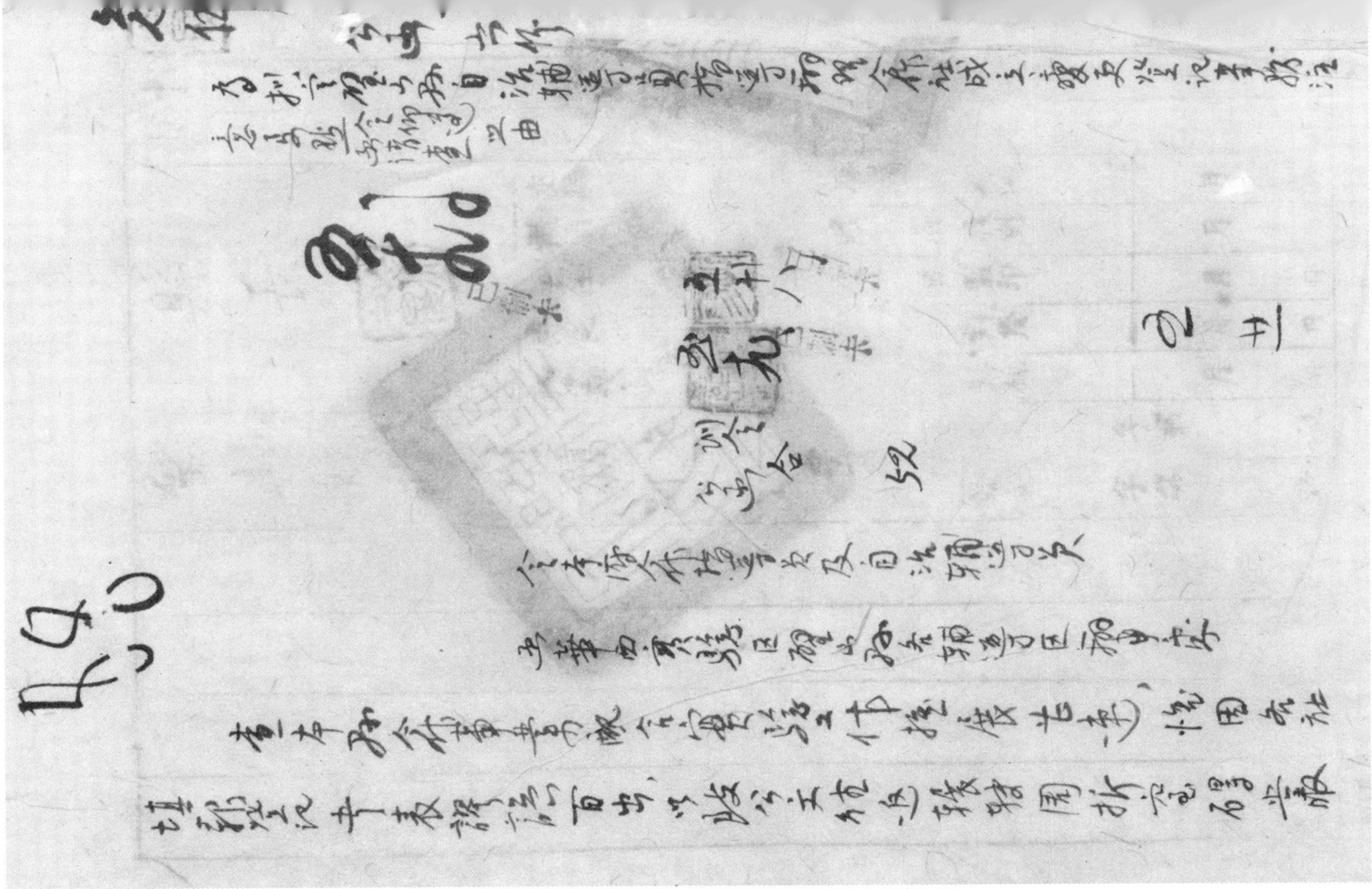
为抄发璧山县自治辅导员指导办理合作社成立、变更登记事务注意要点令仰遵照由

令本府合作指导员及自治辅导员

查本县合作事业，前经会同实验区推展甚速，惟因各社填报登记书表，谬误百出，以致公文往返辗转周折，窒碍实甚

华西实验区总办事处、璧山县政府及本县人事指导员和自治辅导员关于璧山县自治辅导员指导成立合作社及变更登记事务的往来公文（附：璧山县自治辅导员指导办理合作社成立、变更登记事务注意要点） 9-1-91（6）

华西实验区总办事处、璧山县政府及本县人事指导员和自治辅导员关于璧山县自治辅导员指导成立合作社及变更登记事务的往来公文（附：璧山县自治辅导员指导办理合作社成立、变更登记事务注意要点） 9-1-91（7）

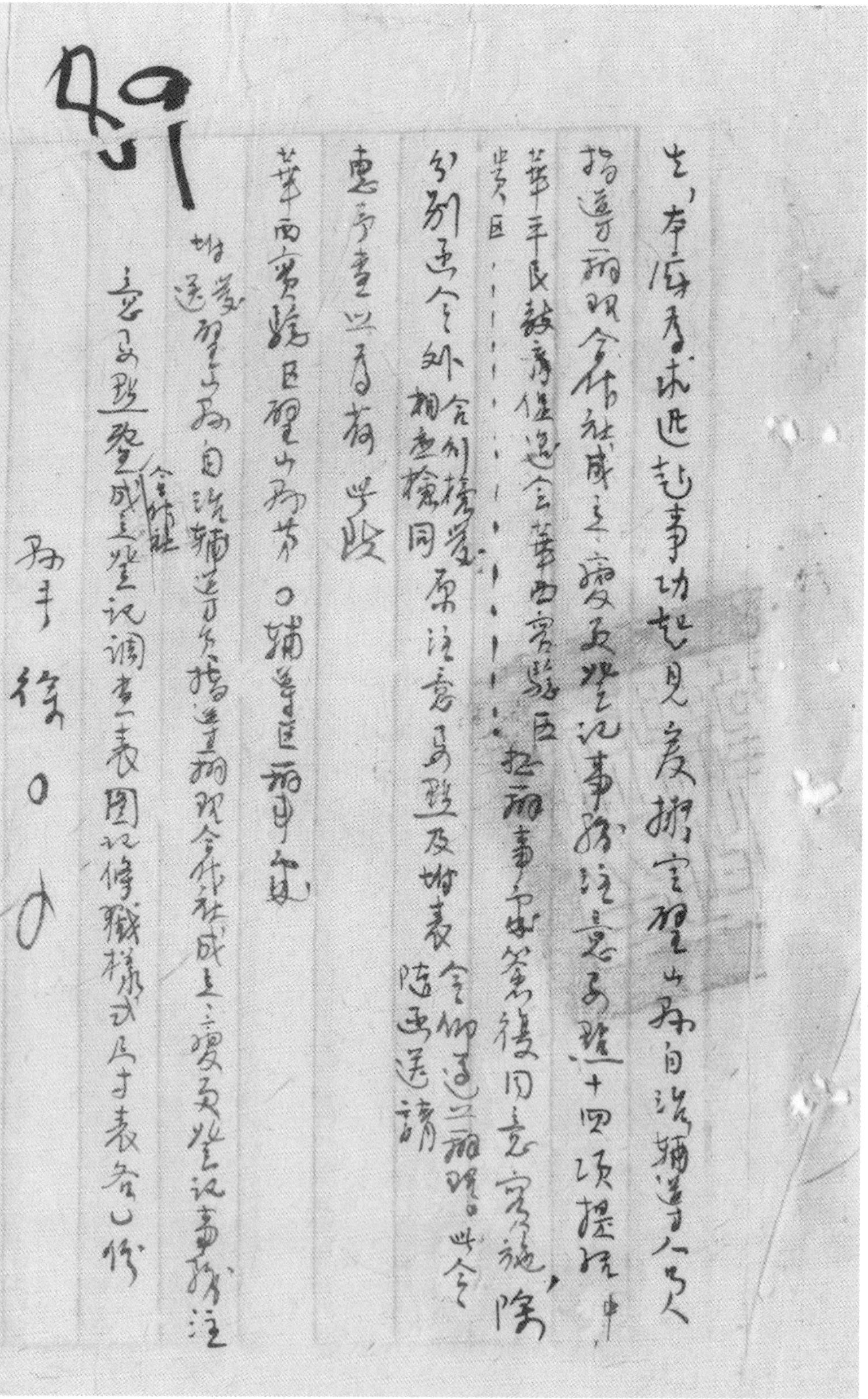

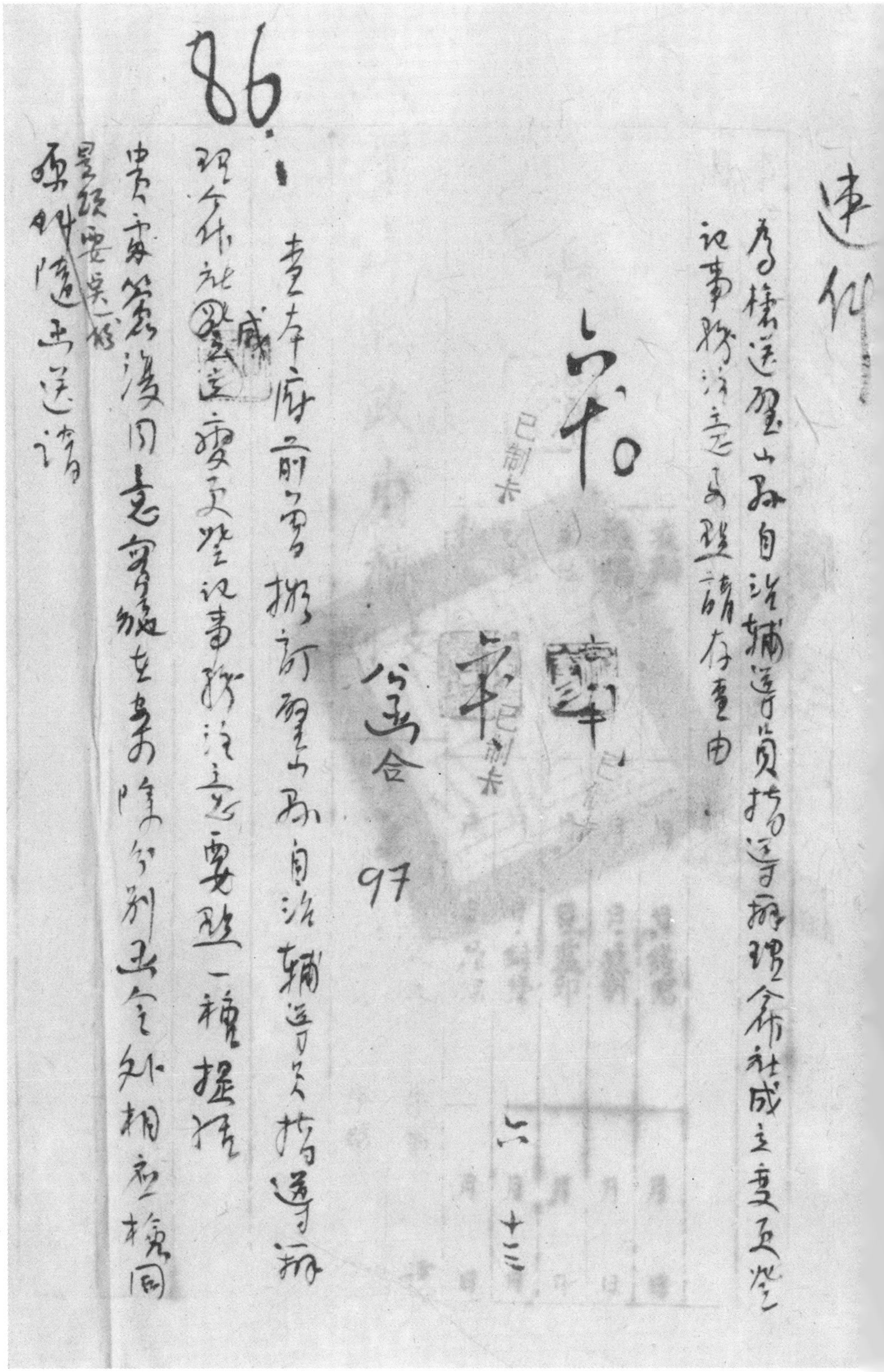

速件

為據送璧山縣自治輔導員指導辦理合作社成立變更登記事務注意要點請存查由

公函

97

六月十三

查本府前曾擬訂璧山縣自治輔導員指導辦理合作社成立變更登記事務注意要點一種提經

貴處簽復同意實施在案除分別函令外相應檢同

原件隨函送請

華西實驗區总办事处、璧山县政府及本县人事指导员和自治辅导员关于璧山县自治辅导员指导成立合作社及变更登记事务的往来公文（附：璧山县自治辅导员指导办理合作社成立、变更登记事务注意要点） 9-1-91（4）

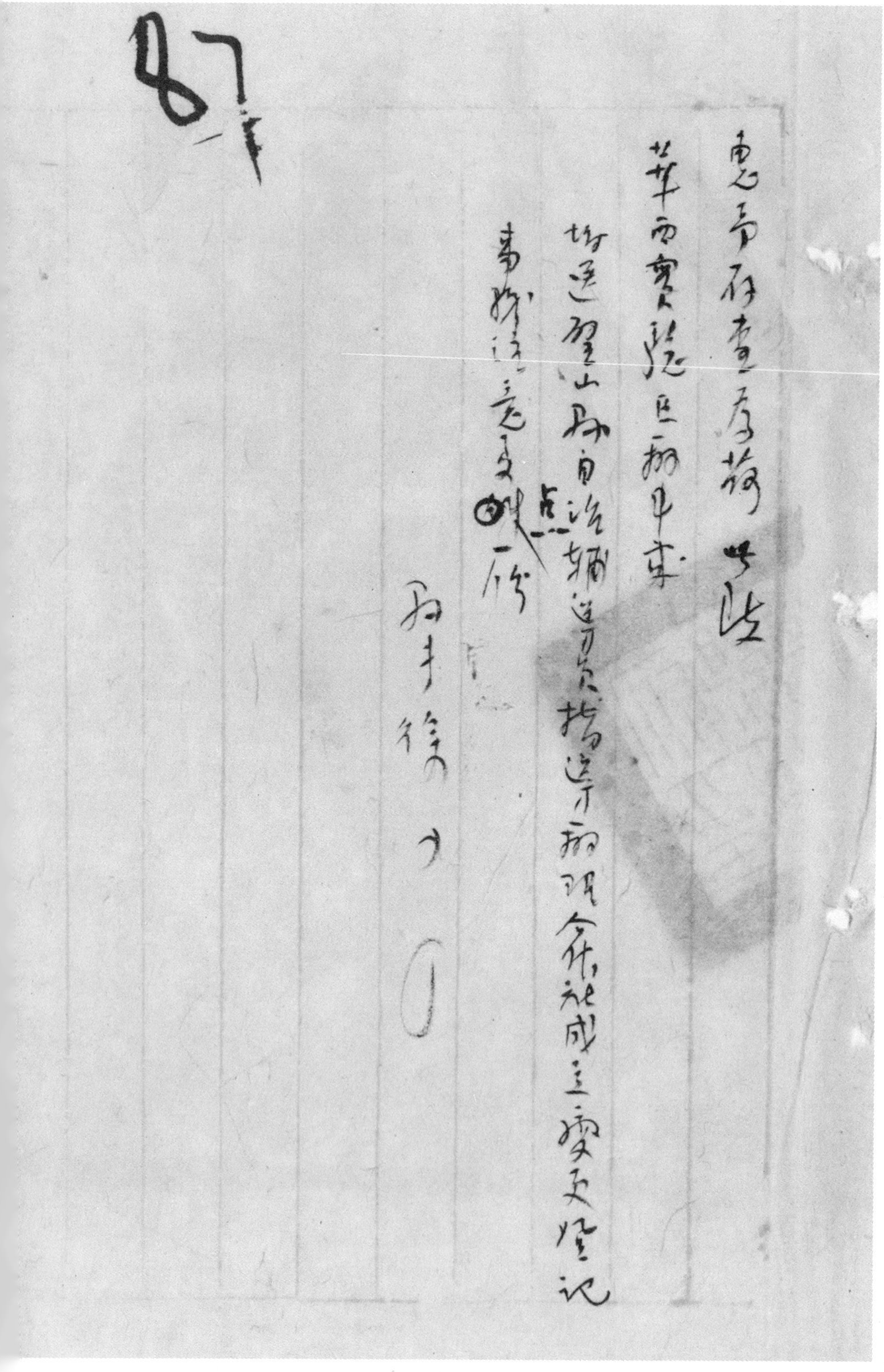
87

惠予存查為荷 此致
華西實驗區總辦事處
檢送璧山縣自治輔導員指導辦理合作社成立變更登記
事務注意要點一份
[illegible]

华西实验区总办事处、璧山县政府及本县人事指导员和自治辅导员关于璧山县自治辅导员指导成立合作社及变更登记事务的往来公文（附：璧山县自治辅导员指导办理合作社成立、变更登记事务注意要点） 9-1-91（5）

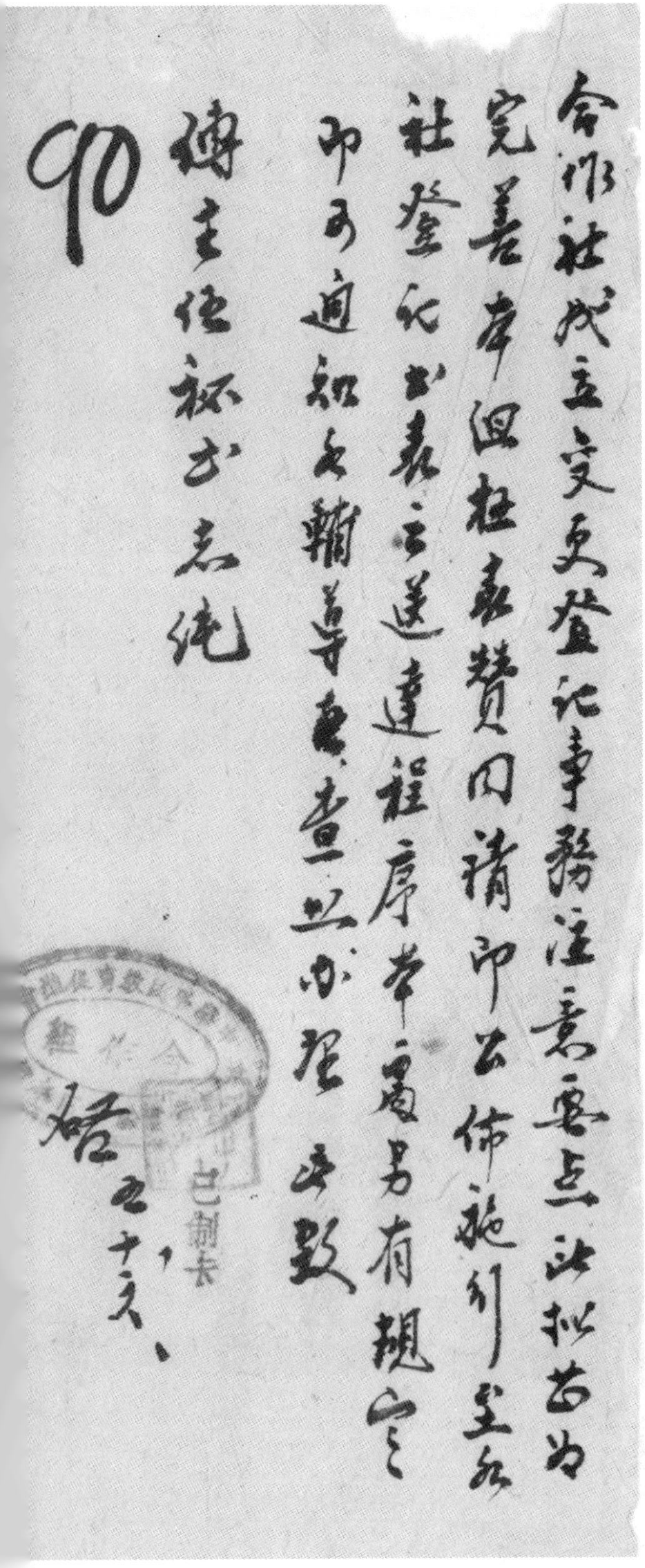
合作社成立變更登記事務注意要點業擬就為
完善本區扶植農貸因請即公佈施行並於
社登記時表式送達程序等屬另有規定
即可通知各輔導員查照辦理為要
轉主任秘書志純
啓 五、十六、
已制表

华西实验区总办事处、璧山县政府及本县人事指导员和自治辅导员关于璧山县自治辅导员指导成立合作社及变更登记事务的往来公文（附：璧山县自治辅导员指导办理合作社成立、变更登记事务注意要点） 9-1-91（8）

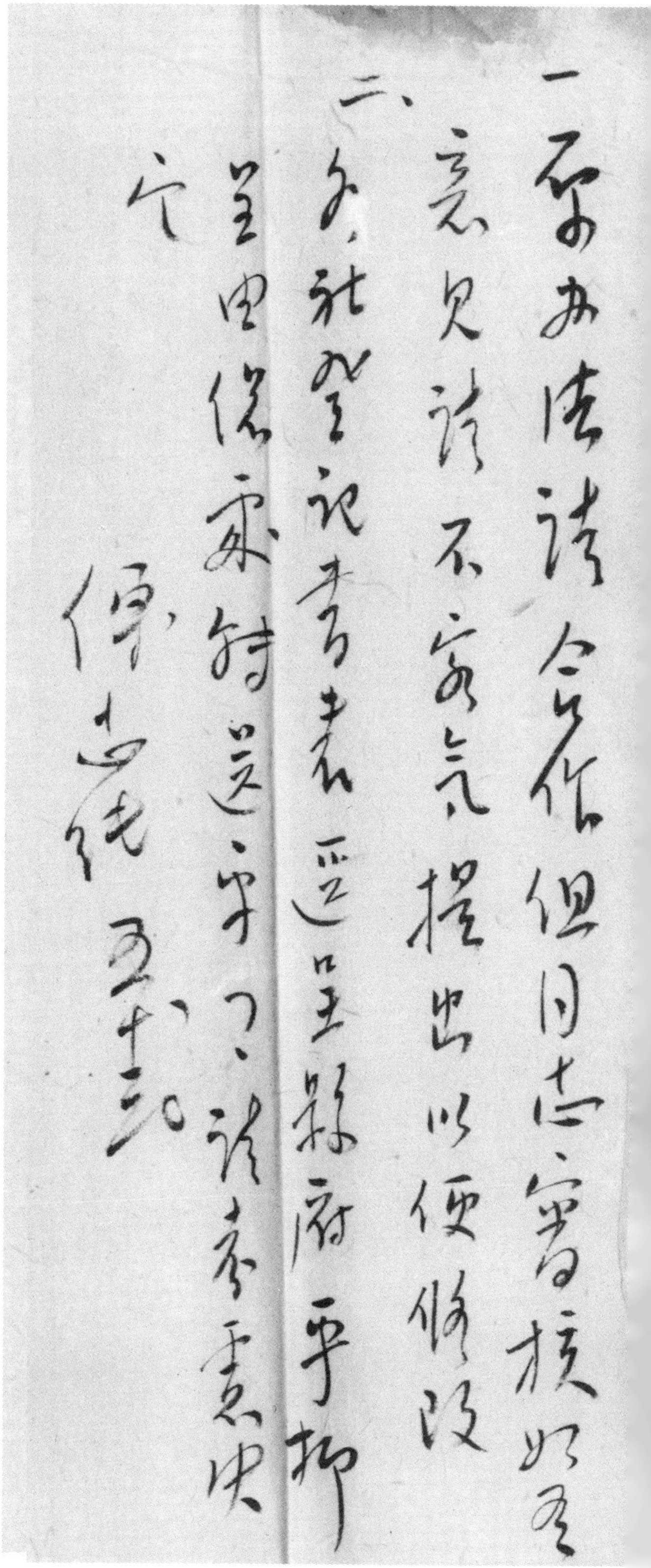

一、原办法请合作组同志审核，如有意见请不客气提出，以便修改。

二、各社登记书表逕呈县府审核，[illegible]转送、或[illegible]、请[illegible]意决定。

[illegible] 五月十二日

华西实验区总办事处、璧山县政府及本县人事指导员和自治辅导员关于璧山县自治辅导员指导成立合作社及变更登记事务的往来公文（附：璧山县自治辅导员指导办理合作社成立、变更登记事务注意要点） 9-1-91（8）

华西实验区总办事处、璧山县政府及本县人事指导员和自治辅导员关于璧山县自治辅导员指导成立合作社及变更登记事务的往来公文（附：璧山县自治辅导员指导办理合作社成立、变更登记事务注意要点） 9-1-91（9）

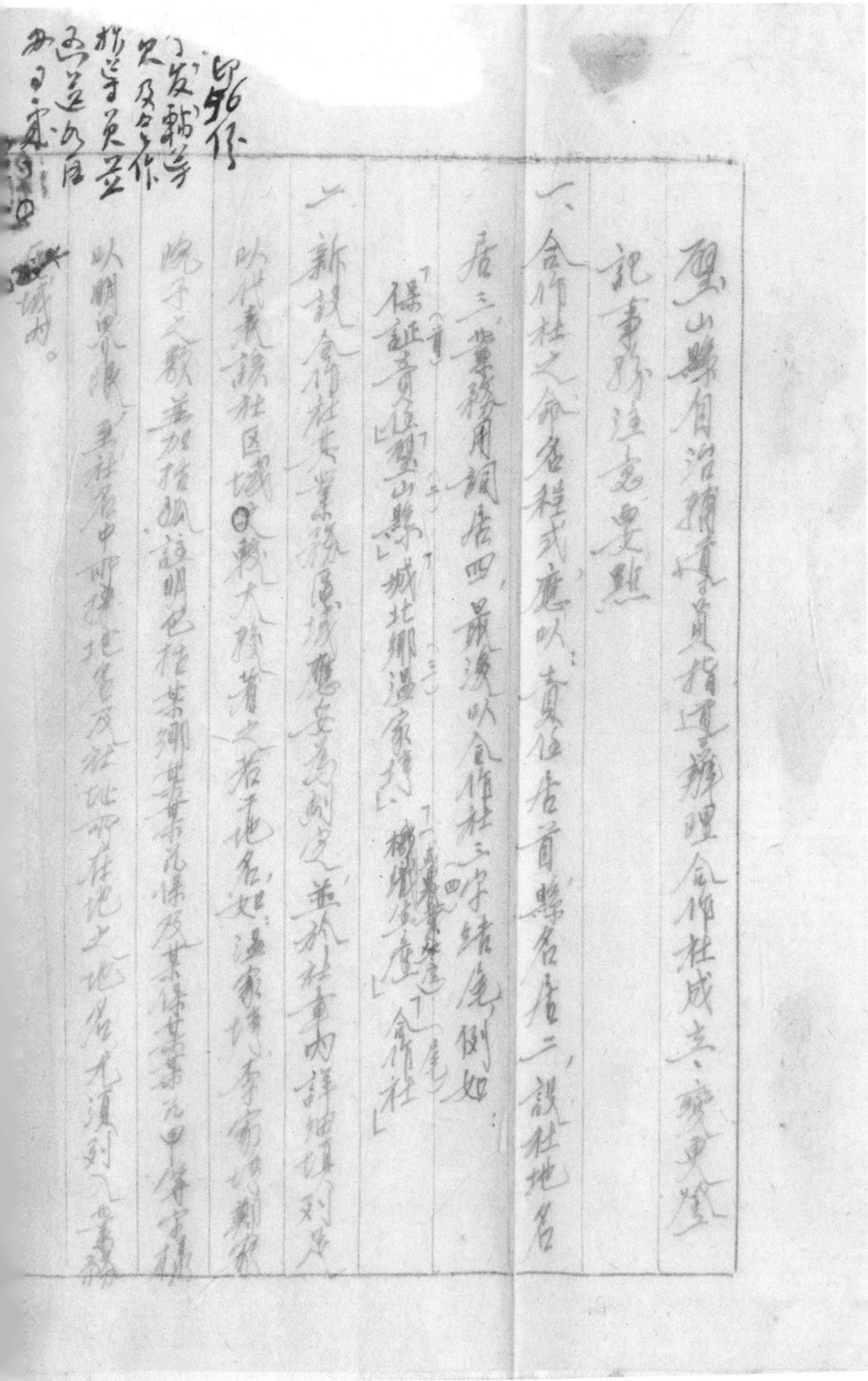
璧山县自治辅导员指导办理合作社成立、变更登记事务注意要点

一、合作社之命名程式应以责任名首，县名居二，设社地名居三，业务用词居四，最后以合作社三字结尾，例如：「保证责任璧山县城北乡温家塆（一）（二）（三）（四）榨油生产运销合作社」

二、新设合作社其业务区域应妥为划定，并于社章内详细填列，尽以代表该社区域之最大范围为之，若干地名如：温家塆、李家坝、刺竹……晓子之数并加括弧注明包括某乡某某保及某保某甲等字样，以期界限分明，至社名中所标地名及社址所在地之地名尤须列入业务……

五五五〇

华西实验区总办事处、璧山县政府及本县人事指导员和自治辅导员关于璧山县自治辅导员指导成立合作社及变更登记事务的往来公文（附：璧山县自治辅导员指导办理合作社成立、变更登记事务注意要点）　9-1-91（9）

三、社员名册为社员完成入社手续之原始根据，应由各社员於其入社姓名下亲手加盖私章或按指模（右手中指）以昭郑重。无论其为新社社员或旧社新增社员，均须以本县三十六年编整户籍所登记之原姓名（患用别号）及保甲户口号码为准，不得错乱，致碍稽考核实之状况。

(1) 三十六年编整户籍后新迁入各户或因父子兄弟分爨新立各户，除填明现在编定之保甲户口号码外，并应根据其原户籍於社员名册之附注栏内注明系由某乡某保某甲某户迁入或分立。

(2) 三十六年编整后由外县迁入之久居住户，除填明现在编定之保甲户口号码外，并於社员名册附注栏内注明其来历由何

璧山四寶閣文具印刷紙號印製

华西实验区总办事处、璧山县政府及本县人事指导员和自治辅导员关于璧山县自治辅导员指导成立合作社及变更登记事务的往来公文（附：璧山县自治辅导员指导办理合作社成立、变更登记事务注意要点） 9-1-91（10）

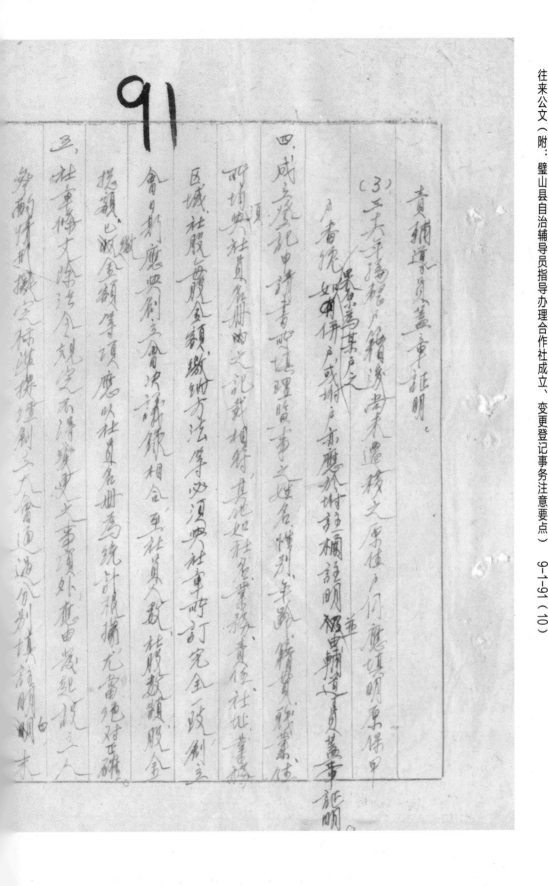

91

責輔導員蓋章証明。

(3)三六年清查户籍後尚未遷移之原住户，仍應填明原保甲户者，倘原為某户之併户或增户，亦應於備註欄註明，並由輔導員蓋章証明。

四、成立登記申請書所填理監事之姓名、性別、年齡、籍貫、職業、住所，須均與社員名冊內之記載相符，其他如社名、業務、責任、社址、業務區域、社股每股金額、繳納方法等，必須與社章所訂完全一致，創立會日期應與創立會決議錄相合，至社員人數、社股數額、股金認額、已繳金額等項，應以社員名冊為統計根據，尤當絕對正確。

五、社章條文除法令規定不得變更之事項外，應由發起人、創立人參酌情形，擬定標準，提經創立大會通過，分別填註明晰，末華西实验区总办事处、璧山县政府及本县人事指导员和自治辅导员关于璧山县自治辅导员指导成立合作社及变更登记事务的往来公文（附：璧山县自治辅导员指导办理合作社成立、变更登记事务注意要点） 9-1-91（10）

尾應由臨時主席及出席社員二人以上共同簽名

六、創立會決議錄、或社員大會決議錄內開會地點，應填註社區內之地名，缺席人應將缺席人姓名一一填出，列席人應將列席人之姓名職銜分別填明，決議案應力求簡明，末尾應由主席及紀錄簽署其事，社員大會決議錄並須有出席社員二人以上共同簽署，創立會（及籌備會）主席紀錄均不得由非社員擔任。

七、各社營業計劃應就各該社業務性質範圍詳盡規定及自身財力之所能，妥訂項目，詳擬進行程序方法及業務進行上與社員應有之約定，連同經營數量、收益、支損之估計等項詳加說明，並確定其進度與所需資金總額，以[illegible]

璧山內資閣文具印刷紙號印製

华西实验区总办事处、璧山县政府及本县人事指导员和自治辅导员关于璧山县自治辅导员指导成立合作社及变更登记事务的往来公文（附：璧山县自治辅导员指导办理合作社成立、变更登记事务注意要点） 9-1-91（11）

92

填列，仍由负责辅导员加具审核意见。

八、合作社正式举行创立大会以后，应由负责辅导人员于一个月以内就其设立之基础及组织设备各项详加调查，切实详定分数，填具成立登记调查表，加具设立理由、环境说明及意见，详请同成立登记书表一并呈报。（附成立登记调查表式）

九、合作社成立登记时已登记之事项，除理监事之年龄、籍贯、职务外，其余各项如有变更，均应由理事会负责于一个月以内填具变更登记申请书，连同附件呈报县政府为变更之登记，并应附送之件，则视变更事项而定，兹表列如次：

变更事项 应付呈之件

华西实验区总办事处、璧山县政府及本县人事指导员和自治辅导员关于璧山县自治辅导员指导成立合作社及变更登记事务的往来公文（附：璧山县自治辅导员指导办理合作社成立、变更登记事务注意要点） 9-1-91（11）

1. 社名	社員大會決議錄
2. 業務及業務區域	社員大會決議錄
3. 責任	社員大會決議錄，如係保證責任社須另附保證金額及公告
4. 社址	社員大會決議錄。
5. 理監事	社員大會決議錄，新聘職員履歷表及印鑑紙
6. 社員	新增或退出社員名冊，如係無限責任社須附社員大會決議錄。
7. 每股金額	社員大會決議錄，如有限或保證責任社減少社股額另附公告。
8. 社股總額	社員有增減時隨之變更，加不另附表冊。
9. 股金總額	社員有增減時隨之變更，加不另附表冊。
10. 社章	社員大會決議錄及修訂章程條文。

十、變更登記申請書應就「原登記事項」與「變更登記事項」兩欄對照填寫，另於「變更原因」欄填明原因，如同時有數項變更，應併案彙呈。

十一、各種書表務求字跡整齊清楚，各欄所填字樣，尤須意思完全，文句簡當，遇有相同項目更需力求劃一，勿令互相抵觸，前後矛盾。具呈人之簽署及圖記之加蓋，務須詳加檢點，以免漏落繞增

璧山四寶閣文具印刷紙號印製

华西实验区总办事处、璧山县政府及本县人事指导员和自治辅导员关于璧山县自治辅导员指导成立合作社及变更登记事务的往来公文（附：璧山县自治辅导员指导办理合作社成立、变更登记事务注意要点） 9-1-91（12）

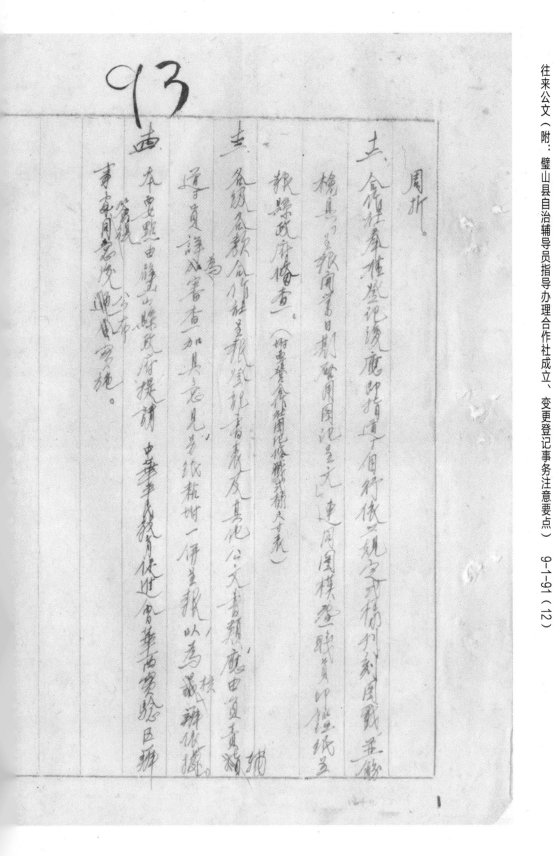

93

周折。

十一、合作社奉准登记后，应即指导自行依照规定式样刊刻图戳，并饬检具呈报开业日期、启用图记呈文，连同图模、登记职员印鉴纸呈报县政府备查。（附书式：合作社图记格式大小表）

十二、各级各类合作社呈报登记书表及其他公文书类，应由负责辅导员详加审查，加具意见，另纸粘附一并呈报，以为核议办理依据。

十三、本要点由璧山县政府提请中华平民教育促进会华西实验区办事处同意后会衔公布施行。

华西实验区总办事处、璧山县政府及本县人事指导员和自治辅导员关于璧山县自治辅导员指导成立合作社及变更登记事务的往来公文（附：璧山县自治辅导员指导办理合作社成立、变更登记事务注意要点） 9-1-91（12）

本要點是否有當，仍乞
示遵！謹呈
縣長徐
職孔觀成 三

璧山四育閣文具印刷紙號印製

华西实验区总办事处、璧山县政府及本县人事指导员和自治辅导员关于璧山县自治辅导员指导成立合作社及变更登记事务的往来公文（附：璧山县自治辅导员指导办理合作社成立、变更登记事务注意要点） 9-1-91（13）

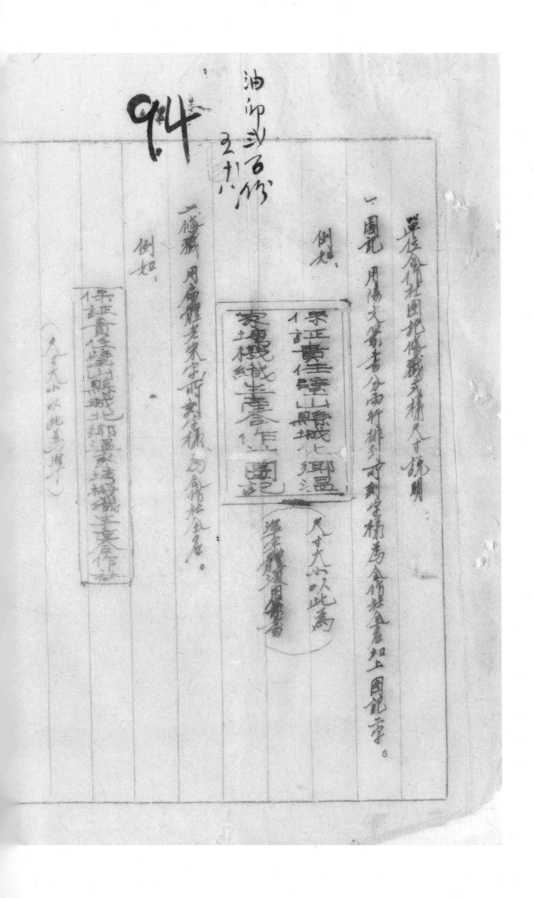

94

油印弍百份 五廿八

單位合作社圖記條戳式樣尺寸說明

一、圖記 用陽文篆書分兩行排列，所刻字樣為合作社全名，如上圖記大小。

例如：

保證責任璧山縣城北鄉温
家壩機織生產合作社圖記

（尺寸大小以此為準 字體須用篆書）

二、條戳 用宋體老宋字，所刻字樣為合作社全名。

例如：

保證責任璧山縣城北鄉温家壩機織生產合作社

（尺寸大小以此為準）

华西实验区总办事处就调整社股金额致璧山县政府的函 9-1-91（3）

85

收 中字311號 民國38年6月11日

合

中華平民教育促進會華西實驗區總辦事處 公函 平實合字第四一四號

民國三十八年六月 日

事由：為本處為顧及合作社實際需要特將社股金額改定函請查照由

查本處鑒於金圓貶值日劇，法定社股金額每股一百元實為微不可言，值此物價飛騰之際，何能取信於人，而向外週轉資金以發展合作業務。茲為顧及事實需要起見，特改定如后：

一、織襪社每股最少棉紗一支，農業社每股至少食米三市升（一老升）

二、棉紗或食米依照當日市價折合金圓券，於登記申請書「每股金額」欄分別填寫棉紗一支或食米三市升下以括號注明折合金圓若

……以上三点除分行外相应函请

查照为荷　此致

璧山县政府

主任　孙则让

交合作指导室阅

复存

已制卡

已制卡

已制卡

已制卡

已制卡

华西实验区合作社物品供销处璧山分处就拟开辟窄布市场事致来凤驿、丁家乡办事处的公文　9-1-96（169）

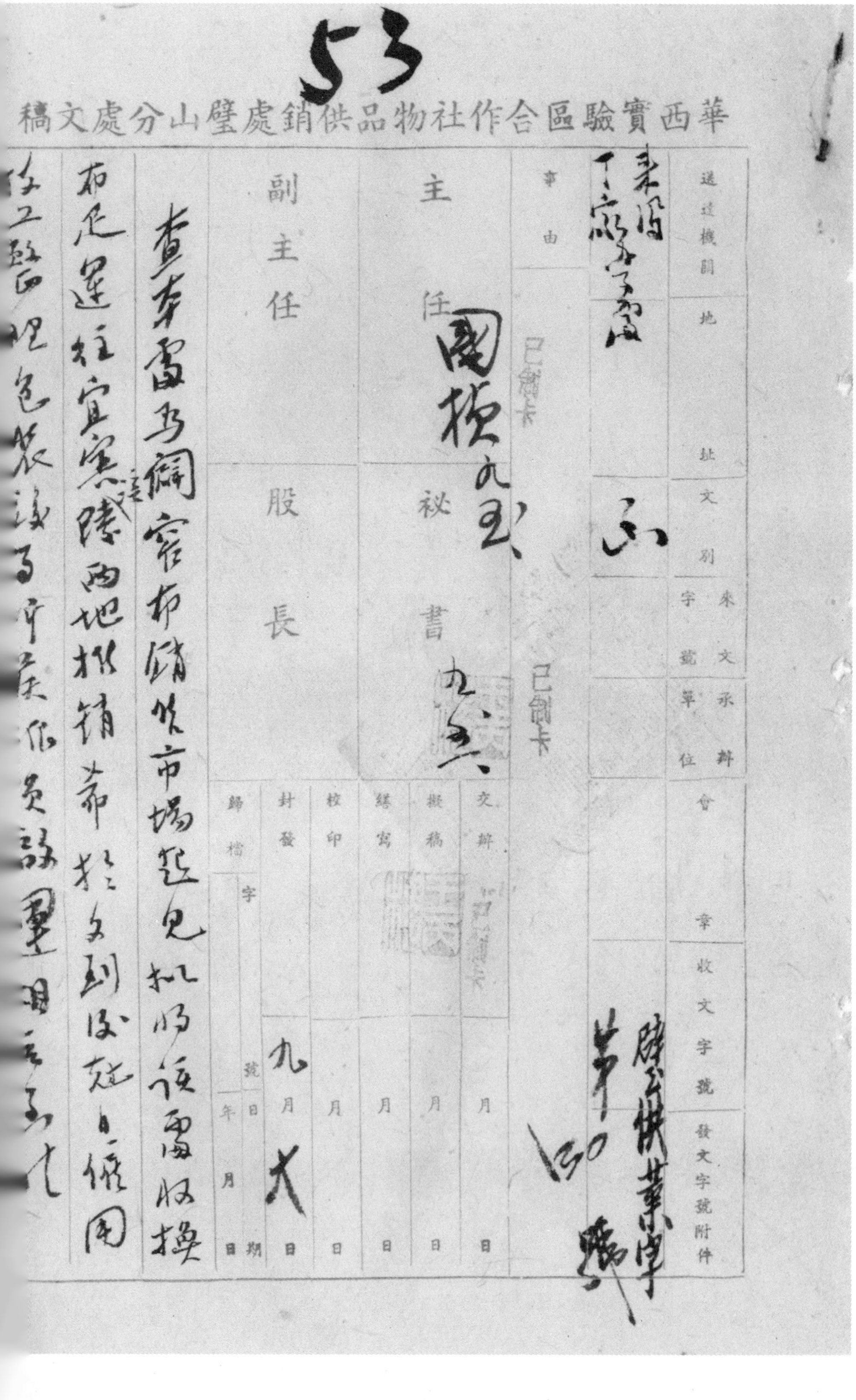
53

華西實驗區合作社物品供銷處璧山分處文稿

送達機關地址：來鳳、丁家辦事處

文別：函

事由

主任

副主任

秘書

股長

來文字號 年 月 日

承辦

會

章

收文字號

發文字號附件：璧公供業字第130號

交辦 月 日　擬稿 月 日　繕寫 月 日　校印 月 日　封發 九月 日　歸檔 字 號 年 月 日

已劃卡

查本處為開窄布銷售市場起見，擬明後需收換布匹運往宜賓、隆[illegible]兩地推銷，希於文到後[illegible]

华西实验区合作社物品供销处璧山分处就拟开辟窄布市场事致来凤驿、丁家乡办事处的公文　9-1-96（170）

查照办理为荷　此致

来凤驿办事处

丁家乡办事处

主任　李[illegible]

副主任　[illegible]

华西实验区合作社物品供销处璧山分处就拟开辟窄布市场事致来凤驿、丁家乡办事处的公文 9-1-96（171）

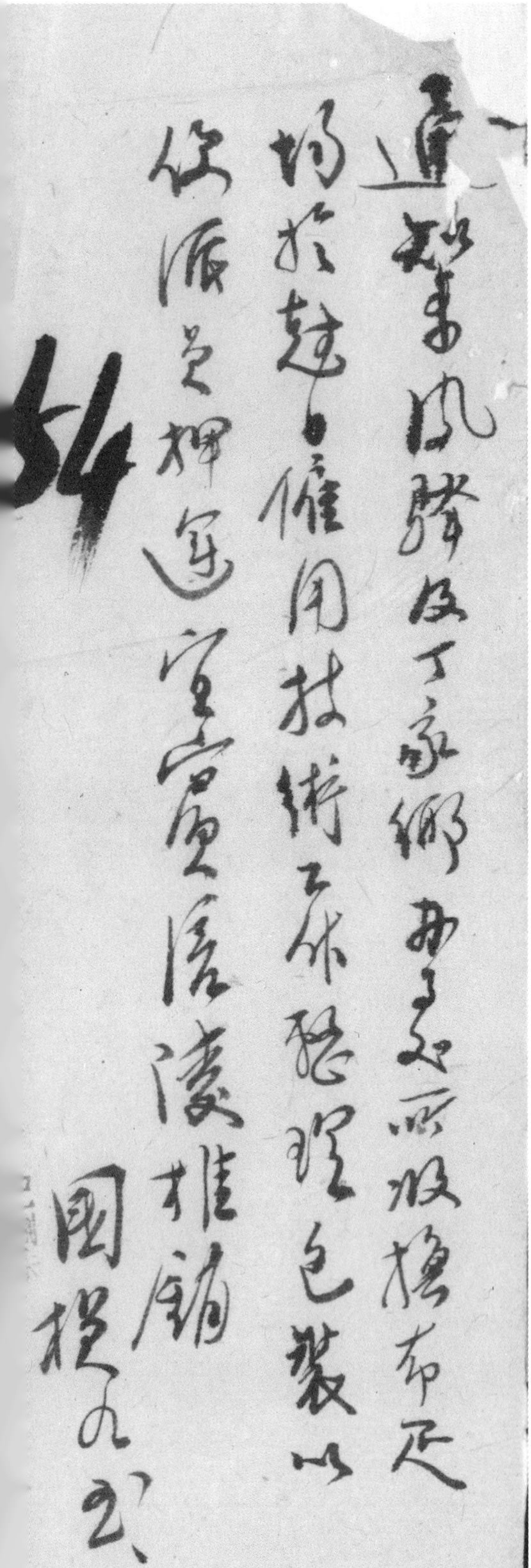
通知来凤驿及丁家乡办事处拟收窄布市
场于建立推用技术改良包装以
促使其推运宣传推销
国模九式、

华西实验区合作社物品供销处璧山分处就拟开辟窄布市场事致来凤驿、丁家乡办事处的公文 9-1-96（174）

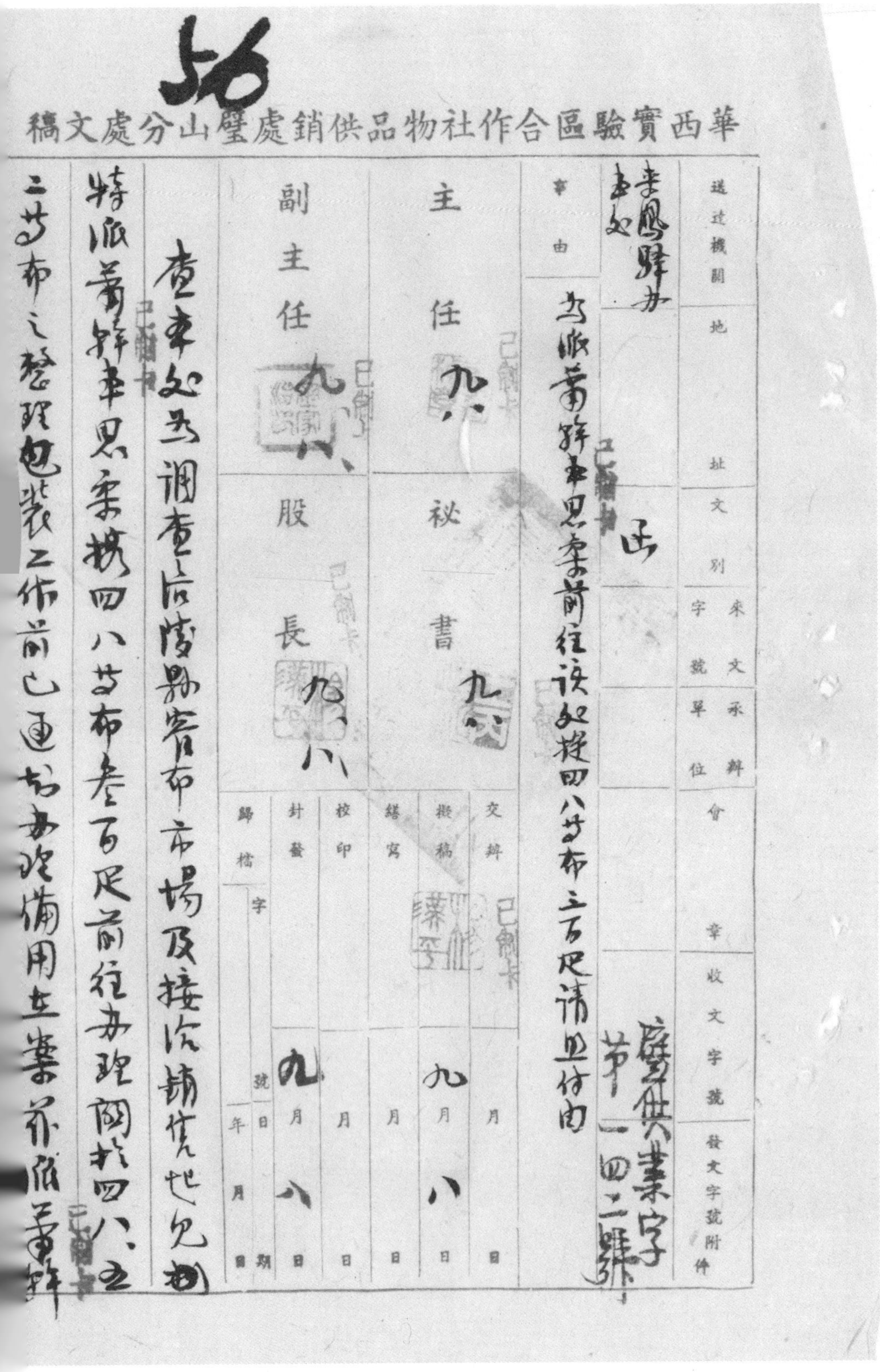
56

華西實驗區合作社物品供銷處璧山分處文稿

送達機關：來鳳驛辦事處

文別：函

發文字號：璧供業字第一四二號

事由：為派黃錦章思柔前往該處提四八窄布三百疋請照付由

主任：九、八　副主任：九、八　秘書：九　股長：九、八

擬稿：九月八日　封發：九月八日

已制卡

查本處為調查該縣窄布市場及接洽銷售起見，特派黃錦章思柔攜四八窄布叁百疋前往辦理。關於四八、三三窄布之整理包裝工作，前已通知辦理備用在案，茲派黃錦

华西实验区合作社物品供销处璧山分处就拟开辟窄布市场事致来凤驿、丁家乡办事处的公文　9-1-96（175）

事前往該處收窄布予以協為荷

此致

來鳳驛辦事處

主任　李〇〇

副主任　宋〇〇

华西实验区合作社物品供销处璧山分处就拟开辟窄布市场事致来凤驿、丁家乡办事处的公文 9-1-96（182）

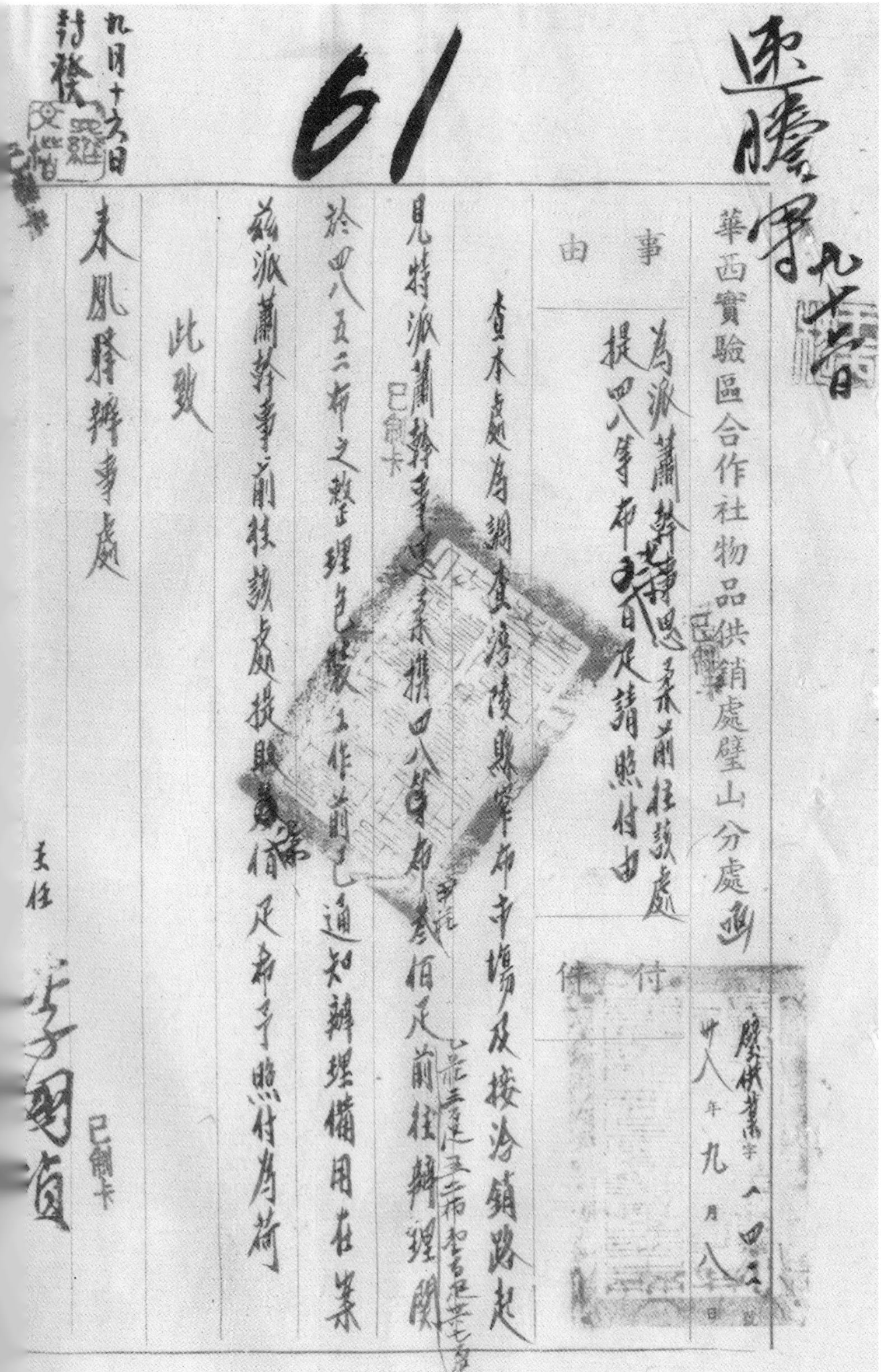

速 謄寫九十七號

華西實驗區合作社物品供銷處璧山分處函

事由：為派蕭幹事思柔前往該處提四八窄布叁佰足請照付由

付件：實供業字一四二號 卅八年九月八日

查本處為調查涪陵縣窄布市場及接洽銷路起見特派蕭幹事思柔攜四八窄布叁佰足前往辦理關於四八五二布之整理包裝工作前已通知辦理備用在案茲派蕭幹事思柔前往該處提取叁佰足布予照付為荷

此致

來鳳驛辦事處

主任 李□圖

已制卡

九月十六日封發

已派三方運五二布叁百足共七包

副主任

华西实验区合作社物品供销处璧山分处就拟开辟窄布市场事致来凤驿、丁家乡办事处的公文　9-1-96（183）

华西实验区合作社物品供销处璧山分处就拟开辟窄布市场事致来凤驿、丁家乡办事处的公文 9-1-96（188）

65

華西實驗區合作社物品供銷處璧山分處文稿

送達機關：來鳳驛、丁家鄉辦事處

事由：為函請速將所收布疋整裝以便減負運往宜賓推銷由

文別：函

承辦單位：業務

主任：圖 九、十七

副主任：

秘書：九、十七

股長：九、十七

擬稿：九月十七日

封發：九月廿一日

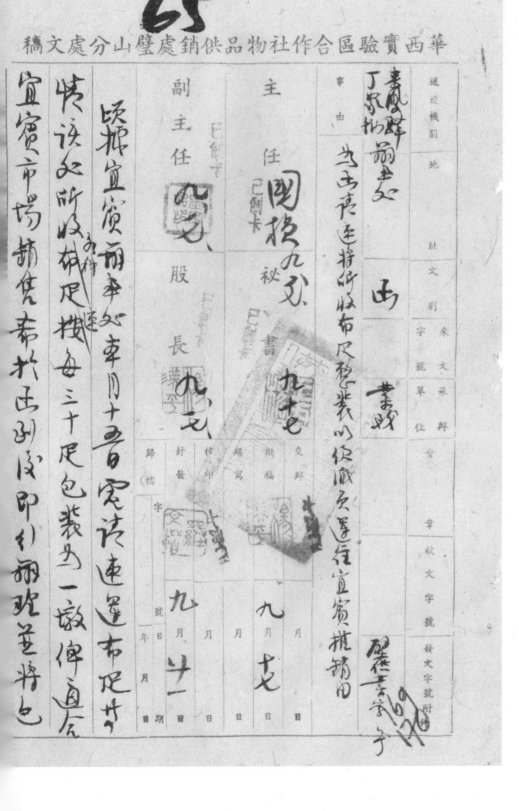

頃據宜賓辦事處本月十五日電請速運布疋卅件，備該處所收布疋，按每三十疋包裝為一墩，俾適合宜賓市場銷售，希於函到後即行辦理，並將包

华西实验区合作社物品供销处璧山分处就拟开辟窄布市场事致来凤驿、丁家乡办事处的公文　9-1-96（189）

装情形及布匹名称数量，并将来价格报处以便派

员办理设送为荷

此致

来凤驿

丁家乡办事处

主任李〇〇

副主任宝〇〇

华西实验区合作社物品供销处璧山分处就拟开辟窄布市场事致来凤驿、丁家乡办事处的公文 9-1-96（201）

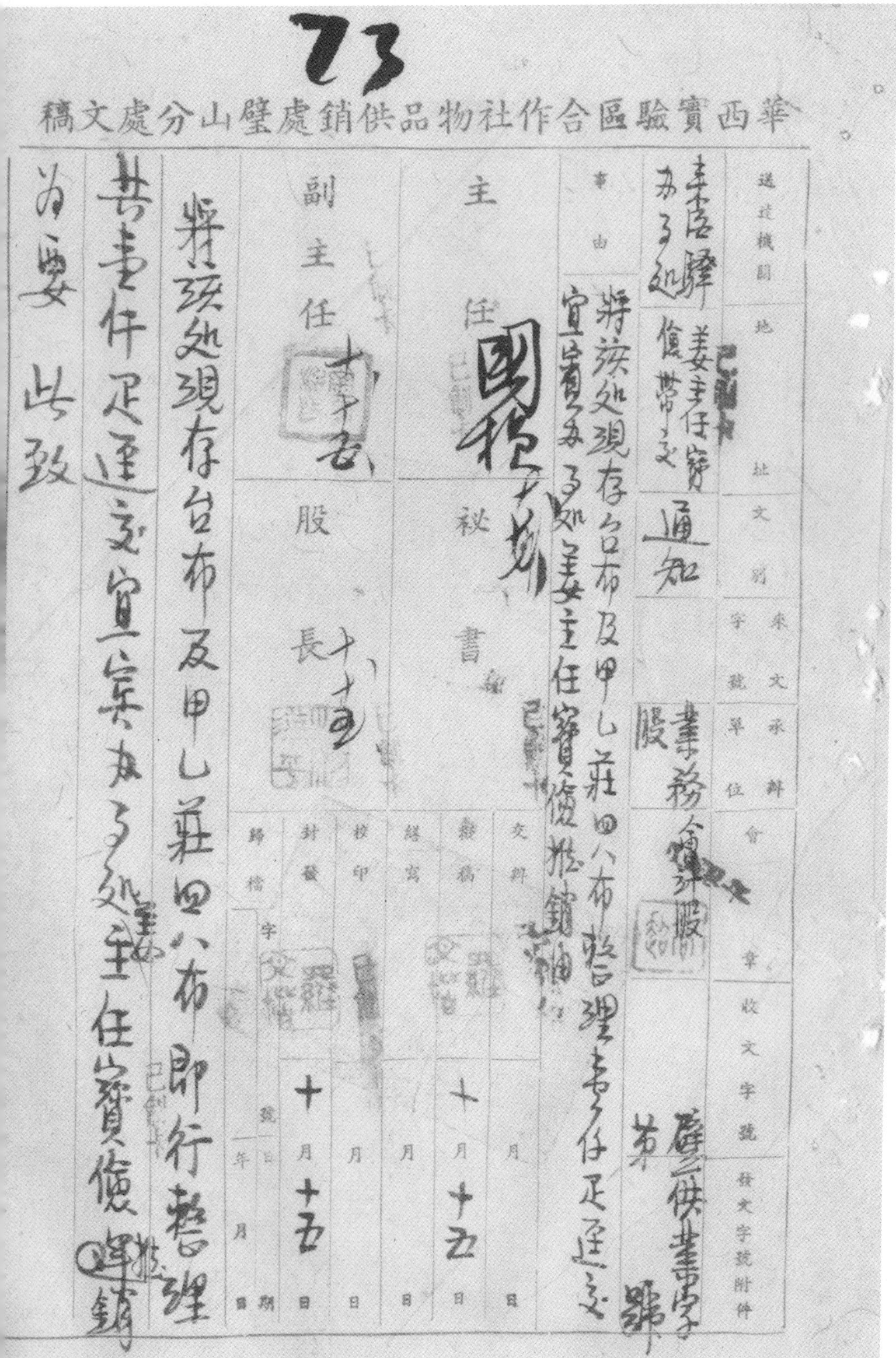
華西實驗區合作社物品供銷處璧山分處文稿

送達機關：來鳳驛、丁家鄉辦事處 姜主任寶僖、蒂文
文別：通知
承辦單位：業務股
發文字號：璧供業字第 號
事由：將該處現存台布及甲乙莊四八布整理妥托足運交宜賓辦事處姜主任寶僖推銷由

主任 副主任 股長 秘書

將該處現存台布及甲乙莊四八布即行整理共壹件足運交宜賓辦事處主任寶僖推銷為要
此致

十月十五日

华西实验区合作社物品供销处璧山分处就拟开辟窄布市场事致来凤驿、丁家乡办事处的公文　9-1-96（201）

来凤驿办事处

主任　李

副主任　金

华西实验区合作社物品供销处璧山分处就拟开辟窄布市场事致来凤驿、丁家乡办事处的公文 9-1-96（202）

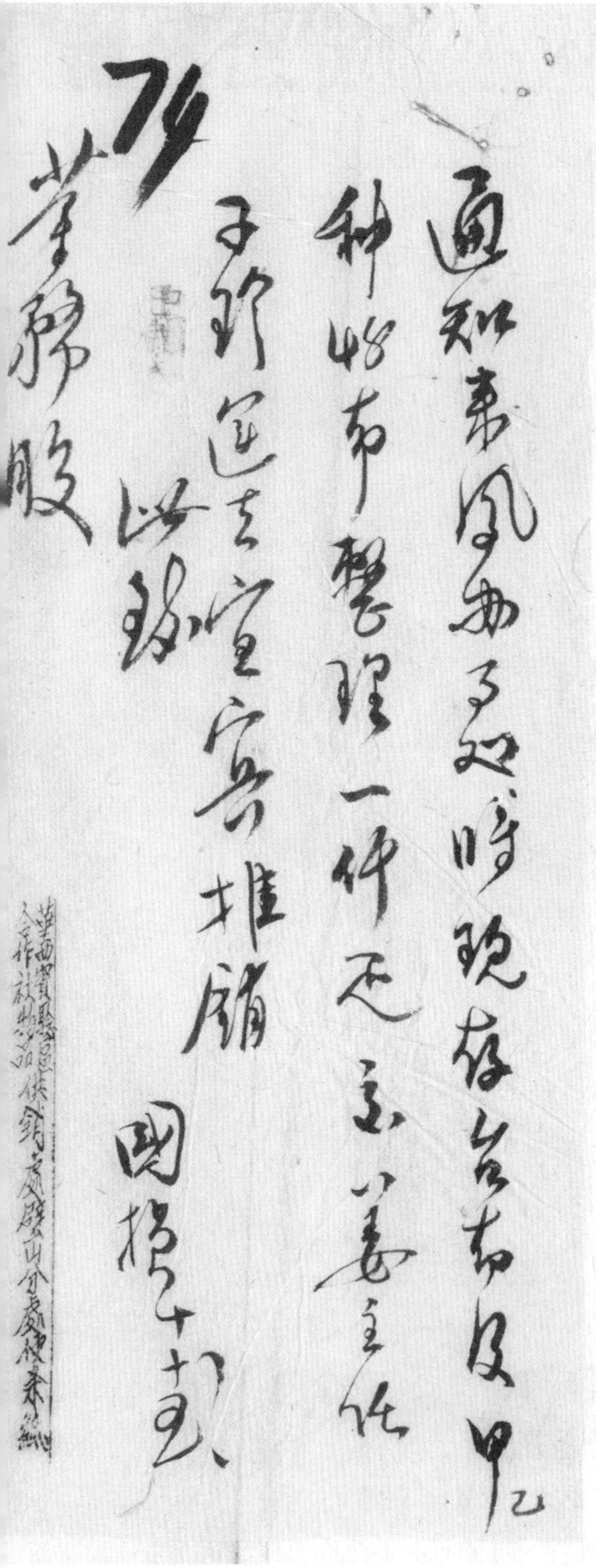

华西实验区合作社物品供销处璧山分处就拟开辟窄布市场事致来凤驿、丁家乡办事处的公文 9-1-96（208）

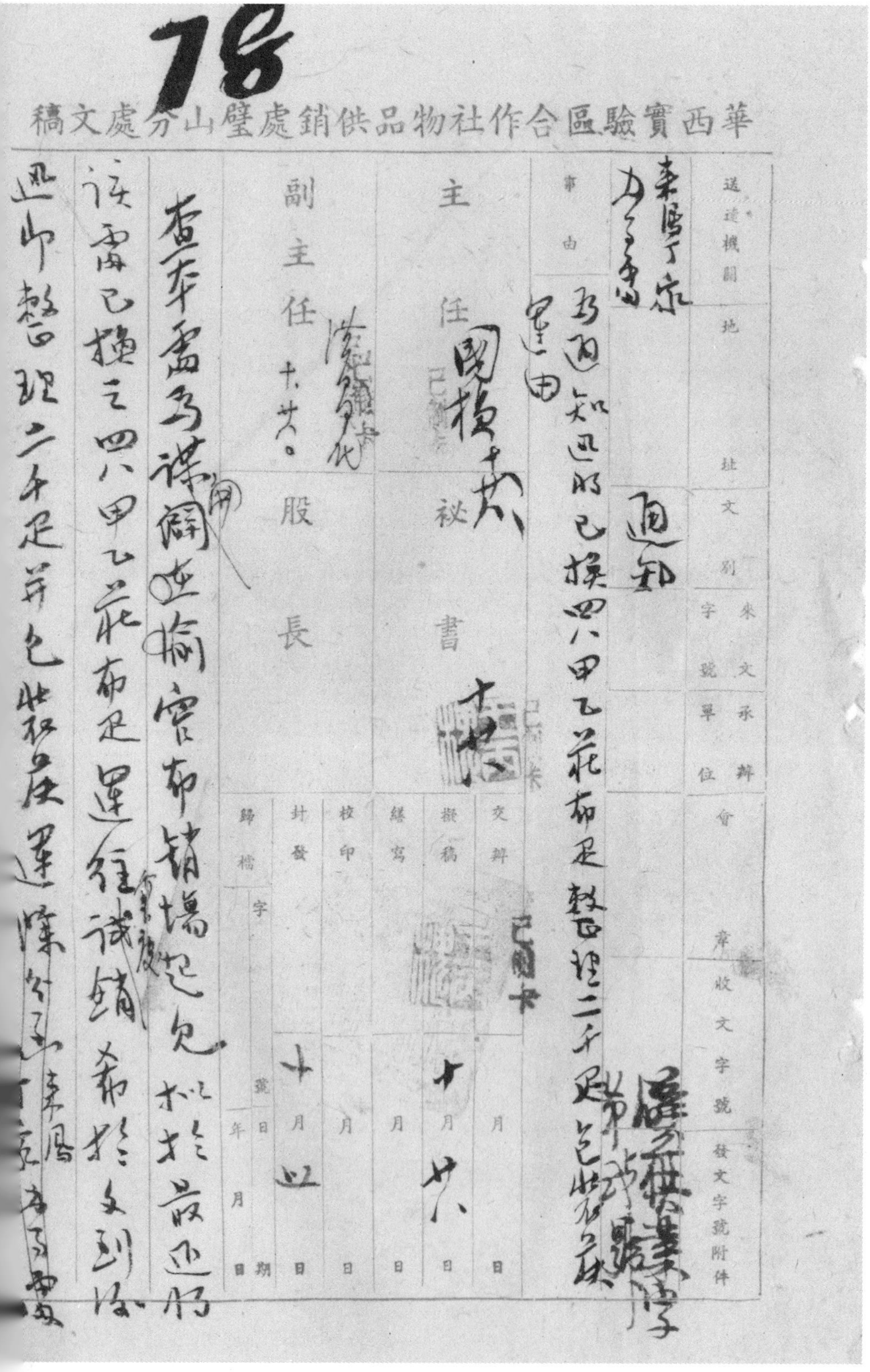

78

華西實驗區合作社物品供銷處璧山分處文稿

送達機關：來鳳、丁家
文別：通知
事由：為通知迅將已換四八甲飛花布足數理二千足已紮妥運由

主任：
秘書：
副主任：
股長：

交辦：
擬稿：十月廿六日
繕寫：
校印：
封發：十月卅日
歸檔：

查本處為謀開展窄布銷場起見，擬於最近將該處已換之四八甲飛花布足運往試銷，希於文到後迅即整理二千足并包紮妥運……

华西实验区合作社物品供销处璧山分处就拟开辟窄布市场事致来凤驿、丁家乡办事处的公文 9-1-96（209）

特此通知，希即
查照办理为荷。此致
来凤驿
丁家乡办事处
主任李
副主任金

华西实验区总办事处为双方搭配贷放棉纱一事与中国农民银行重庆分行的往来公文（附：华西实验区办事处与中国农民银行重庆分行贷纱收布记账办法，北碚、璧山机织货款协议书） 9-1-97（111）

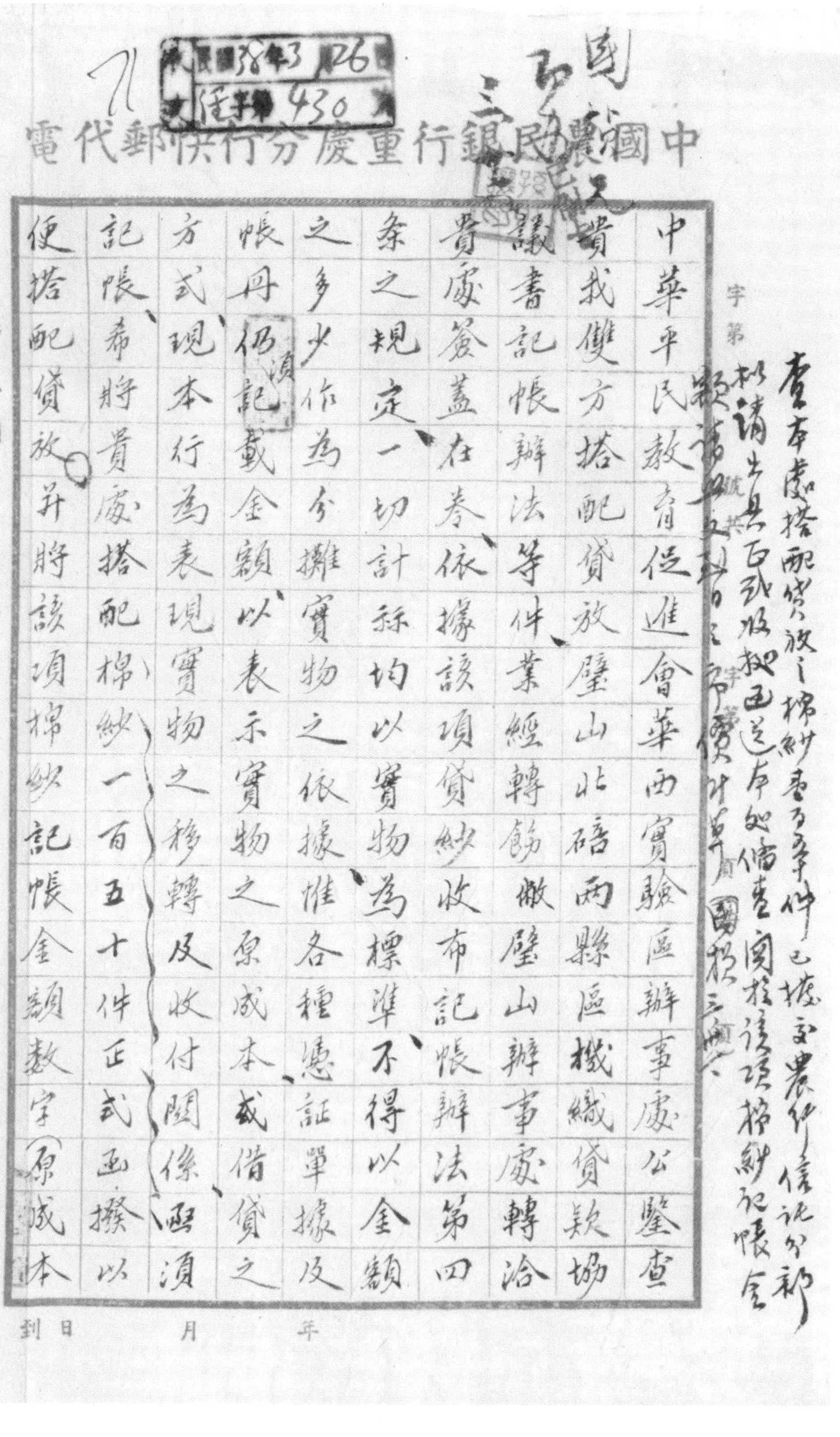
中國農民銀行重慶分行快郵代電

字第　號

中華平民教育促進會華西實驗區辦事處公鑒查
貴我雙方搭配貸放璧山北碚兩縣區機織貸款協
議書記帳辦法等件業經轉飭敝璧山辦事處轉洽
貴處簽蓋在卷依據該項貸紗收布記帳辦法第四
条之規定一切計祘均以實物為標準不得以金額
之多少作為分攤實物之依據惟各種憑証單據及
帳冊仍須記載金額以表示實物之原成本或借貸之
方式現本行為表現實物之移轉及收付關係亟須
記帳希將貴處搭配棉紗一百五十件正式函撥以
便搭配貸放并將該項棉紗記帳金額數字（原成本

中華民國　年　月　日　發

到　日　月　年

78

中國農民銀行重慶分行快郵代電

字第　　號共　　字第　　頁（共　　頁）

成市價均可）即行示知以便辦理為荷中國農民銀行重慶分行農（寅敬）

中華民國　　年　　月　　日發

到　日　　月　　年

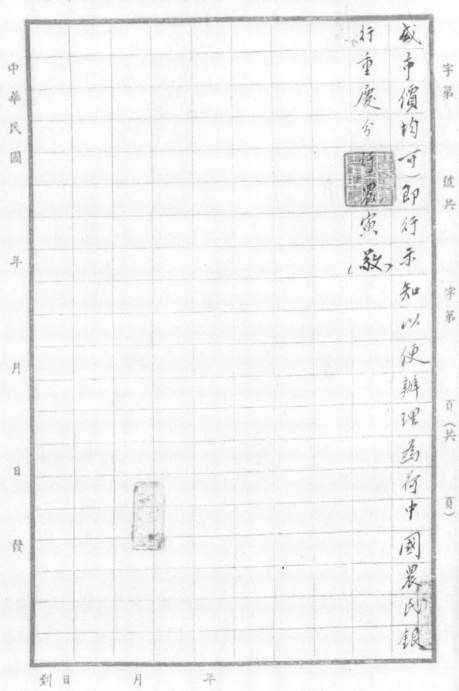

华西实验区总办事处为双方搭配贷放棉纱一事与中国农民银行重庆分行的往来公文（附：华西实验区办事处与中国农民银行重庆分行贷纱收布办法，华西实验区办事处与中国农民银行重庆分行贷纱收布记账办法，北碚、璧山机织货款协议书）　9-1-97（112）

华西实验区总办事处为双方搭配贷放棉纱一事与中国农民银行重庆分行的往来公文（附：华西实验区办事处与中国农民银行重庆分行贷纱收布办法，北碚、璧山机织贷款协议书） 9-1-97（110）

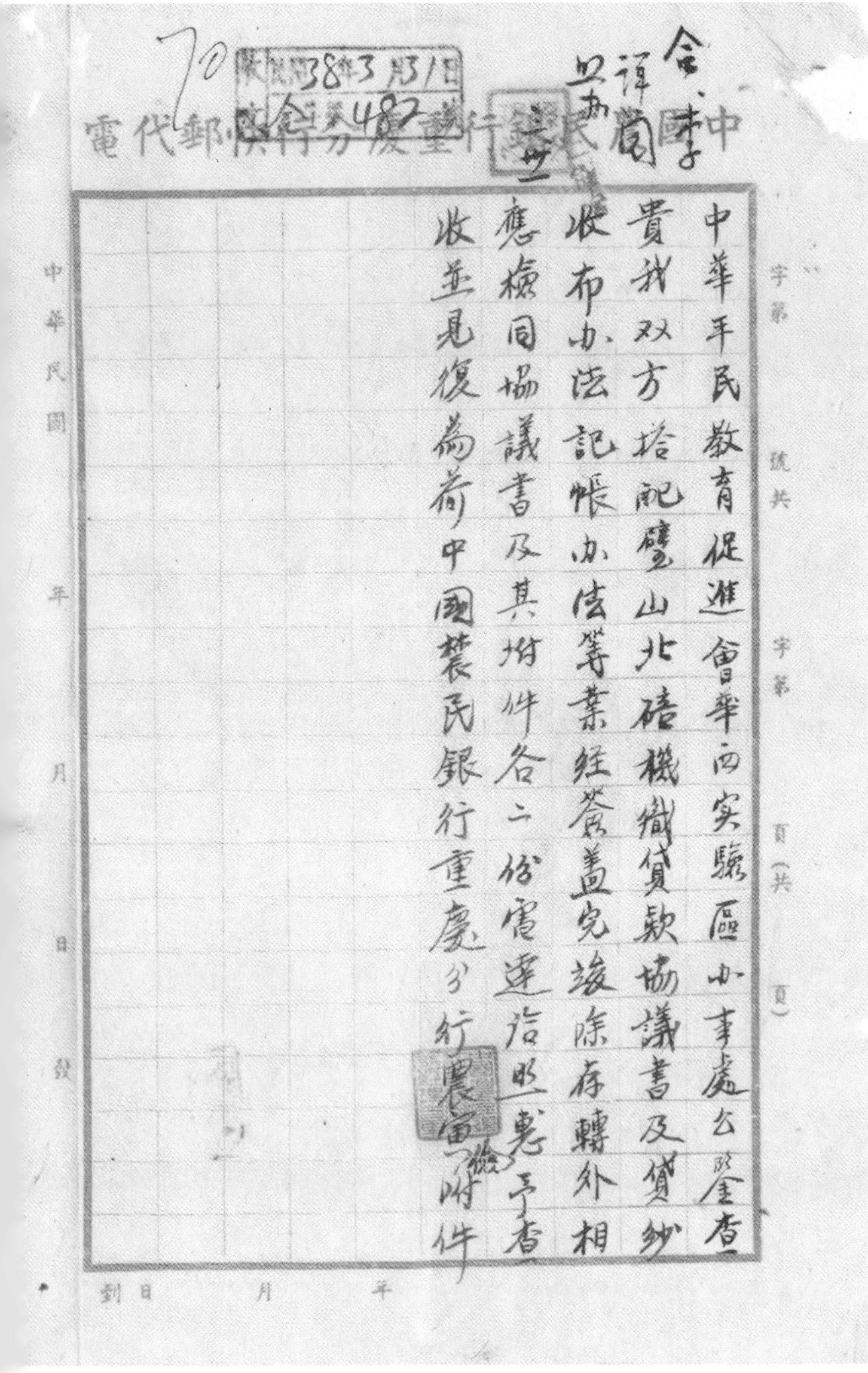

中國農民銀行重慶分行快郵代電

收文 民國38年3月1日 合字482號

合、李 詳閱 照辦 廿二

中華平民教育促進會華西實驗區辦事處公鑒：查貴我雙方搭配璧山北碚機織貸款協議書及貸紗收布辦法記帳辦法等業經簽蓋完竣，除存轉外，相應檢同協議書及其附件各二份，電達，請照數查收並見復為荷。中國農民銀行重慶分行農貸（印）附件

字第　號　共　頁

中華民國　年　月　日發

到　日　月　年

华西实验区总办事处为双方搭配贷放棉纱一事与中国农民银行重庆分行的往来公文（附：华西实验区办事处与中国农民银行重庆分行贷纱收布记账办法，北碚、璧山机织货款协议书） 9-1-97（109）

七〇一

69

事由：准电为搭配贷放棉纱一案，电复查照办理见覆由

住字三七六号

三、卅一

全衔公函稿

接准

贵行本年农寅（歌）代电，略以贵我双方搭配贷放棉纱一案，嘱将本区搭配棉纱一百五十件正式函复，并通知该纱记帐金额数字（票成本或市价均可）以便办理等由，准此。自应照办。查本处搭配棉纱一百五十件已拨交

贵行信托部分部拟请出具正式收据交处存查

华西实验区总办事处为双方搭配贷放棉纱一事与中国农民银行重庆分行的往来公文（附：华西实验区办事处与中国农民银行重庆分行贷纱收布办法，华西实验区办事处与中国农民银行重庆分行贷纱收布记账办法，北碚、璧山机织贷款协议书） 9-1-97（109）

務准照前由相應函請

查照辦理見覆為荷

此致

中國農民銀行重慶分行

主任 孫△△

璧山四寶閣文具印刷紙號印製

华西实验区总办事处为双方搭配贷放棉纱一事与中国农民银行重庆分行的往来公文（附：华西实验区办事处与中国农民银行重庆分行贷纱收布办法，华西实验区办事处与中国农民银行重庆分行贷纱收布记账办法，北碚、璧山机织货款协议书） 9-1-97（99）

63

中华平民教育促进会华西实验区（简称区方）
中国农民银行重庆分行（简称行方）贷纱收布办法

一、区行方对璧山北碚两县区机织生产合作社有关贷纱收布事宜悉依本办法之规定办理

二、区行双方会同办理贷纱收布业务遵照双方卅六年度工作联系配合座谈会纪录决定采搭配方式办理其搭配比例即区方占六成行方占四成

三、贷放收回及盈余分配等仍按该座谈会纪录之规定办理

三、贷放以机织生产合作社社员为对象每一社员以贷助一机台为限

四、贷纱机台分木机与铁轮机两种木机每台贷机纱一件铁轮机每台贷放新社每台贷三件旧社每台贷贰件

五、贷纱利率按月息捌厘计算

六、承貸棉紗社員須以其所織成之布疋償還，已借棉紗其應償還之布疋式樣標準以左列三種為限

（1）二四布每疋須長三碼寬二尺四寸重量六磅經紗五十八根緯紗六〇根者為合格

（2）二八磅布每疋長四〇碼寬三十六英寸重量十二磅經紗六十根緯紗六十二根者為合格

（3）四八家布每疋須長足四丈八尺寬一尺二寸重四磅經紗四〇根緯紗四〇根為合格

七、社員貸紗償還布疋之標準按左列規定計算

（1）二四布每疋十三支

中國農民銀行重慶分行抄稿紙

华西实验区总办事处为双方搭配贷放棉纱一事与中国农民银行重庆分行的往来公文（附：华西实验区办事处与中国农民银行重庆分行贷纱收布办法，华西实验区办事处与中国农民银行重庆分行贷纱收布记账办法，北碚、璧山机织贷款协议书） 9-1-97（100）

华西实验区总办事处为双方搭配贷放棉纱一事与中国农民银行重庆分行的往来公文（附：华西实验区办事处与中国农民银行重庆分行贷纱收布办法，华西实验区办事处与中国农民银行重庆分行贷纱收布记账办法，北碚、璧山机织贷款协议书） 9-1-97（101）

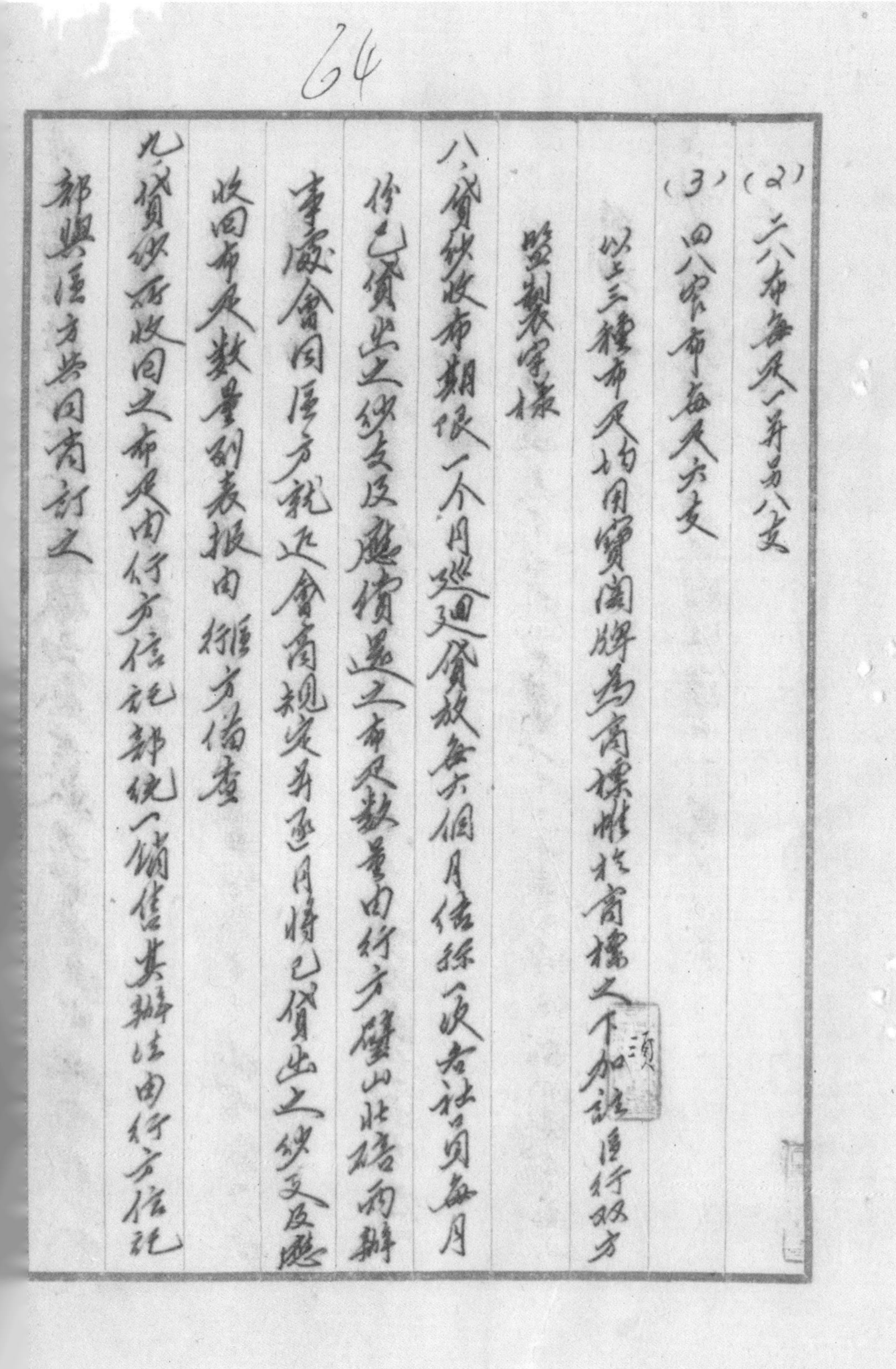
64

(2) 二八布每疋一并另八支

(3) 四八窄布每疋六支

以上三种布疋均用宝开牌为商标，粘于商标之下加注区行双方监制装字样

八、贷纱收布期限一个月，巡回贷放每六个月结账一次，各社员每月修已贷出之纱支及应偿还之布疋数量由行方璧山北碚两办事处会同区方就近会商规定并逐月将已贷出之纱支及应收回布疋数量列表报由行区方备查

九、贷纱所收回之布疋由行方信托部统一销售，其办法由行方信托部与区方共同商讨之

十、本辦法經　行區方同意後即發生效力

中國農民銀行重慶分行抄稿紙

华西实验区总办事处为双方搭配贷放棉纱一事与中国农民银行重庆分行的往来公文（附：华西实验区办事处与中国农民银行重庆分行贷纱收布办法，华西实验区办事处与中国农民银行重庆分行贷纱收布记账办法，北碚、璧山机织货款协议书）　9-1-97（102）

华西实验区总办事处为双方搭配贷放棉纱一事与中国农民银行重庆分行的往来公文（附：华西实验区办事处与中国农民银行重庆分行贷纱收布办法，华西实验区办事处与中国农民银行重庆分行贷纱收布记账办法，北碚、璧山机织货款协议书） 9-1-97（103）

65

中華平民教育促進會華西實驗區（簡稱區方）貸紗收布記帳辦法
中國農民銀行重慶分行

一、本辦法依據協議書第五條第兩項之規定訂定之

二、記帳事宜由行方辦理一切記帳手續悉依行方之規定

三、聯合搭放區方出資六股計棉紗壹百伍拾件行方四股計棉紗壹百件以後貸款之放出收回利息之收入費用之分攤及契約終止時盈虧之分攤悉按出資比例分配之

四、記帳金額僅表示實物之原成本或借貸之方式不能作為實物之當時價值故一切計算均以實物為標準不得以金額之多少作為分攤實物之依據各種憑證單據及帳冊除記載金額外應詳細註明實物名稱種類品質及數量以為分配計算之標準

华西实验区总办事处为双方搭配贷放棉纱一事与中国农民银行重庆分行的往来公文（附：华西实验区办事处与中国农民银行重庆分行贷纱收布办法，华西实验区办事处与中国农民银行重庆分行贷纱收布记账办法，北碚、璧山机织贷款协议书） 9-1-97（104）

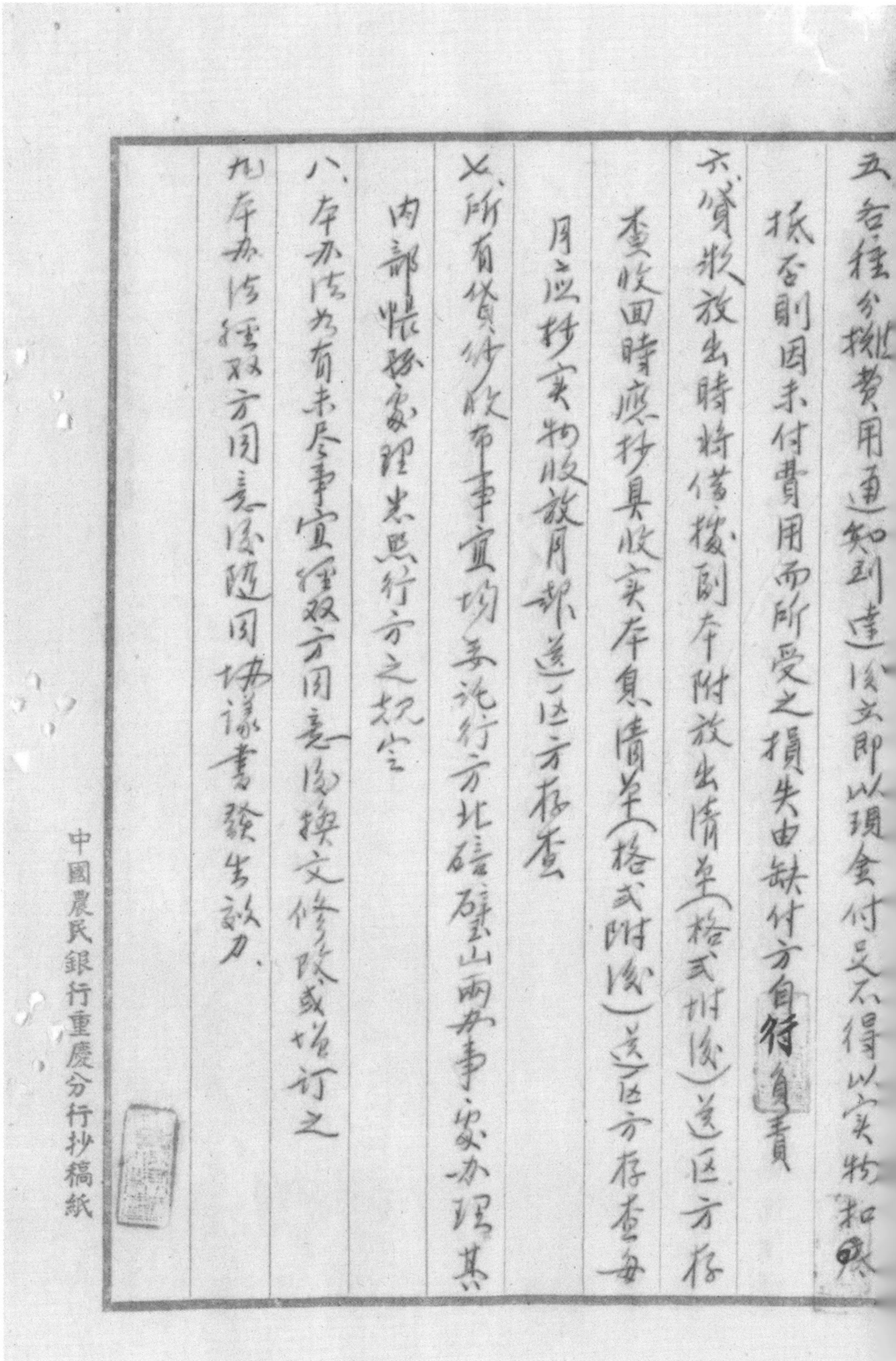

五、各種分擔費用通知到達後，应即以現金付足，不得以實物扣抵，否則因未付費用而所受之損失由缺付方自行負責。

六、貸款放出時，將借據副本附放出清單（格式附後）送区方存查，收回時應抄具收實本息清單（格式附後）送区方存查，每月應抄實物收放月報送区方存查。

七、所有貸紗收布事宜均委託行方北碚、璧山兩办事處办理，其內部帳務處理悉照行方之規定。

八、本办法如有未盡事宜，經雙方同意得換文修改或增訂之。

九、本办法經雙方同意，隨同協議書發生效力。

中國農民銀行重慶分行抄稿紙

华西实验区总办事处为双方搭配贷放棉纱一事与中国农民银行重庆分行的往来公文（附：华西实验区办事处与中国农民银行重庆分行贷纱收布办法，华西实验区办事处与中国农民银行重庆分行贷纱收布记账办法，北碚、璧山机织贷款协议书） 9-1-97（105）

66

璧山
北碚 機織貸款協議書

立辦機織貸款協議書 中華平民教育促進會華西實驗區辦事處 中國農民銀行重慶分行（以下簡稱區方 行方）茲以雙方為謀發展璧山北碚兩縣區機織合作事業藉以增加布匹生產以裕民生並策雙方貸紗收布業務安全起見經雙方協訂條款如后

一、貸款地區以璧山北碚兩縣區為限

二、貸款總額暫定棉紗二五〇件由區方購備棉紗一五〇件行方購備棉紗一〇〇件搭配貸放其搭配比例即區方佔六賬行方佔四賬以後增貸時之比例屆時雙方重行商訂

三、貸款方式以貸實收實為準目前暫定貸紗收布其辦法

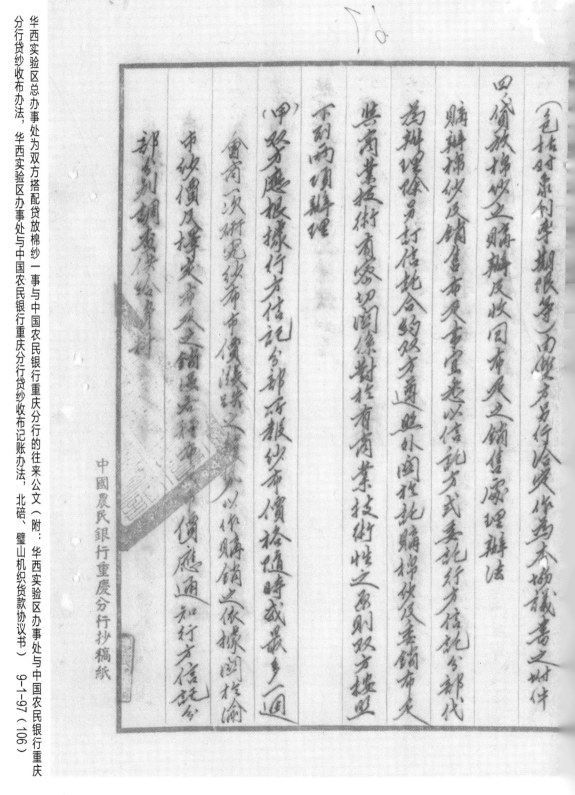

华西实验区总办事处为双方搭配贷放棉纱一事与中国农民银行重庆分行的往来公文（附：华西实验区办事处与中国农民银行重庆分行贷纱收布办法，华西实验区办事处与中国农民银行重庆分行贷纱收布记账办法，北碚、璧山机织贷款协议书） 9-1-97（106）

中國農民銀行重慶分行抄稿紙

（包括对象创季期限等）由双方另行洽定作为本协议书之附件

四、贷放棉纱之赊销及收回布匹之销售处理办法

赊销棉纱及销售布匹事宜悉以信托方式委托行方信托分部代

为办理除另订信托合约双方遵照外关于托赊棉纱及寄销布匹

其商业技术有密切关系对于有商业技术性之原则双方按照

下列两项办理

（甲）双方应根据行方信托分部所报纱布价格随时或最多一周

会商一次研究纱布市价涨跌之趋势以作赊销之依据关于渝

市纱价及棉花布匹之销售各种布价应通知行方信托分

部分别调查供给参考

华西实验区总办事处为双方搭配贷放棉纱一事与中国农民银行重庆分行的往来公文（附：华西实验区办事处与中国农民银行重庆分行贷纱收布办法，华西实验区办事处与中国农民银行重庆分行贷纱收布记账办法，北碚、璧山机织货款协议书） 9-1-97（107）

68

（乙）委購棉紗時双方[illegible]購辦數量及最高單
價通知行方信託部照辦[illegible]時双方亦同樣採取逐批事
先協商方式決定該批布之銷售市場及最低售價通知行方
信託部照辦
五、貸紗收布及保證手續
双方貸紗收布及保證手續規定如後
（甲）双方購儲之棉紗由行方於貸放前全權統一運輸至璧山或北碚
交由行方璧山或北碚辦事處經收儲藏（其倉儲保管等事宜
由行方辦事處與區方洽商辦理并報查）搭配貸放到期
應收回之布疋仍由行方辦事處集中分批運交行方統一批銷

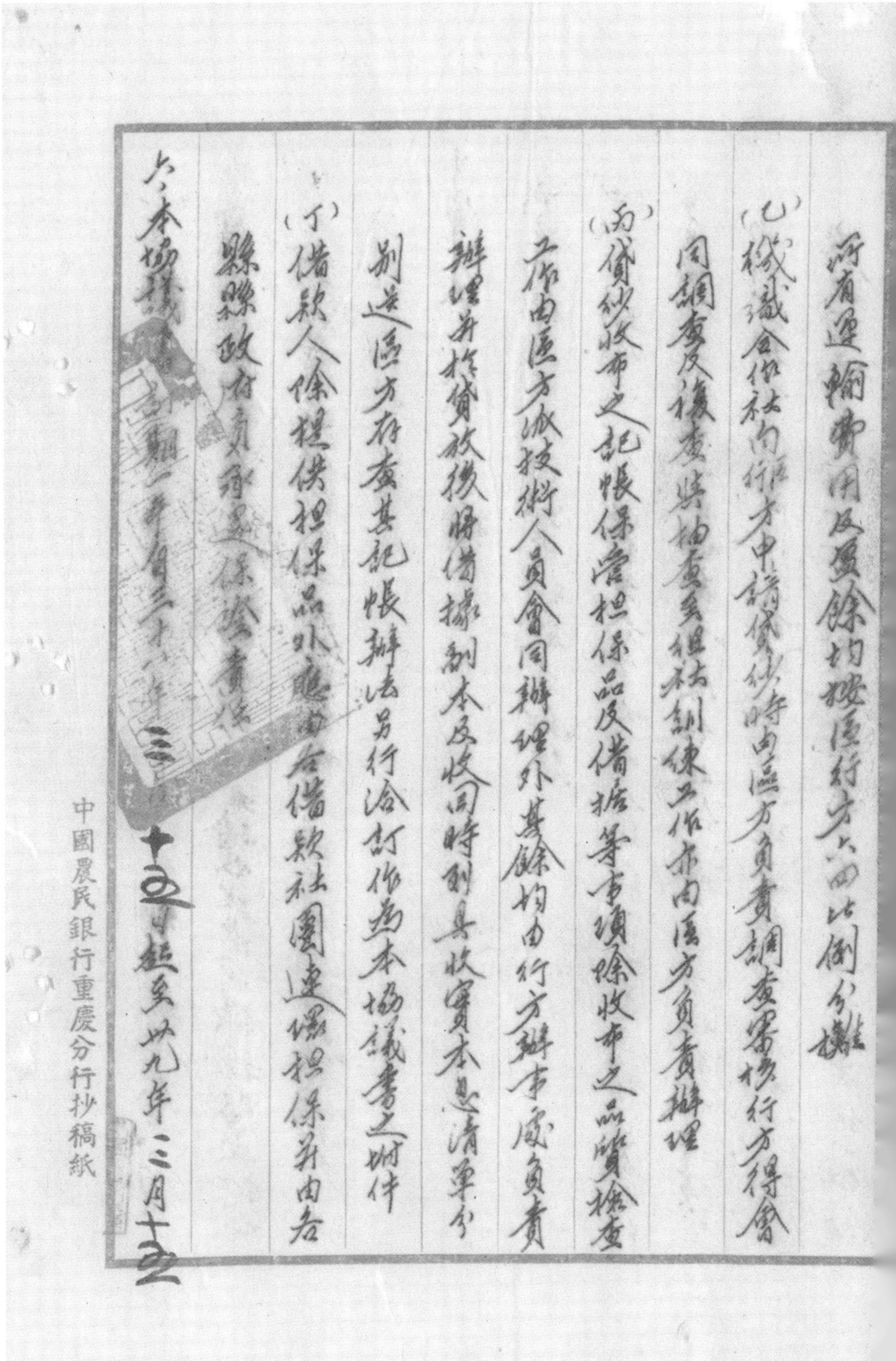

所有運輸費用及盈餘均按區行方六四比例分攤
（乙）織織合作社向行方申請貸紗時由區方負責調查審核行方得會
同調查及複查其他查勘組社訓練工作亦由區方負責辦理
（丙）貸紗收布之記帳保管担保品及借據等事項除收布之品質檢查
工作由區方派技術人員會同辦理外其餘均由行方辦事處負責
辦理并於貸放後將借據副本及收回時副具收買本息清單分
别送區方存查其記帳辦法另行洽訂作為本協議書之附件
（丁）借款人除提供担保品外應由各借款社團連環担保并由各
縣縣政府負責承認保證責任
六、本協議有效期限自卅八年三月十五日起至卅九年三月十五日

中國農民銀行重慶分行抄稿紙

华西实验区总办事处为双方搭配贷放棉纱一事与中国农民银行重庆分行的往来公文（附：华西实验区办事处与中国农民银行重庆分行贷纱收布办法，华西实验区办事处与中国农民银行重庆分行贷纱收布记账办法，北碚、璧山机织贷款协议书） 9-1-97（108）

华西实验区总办事处为双方搭配贷放棉纱一事与中国农民银行重庆分行的往来公文（附：华西实验区办事处与中国农民银行重庆分行贷纱收布办法，华西实验区办事处与中国农民银行重庆分行贷纱收布记账办法，北碚、璧山机织货款协议书） 9-1-97（98）

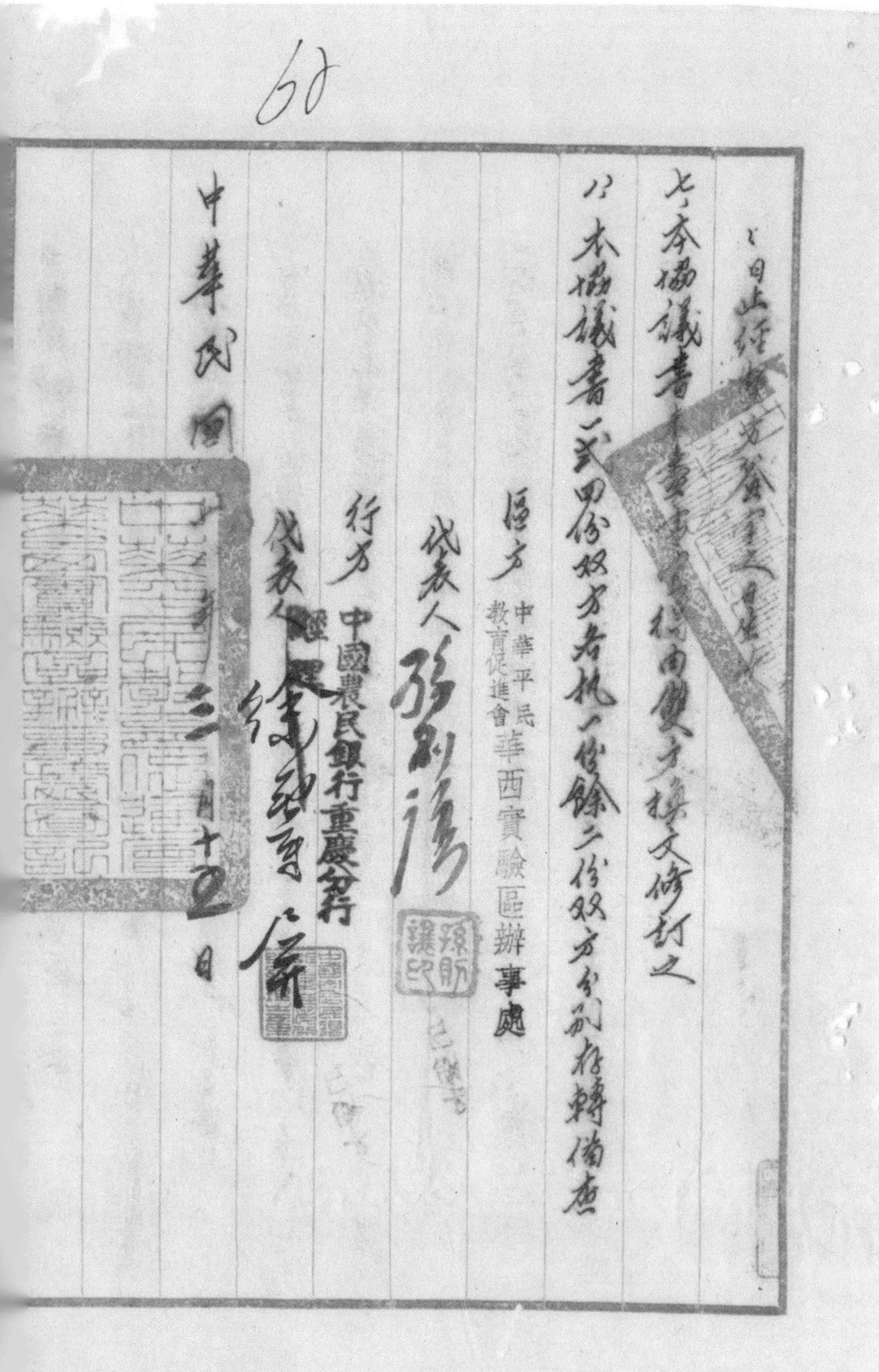
68

之日起经双方签字盖章生效

七、本协议书如有未尽事宜得由双方换文修订之

八、本协议书一式四份双方各执一份余二份双方分别存转备查

区方 中华平民教育促进会华西实验区办事处
代表人 孙则让

行方 中国农民银行重庆分行
代表人 经理 [illegible]

中华民国[illegible]年三月十五日

原中国农民银行璧山通讯处就归还贷纱收布种类标准地点事与华西实验区总办事处的往来函　9-1-97（181）

128

璧山中國農民銀行用箋

逕啟者　敝行與
貴區合辦貸紗收布本月計有觀音閣等土機織
社貸紗到期前曾數度函洽收回貸紗歸布標準迄
今尚未議定希請將合社還布種類標準地點賜示以憑
核算本息轉知按期歸還為荷
此致
華西實驗區
原中農行璧山農通處

中華民國三十五年五月廿四日

原中国农民银行璧山通讯处就归还贷纱收布种类标准地点事与华西实验区总办事处的往来函　9-1-97（180）

121

各贷纱已到期之机织社拟
收回布疋照颁布疋规格
在物价及生活用费决定
十支纱收支计算拟速请
转知到期之社即送布交供销
处验收拨还贷款

如拟办理

元六

元六、

原中国农民银行璧山通讯处就归还贷纱收布种类标准地点事与华西实验区总办事处的往来函　9-1-97（179）

120

中華平民教育促進會華西實驗區總辦事處（函）稿

事由：准函[illegible]嘱將各社還布換標地點一案，希查照由

受文者：前中國農民銀行璧山通訊處

案准本年元月廿日函嘱將合作社還布種類標準地点鴻示以憑核算等由，並特知換期归還當

准此，查此次布疋款換根據此次生物價及生

活費用決定每疋換廿支棉紗廿五支計算，各社

還布可分由合作社物品供銷處驗收，換應核附

二八布款換表一份，希查照並希查遞分通知

各貸紗社到期還布振還貸紗為荷

核判：元

擬稿：

副本　份送達

主任　孫

年月日：一九　年　一月　廿五日發

附件：布疋款換表一件

字號：第　字第七號

原中国农民银行璧山通讯处就归还贷纱收布种类标准地点事与华西实验区总办事处的往来函 9-1-97（182）

格表

經密	緯密	边線	棉紗量
64根	62根	6	11.5支
62根	60根	6	11支

布計标

幣計标（如係以成品抵繳貸紗本息即不換算人民幣）

改之

50年3月 日　　供銷處　製

原中国农民银行璧山通讯处就归还贷纱收布种类标准地点事与华西实验区总办事处的往来函　9-1-97（182）

二四布

等級＼優分	長度	寬
甲	22碼	31
乙	21碼18吋以上	30

1、凡有一点不合甲種標準者均

2、凡有一点不合乙種標準者

3、所定換紗量按本處逐日牌价

4、本標準如有不適宜者得随

原中国农民银行璧山通讯处就归还贷纱收布种类标准地点事与华西实验区总办事处的往来函 9-1-97（183）

花布規格表

等級／區分	長度	寬度	經密	緯密	換紗量
甲	30碼	28吋	62根	62根	（約計）16支
乙	28碼18吋	26吋	60根	60根	（約計）14支

1. 上列標準係以適合夏季服料訂定之
2. 織物內之寬窄線條及方格花紋色澤均以淺淡光亮為原則
3. 每一花紋組合內深色線條最多不得超過底色10根以上
4. 織物若係方格花紋組合者每一單位方格花紋配合不得超過一英吋以上為原則
5. 在一個方格花紋組合內深色線條不得超過其他淺淡色線7根以上
6. 織物之組織無論平紋斜紋緞紋變組織及其他一切組織均不限制
7. 凡送交布疋均以未整理之原花布為限度
8. 凡顏色膠布均按照甲種花布標準驗收之
9. 凡超過一英吋以上及特寬花條線直者得視色澤花紋如何隨時斟酌驗收（額）
10. 色線所用顏料係普通顏料並以直接顏料為主體絕對禁止使用鹽基性顏料如有陰丹色線者仍按普通顏色計算
11. 本標準所定換紗量按照本處牌價折合人民幣計算（如係以成品抵繳貸紗本息即不換算人民幣）
12. 上列各項如有不適宜者得隨時修改之

1950年3月 日 供銷處 製

格表　　　　按字第　　號

密	緯　密	按紗量
根	60根	20支棉紗24支
根	58根至59根	20支棉紗23支5排

種布計算之

情否則拒收之

計算（如以成品抵繳貸紗未足即不接算人民幣）

〇年3月　　日　供銷處　製

原中国农民银行璧山通讯处就归还贷纱收布种类标准地点事与华西实验区总办事处的往来函　9-1-97（184）

二、布

布别	長度	寬度
甲種	40碼	36吋
乙種	39碼18吋至39碼32吋	35吋4分至35吋7分

1. 凡有一点不合於甲種標準者均
2. 凡有一点不合於乙種標準者拒
3. 凡所交布尺不得有隙道跳纱潮
4. 所定換纱量按照本处牌价以人
5. 每边边線不得少於6根

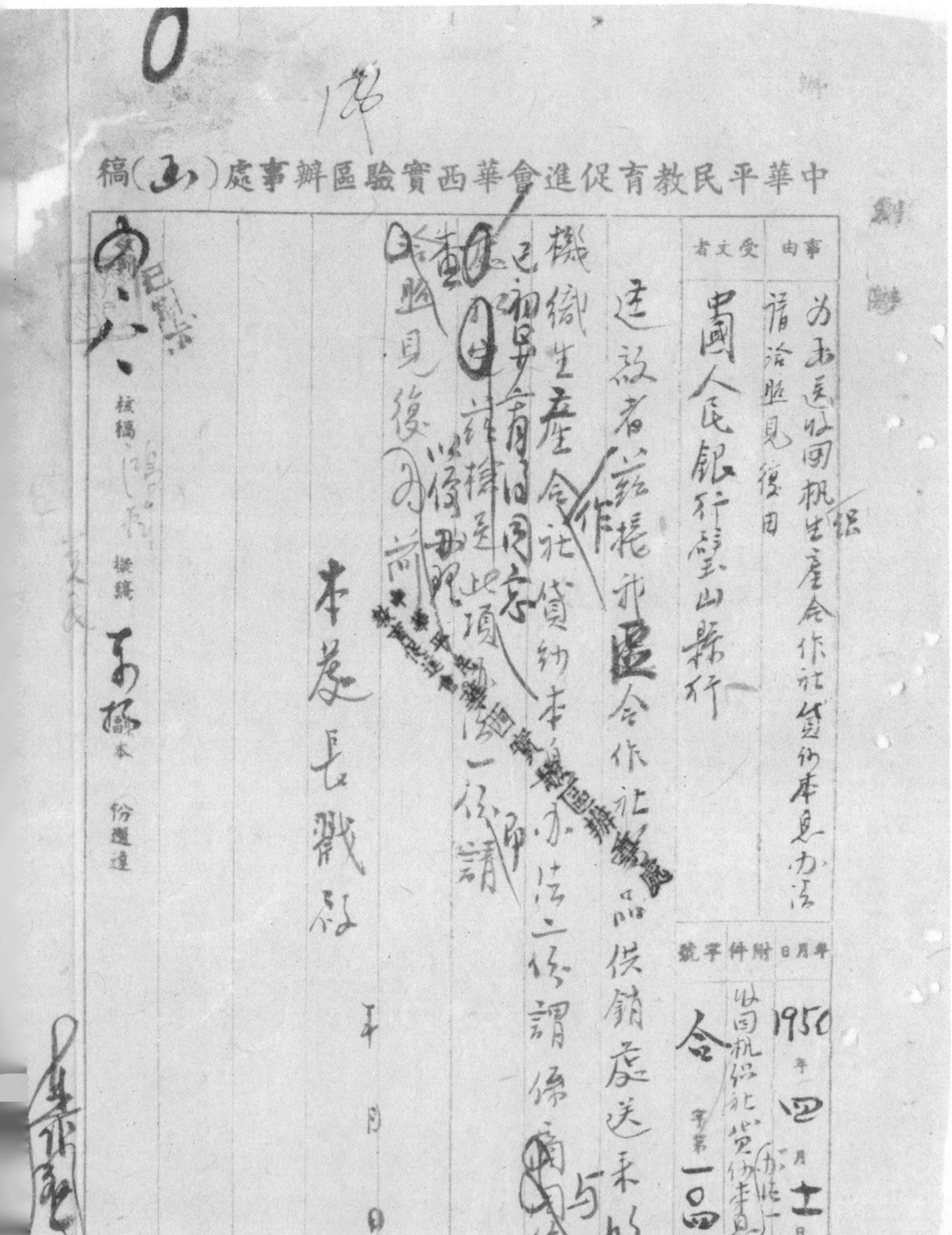
中華平民教育促進會華西實驗區辦事處（函）稿

事由：为函送收回机织生产合作社贷纱本息办法请洽照见复由

受文者：中國人民銀行璧山縣行

逕啟者：茲據我區合作社品供銷處送來收回機織生產合作社貸紗本息辦法二份，謂係商同貴行所定

已洽妥並檢送此項辦法一份請

查照見復

本處長 戳

年 月 日

年月日：1950年四月十一日發

附件：收回机织社贷纱本息办法一件

字號：合字第一〇二號

核稿

擬稿

繕本 份遞達

中華平民教育促進會華西實驗區辦事處

原中国农民银行璧山通讯处就归还贷纱收布种类标准地点事与华西实验区总办事处的往来函　9-1-97（185）

中国农民银行重庆分行、中国农民银行璧山办事处、华西实验区总办事处为配合贷放棉纱一事的往来公文 9-1-97（156）

103

中華平民教育促進會華西實驗區總辦事處稿（函）

电

事由	电请拨借璧山仓库棉纱四十包以应织布需用由
受文者	中国农民银行重庆分行

年 五 月 廿八日 發
字號 卅八年第 九 號
附件

迳启者：本区近与联勤总部被服总厂洽定织布业务，纺纱业经商洽，将本区现存纱二千支因存纱不敷需用，虽另有大批运璧之五福商牌棉纱一百件，因系廿一支，不合适用，拟以该纱作抵，请将贵行璧山仓库存纱四十件拨借，以应急需。俟本区该纱纳封后，即照数运璧奉还。尚祈惠允照借，并转电贵行璧山办事处办理，为纫公谊。此致

中国农民银行重庆分行

核判　核稿　拟稿　副本　份送達

中国农民银行重庆分行、中国农民银行璧山办事处、华西实验区总办事处为配合贷放棉纱一事的往来公文　9-1-97（154）

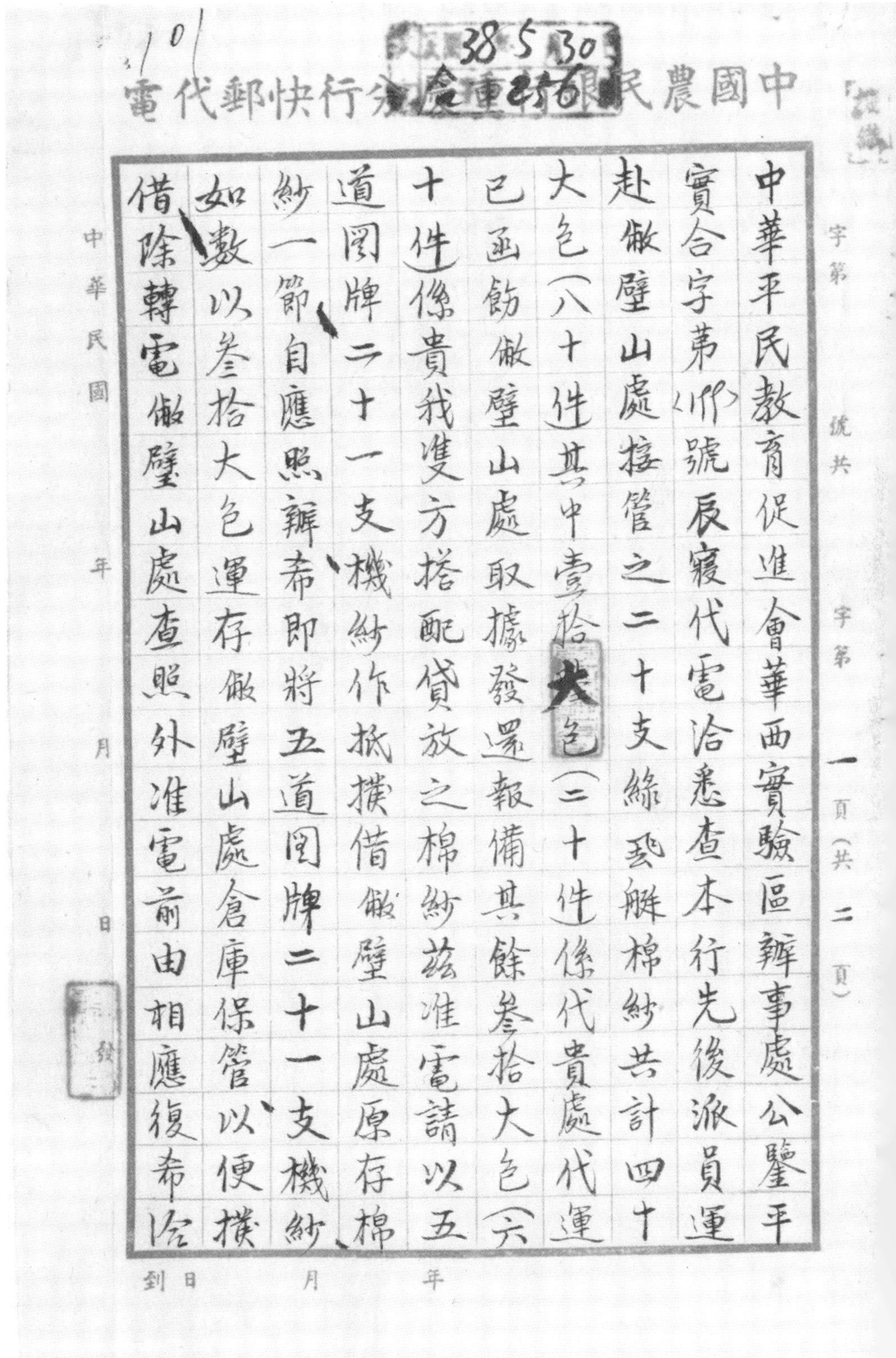
101

38 5 30

中國農民銀行重慶分行快郵代電

字第　號　共　字第　一頁（共二頁）

中華平民教育促進會華西實驗區辦事處公鑒平實合字第〈卅〉號辰寢代電洽悉查本行先後派員運赴璧山處接管之二十支綠飛艇棉紗共計四十大包（八十件）其中壹拾大包（二十件）係代貴處代運已函飭璧山處取據發還報備其餘叁拾大包（六十件）係貴我雙方搭配貸放之棉紗茲准電請以五道圓牌二十一支機紗作抵撥借璧山處原存棉紗一節自應照辦希即將五道圓牌二十一支機紗如數以叁拾大包運存璧山處倉庫保管以便撥借除轉電璧山處查照外准電前由相應復希洽

中華民國　年　月　日　發

到　日　月　年

中国农民银行重庆分行、中国农民银行璧山办事处、华西实验区总办事处为配合贷放棉纱一事的往来公文　9-1-97（155）

108

中國農民銀行重慶分行快郵代電

照為荷

中國農民銀行重慶分行農辰感

本件擬存卷。

國楨啟

如須提借時仍盼先一揮予收條

中国农民银行重庆分行、中国农民银行璧山办事处、华西实验区总办事处为配合贷放棉纱一事的往来公文 9-1-97（157）

1014

平壹合字第一二二號

為配貸棉紗請由璧山撥貸壹百件以省

由 運裝由

查本區為推進工作需與

貴行訂約配貸棉紗壹佰伍拾件由本區撥

發貸放並當先後委託

貴行代為撥配在案茲以該項棉紗本區急需

在璧山存儲有壹佰件即可就近撥發重

慶存紗請即逕函壹佰件以供周轉為荷

裝運為荷 此致

中國農民銀行重慶分行

中国农民银行重庆分行、中国农民银行璧山办事处、华西实验区总办事处为配合贷放棉纱一事的往来公文 9-1-97（159）

105

準如兄：获有农行文稿已
经审阅以备查并将璧山所存
文件图表（竹）载明件搬交农行照
发为祷。专此敬
颂
时安

周□□
六、廿一

中華平民教育促進會華西實驗區區本部用箋

中国农民银行重庆分行、中国农民银行璧山办事处、华西实验区总办事处为配合贷放棉纱一事的往来公文　9-1-97（160）

106

收文 38 7 28 公字第995號

中國農民銀行重慶分行快郵代電

字第　號　共　字第　頁（共　頁）

中華平民教育促進會華西實驗區辦事處公鑒：案
查前准貴處平實合字第110號函請將貴處原存儲
璧山棉紗壹百件就近撥交敝璧山處，並請將本行
所保管之棉紗退還壹佰件，籍省裝運等由。嗣後經
貴處孫主任則讓來行面允以五道圖棉紗壹百件
在璧山就近撥交掉換，當經敝行同意照辦，并以午
微代電轉飭敝璧山處就近洽妥收具報，并於38年
厂月厂日在渝繳貴處周洪昌君收條，撥交綠飛艇
棉紗壹佰件，由周君領訖。惟敝璧山處應收之棉紗
迭經函催，迄未收妥具報，相應電達，迅將該項棉紗

中華民國　年　月　日發

到　日　月　年

中国农民银行重庆分行、中国农民银行璧山办事处、华西实验区总办事处为配合贷放棉纱一事的往来公文 9-1-97（161）

107

中國農民銀行重慶分行快郵代電

字第　號共　字第　頁（共　頁）

壹佰件撥交繳璧山廠妥收并盼見復為荷中國農民
銀行重慶分行農午感

查五道函[illegible]件當經[illegible]
函示撥交璧山供銷處[illegible]
[illegible]撥農行[illegible]
[illegible]

中華民國　年　月　日發

[illegible] 八、二十一

年　月　日到

中国农民银行重庆分行、中国农民银行璧山办事处、华西实验区总办事处为配合贷放棉纱一事的往来公文　9-1-97（166）

中國農民銀行璧山辦事處函　118

收文　民國38年7月15日　合字第776號

主辦	會辦

主閱

主管

經辦

民國　年　月　日收到

發文字號	發文日期	附件
璧字第77號	38年7月13日	

事由

擬辦

擬請通知該行派員詢璧山供銷分社洽接以利貸紗

批示

雲　八六

備註

收文第　號

中国农民银行重庆分行、中国农民银行璧山办事处、华西实验区总办事处为配合贷放棉纱一事的往来公文 9-1-97（167）

逕啓者頃奉 敝渝行晨午徵代電開一案准中華平民教育促進會華西實驗區辦事處平實合字第一二號函開查本區為推進工作曾與貴行訂約配貸棉紗壹佰伍拾件由本區撥配代放并曾先後委託貴行如數代購搭配在案茲以該項棉紗本區刻在璧山存儲有壹佰件即可就近撥發重慶存紗請即退還壹佰件以利其他運用藉省搬運為荷等由准此希即洽請就近妥收該棉紗壹佰件（計二佰小包）具報以憑核辦為要 等因查上項 貴處應撥棉紗壹佰大包即請

查照撥轉 敝處特函倉庫以憑轉報為荷

此致

華西實驗區

中国农民银行重庆分行、中国农民银行璧山办事处、华西实验区总办事处为配合贷放棉纱一事的往来公文 9-1-97（164）

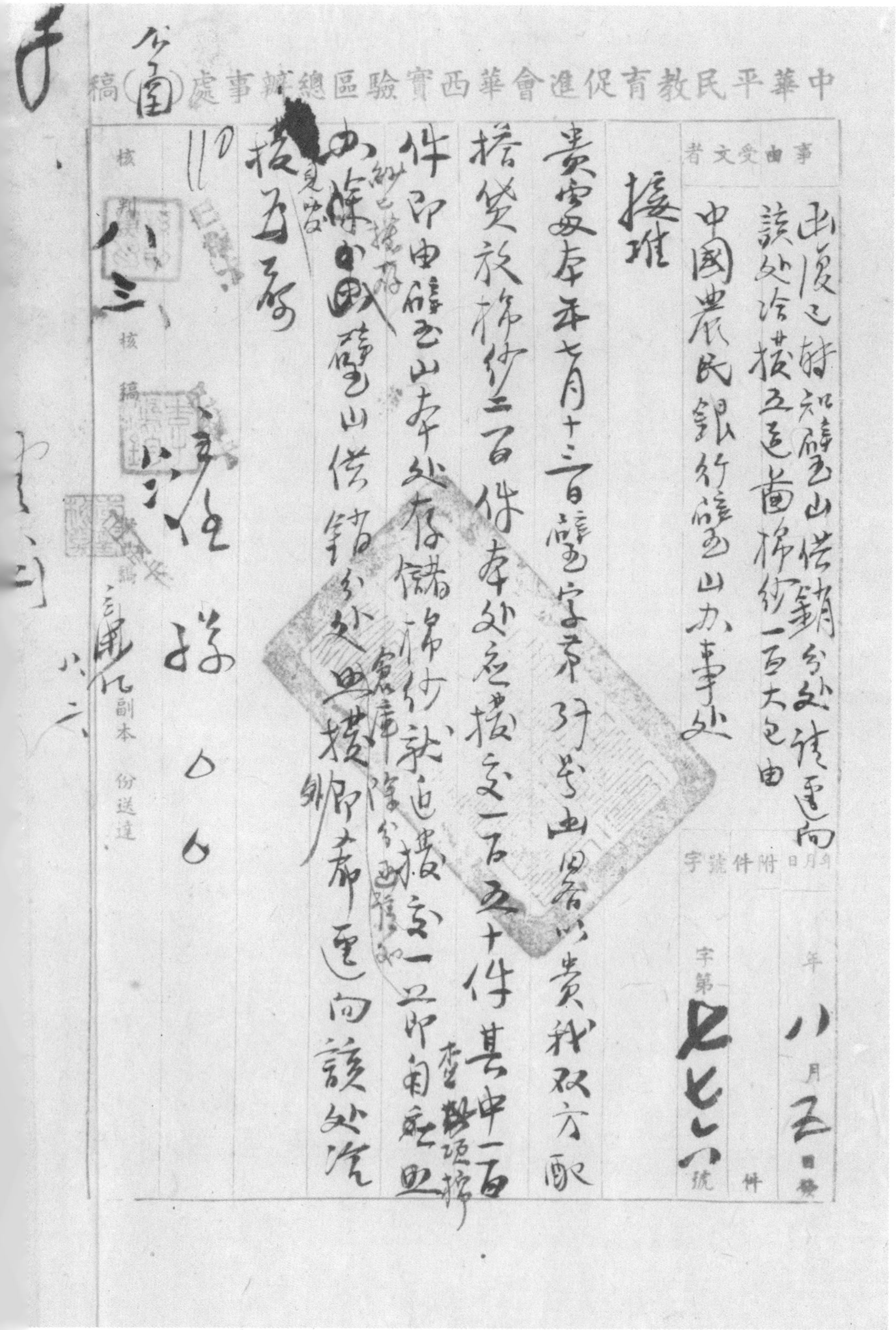
中華平民教育促進會華西實驗區總辦事處稿

事由：函復已轉知璧山借銷分處請逕向該處洽提五匹[illegible]棉紗一百大包由

受文者：中國農民銀行璧山辦事處

年 八月 五日發 附件 字第七七八號

接准

貴處本年七月十三日璧字第[illegible]號函略以貴我雙方配搭貸放棉紗二百件本處應提交一百五十件其中一百件即由璧山本處存儲棉紗[illegible]提交一[illegible]

[illegible]璧山借銷分處[illegible]提[illegible]即希逕向該處洽[illegible]

核判 核稿 副本 份送達

中国农民银行重庆分行、中国农民银行璧山办事处、华西实验区总办事处为配合贷放棉纱一事的往来公文 9-1-97（153）

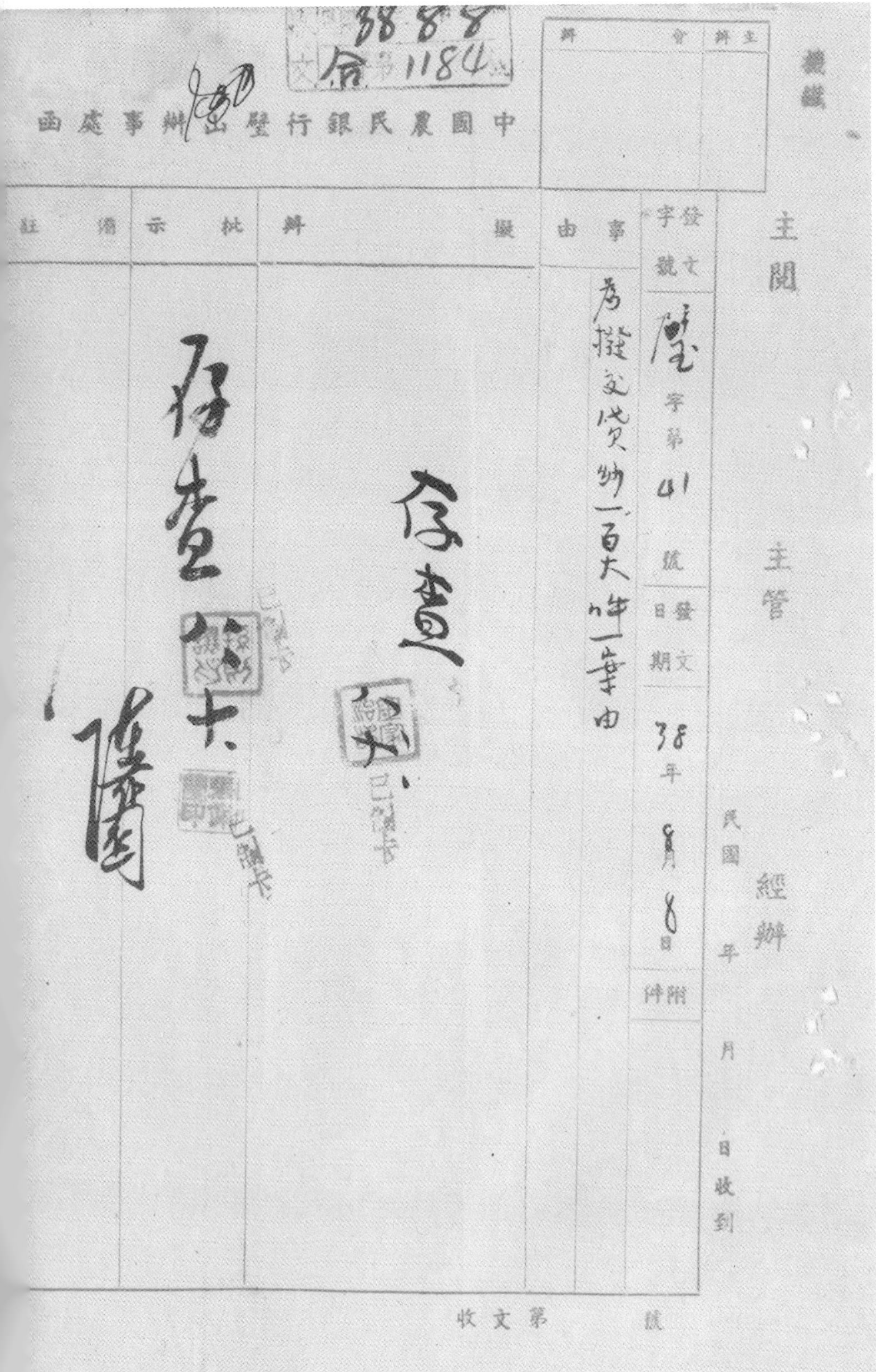
收文 合字第1184號 38.8.8

中國農民銀行璧山辦事處函

主辦 會辦

主閱 主管 經辦

發文字號：璧字第41號

發文日期：38年8月8日

附件

事由：為撥交貸紗一百大件一案由

擬辦：存查

批示：存查

備註

民國 年 月 日收到

收文第 號

中国农民银行重庆分行、中国农民银行璧山办事处、华西实验区总办事处为配合贷放棉纱一事的往来公文 9-1-97（153）

逕啓者頃准

貴處三十八年八月五日合字第776號函以

貴處應撥貸放棉紗壹佰大包即由璧山供銷分處倉庫照撥

希速洽撥等由准此查敝處特約倉庫因容量有限茲擬

暫行會存璧山供銷分處倉庫除分函外相應函達

查照為荷

此致

華西實驗區璧山辦事處

中國農民銀行璧山辦事處

中国农民银行重庆分行、中国农民银行璧山办事处、华西实验区总办事处为配合贷放棉纱一事的往来公文 9-1-97（165）

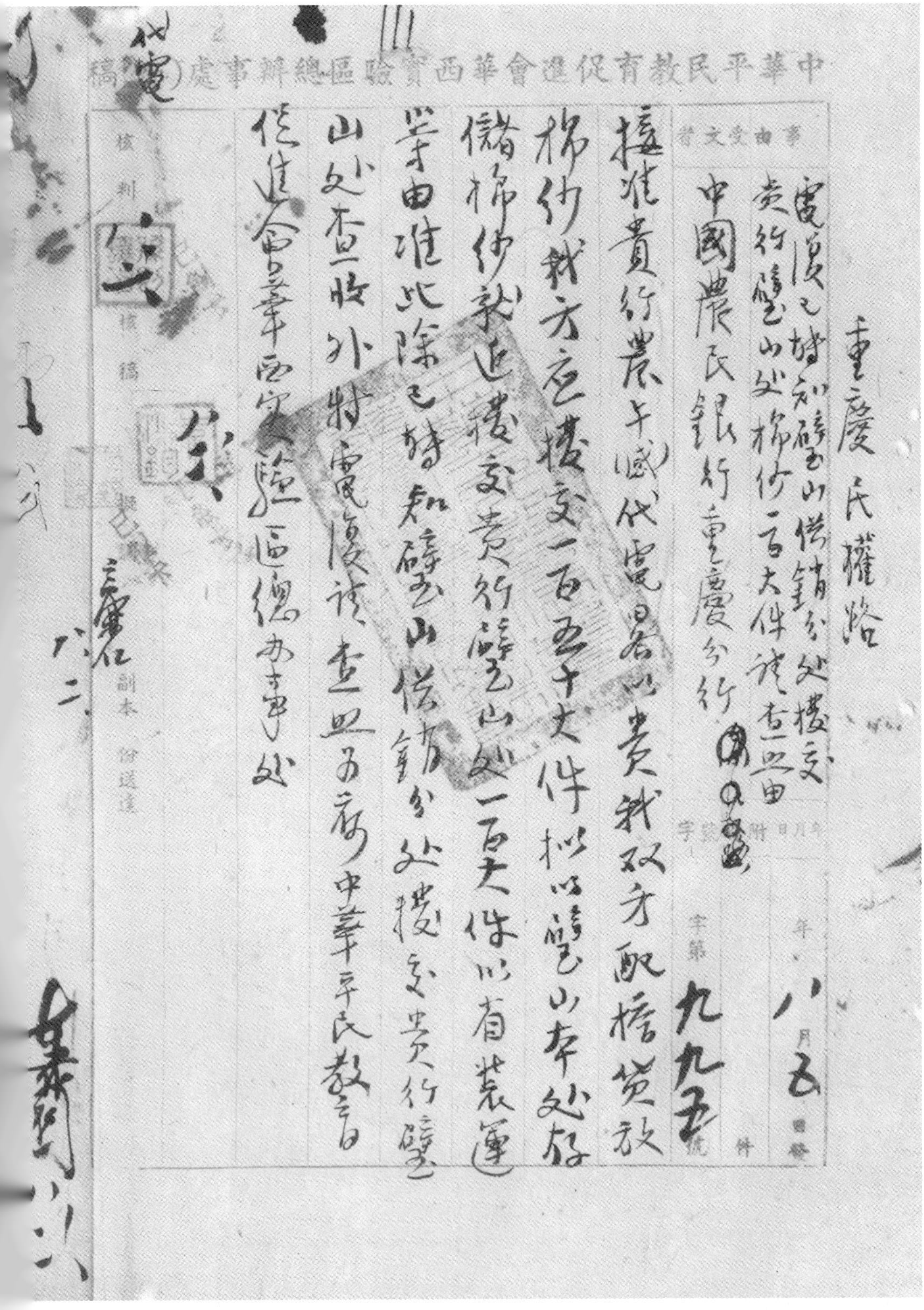

中華平民教育促進會華西實驗區總辦事處（代電）稿

事由：寅虞電已轉知璧山辦事處撥交貴行璧山處棉紗一百大件，請查照由

受文者：重慶民權路

年 八月五日發 第九九五號

中國農民銀行重慶分行鑒：

據准貴行農午感代電略以貴我雙方配搭貸放棉紗，新方面撥交一百五十大件，擬以璧山本處存儲棉紗就近撥交貴行璧山處一百大件，所有裝運手續由准此，除已轉知璧山辦事處撥交貴行璧山處外，相應電復，請查照為荷。中華平民教育促進會華西實驗區總辦事處